L'élevage en mouvement

Flexibilité et adaptation des exploitations d'herbivores

Benoît Dedieu,
Éduardo Chia,
Bernadette Leclerc,
Charles-Henri Moulin,
Muriel Tichit (éditeurs)

Éditions Quæ

L'élevage en mouvement

Flexibilité et adaptation des exploitations d'herbivores

Collection *Update Sciences & Technologies*

Landscape: from Knowledge to Action
Martine Berlan-Darqué, Yves Luginbühl, Daniel Terrasson
2008, 308 p.

Multifractal analysis in Hydrology. Application to Time Series
Pietro Bernardara, Michel Lang, Éric sauquet, Daniel Schertzer, Ioulia Tchiriguyskaia
2007, 58 p.

Analyse multifractale en hydrologie. Application aux series temporelles
Pietro Bernardara, Michel Lang, Éric sauquet, Daniel Schertzer, Ioulia Tchiriguyskaia
2007, 62 p.

Paysages : de la connaissance à l'action
Martine Berlan-Darqué, Yves Luginbühl, Daniel Terrasson
2007, 316 p.

Estimation de la crue centennale pour les plans de prévention des risques d'inondations
Michel Lang, Jacques Lavabre
2007, 232 p.

Territoires et enjeux du développement régional
Amédée Mollard, Emmanuelle Sauboua, Maud Hirczak
2007, 240 p.

Éditions Quæ
c/o Inra, RD 10, 78026 Versailles Cedex

Sommaire

Partie III
La dynamique des systèmes d'élevage face aux nouveaux enjeux des filières et du territoire

Introduction

B. Dedieu, E. Chia, B. Leclerc, C.-H. Moulin, M. Tichit

Savoir s'adapter pour durer : jamais les agriculteurs n'ont été confrontés à cette nécessité avec autant d'acuité qu'aujourd'hui. Mais les moyens d'y parvenir sont encore largement méconnus et, pour une bonne part, empiriques. Le domaine de l'élevage des herbivores auquel est consacré cet ouvrage ne fait pas exception. Quelles sont les principales sources de flexibilité permettant aux éleveurs de réagir et d'anticiper ? Comment transforment-ils leurs exploitations pour s'adapter à un monde de plus en plus changeant et incertain ? C'est à ces deux grandes questions que, collectivement, nous nous sommes attachés à répondre ici. Zootechniciens essentiellement, mais aussi agronomes, biologistes, sociologues, gestionnaires et économistes apportent leurs éclairages complémentaires. En abordant ainsi, non plus des exploitations d'élevage en « régime de croisière » mais « en mouvement », nous plaidons pour de nouvelles modalités d'évaluation des exploitations, et de nouvelles méthodes d'analyse et de conception de conduites d'élevage innovantes.

Un changement de contexte pour l'élevage

La phase de modernisation de l'agriculture des Trente Glorieuses s'est appuyée sur un processus d'intensification des systèmes de production soutenue par une politique agricole très volontariste, notamment par des prix garantis au producteur. Dans ce cadre protégé, ont été promues des techniques visant à affranchir la production agricole des facteurs limitants du milieu, tels le climat et le sol pour les productions végétales, les carences nutritionnelles pour les animaux. Les perspectives d'évolution des systèmes apparaissaient alors claires et tracées : maîtriser toujours plus les ressources et les processus pour permettre l'expression du potentiel productif animal et végétal, potentiel lui-même en constante amélioration.

Aujourd'hui, l'avenir des systèmes de production ne se mesure plus à l'aune de la certitude mais à celle des capacités de ces systèmes à s'adapter à un monde très changeant et plus incertain. Dans le cas des systèmes d'élevage d'herbivores, qui nous occupent ici, nous identifions cinq facteurs majeurs qui concourent à ce changement de perspectives.

• Le modèle productiviste est remis en cause en raison de ses effets sur l'environnement, sur la qualité des produits et la sécurité des consommateurs.

• Les prix ne sont plus garantis. Les réformes successives de la Pac (politique agricole commune) tendent à amoindrir toujours plus les filets de sécurité qui constituaient le socle de la stabilité de conjoncture des années soixante à quatre-vingts. Après la viande ovine (1980) et la viande bovine (1992), le lait rejoint désormais le cortège des produits dont le prix baisse et est susceptible de fluctuer au gré des rapports de force du marché.

• Les producteurs n'ont plus de lisibilité de l'avenir. La succession rapide des réformes de la Pac et les négociations internationales de l'OMC introduisent des incertitudes nouvelles quant au contexte économique et réglementaire global qui prévaudra dans les années à venir. Des crises de consommation brutales, – comme celle de l'ESB (encéphalopathie spongiforme bovine) ou de la fièvre aphteuse –, témoignent d'une fragilité extrême du secteur agricole à des événements peu prévisibles qui s'inscrivent dans une logique qui ne se dément pas : celle de l'industrialisation des process agricoles et agroalimentaires.

• La territorialisation de la production, via les politiques de démarcation des produits selon leur origine et les opportunités de contractualisations environnementales, constitue une réponse aux excès de la période précédente. Elle offre aux exploitations de nouvelles opportunités pour la consolidation ou l'adaptation de leurs systèmes.

• La globalisation et l'élargissement de l'Union européenne. L'ouverture des marchés se fait plus pressante, augmente l'incertitude économique et demande des capacités de réactions rapides des producteurs.

Ainsi, il ne s'agit plus de s'affranchir des aléas mais plutôt de développer des capacités d'y faire face. Il est alors question d'adaptation à différents types de perturbations, qui peuvent être des variations normales, des chocs, des cycles et tendances de moyen à long terme (Maxwel, 1984 cité par Milestadt, 2003). Elles sont de nature diverse lorsqu'elles renvoient aux risques climatiques ou aux incertitudes du marché par exemple. Il s'agit de développer également des capacités à saisir des opportunités, dans un environnement en pleine évolution mais peu prévisible. Si les travaux présentés dans cet ouvrage se réfèrent essentiellement à l'élevage d'herbivores en France, leur portée se veut plus générale. Sans se risquer à l'exhaustivité, soulignons que les questions d'adaptation de l'élevage sont vives dans des situations aussi variées que l'élevage porcin industriel néerlandais (Commandeur, 2005), l'agriculture biologique autrichienne (Milestad, 2003), l'élevage de zone tempérée en régime ultralibéral sud-américain (Cittadini *et al.*, 2001), ou l'élevage sahélien (Pouillon, 1990 ; Moulin, 1993).

Par conséquent, prendre en compte l'ensemble des capacités d'adaptation devient essentiel pour accompagner les transformations de l'élevage. C'est un défi pour la recherche qui doit renouveler ses démarches de conception, d'analyse et d'évaluation du fonctionnement dynamique des systèmes d'élevage. L'ambition de cet ouvrage est bien de contribuer à ce renouvellement, d'une part en situant ces questions dans le champ de la zootechnie des systèmes d'élevage (encadré), et d'autre part en faisant appel au concept de flexibilité comme support de la réflexion. Bien sûr, le sujet n'est pas totalement vierge, – loin de là –, et il nous faut dire quelques mots de la façon dont la zootechnie s'intéresse, depuis assez longtemps, aux aléas du climat et de la production fourragère et à leurs effets sur la production animale. Mais le contexte général que nous avons évoqué plus haut ne limite plus les débats à la question de l'aléa climatique et nécessite d'aborder les systèmes d'élevage sous l'angle de leur flexibilité et de leurs capacités d'adaptation de façon beaucoup plus large.

Les fondements de la zootechnie des systèmes d'élevage

La zootechnie des systèmes d'élevage est une des composantes de la zootechnie, discipline dont l'objectif général est « d'améliorer des conduites d'élevage » (Bonnemaire et Landais, 1994). La zootechnie des systèmes d'élevage est d'histoire récente : les bases ont été élaborées dans les années 80 par des équipes françaises, à partir de recherches portant sur des situations d'élevage en France et dans des pays du Sud (Lhoste, 1987 ; Landais *et al.*, 1987 ; Gibon *et al.*, 1988) et avec la création des réseaux de références de fermes privées par le Développement. Il existe aujourd'hui un courant de recherche européen (Commission Livestock Farming Systems de la Fédération européenne de zootechnie) aux bases conceptuelles claires et reconnues (Gibon *et al.*, 1996).

La zootechnie des systèmes d'élevage a pour objet d'étude les relations entre l'homme (l'éleveur, son projet, ses décisions), le troupeau (ensemble d'animaux qui produit et se reproduit) et les ressources (fourrages, main-d'œuvre). Elle se distingue en cela d'autres composantes de la zootechnie pour lesquelles l'animal ou les populations animales sont les objets centraux. Ce triptyque, « homme, troupeau, ressources », définit le système d'élevage. Il est étudié comme un système complexe piloté qui combine des décisions humaines finalisées par un projet et des fonctionnements biologiques animaux et végétaux. Ce pilotage est analysé aux échelles de temps « rond » de la campagne mais également de temps « long » des trajectoires d'exploitation.

L'objectif des recherches en zootechnie des systèmes d'élevage est :

– de produire des connaissances sur les transformations des systèmes d'élevage : il s'agit de comprendre comment les éleveurs s'adaptent aux multiples enjeux de multifonctionnalité et de durabilité ;

– de comprendre les ressorts et la dynamique de la diversité des systèmes d'élevage et d'en prévoir les implications à des niveaux collectifs dans le cadre de questions touchant au devenir de filières ou de territoires ;

– de proposer des modèles de fonctionnement de ces systèmes, représentations simplifiées permettant de mieux comprendre comment interagissent les différentes composantes et d'aller vers le test de scénarios d'adaptation ou la conception de nouvelles conduites (règles de décisions et enchaînements d'actions) à l'échelle d'exploitations et de groupes d'exploitations.

Les aléas et l'analyse des systèmes d'élevage

La façon dont les éleveurs intègrent les aléas dans leurs décisions, d'une part, et les modalités d'interaction entre composantes décisionnelles et biologiques lors d'occurrence d'aléas, d'autre part, sont des thèmes déjà abordés dans la littérature tant française (Landais et Balent, 1993 ; Tichit *et al.*, 2004) qu'internationale (Hardaker *et al.*, 1997).

Au Nord comme au Sud, des connaissances zootechniques ont été fournies sur le fonctionnement de l'animal soumis à une alternance de niveau d'alimentation, c'est-à-dire de variations du niveau des réserves corporelles (Molénat et Jarrige, 1979). Par exemple, les recherches ont permis de préciser l'effet à long, moyen et court terme de l'alimentation sur les performances de reproduction et de lactation des femelles (Gibon *et al.*, 1985 ;

D'Hour *et al.,* 1998). D'autres études ont permis d'évaluer la rusticité de différents types génétiques, rusticité vue comme la capacité d'adaptation à des conditions d'élevage difficiles, irrégulières ou extrêmes (Vallerand, 1979). Ces connaissances ont débouché sur des recommandations et des indicateurs de pilotage de systèmes d'élevage (Dedieu *et al.,* 1991). Citons notamment la proposition de *double pasture system* pour les systèmes ovins extensifs écossais, et le référentiel de notes d'état corporel cibles aux périodes critiques du système d'alimentation (MLC, 1983).

Les concepts et les méthodes de travail de la zootechnie systémique ont historiquement été façonnés dans les systèmes pastoraux – là où les techniques éprouvées ailleurs, permettant de s'affranchir des aléas (irrigation, fertilisation…) trouvaient des limites économiques et culturelles à leur emploi. Plusieurs auteurs ont alors émis l'idée qu'il fallait qualifier les systèmes d'élevage non seulement au regard de leur efficacité mais également de leur capacité à perdurer et à changer. Ainsi Duru *et al.* (1990), Landais et Gilibert (1991) proposaient de s'intéresser tout autant aux propriétés de sécurité et de souplesse des systèmes fourragers et des systèmes d'élevage extensifs qu'à leur productivité.

Depuis les années quatre-vingt-dix, les avancées réalisées en terme de modélisation du fonctionnement des troupeaux et des systèmes fourragers ont permis d'explorer la sensibilité de composantes de systèmes d'élevage, sur le moyen et le long terme, à différentes stratégies de conduite : sensibilité de la production animale à différentes conduites de la reproduction et du renouvellement ; sensibilité de la disponibilité fourragère à différentes conduites de la production d'herbe dans des conditions aléatoires du fait des irrégularités climatiques. Ainsi, ont été caractérisées les « propriétés régulatrices de troupeau » ou plus précisément la robustesse (régularité et stabilité) des performances obtenues par la gestion de la diversité des rythmes de reproduction, que ce soit à l'aide de démarches empiriques (Santucci, 1991 ; Moulin, 1993 ; Girard et Lasseur, 1997), soit par modélisation (simulation ou optimisation) de systèmes (Tichit, 1998 ; Cournut et Dedieu, 2004). Il en est de même pour améliorer la sécurité des systèmes fourragers par la régularité de l'offre en fourrages. Citons le concept de trésorerie fourragère (Duru *et al.,* 1988) et les éthodes d'analyse fonctionnelle des systèmes d'alimentation proposées par Moulin *et al.* (2001) – à partir des travaux de Guérin et Bellon (1990) –, ou encore les travaux de Coleno et Duru (1999) qui ont permis de modéliser la configuration et la coordination des entités de gestion de la production d'herbe, et d'évaluer ces gestions sous différents régimes climatiques.

Assumer les incertitudes

Aujourd'hui, le débat sur l'adaptation des systèmes d'élevage ne saurait se limiter aux systèmes extensifs et aux aléas climatiques. La question de l'adaptation des systèmes d'élevage est désormais centrale et multiforme, elle renvoie à la multifonctionnalité des actes techniques et à la diversification des fonctions de l'élevage. Au cours des années quatre-vingt-dix, il s'agissait d'évaluer les capacités d'adaptation des systèmes d'alimentation des élevages pastoraux au regard de leurs aptitudes à intégrer et à saisir les nouvelles opportunités des contrats agro-environnementaux (Hubert *et al.,* 1993). Force est de constater que, dans le contexte économique et politique actuel, le débat concerne l'ensemble des systèmes de production. On perçoit également les limites de l'expression de la performance seulement par les indicateurs d'efficacité biotechnique et économique d'un système dans des conditions moyennes. D'autres propriétés du fonctionnement des systèmes sont à considérer notamment leur vulnérabilité (Folke *et al.,* 2003) ou à l'inverse, leur capacité à perdurer (Thompson et Nardone, 1999 ; Mignon, 2001).

Dans la vision plus dynamique que nous revendiquons ici, l'impératif n'est plus de moderniser les exploitations en disposant d'un modèle protégé dont la trajectoire est sûre, mais de changer de cadre en assumant les incertitudes, en tenant compte des évolutions de la demande des filières et des porteurs d'enjeux territoriaux, en saisissant des opportunités contractuelles qui sont liées à cette demande. Il s'agit à la fois d'intégrer les changements liés aux évolutions de l'environnement de l'exploitation, mais également de conserver les missions et les objets de l'entreprise. Finalement, le temps « long » de l'adaptation d'un système, – considérée comme inévitable dans un monde difficile à prévoir –, s'impose comme un concept supplémentaire à intégrer dans nos analyses.

Un certain nombre de notions ont été développées dans des domaines disciplinaires variés, de la physique à la psychologie humaine, pour explorer la capacité d'adaptation d'un système complexe ou d'un être vivant à des aléas et à des changements plus profonds et durables de leur environnement. Élasticité et plasticité, robustesse et rusticité, résilience et flexibilité en font partie. Dans le domaine de l'étude de systèmes agricoles, ces deux dernières notions sont très proches voire confondues pour traiter de systèmes ayant une double composante biologique (animale et végétale) et humaine (décision et organisation). Ainsi, Carpenter *et al.* (2001) énoncent trois principes fondamentaux de la résilience socio-écologique (Holling, 2001) représentant une autre déclinaison de la durabilité en dynamique :
– le pouvoir tampon qui assure la constance de la production face à des petites perturbations ;
– l'auto-organisation qui permet, à partir de ressources internes et en s'appuyant sur des réseaux externes, la réorganisation du système suite à des changements plus prononcés ;
– la capacité adaptative et d'apprentissage.

La flexibilité : une piste pour le renouvellement des approches de zootechniciens des systèmes d'élevage

La notion de flexibilité est d'abord issue de l'économie industrielle et des sciences de gestion. Dans ces disciplines, la flexibilité renvoie à la capacité à s'adapter, à s'accommoder aux circonstances et à maintenir une cohérence par rapport à l'environnement que l'entreprise doit affronter (Reix, 1997). La flexibilité traduit la capacité à apprendre (Cohendet et Llerena, 1999) et à multiplier les configurations possibles d'un système (Fouque, 1999). Velz et Zarifian (1992) soulignent le caractère réducteur, voire trompeur, de la définition de la flexibilité qui serait limitée à la flexibilité technologique et à celle de l'emploi. Dans cet ouvrage, nous adoptons une vision plus large, celle de la flexibilité systémique qui englobe l'organisation dans toutes ses dimensions (décisions, coordinations, apprentissage, organisation des processus). La flexibilité est également exploitée en biologie pour rendre compte, sur des échelles de temps « long », de stratégies d'utilisation de ressources ou de reproduction qui permettent à une population de s'adapter pour durer dans un environnement changeant (Piersma et Drent, 2003). Il est alors question de seuil – ou de limite adaptative pour une population – et de coût d'adaptation, que nous pouvons aisément rapprocher des dimensions biologiques de l'élevage, c'est-à-dire des stratégies de survie mises en œuvre par les animaux en situation extrêmement difficile ou des stratégies d'adaptation des couverts végétaux à différents rythmes et intensités de défoliation.

Ces considérations ont confirmé l'intérêt de retenir la notion de flexibilité comme une piste originale de renouvellement des démarches d'analyse des systèmes d'élevage d'herbivores. En effet, cette notion est utile pour mettre en perspective les différentes composantes de la résistance aux aléas des systèmes d'élevage :
– les couverts herbacés et les animaux d'élevage ;
– les modalités de gestion de la diversité des ressources fourragères et des trajectoires productives des animaux ;
– les informations liées au processus de production comme celles en provenance de l'environnement ;
– les pratiques de production comme les pratiques économiques et commerciales ;
– les compétences, savoir-faire et réseaux des éleveurs.

De plus, elle permet d'aborder à la fois le temps « rond » de la production et les aléas qui portent sur les conditions de cette production mais aussi le temps « long » des évolutions des systèmes, au sein desquels se posent des questions techniques et organisationnelles, face à des changements du contexte économique et social de l'exercice du métier d'éleveur.

Objectifs de l'ouvrage

À la différence d'approches décrivant l'exploitation « en régime de croisière » dans un environnement stable ou subissant des transformations monofactorielles, nous considérons ici l'exploitation « en mouvement », c'est-à-dire une exploitation qui intègre dans son fonctionnement l'occurrence d'aléas et qui doit désormais évoluer dans un environnement émettant des signaux de plus en plus complexes à interpréter. L'enjeu n'est plus d'étudier les conditions d'une optimisation du système, qu'elle soit biotechnique, économique ou même environnementale, dans un registre de contraintes donné, mais d'apporter des connaissances sur les marges de manœuvre de ce système et les conditions de sa transformation. Les nouvelles cohérences recherchées doivent préserver tout à la fois l'intérêt des personnes pour le métier d'agriculteur et les attentes de la société et des filières.

Cet ouvrage aborde « l'exploitation en mouvement » au travers de deux grandes questions.

• Comment l'organisation de la production et les entités biologiques supports de cette production (les couverts végétaux, les animaux) confèrent-elles de la flexibilité aux processus de production ?

• Quels sont les voies et les supports de l'adaptation de l'élevage à un environnement changeant et incertain ?

Ces deux questions ne sont pas, on le conçoit aisément, indépendantes. Elles constituent cependant deux ensembles d'argumentations et d'exposés, qui donnent lieu à deux parties

distinctes de l'ouvrage. Ces questions sont traitées du point de vue de la zootechnie des systèmes d'élevage, et cette vision s'est enrichie d'un dialogue avec les sciences de gestion et la sociologie. Très concrètement, ce dialogue a été conduit sous deux formes :
– par un questionnement commun : explorer le changement dans toutes ses dimensions (technique, sociale, relationnelle…) dans les exploitations agricoles. La notion de flexibilité a ainsi servi de support à des échanges interdisciplinaires pour le collectif d'auteurs ;
– mettre en œuvre des actions de recherche conjointes, qui fournissent le contenu de plusieurs chapitres.

D'un point de vue plus opérationnel, cet ouvrage reprend les capacités d'adaptation des systèmes d'élevage. Notre ambition est de préciser les composantes de la flexibilité, de proposer des façons d'aborder les capacités d'adaptation dans des dispositifs divers (enquêtes en exploitation, modélisation voire expérimentation). On ne trouvera pas ici des outils clés en main. Notre propos est plutôt de mettre en perspective des représentations des systèmes qui rendent compte des marges de manœuvre des exploitants, et des conditions d'acceptabilité et d'intégration durable d'innovations techniques et organisationnelles.

Cet ouvrage vise un large public de chercheurs, enseignants, ingénieurs du développement et des instituts techniques, étudiants qui partagent, – dans des registres disciplinaires variés, les sciences techniques et les sciences humaines –, un objet commun, à savoir l'élevage dans l'exploitation agricole, qui s'interrogent dans le cadre de leurs missions sur le renouvellement des démarches d'analyse, de modélisation et d'évaluation des systèmes agricoles, et qui considèrent que le contexte actuel nécessite de rendre compte non seulement des *outputs* de la production mais également des capacités d'adaptation des systèmes.

Organisation de l'ouvrage

L'ouvrage résulte d'un appel à contributions organisé dans le cadre d'un projet de recherche du département Sciences pour l'action et le développement (Sad) de l'Inra. Ainsi, le projet intitulé « Transformations des pratiques des éleveurs » (Trapeur) a associé des chercheurs zootechniciens, gestionnaires et sociologues de huit unités de l'Inra-Sad entre 2000 et 2005.

L'ouvrage est structuré en trois parties réunissant les différentes contributions. La première partie propose deux regards sur le concept de flexibilité, extérieurs à la zootechnie. La deuxième partie est centrée sur la flexibilité des systèmes d'élevage et ses différents ressorts et la troisième sur les évolutions à moyen et à long terme des exploitations d'élevage d'herbivores.

Partie 1. Le concept de flexibilité en partage : regards de la gestion et de la biologie

Cette partie a pour objectif de permettre au lecteur d'apprécier le concept de flexibilité au travers de deux regards non zootechniques, l'un des sciences de gestion l'autre de biologistes. Dans le premier chapitre, Chia et Marchenay proposent une vision synthétique du point de vue des sciences de gestion sur la notion de flexibilité : elle est une propriété de système, mettant en jeu des processus, des systèmes d'information, une gamme de produits.

L'organisation flexible vise, par apprentissage, la maîtrise d'événements plutôt que l'exécution d'opérations, ce qui nécessite d'accéder à l'information et engage des coûts. Ce texte inspire la plupart des chapitres qui suivent soit comme un point de vue sur le changement et l'adaptation, soit comme une référence d'analyse des transformations des systèmes et de leur capacité à résister à des aléas. Dans le deuxième chapitre, Fauvergue et Tentelier développent un point de vue de biologistes de l'évolution. Ils montrent que des populations animales soumises à des changements de leur environnement peuvent converger rapidement vers de nouveaux états plus stables grâce à la flexibilité du comportement de chaque individu associée à une capacité d'apprentissage.

Partie 2. La flexibilité des élevages face aux aléas

La grille d'analyse des sources de la flexibilité opérationnelle proposée par Tarondeau guide le plan de cette partie. Dans notre domaine d'étude, l'élevage d'herbivores, la flexibilité trouve d'abord sa source dans les propriétés des objets biotechniques eux-mêmes, qu'il s'agisse des couverts herbacés (Duru *et al.,* chapitre 3) ou des animaux d'élevage (Blanc *et al.,* chapitre 4). Pour faire face aux aléas, les éleveurs adaptent leur gestion de la sole fourragère et du troupeau. C'est ce que montrent Andrieu *et al.* (chapitre 5) et Tichit *et al.* (chapitre 6) qui analysent respectivement la flexibilité engendrée par la gestion de la diversité des ressources fourragères, et celle des trajectoires productives d'animaux. Les systèmes d'information sur lesquels s'appuient les éleveurs pour prendre leurs décisions influent sur leur réactivité face à des problèmes. Dedieu et Perez (chapitre 7) éclairent cet autre aspect de la flexibilité à propos d'un risque sanitaire touchant l'élevage bovin viande en Argentine. Chia (chapitre 8) explore, de la Bourgogne à la Réunion en passant par l'Argentine, une autre source essentielle de la flexibilité des systèmes d'élevage : celle liée aux relations qu'entretiennent les agriculteurs avec l'environnement de leur exploitation, et, en premier lieu, avec les acheteurs d'animaux dans le contexte d'incertitude sur les prix, voire de crise grave comme celle de l'encéphalopathie spongiforme bovine.

Les deux derniers chapitres de cette partie portent un regard plus prospectif sur la question de la flexibilité. Peut-on, en associant des regards de sciences techniques et de sciences sociales trouver des indicateurs permettant de qualifier et d'évaluer la flexibilité d'un système d'élevage ? Lemery *et al.* (chapitre 9) combinent zootechnie, économie et sociologie pour proposer les premiers éléments de réponse, d'après le cas d'élevages bovins viande de Bourgogne. Comprendre comment les éleveurs construisent la flexibilité de leur système en mobilisant les différentes sources possibles permet d'enrichir les réflexions pour prendre en compte les aléas et les incertitudes lors de la conception de nouveaux systèmes. Dans le cadre d'une expérimentation (système en domaine), Dedieu *et al.* (Chapitre 10) explicitent les fondements techniques et organisationnels de la sécurisation de systèmes ovins extensifs. Ils analysent l'effectivité des pratiques de conduite sous différents régimes climatiques et lors du changement brutal de conjoncture ovine liée à la première crise de l'ESB.

Partie 3. La dynamique des systèmes d'élevage face aux nouveaux enjeux des filières et du territoire

Comment aborder les changements dans les exploitations ? Moulin *et al.* (chapitre 11) ouvrent cette troisième partie par une réflexion méthodologique sur cette question. Leur approche permet d'explorer conjointement ce qui est modifié et ce qui est préservé au cours des transformations, et d'analyser avec plus de pertinence le positionnement des éleveurs face aux innovations techniques et organisationnelles. Les chapitres suivants éclairent les trajectoires d'évolution, sur le long terme, de différents systèmes d'élevage : au Nordeste brésilien (Caron, chapitre 12), à La Réunion (Choisis et Niobé, chapitre 13), et en Cévennes (Napoleone, chapitre 14). Ces études illustrent l'intérêt des approches compréhensives des transformations des systèmes d'élevage, qui intègrent explicitement les cycles de vie des exploitations et les évolutions de leur environnement et notamment celles des filières de production.

Parmi les questions les plus fréquentes de la profession agricole, il y a celle des transformations sur des pas de temps plus courts, notamment induites par les nouveaux enjeux de filières et de territoire. Ingrand *et al.* (chapitre 15) et Dobremez et Josien (chapitre 16) analysent les implications de tels enjeux, les premiers auteurs à propos de l'élevage bovin viande du Centre herbager de la France, les seconds à propos de l'élevage laitier de montagne. Cela ne se limite pas à l'adoption de techniques figurant dans les cahiers des charges, loin de là : par exemple développer la production de qualité en viande bovine renvoie à de nouvelles modalités de gestion du renouvellement du troupeau de vaches ; contribuer à l'entretien du territoire interroge très directement l'organisation du travail en élevage.

Pour explorer de nouveaux systèmes d'élevage répondant à ces enjeux de territoire et de filière, d'autres outils sont aussi à mettre en place. Les deux derniers chapitres proposent deux nouvelles façons de modéliser. Dedieu *et al.* (chapitre 17) modélisent la gestion de la production du troupeau de façon à expliciter comment les conduites d'élevage jouent sur la dynamique de production et de renouvellement d'un troupeau ; Tichit *et al.* (chapitre 18) souhaitent rendre compte de l'impact des modalités d'utilisation des parcelles sur les états du couvert prairial, ce qui suppose d'analyser et d'évaluer les dynamiques de production du troupeau et des ressources, à de nouvelles échelles de temps et d'espace.

Références bibliographiques

BONNEMAIRE J., LANDAIS É., 1994. Zootechnie et système d'élevage : sur les relations entre l'enseignement supérieur et la recherche. *Ethnozootechnie,* 54, 32 p.

CITTADINI R., BURGES J., HAMDAN V., PEREZ R., NATINZON P., DEDIEU B., 2001. Diversidad de sistemas ganaderos y su articulación con el sistema familiar. *Revista Argentina de Producción Animal,* 21(2) : 119-135.

COHENDET P., LLERENA P., 1999. Flexibilité et modes d'organisation. *Revue française de gestion,* mars-avril-mai, p. 72-79.

COLENO F.C., DURU M., 1999. A model to find and test decision rules for turnout date and grazing area allocation for a dairy cow system in spring. *Agricultural System* 61(3) : (1999) 151-164.

COMMANDEUR M., 2005. Styles of pig farming and family labour in the Netherlands. *Journal of Comparative Studies,* vol XXXVI (3) : 391-398.

COURNUT S., DEDIEU B., 2004. A discrete event simulation of flock dynamics : a management application to three lambings in two years. *Animal Research,* 53 : 383-403.

DEDIEU B., GIBON A., ROUX M., 1991. Notations d'état corporel des brebis et diagnostic des systèmes d'élevage ovin. Inra, *Études et recherches sur les systèmes agraires et le développement,* 22, 48 p.

DE TERSSAC G., DUBOIS P. (eds), 1992. *Les nouvelles rationalisations de la production.* Éditions Cépaduès, Paris, 336 p.

D'HOUR P., REVILLA R., WRIGHT I., 1998. Possible adjustments of suckler herd management to extensive situations. *Ann. Zootech.,* 47(5-6) : 453-464.

DURU M., FIORELLI J.L., OSTY P.L., 1988. Proposition pour le choix et la maîtrise du système fourrager. I Notion de trésorerie fourragère. *Fourrages,* 113 : 37-56.

DURU M., GIBON A., OSTY P.L., 1990. De l'étude des pratiques à l'aide à la décision. L'exemple du système fourrager. *In* Brossier J., Vissac B., Lemoigne J.L. (eds), *Modélisation systémique et système agraire.* Versailles, Inra-Sad, p. 159-180.

FOLKE C., COLDING J., 2003. Building resilience and adaptative capacity in socioecological systems. *In* Berkes F., Floke C., Colding J. (eds.), *Navigating socio-ecological systems : building resilience for complexity and change.* Cambridge University Press. Cambridge, Royaume-Uni, 352-387.

FOUQUE Th., 1999. À la recherche des produits flexibles. *Revue française de gestion,* mars-avril-mai, p. 80-87.

GIBON A., DEDIEU B., THÉRIEZ M., 1985. Les réserves corporelles des brebis : stockage, mobilisation et rôle dans les élevages de milieux difficiles. *In* Xe Journées de la recherche ovine et caprine. Inra, Itovic, p. 178-211.

GIBON A., ROUX M., VALLERAND F., 1988. Éleveur, troupeau et espace fourrager. Contribution à l'approche globale des systèmes fourragers. Inra, *Études et recherches sur les systèmes agraires et le développement,* 11, 143 p.

GIBON A., RUBINO R., SIBBALD A.R., SORENSEN J.T., FLAMANT J.-C., LHOSTE Ph., REVILLA R., 1996. A review of current approaches to livestock farming systems in Europe : towards a common understanding. *In* Brossier J., de Bonneval L., Landais É. (eds), *Systems studies in Agriculture and Rural Development.* Science Update, Inra Éditions, Paris, p. 361-372.

GIRARD N., LASSEUR J., 1997. Stratégies d'élevage et maîtrise de la répartition temporelle de la reproduction. Exemples en élevage ovin en montagne méditerranéenne. *Cahiers Agricultures,* 6 : 115-124.

GUÉRIN G., BELLON S., 1990. Analyse des fonctions des surfaces pastorales dans les systèmes de pâturage méditerranéens. Inra, *Études et recherches sur les systèmes agraires et le développement,* 17 : 147-158.

HARDAKER J.B., HUIRNE R.B.M., ANDERSON J.R., 1997. Coping with Risk in Agriculture. New York, CAB International, 274 p.

HUBERT B., GIRARD N., LASSEUR J., BELLON S., 1993. Les systèmes d'élevage préalpins. Derrière les pratiques, des conceptions modélisables. Inra, *Études et recherches sur les systèmes agraires et le développement,* 27 : 351-385.

HOLLING A., 2001. Understanding the complexity of economic, ecological and social systems. *Ecosystems,* 4 : 390-405.

LANDAIS É., LHOSTE P., MILLEVILLE P., 1987. Points de vue sur la zootechnie et les systèmes d'élevage tropicaux. *Cahiers des sciences humaines,* 23(3-4) : 421-437.

LANDAIS É., GILIBERT J., 1991. Recherches sur l'extensification de l'élevage. Éléments de réflexion tirés d'une approche systémique. Document de travail Inra, Versailles, Dijon, Mirecourt, 55 p.

LANDAIS É., BALENT G., 1993. Introduction à l'étude des pratiques d'élevage extensif. Inra, *Études et recherches sur les systèmes agraires et le développement,* 27 : 13-35.

LHOSTE P., 1987. L'association agriculture-élevage. Évolution du système agropastoral au Sine-Saloum (Sénégal). Études et synthèse (21), IEMVT, Cirad, Montpellier, 314 p.

MILESTADT R., 2003. Building Farm Resilience. Prospect and challenges for organic farming. Doctoral thesis. Swedish University of Agricultural Sciences, Uppsala, 240 p.

MIGNON S., 2001. *Stratégie de pérennité d'entreprise.* Éditions Vuibert, Collection Entreprendre, Paris, 17 p.

MLC (Meat and Livestock Commission), 1983. *Feeding the ewes.* Ed Bletchley, 2nd Ed., Milton Keynes, 78 p.

MOLENAT G., JARRIGE R., 1979. Utilisation par les ruminants des pâturages d'altitude et parcours méditerranéens. 10e journées du Grenier de Theix. Inra Éditions, 378 p.

MOULIN C.H., 1993. Le concept de fonctionnement de troupeau. Diversité des pratiques et variabilité des performances animales dans un système agropastoral sahélien. Inra, *Études et recherches sur les systèmes agraires et le développement,* 27 : 73-94.

MOULIN C.H., GIRARD N., DEDIEU B., 2001. L'apport de l'analyse fonctionnelle des systèmes d'alimentation. Actes des journées de l'AFPF, Nouveaux regards sur le pâturage, 21-22 mars 2001, p. 133-152.

POUILLON F., 1990. Sur la stagnation technique chez les pasteurs nomades : les Peuls du Nord Sénégal entre l'économie politique et l'histoire contemporaine. *Cahiers des sciences humaines,* 26(1-2) : 173-192.

PIERSMA T., DRENT J., 2003. Phenotypic flexibility and the evolution of organismal design. *Trends in Ecology & Evolution,* 18 : 228-233.

REIX R., 1997. Flexibilité. [article 70] *In Encyclopédie de Gestion.* Édition Economica, Paris, France.

SANTUCCI P., 1991. Le troupeau et ses propriétés régulatrices, bases de l'élevage extensif. Thèse de doctorat, université Montpellier II, France, 85 p.

TARONDEAU J.C., 1999. *La flexibilité dans les entreprises.* Que sais-je ? PUF, 126 p.

TICHIT M., 1998. Cheptels multi-espèces et stratégies d'élevage en milieu aride : analyse de viabilité des systèmes pastoraux camélidés ovins sur les hauts plateaux boliviens. Thèse de doctorat, Ina PG, Paris, France, 283 p.

TICHIT M., HUBERT B., DOYEN L., Genin D., 2004. A viability model to assess the sustainability of mixed herds under climatic uncertainty. *Animal Research,* 53 : 405-417.

THOMPSON B.P., NARDONE A., 1999. Sustainable livestock production : methodological and ethical challenges. *Livestock Production Science,* 61(2) : 111-119.

VALLERAND F., 1979. Réflexions sur l'utilisation des races locales en élevage africain. Exemple du mouton Djallonké dans les conditions physiques et sociologiques du Cameroun. Thèse de doctorat, INP Toulouse, France, 242 p.

VELTZ P., ZARIFIAN X., 1992. Modèle systémique et flexibilité. *In* de Terssac G., Dubois P. (eds), *Les nouvelles rationalisations de la production.* Éditions Cépaduès, Paris, p. 24-36.

Le concept
de flexibilité en partage :
regards de la gestion
et de la biologie

Chapitre 1
Un regard des sciences de gestion sur la flexibilité : enjeux et perspectives

Éduardo Chia, Michel Marchesnay

Il est devenu parfaitement banal d'invoquer la « flexibilité » de l'entreprise et des individus qui la composent. Le terme rejoint bien d'autres qui fleurissent dans les sciences sociales (sociologie, économie, management...) comme : la synergie, les compétences, la confiance, la gouvernance, etc., qui sont toutes des expressions plus affectives que raisonnées. La flexibilité est présente dans tous les secteurs de l'économie et invoquée pour proposer des réorganisations ou des aménagements dans les organisations, tant au niveau des collectifs de travail que des processus de production. C'est pourquoi, il convient de définir ce que l'on entend par flexibilité. Alors que la flexibilité recouvre des problèmes très complexes, loin de répondre à un souci de clarification, les praticiens tendent à en conserver précieusement toute l'obscurité, toute la complexité cachée, afin d'en tirer l'usage le plus conforme à leur volonté. Ce terme, comme l'explique Beaujolin-Bellet (2004), est devenu ainsi polysémique et il convient d'en parler au pluriel. Le défi est alors double : définir la flexibilité et développer des outils d'analyse de la flexibilité.

Les recherches sur la flexibilité sont assez anciennes en économie, en particulier en économie industrielle et en sciences de gestion. Nous verrons, dans une première partie, la façon dont les chercheurs en management définissent et caractérisent la flexibilité des entreprises. Dans la deuxième partie nous présenterons, à partir du travail de Salais et Storper (1993), la réflexion des économistes industriels. Nous étudierons dans une troisième partie les contreparties de la flexibilité. En conclusion, nous proposerons des pistes de recherche sur la flexibilité des exploitations agricoles, pistes qui articulent connaissance et action, et mobilisent différentes disciplines. En effet, les transformations du secteur de l'élevage et les incertitudes qui pèsent sur l'avenir des exploitations nous invitent à revisiter les cadres d'analyse de leur fonctionnement en considérant la flexibilité des systèmes d'élevage.

La flexibilité : les définitions

Le sens intuitif de flexibilité

Selon Cohendet et Llerena (1999), le contenu du terme flexibilité est intuitif et le concept est à la fois englobant et multiforme. Tout le monde connaît la fable du chêne et du roseau : le roseau est capable, lors d'une tempête, de se plier et le temps venu de retrouver sa forme initiale (plus ou moins), alors que le chêne, trop rigide, incapable de se plier, de s'adapter, s'effondre. L'environnement des entreprises change de manière plus ou moins rapide, profonde et imprévisible. Face à ces changements, les entreprises sont plus ou moins capables de développer des stratégies qui leur permettent de maintenir leur compétitivité, voire de se développer. C'est cette capacité à s'adapter que nous définissons, dans un premier temps, comme étant la flexibilité. D'ailleurs, l'un des premiers à utiliser le terme, d'après Pasin et Tchokogué (2001), a été Stigler, en 1939, pour expliquer les comportements adaptatifs des entreprises. Tout en s'inscrivant dans cette idée générale de capacité à s'adapter, plusieurs auteurs ont précisé la définition du terme flexibilité.

Pour Reix (1979 et 1997), intuitivement, l'idée de flexibilité évoque une capacité d'adaptation, une aptitude à s'accommoder facilement aux circonstances, donc un moyen de faire face à l'incertitude. Elle traduit l'aptitude de l'entreprise à répondre à des conditions nouvelles, à développer une capacité d'apprentissage en utilisant l'information additionnelle. La flexibilité peut s'exprimer en termes d'étendue du champ potentiel des décisions possibles, ou en termes de facilité de changement d'un état. La flexibilité est la capacité du système de production à se réagencer rapidement afin de s'adapter aux fluctuations de la demande […]. Dans le même ordre d'idées, Fouque (1999) considère qu'accroître la flexibilité d'un système productif, c'est multiplier le nombre de configurations que celui-ci peut prendre afin de s'adapter à des modifications d'environnement.

Pour V. Meggle, cité par Veran (1991), la recherche de flexibilité peut être assimilée à la recherche du maintien d'une cohérence dans la conduite de l'entreprise (maintien de ses objectifs et de sa forme organisationnelle) par rapport à l'environnement qu'elle doit affronter. L'idée est qu'un décideur peut à tout moment adapter le fonctionnement de son entreprise à l'évolution de l'environnement, et atteindre ainsi ses objectifs. Ceci suppose que les acteurs connaissent leurs objectifs ; or les objectifs peuvent aussi faire l'objet d'une modification à partir des changements de l'environnement et de la situation des acteurs.

Tarondeau (1999a et 1999b) définit et mesure la flexibilité par trois variables : l'entendue, le champ des possibles et l'aptitude à changer. Cette aptitude est approchée au travers des coûts et délais de changement.

Pasin et Tchokogué (2001) synthétisent les recherches actuelles en matière de flexibilité à partir de quatre définitions, qui renvoient à des objets et à des auteurs différents :
– capacité à absorber des changements ;
– adaptation aux changements ;
– habilité et aptitude spécifiques à préserver ou à créer des options ;
– capacité à apprendre.

Les horizons de la flexibilité : stratégique et opérationnelle

Tarondeau (1999a et 1999b) différencie la flexibilité stratégique et la flexibilité opérationnelle.

La flexibilité stratégique renvoie aux choix à long terme et à la capacité à modifier la structure de l'entreprise, les ressources et les compétences pour s'adapter aux évolutions de l'environnement ou pour devancer les transformations (figure 1).

La flexibilité opérationnelle renvoie aux décisions d'ajustement au cours du cycle de production. Elle permet à l'entreprise industrielle de produire une grande diversité de produits, de les modifier et de les renouveler rapidement, de s'adapter aux variations de volume de la demande sans créer de stocks ou de retards, d'ajuster ses compétences et de modifier ses méthodes et de s'adapter aux variations imprévues dans les *inputs* provenant de l'extérieur (figure 2).

Formes et sources de la flexibilité

Les flexibilités stratégiques et opérationnelles renvoient à l'accumulation de ressources (matérielles et immatérielles). Elles ne seront exploitées qu'en fonction d'événements non contrôlés par la firme (usage passif), mais peuvent être aussi utilisées de façon proactive. On aborde ainsi deux volets de recherche : l'un porte sur les sources de la flexibilité, particulièrement celles de la flexibilité opérationnelle ; l'autre vise à qualifier les formes de la flexibilité, il s'agit alors d'associer à l'identification des sources les modalités de leur utilisation.

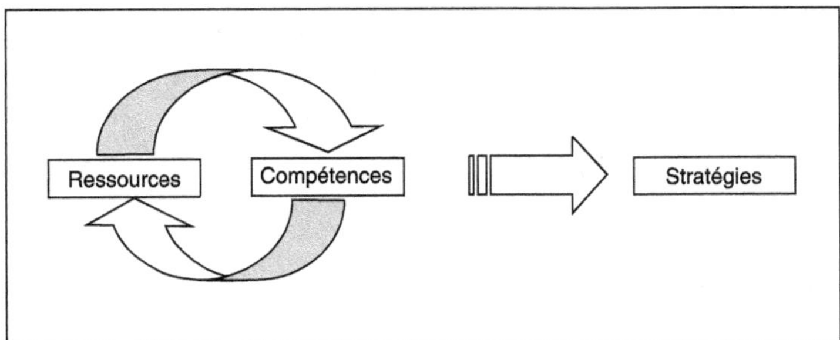

Figure 1. La flexibilité stratégique.

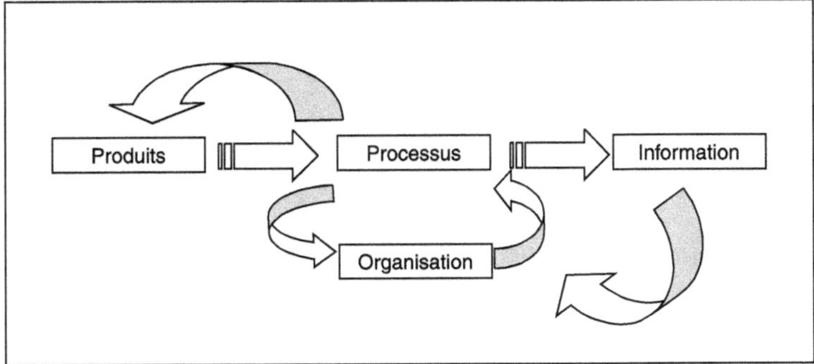

Figure 2. La flexibilité opérationnelle.

Les sources de la flexibilité

Les mesures de la flexibilité opérationnelle sont centrées sur la flexibilité des systèmes de production notamment l'organisation, les processus techniques, les produits, l'information (figure 2) (Tarondeau, 1999a et 1999b). Le changement dans le mode de consommation, – c'est-à-dire le passage d'une logique de régulation par la quantité (standardisation) à une logique de la qualité et de la variété – fait que les entreprises doivent produire pour tous les goûts et pour tous les budgets, donc développer des produits flexibles c'est-à-dire accroître la variété. Cette variété, nécessaire pour satisfaire les goûts hétérogènes des consommateurs, peut être qualifiée de diversité commerciale. Le corollaire de cette diversité commerciale est l'apparition d'une diversité technique, souvent invisible pour le client, et qui traduit le fait que le nombre de composants (et donc de processus de production) requis pour la fabrication des produits finis va croître rapidement. Cette diversité technique crée un certain nombre de contraintes (gestion de séries de production plus courtes, prolifération des stocks...) que l'entreprise doit apprendre à gérer (Fouque, 1999). Ainsi, dans les recherches empiriques, trois sources de flexibilité sont en jeu : les produits, les processus techniques et les *inputs*. Tarondeau (1999a) propose d'en rendre compte avec six variables (tableau 1).

La flexibilité peut trouver sa source au niveau interne, dans la capacité matérielle (bâtiments, machines, trésorerie) et(ou) immatérielle (savoir-faire, formation) développée par les entreprises. La flexibilité interne est très proche de la flexibilité opérationnelle : elle a pour support le système de production. Mais lorsqu'il s'agit de mobiliser, principalement, les réseaux auxquels l'entreprise participe (chapitre 8, p. 135), les alliances, les circuits de commercialisation ou d'achat, bref les ressources externes, on parlera de sources externes de flexibilité.

Tableau 1. Les sources de la flexibilité opérationnelle d'un système industriel.

Source de flexibilité	Variable caractéristique	Définition
Produits	Diversité des produits	Capacité d'un système industriel à traiter un ensemble de produits de diversité donnée
	Renouvellement des produits	Capacité d'un système industriel à substituer des produits nouveaux à ceux existants
	Modification des produits	Capacité d'un système industriel à modifier les produits existants
Processus (flexibilité organisationnelle)	Volume	Capacité d'un système industriel à ajuster le volume de ressources à celui de la demande
	Méthode (organisation)	Capacité d'un système industriel à changer de processus industriel en cas de besoin
Inputs	Spécification	Capacité d'un système industriel à s'adapter à des variations de spécifications des *inputs*

Les formes de la flexibilité

On peut, à partir de la littérature, différencier la flexibilité statique de la flexibilité dynamique.

• La flexibilité statique se réfère à l'existence de potentialités permettant de faire face à des événements plus au moins susceptibles de se produire. Elle est une réponse à des événements extérieurs et intérieurs. Les entreprises qui possèdent ce type de flexibilité ont développé des capacités spéciales de réaction : on peut parler d'engagement de capacité. Cependant, ce type de flexibilité fait référence à des situations plus au moins prévisibles, donc à un environnement relativement stable. Ici, l'existence des capacités spéciales pose la question du coût.

• La flexibilité dynamique est la capacité de l'entreprise à gérer dans le temps l'adéquation à l'environnement. Il existe deux types de flexibilité dynamique. En premier lieu, la flexibilité réactive permet de réagir continûment, dans le temps, aux variations de l'environnement ; l'entreprise va réagir une fois les modifications de l'environnement constatées. Se pose la question de l'analyse des changements, de la situation de l'entreprise, des possibilités de modifier pour s'adapter, bref du traitement de l'information. En second lieu, la flexibilité dite proactive consiste à développer des capacités d'anticipation, c'est-à-dire à imaginer les évolutions possibles de l'environnement, et à mettre en place des dispositifs d'innovation permettant de modifier les pratiques, les processus, les produits, les relations, etc., avant que les événements ne se produisent. Ici est posée, non seulement la question de l'analyse prospective et du traitement de l'information, mais aussi la question de la capacité de l'entreprise à faire des alliances, à créer ou à s'intégrer dans un réseau.

La flexibilité vue comme un processus de planification adaptative

Alcaras et Lacroux (1999), chercheurs en sciences de gestion, ont défini la planification adaptative comme un concept proche de celui de flexibilité stratégique. Ils s'intéressent d'une part à la façon dont l'entreprise fait face aux changements de son environnement, et d'autre part comment l'entreprise est susceptible de faire évoluer ses projets et finalités. Le tableau 2 présente les différents cas qui sont autant de formes de planification adaptative.

Tableau 2. Différentes formes de planification adaptative.

Relation de l'organisme avec son environnement	Relation de l'organisme avec ses projets, ses finalités	
	Stable	**Changeante**
Stable	Adaptation élastique (1) Permanence structurelle et téléonomique	Adaptation flexible (2) Permanence structurelle et téléologique
Changeante	Adaptation flexible (3) Permanence téléonomique	Adaptation plastique (4) Permanence téléologique

(Source : Alcaras et Lacroux, 1999)

Dans le cas (1), l'entreprise va conserver à la fois une certaine stabilité au niveau de la structure, de ses finalités et de ses objectifs, mais elle va procéder à une adaptation aux variations de l'environnement. On parlera de flexibilité en douceur. Cette situation est proche de celle de la flexibilité statique et réactive.

Dans la situation (2), seule la structure serait maintenue (dans une certaine mesure), les projets et finalités évoluant. On parlera de flexibilité adaptative. Elle est proche de la flexibilité stratégique proactive où les entrepreneurs sont prêts à modifier leurs objectifs afin de pérenniser l'activité et l'entreprise.

En ce qui concerne la situation (3), l'adaptation flexible est très proche de la flexibilité opérationnelle proactive car il s'agit de modifier la structure de production tout en maintenant les objectifs et les finalités.

Le quatrième cas (4) représente ce que nous pourrions appeler la double flexibilité car sont modifiés non seulement les structures, les projets, les finalités, mais surtout les processus – on parlera de flexibilité téléologique. Cette forme de flexibilité semble peu fréquente dans les entreprises.

Un thème particulier de l'analyse de la flexibilité : le travail et l'emploi

Les définitions de la flexibilité et les démarches d'analyse présentées ci-dessus s'intéressent à la globalité du système, dans lequel la main-d'œuvre est une des ressources mobilisées. C'est pourtant bien cette question du travail et de l'emploi qui se rapporte le plus souvent, notamment dans les médias, à la flexibilité, au risque d'en limiter le champ d'application et même de provoquer des réactions de rejet quant à l'objet même de la flexibilité : les capacités d'adaptation !

La flexibilité du travail est en effet devenue un terme à la mode, en particulier après la loi sur les 35 heures[1]. Les entreprises vont essayer, pour rester compétitives face aux entreprises étrangères en particulier, de développer une organisation du travail qui leur permette de produire la même quantité et une qualité identique des produits avec le même nombre de salariés que par le passé, mais avec un temps de travail inférieur. Certaines entreprises vont jouer sur la durée hebdomadaire du travail pour réorganiser les équipes de travail, les chaînes de production, etc., sans nécessairement recourir aux heures supplémentaires, ce qui aurait comme conséquence une augmentation du coût de production, et donc, un résultat opposé à celui recherché. La flexibilité de l'emploi renvoie à l'organisation du marché du travail et aux politiques publiques.

Mundler et Laurent (2003) ont développé des analyses sur la flexibilité du travail, dans le secteur agricole. Ils montrent, à partir des statistiques du secteur et des travaux antérieurs sur les questions du travail et son organisation, que les exploitations agricoles ont développé trois sources de flexibilité interne. La première, qualifiée de numérique, consiste dans le développement d'une réserve de travail non-rémunérée (main-d'œuvre d'origine familiale par exemple). La deuxième est la flexibilité technique (ou plutôt de processus voire de produit) qui se traduit par la constitution d'un capital multi-usage. Il s'agit ici principalement des machines – capital – qui permettent d'introduire de nouvelles

---

[1] Les travaux sur la flexibilité du travail et de l'emploi sont nombreux, cependant nous les avons peu utilisés. On peut citer les travaux des certains économistes et des sociologues comme Barbier et Nadel (2000) ; Beaujolin-Bellet (2004).

techniques de production en les utilisant à la production de plusieurs produits. Cela suppose aussi que la main-d'œuvre soit flexible, c'est-à-dire qu'elle puisse faire plusieurs tâches. La troisième catégorie est la flexibilité fonctionnelle. Elle consiste à développer des collectifs de travail polyvalent susceptibles de mener à bien la diversification.

L'économie industrielle et la flexibilité

Le concept de flexibilité est employé en économie industrielle plus particulièrement pour comprendre les phénomènes de différenciation, d'alliance et de coopération entre entreprises. En effet, de plus en plus, les entreprises doivent faire face à l'incertitude radicale et au développement de nouvelles formes de coordination (contrats de production, quasi-intégration, signes de qualité, etc.). Ainsi, les [ces] industries sont contraintes à rechercher une flexibilité multiforme (Claret *et al.*, 2003). Dans de telles situations – où la régulation se fait à partir des caractéristiques des produits –, les acteurs sont confrontés à une incertitude radicale : sur le futur, sur l'action de l'autre, sur ses projets et ses attentes, sur les usages des objets présents (Salais et Stopper, 1993).

Cependant, comme l'expliquent ces auteurs, il existe, pour tous les acteurs, une pluralité de mondes possibles dans lesquels une action économique pertinente peut être engagée. De cette pluralité des mondes possibles découle la diversité des produits qui arrivent à réalisation. Ils identifient quatre mondes de production :
– le monde interpersonnel, caractérisé par des produits spécialisés et dédiés. Les produits sont fabriqués selon des compétences et savoirs spécialisés propres à des personnes ou à des firmes données et accordés aux besoins de demandeurs spécifiés ;
– le monde marchand, caractérisé par des produits standards, mais dédiés à un demandeur particulier ;
– le monde industriel, caractérisé par la production de masse (des produits standards et génériques) destinée à des marchés étendus ;
– le monde immatériel, dont la principale caractéristique est la création de nouvelles technologies et de nouvelles familles de produits.

En suivant les travaux sur les mondes de production, on peut constater que la flexibilité développée dans chacun de ces mondes a des particularités et des spécificités, qui tiennent principalement aux formes de différenciation (concurrence) entre les entreprises et aux relations avec la demande. Ils peuvent être explorés à partir de plusieurs entrées : par exemple l'introduction des nouvelles technologies de l'information, l'aménagement du temps de travail, etc. (Beaujolin-Bellet, 2004). D'après Salais et Storper (1993), toute firme, pour réussir dans un monde [de production], doit arriver à construire un modèle de production cohérent, seul à même de lui ouvrir un espace d'action efficace dans ce monde. Il s'ensuit qu'une des propriétés de ce modèle est la flexibilité dans l'usage des ressources qu'il permet pour s'ajuster aux aléas de la coordination dans ce monde. Il existe différentes sources de flexibilité : externe (relatives aux relations de la firme avec les acteurs du marché), et interne (tenant à l'organisation des processus de la production) associées aux différents modèles.

Le tableau 3 présente les quatre modèles de production d'une firme correspondant aux quatre mondes (marschallien pour le monde interpersonnel, marchand, industriel, modèle de l'innovation pour le monde immatériel) et, pour chacun d'entre eux les types de flexibilité interne et externe qui leur sont associés pour faire face aux aléas de marché et pour adapter l'outil de travail aux évolutions plus profondes de la demande.

Vis-à-vis des fluctuations du marché, les entreprises du modèle industriel sont sensibles aux aléas portant sur la quantité des produits qui peut être vendue, quantité plus ou moins prévisible. La flexibilité va se manifester dans la gestion des stocks. Dans la gestion des matières premières (nécessaires à la fabrication), les entreprises peuvent soit stocker en excès si leurs capacités financières et structurelles leur permettent, soit gérer à flux tendus, ou les deux (formes de flexibilité interne). Mais elles peuvent également mettre en place une politique d'alliance, de contrat, destinées à limiter l'ampleur des fluctuations (flexibilité externe). Les entreprises des modèles de réseau marchand et marschallien sont sensibles à des phénomènes qui ne sont pas prévisibles (crise de la vache folle, par exemple), dans lesquels le principal aléa porte sur la qualité. Les pratiques des entreprises vont consister à ajuster la qualité à la demande (en particulier lorsqu'il s'agit des produits dédiés). Il faudrait donc suivre (devancer) la demande (flexibilité externe) et mettre en place des systèmes capables de produire différentes qualités (flexibilité interne).

Cependant, face à l'incertitude radicale qui caractérise les situations productives aujourd'hui, les actions individuelles mais aussi les accords, les alliances, etc., avec d'autres partenaires ne suffisent pas à contrecarrer les évolutions de l'environnement. Les actions collectives sont une condition importante de la survie des entreprises,

Tableau 3. Le modèle de production de la firme.

Produit spécialisé	Produit standard	

Modèle du marché Marshallien
• Évaluation de la qualité :
  le prix comme révélateur
  de la satisfaction des acheteurs
• Concurrence : qualité
• Aléa sur la demande : incertitude
  locale marchande sur la qualité
• Formes de flexibilité
  – externe : qualité
  – interne : marchande (qualité, prix)
	Modèle du réseau marchand
	• Évaluation de la qualité :
	  standard industriel, local
	• Concurrence : prix en premier,
	  qualité en second
	• Aléa sur la demande : incertitude locale
	  temporelle (prix et quantité)
	• Formes de flexibilité
	  – externe : qualité
	  – interne : marchande (qualité, prix)
		Aléas du marché

Modèle l'innovation
• Évaluation de la qualité :
  règles éthiques et scientifiques
• Concurrence : par apprentissage
• Aléa sur la demande :
  certitude (risque = 0)
• Formes de flexibilité
  – externe : qualité et quantité
  – interne : qualité
	Modèle industriel
	• Évaluation de la qualité :
	  standard industriel général
	• Concurrence : prix
	• Aléa sur la demande : risque temporel
	  général sur la quantité (conjoncture)
	• Formes de flexibilité
	  – externe : quantité
	  – interne : quantité	

Évolution du marché		

(D'après Salais et Storper, 1993).

notamment les plus petites d'entre elles comme les exploitations agricoles. Les sources externes collectives de la flexibilité mériteraient d'être analysées de façon plus détaillée dans le futur. Le secteur de l'élevage est traité dans un autre article (chapitre 8, p. 135).

Les entreprises peuvent et doivent développer des stratégies d'adaptation aux évolutions du marché. Les entreprises qui fabriquent des produits spécifiques (modèle marschallien et modèle de l'innovation) doivent développer des capacités d'adaptation de leur outil de travail, et de leur organisation pour obtenir des produits de qualité. Elles doivent également augmenter leur capacité d'apprentissage, développer des réseaux, etc. Dans le cas de produits standards, la flexibilité va se manifester dans la capacité des firmes à gérer leurs coûts fixes, à diversifier les produits, à faire concevoir des systèmes techniques multi-produits, etc.

Les contreparties de la flexibilité

La flexibilité n'est pas une panacée ! Si elle est promue comme une qualité nécessaire des entreprises modernes, dans le langage courant pseudoéconomiste, la flexibilité a bien des contreparties qu'il s'agit de ne pas négliger.

La flexibilité n'est pas la capacité à innover, ou, plus précisément, la créativité

La flexibilité consiste à créer un état nouveau : on peut imaginer que les chercheurs de l'Inra créent une nouvelle variété de chênes plus résistants au vent. Par exemple, l'entreprise crée un produit totalement nouveau, ou un process, nécessitant de changer ou d'inventer complètement la stratégie, l'organisation, etc. Il s'agit alors moins de s'adapter à des contraintes externes qu'à créer celles-ci, en constituant des conditions nouvelles d'offre, à la fois autant des modes nouveaux de création de valeur, que de création de valeurs nouvelles.

La créativité, dans son sens le plus extrême, va donc à l'encontre de la simple adaptation des moyens et des stratégies existantes : c'est pourquoi elle est le plus souvent le fait d'entreprises nouvelles. Ainsi, Apple, puis Microsoft ont été créées *ex nihilo*, alors qu'IBM (et les autres) ont dû s'adapter aux conditions qui avaient été créées. Lorsque l'Oréal ou Danone lancent plusieurs nouveaux produits, il s'agit plus d'adaptation – répondre à la désaffection à l'égard des marques – que de créativité.

Mais, on l'a dit précédemment, la flexibilité n'est pas une panacée ! Elle est certes invoquée pour fustiger les rigidités de tous ordres, et quand il s'agit de prôner la flexibi-lité de l'emploi et du capital, on la confond bien souvent avec la créativité. Ce faisant, on oublie que la flexibilité a un coût et n'est pas sans risques.

Coût de la flexibilité

En effet, si la flexibilité permet aux entreprises de faire face aux modifications de l'environnement, en développant des nouvelles stratégies de commercialisation, en exter-nalisant certaines activités, en faisant des alliances, etc., toutes ces transformations plus au moins profondes de la structure ou des pratiques gestionnaires ont un coût. Ce coût ne se traduit pas seulement par des dépenses supplémentaires ou des manques à gagner, mais aussi par des nouveaux processus d'apprentissage et de mécanismes de gestion.

La question du coût est soulevée, dès lors que la flexibilité est perçue comme un moyen d'éviter des rigidités, c'est-à-dire, l'acquisition de capacités marquées par une irréversibilité temporelle ou décisionnelle. Le leasing de matériel, la location de bâtiments ou de bureaux, peuvent s'avérer des solutions non seulement financièrement coûteuses, mais aussi stratégiquement dangereuses, et l'on peut devenir dépendant du loueur de matériel.

Flexibilité et externalisation

Ce coût et ce danger sont identifiés lorsque l'entreprise souhaite augmenter sa flexibilité en externalisant des fonctions, des activités, voire certaines productions de biens et de services. En conséquence, le coût de moindre flexibilité risque de se trouver largement compensé par les coûts induits par l'externalisation qui nécessite des coûts de transaction externe, à savoir : la recherche de partenaires, les ressources engagées dans la relation, l'asymétrie d'information. Ainsi, le partenaire en sait plus que vous sur son activité, et risque peut-être d'en savoir plus que vous, et en tout cas beaucoup, sur votre propre activité. Il peut s'ensuivre des relations de dépendance, s'il apparaît, en fin de compte, que la relation d'affaires est concentrée sur un seul partenaire, qu'il n'a pas de substitut, et que la relation est essentielle.

Ce problème peut se retrouver pour toutes les ressources. En conséquence, si l'entrepreneur souhaite ne pas trop engager ses capitaux (qu'il ne pourrait retirer que difficilement), il va se tourner vers des apporteurs extérieurs de fonds, et travailler par des avances en compte-courant d'associés. L'expérience montre que le risque est grand de devenir aussi bien dépendant des banquiers que des associés !

De même, la recherche de flexibilité au sein de l'organisation, notamment sur les process de fabrication, engendre d'autres rigidités. La productique révèle que les machines-outils à commande numérique (MOCN) induisent des risques de blocage, notamment en cas de panne, mais aussi de ruptures technologiques, que l'on ne rencontre pas nécessairement avec un matériel plus traditionnel, en-dehors du risque de dépendance technologique à l'égard du fournisseur. De surcroît, comme nous avons pu l'observer, la « flexibilisation » de l'outillage nécessite que l'ensemble de l'atelier soit mis au diapason, ce qui engendre de nouvelles rigidités, en particulier l'impossibilité d'adaptations locales.

Flexibilité de l'emploi : attention aux conséquences !

On prône ainsi le recrutement de personnel flexible, les emplois en contrat à durée indéterminée (CDI) étant censés constituer une source de rigidité, liés au niveau des salaires et au coût de licenciement. On préfère s'adresser à des organisations externes (les organismes de travail intérimaire sont devenus les plus gros employeurs), ou à du personnel tournant, le dernier avatar étant celui des contrats ou des missions (censés concerner avant tout du personnel hautement qualifié et spécialisé). Une telle gestion du personnel, ou de la ressource humaine, à défaut de la gestion des personnes, peut se révéler fort coûteuse, voire dangereuse.

Cette gestion peut être coûteuse, car elle engage des coûts de transaction, liés à la prospection et au recrutement, qui sont multipliés d'autant. De plus, il faut engager des ressources (temps, connaissances, etc.) pour l'apprentissage du nouvel et éphémère employé. Elle peut être dangereuse, car la recherche de flexibilité entraîne une fuite des compétences et des connaissances acquises au sein de l'entreprise. Il n'est pas rare que l'employé (commercial, technicien, etc.) « se fasse les dents » dans l'entreprise, puis crée la sienne, quitte à démarcher les clients (en connaissant parfaitement les conditions de celui qui est devenu son concurrent). On peut toujours arguer, comme Bill Gates, que cette politique de rapide éviction entretient l'aiguillon de la concurrence – l'objectif étant tout de même de tirer le maximum des nouveaux employés en un laps de temps minimum –, il n'en reste pas moins que cette recherche de flexibilité contribue à diffuser et à banaliser des compétences qui pouvaient initialement constituer l'apanage d'une seule entreprise.

La flexibilité ne peut être totale

Dans la réalité des entreprises, la flexibilité ne peut jamais être totale (Marchesnay, 2004).

Il y a d'abord un effet de rémanence ou d'hystérésis. Cet effet est occasionné en premier lieu par la mémoire de l'organisation : le retour en arrière laisse des traces mnémoniques. La rémanence est liée également à l'engagement irréversible, (ou réversible seulement en partie), de coûts de capacité. Il s'agit d'abord des investissements matériels, physiques (machines, installations, capital circulant, etc.) ; une certaine partie ne pourra être réaffectée, devra être revendue, ou passée en profits et pertes (plutôt en pertes…). Cette rémanence apparaît surtout lorsqu'il s'agit d'actifs spécifiques, difficilement réutilisables ou réaffectables. Ensuite, il s'agit des investissements immatériels, ayant donné lieu à des dépenses à fonds perdus (ce que les économistes appellent des *sunk costs*) : dépenses de recherche, et, surtout, de développement, telles que les dépenses de publicité, et, plus généralement de mise en marché.

Il y a ensuite des effets de rigidité stratégique, décisionnelle. Une entreprise qui s'engage dans une stratégie le fait sur une certaine durée, sur un certain horizon de temps, en fonction d'une intention stratégique. De surcroît, l'axe stratégique mis en œuvre concerne également les parties prenantes extérieures, tels les fournisseurs, les clients, les banques, envers lesquels certains engagements ont été pris : les dommages peuvent être alors d'ordre financier, mais également en termes de notoriété et d'image de marque. En l'occurrence, « *perseverare non diabolicum est* » – du moins à court terme ! Ceci conduit aussi à analyser les rigidités des entreprises, toutes n'ont pas affaire au même type de flexibilité et il y a des situations plus favorables que d'autres au développement de la flexibilité (de certains types au moins).

L'exploitation agricole et la flexibilité

L'étude de la flexibilité renvoie à l'analyse des capacités de réaction, de proaction des entreprises ainsi que des pratiques gestionnaires des entrepreneurs c'est-à-dire la façon dont ils essaient de profiter des changements de l'environnement compte tenu de leurs projets et de leurs situations. Comment étudier cette flexibilité dans le champ de l'analyse du fonctionnement des systèmes de production agricole ? Les enjeux se situent, dans ce secteur, aux niveaux des unités de production et de l'organisation collective : il s'agit pour nous de caractériser et de comprendre les nouveaux modes de gestion des exploitations d'élevage dans leurs différentes composantes (techniques, économiques, organisationnelles et sociales) en tenant compte de la façon dont les éleveurs s'adaptent ou développent des capacités d'adaptation vis-à-vis d'un environnement qui change et qui est plus incertain. L'analyse des changements dans les exploitations d'élevage, qui sera abordée dans la 2e partie de l'ouvrage, est donc nécessaire.

Force est de constater que les recherches en gestion ont peu abordé la flexibilité des entreprises agricoles. Dans notre thèse sur les pratiques de trésorerie des agriculteurs (Chia, 1992), nous avons développé le concept voisin de capacité de négociation définie comme étant la capacité des agriculteurs à faire face aux changements internes et externes. Notre proposition est que, comme dans cette étude, nous devrons centrer nos recherches sur les sources et les formes de la flexibilité des systèmes de production agricoles – et plus particulièrement ici, les systèmes d'élevage d'herbivores – en analysant les pratiques des éleveurs. Ainsi, pour comprendre l'évolution des systèmes de production et leur capacité de flexibilité, nous proposons d'utiliser la grille de lecture des pratiques proposée par Hatchuel et Sardas (1992), chercheurs en sciences de gestion, qui se sont intéressés dans le secteur industriel au concept de système de production. Cette grille s'appuie sur quatre dimensions :
– les entités, concernant les objets matériels et également des supports à partir desquels on exerce une action, documents, blocs d'information... Il faut définir et identifier les entités, connaître la continuité et la répétitivité des actions, les relations entre les entités ;
– les ressources, composées par une machine, le troupeau, des locaux, les savoirs, les financements etc. Nous devons notamment porter un regard particulier aux ressources externes, aux réseaux et aux stratégies d'alliance des agriculteurs afin de saisir les sources (ou l'origine) de la flexibilité et les formes qu'elle prend au niveau des exploitations ;
– les tâches, représentées par les étapes de la production et les acteurs. Qui fait quoi et comment ?
– les modes de pilotage, connus d'après les réponses aux questions, produire, certes, mais quoi ? Quand ? Comment ? Les systèmes de production que nous considérons sont des organisations ayant une unité de coordination et de pilotage. On appellera donc mode de pilotage d'un système de production les processus par lesquels un ensemble d'acteurs se représente ce système et tente d'orienter et de conduire sa vie.

D'une façon générale, les agriculteurs doivent faire face aux incertitudes sur le comportement des consommateurs, très sensibles aux crises sanitaires (vache folle, influenza aviaire...) et aux nouvelles exigences de la société (protection de l'environnement, qualité des aliments et des paysages...). Le modèle de standardisation de la production semble ne plus correspondre à ces enjeux et un modèle de la variété, associé à un développement de contrats de production est en train de se mettre en place (chapitre 15, p. 223).

À la différence des entreprises industrielles, les exploitations agricoles ont peu de possibilités d'augmenter leur flexibilité en changeant de produits, c'est-à-dire en fabriquant plusieurs produits à partir d'un même *input*. En revanche, les processus sont une source importante de flexibilité en agriculture, tenant à la fois aux entités et aux ressources mises en jeu, tant sur les surfaces et les animaux (chapitres 3 p. 57 et 4 p. 73), ainsi qu'aux tâches et aux modes de pilotage (chapitres 5 p. 95 et 7 p. 119). Au-delà de cette source de flexibilité organisationnelle, les agriculteurs doivent donc rechercher une flexibilité globale en essayant d'éclairer les agencements entre les différentes formes de flexibilité (chapitre 9 p. 143), en particulier entre celles qui mobilisent des ressources internes et la flexibilité externe issue de l'action collective, en lien avec les labels, les cahiers des charges… (chapitre 8 p. 135).

Conclusion

Face aux incertitudes du marché, à l'accroissement des coûts de structure et à une concurrence accrue de l'étranger, les éleveurs – mais également les exploitants agricoles en général – ont dû (et doivent) développer des pratiques leur permettant de répondre aux changements rapides. Sans oublier que, poussée par les organismes de collecte et de vente de la production (coopératives, groupements…), c'est l'« économie de la variété », au sens que nous venons de voir, qui peu à peu s'impose au niveau du système productif agricole français. Ce sont ces phénomènes que les recherches sur la flexibilité essayent de caractériser et de comprendre.

Références bibliographiques

ALCARAS J.-R., LACROUX F., 1999. Planifier, c'est s'adapter. *Économies et Sociétés,* Série Sciences de gestion, n° 26-27, 6-7/1999, p. 7-37.

BARBIER N.-H., NADEL H., 2000. *La flexibilité du travail et de l'emploi.* Éditions Dominos, Flammarion, Paris, France.

BEAUJOLIN-BELLET R., 2004. Introduction. Aux sources des flexibilités : Quelles transformations ? *In Flexibilité et performances. Stratégies d'entreprises, régulations, transformations du travail*, sous la direction de Beaujolin-Bellet R., 2004. Éditions La Découverte, collection Recherches, Paris, France.

CHIA E., 1992. La recherche-clinique : proposition méthodologique dans l'analyse des pratiques économiques des agriculteurs (Étude de cas en Lorraine). Inra, *Études et recherches sur les systèmes agraires et le développement,* 26 : 39 p.

COHENDET P., LLERENA P., 1999. Flexibilité et modes d'organisation. *Revue française de gestion,* mars-avril-mai, p. 72-79.

FOUQUE Th., 1999. À la recherche des produits flexibles. *Revue française de gestion,* mars-avril-mai, p. 80-87.

HATCHUEL A., SARDAS J.-C., 1992. Les grandes transformations contemporaines des systèmes de production. Une démarche typologique. *In* de Terssac G., Dubois P (eds), *Les nouvelles rationalisations de la production.* Éditions Cépaduès, Paris, France, 23 p.

MARCHESNAY M., 2004. Note introductive : les flexibilités de l'entreprise. Séminaire Transformations des pratiques des éleveurs et flexibilité des systèmes d'élevage. Montpellier, France, 15-16 mars 2004. http://www.clermont.inra.fr/TSE/Templates/progseminaire.htm

MUNDLER P., LAURENT C., 2003. Flexibilité du travail en agriculture : méthodes d'observation et évolutions en cours. *Ruralia* 12/13. http://ruralia.revues.org/document336.html

PASIN F., TCHOKOGUÉ A., 2001. La flexibilité multiforme des entreprises de transport. *Revue française de gestion,* janvier-février, p. 23-31.

REIX R., 1979. *La flexibilité de l'entreprise.* Édition Cujas, Paris, France, 180 p.

REIX R., 1997. Flexibilité. [article 70] *In Encyclopédie de gestion.* Édition Economica, Paris, France.

SALAIS R., STORPER M., 1993. *Les mondes de production.* Enquête sur l'identité économique de la France. Éditions de l'École des hautes études en sciences sociales, Paris, France, 467 p.

TARONDEAU J.-C., 1999a. Approches et formes de flexibilité. *Revue française de gestion,* mars-avril-mai, p. 66-71.

TARONDEAU J.-C., 1999b. *La flexibilité dans les entreprises.* PUF, Que sais-je ?, Paris, 126 p.

VERAN L., 1991. *La prise de décision dans les organisations.* Réactivité et changement. Éditions d'organisation, Paris, France, 140 p.

Chapitre 2
Flexibilité adaptative : biologie évolutive, théorie des jeux et psychologie

Xavier Fauvergue, Cédric Tentelier

Comment changer dans un monde qui change ? Si dans le présent ouvrage cette question se pose pour l'exploitation des animaux d'élevage, elle s'est aussi posée depuis des millions d'années à tous les organismes vivants. Ainsi, ceux qui ont survécu jusqu'à aujourd'hui ont certainement trouvé des réponses efficaces à la question du changement, en développant des mécanismes leur permettant de continuer à produire (des descendants) malgré les changements. Les biologistes quant à eux ont développé des outils conceptuels et méthodologiques leur permettant d'étudier ces mécanismes. Dans ce chapitre, l'objectif est de poser un regard de biologiste sur la notion de changement adaptatif dans un monde qui change, en nous concentrant sur la flexibilité. Les outils conceptuels et méthodologiques que nous allons exposer constituent la raison d'être de ce chapitre, car nous pensons qu'ils sont assez génériques pour pouvoir diffuser vers d'autres disciplines. Ainsi, même si nous n'avons probablement pas le recul nécessaire pour établir un véritable parallèle entre les sciences biologiques et les sciences économiques, nous tenterons de rendre les notions développées par les biologistes assez claires pour qu'elles puissent apporter des idées nouvelles à un lecteur non-spécialiste.

La biologie évolutive est la principale discipline centrée sur les modifications des organismes lorsque l'environnement change. Elle s'intéresse à l'évolution biologique, c'est-à-dire aux modifications des structures, des fonctions et des comportements des organismes au fil des générations (Ridley, 1997). La théorie darwinienne de l'évolution repose sur trois aspects essentiels du monde vivant :
– la variation. Les caractéristiques varient entre individus ;
– l'hérédité. Chaque individu transmet une partie de ses propres caractéristiques à ses descendants ;
– la compétition. Les individus produisent généralement plus de descendants que l'environnement n'est capable d'accueillir. Il en résulte une compétition entre individus pour les ressources d'un environnement donné.

Ces trois aspects permettent le processus de la sélection naturelle : du fait de la compétition, ce sont les individus dont les caractéristiques sont les mieux adaptées à l'environnement qui se reproduisent le mieux, et qui, par conséquent, transmettent majoritairement leurs caractéristiques aux générations suivantes.

L'exemple le plus classique d'évolution biologique par sélection naturelle en réponse au changement est certainement celui de la phalène du bouleau. Au milieu du XIXe siècle en Angleterre, la pollution causée par les nouvelles industries a entraîné un changement radical de la couleur des troncs d'arbre : le lichen est mort et certains troncs se sont retrouvés couverts de suie. Les troncs initialement clairs sont donc devenus beaucoup plus foncés. Les phalènes sont des papillons nocturnes qui dorment le jour sur les troncs d'arbres. Dans le nouvel environnement pollué, les papillons normaux aux ailes claires sont devenus des proies faciles pour les oiseaux prédateurs. Au contraire, les très rares individus qui étaient naturellement plus foncés ont mieux survécu et ont produit plus de descendants. Ainsi progressivement, pendant une cinquantaine d'années, la proportion de papillons foncés a augmenté dans les populations de Grande-Bretagne ; puis elle a diminué à nouveau lorsque les entreprises sont devenues peu ou pas polluantes.

L'histoire de la phalène du bouleau n'est pourtant pas une histoire de flexibilité. Elle révèle au contraire l'acception classique de la biologie évolutive : l'évolution des fréquences de caractères fixes via la sélection de formes préexistantes. Chaque individu dispose de caractères robustes, qui ne changent pas, mais il existe dans la population un polymorphisme de ces caractères qui permet à la population dans son ensemble d'évoluer et de s'adapter aux changements. Dit autrement, un papillon né blanc reste blanc, et c'est la rapidité à laquelle il sera mangé par un oiseau qui déterminera le nombre de ses descendants cinquante ans plus tard, après un grand nombre de générations et l'action de la sélection naturelle. Toutefois, cette acception classique de la biologie évolutive contraste avec l'observation courante de la nature qui révèle qu'en pratique les individus changent au cours de leur propre existence, et qu'une bonne partie de ces changements trouve une interprétation adaptative évidente. Un exemple connu est l'augmentation du taux de globules rouges en altitude ; cet ajustement permet une meilleure capture de l'oxygène lorsque cette molécule se raréfie, et constitue donc une adaptation presque immédiate au changement d'environnement. De façon surprenante, ce n'est qu'assez récemment que les théoriciens de l'évolution se sont vraiment penchés sur ce type de processus adaptatif, fondé sur la modification des caractères au cours de la vie et non plus au cours des générations. Ce type de processus est classé dans un ensemble que l'on appelle la plasticité phénotypique (dans lequel se trouve la flexibilité), et un certain nombre de questions propres à la biologie évolutive se posent sur cet ensemble depuis une ou deux décennies :
– à quoi correspond un caractère plastique pour la relation duale entre le génotype et le phénotype ?
– dans quelles circonstances un caractère plastique est-il plus avantageux qu'un caractère fixe ?
– quels sont les bénéfices de la plasticité phénotypique, mais aussi, quels en sont les coûts et les limites ?

Dans ce chapitre, nous nous intéresserons à la flexibilité de phénotypes particuliers, et particulièrement complexes : les décisions individuelles. Nous nous placerons donc dans une perspective assez large de biologie du comportement, elle-même sous-tendue par différentes disciplines telles que la biologie évolutive, la théorie des jeux, et la psychologie comportementale. Nous commencerons par définir la flexibilité dans le contexte général de la biologie évolutive, en répondant brièvement aux questions posées ci-dessus. Une des conséquences de l'évolution biologique par la sélection naturelle est l'adaptation. Dans une deuxième partie, nous formaliserons cette notion d'adaptation, en nous fondant sur une méthode théorique initialement développée pour les sciences économiques et sociales : la théorie des jeux. Grâce à cette méthode, nous développerons un modèle permettant de définir précisément une stratégie adaptée dans un environnement variable. Enfin, dans une troisième partie, nous utiliserons une approche en psychologie comportementale pour montrer comment une combinaison de règles simples d'acquisition d'information et de prise de décision permettra aux individus de prendre des décisions adaptées lors d'un changement de leur environnement.

Plasticité phénotypique et flexibilité en biologie évolutive

Il y a plusieurs façons de définir la flexibilité. Le chapitre précédent offre une perspective spécifique au monde de l'entreprise. De manière surprenante, toutes les définitions qui y sont proposées évoquent un des concepts majeurs de la biologie évolutive : l'adaptation. Dans cette partie, nous approfondissons cette notion d'adaptation dans la perspective de la biologie évolutive.

La dualité génotype – phénotype

La théorie néo-darwinienne de l'évolution est le résultat d'une synthèse entre le paradigme darwinien de l'évolution par la sélection naturelle et les lois de Mendel sur l'hérédité des caractères. Dans ce contexte, un caractère donné (comme être ridé lorsqu'on est un petit pois) est considéré comme un phénotype. Le phénotype est une réalisation particulière du génotype, c'est-à-dire de l'information qui est contenue dans le noyau des cellules, sur la molécule d'ADN. Distinguer le phénotype du génotype est crucial pour deux raisons. D'une part, cette distinction est au cœur de la définition de la flexibilité ; un même génotype peut en effet entraîner différents phénotypes, et cette variation possible du phénotype pour un génotype donné est appelée plasticité phénotypique (Piersma et Drent, 2003). On verra ci-après que la flexibilité est une forme particulière de plasticité phénotypique. D'autre part, seul le génotype est transmis aux générations futures. La probabilité pour un génotype d'être transmis dépend toutefois de l'adaptation du phénotype à l'environnement, c'est-à-dire de sa capacité à produire des descendants viables dans cet environnement. En ce sens, l'information contenue dans le génotype ne peut se propager au cours de l'évolution que si elle produit un phénotype adapté. Cette idée poussée au paroxysme constitue l'essentiel de la thèse du gène égoïste de Dawkins (2003) qui propose de concevoir les organismes vivants comme des véhicules pour les gènes. Grâce à ces véhicules, les gènes assurent leur transmission à travers les générations ; ils assurent leur immortalité. Ainsi, cette dualité entre phénotype et génotype nous permet de proposer une première définition de l'adaptation : la capacité d'un phénotype à transmettre le génotype. Selon ce critère, la flexibilité pourra être, ou ne pas être, adaptative.

Ainsi, pour résumer en termes simples, un organisme dispose d'un plan de fonctionnement, déterminé à priori et fixé pour la vie, le génotype, et d'une série d'exécutions possibles de ce plan pouvant varier, judicieusement ou pas, selon les circonstances, le phénotype. Par analogie, on peut imaginer qu'un éleveur dispose de caractéristiques quasiment incompressibles (par exemple ses contraintes socioculturelles, ses investissements physiques en matériels lourds…, son patrimoine qu'il transmettra éventuellement à ses descendants), mais également d'une panoplie de stratégies possibles, néanmoins contraintes par ces caractéristiques incompressibles. L'adaptation représente la capacité du plan de fonctionnement à permettre des réalisations qui génèrent une bonne production dans l'environnement considéré et ainsi, une conservation du plan de fonctionnement. Si le plan de fonctionnement ne permet plus ces réalisations productives, c'est la faillite. Il faut alors faire intervenir la notion de « créativité », définie par Chia et Marchesnay (chapitre 1, p. 23). Cette créativité est assurée dans le monde vivant par les mutations sur la molécule d'ADN.

La flexibilité est un cas particulier de plasticité phénotypique

La rigidité

L'extrême inverse de la flexibilité est la rigidité, si l'on se réfère à la définition qui est donnée à ce terme en physique (la résistance d'un solide à l'application d'une force). Pour être rigide, il faut qu'un génotype produise toujours le même phénotype, quel que soit l'environnement. Cette situation est certainement rare, voire inexistante dans la nature ; chez l'homme par exemple, même les jumeaux provenant du même œuf ne se ressemblent que partiellement. Dans ce cas, l'adaptation en réponse à un changement d'environnement peut se faire, mais seulement à long terme et au niveau de la population, comme nous l'avons vu en introduction avec la phalène du bouleau. Dans les activités économiques humaines, la rigidité pourrait s'appliquer aux entreprises dans lesquelles les réalisations ne dévient pas du plan initial, et sont de ce fait soit adaptées, soit mal adaptées, en fonction du contexte donné.

La canalisation

La canalisation est une forme très particulière de rigidité. La canalisation est définie comme la capacité à produire un phénotype fixe malgré des variations du génotype ou de l'environnement (Debat et David, 2001). Par exemple, l'homéothermie est une forme de canalisation. Contrairement à la rigidité, le concept de canalisation est associé à un avantage adaptatif clairement identifié : le maintien d'une température constante permet aux individus homéothermes de rester actifs quelles que soient les conditions environnementales. De plus, en analysant la canalisation attentivement, on réalise qu'elle est en fait plus proche de la flexibilité que de la rigidité : le maintien d'un trait constant (l'homéostasie) nécessite la mise en place d'une série de mécanismes sous-jacents flexibles, adaptés aux conditions rencontrées. La canalisation est donc un processus permettant la conservation d'un produit à succès. Un exemple dans le monde des entreprises est peut-être la fabrication en franchise : pour satisfaire le goût d'un voyageur inquiet, un hamburger de chez McDonald's vendu sur la Place Rouge doit être identique à un hamburger vendu sur les Champs Élysées, malgré des process en partie différents.

La plasticité de développement

La plasticité de développement concerne la variation irréversible d'un trait phénotypique (Debat et David, 2001 ; Meyers et Bull, 2002). Cette plasticité résulte de processus intervenant pendant le développement d'un organisme, en réponse aux caractéristiques de l'environnement. Le sens du terme plasticité est ici similaire au sens qui lui est accordé en physique : la propriété d'un solide de se déformer sous l'action d'une force, et de conserver la forme acquise lorsque la force cesse d'agir. Dans le monde vivant, un exemple de l'hermaphrodisme séquentiel de certains poissons et reptiles est assez frappant. Un individu de phénotype initialement mâle peut adopter, à un moment donné, un phénotype femelle, mais ce changement ne peut se faire qu'une seule fois dans la vie de l'individu, et de façon irréversible. La firme McDonald's a également été contrainte d'utiliser une forme de plasticité de développement, par exemple au moment de son implantation récente en Inde. À la suite de violentes manifestations, les hamburgers classiques à base de bœuf ont rapidement laissé la place à des hamburgers à base de poulet ou de poisson, mieux adaptés aux conditions (religieuses) locales.

La flexibilité

Au contraire de la plasticité de développement, la flexibilité concerne la variation réversible d'un trait phénotypique sous l'action de l'environnement (Piersma et Drent, 2003). La flexibilité fait écho à l'élasticité, définie en physique comme la propriété d'un solide à reprendre sa forme initiale après avoir été déformé par l'application d'une force. Il existe de nombreux traits phénotypiques flexibles, les plus caractéristiques étant certainement les traits comportementaux. Plus loin, nous approfondirons une forme de flexibilité, fondée sur l'apprentissage, dans laquelle l'utilisation d'une information acquise et mémorisée permet un changement de comportement adapté au changement d'environnement. Il s'agit bien de flexibilité, car si l'information est oubliée ou remplacée par une autre information, le comportement d'un même individu peut revenir à son état initial ou prendre un nouvel état, encore différent.

Ainsi, en utilisant la terminologie spécifique de la biologie évolutive, il est probable que la capacité des entreprises à changer dans un environnement changeant se situe quelque part entre la plasticité de développement et la flexibilité. La flexibilité organisationnelle (chapitre 1) serait proche de la plasticité de développement, parce que les changements d'ordre structurel ne permettent pas un retour complet à l'état initial (hystérésis). En revanche, la flexibilité stratégique décisionnelle serait plus proche de la flexibilité car elle permet un retour plus facile à l'état initial.

Bénéfices, coûts et limites de la flexibilité

Une des méthodes les plus utilisées par les biologistes de l'évolution pour analyser l'intérêt d'un caractère particulier n'est pas sans allusion à l'économie, puisqu'elle consiste à évaluer les bénéfices et les coûts de ce caractère dans différents environnements. À ce titre, la flexibilité peut être considérée comme un caractère en tant que tel, sur lequel une telle évaluation est possible.

Intuitivement, les bénéfices de la plasticité phénotypique paraissent assez évidents, mais une analyse plus fine montre que les différents types de plasticité phénotypique s'accordent à différents types de changements. Au sens large, la plasticité phénotypique est bénéfique si l'environnement change fréquemment d'une génération à l'autre. En effet, dans ce cas, un phénotype rigide, fixé génétiquement, sera parfois adapté mais souvent inadapté. La plasticité de développement, parce qu'elle est irréversible, n'est probablement bénéfique que si les changements au cours d'une même génération sont lents (Meyers et Bull, 2002). Des changements plus rapides au cours des générations favorisent soit la canalisation, soit la flexibilité, parce que ces formes permettent une adaptation plus immédiate (Piersma et Drent, 2003). En revanche, si les fluctuations sont trop rapides, la flexibilité ne sera probablement plus favorisée car, dans ce cas, le phénotype apparaîtra toujours en décalage (« en retard ») par rapport à l'état de l'environnement (Stephens, 1991).

Un classement des coûts de la flexibilité en cinq catégories a été proposé par DeWitt *et al.* (1998).

• (1) Les coûts de production sont nécessaires pour créer des structures spécifiques de la flexibilité. Par exemple, pour créer de la capacité à apprendre, un organisme doit allouer de l'énergie au développement de structures neuronales spécifiques ; cette énergie n'est alors pas allouée à d'autres structures. Ainsi, il a été montré expérimentalement chez certaines mouches que les individus flexibles (capables d'apprendre) sont de moins bons compétiteurs que les individus rigides (Mery et Kawecki, 2003).

• (2) Les coûts d'entretien correspondent à l'énergie qu'il est nécessaire de dépenser pour le fonctionnement de ces structures spécifiques de la flexibilité. Par exemple, toujours dans le contexte de l'apprentissage, le stockage d'informations dans la mémoire, indispensable pour assurer certaines formes de flexibilité décisionnelle, nécessite une énergie qui pourrait être allouée à d'autres activités (Dukas, 1999).

• (3) L'acquisition d'information, permettant l'adaptation d'un trait phénotypique flexible au nouvel environnement, ne va pas sans un investissement en temps ou en attention. Un individu concentré sur une tâche d'apprentissage ne peut pas en même temps se concentrer sur une autre tâche. À titre d'illustration, lorsqu'un geai bleu apprend à reconnaître la forme d'une proie dans son environnement, sa capacité à détecter l'arrivée d'un objet périphérique est altérée (Dukas et Kamil, 2000). Si cet objet périphérique est un prédateur, le coût de l'acquisition d'information par le geai peut être très élevé.

• (4) L'instabilité est une conséquence potentiellement négative du fait de posséder une possibilité de variation.

• (5) Les coûts génétiques sont liés au manque d'indépendance entre certains gènes d'un même organisme ; il est possible que les gènes permettant la plasticité phénotypique soient liés à des gènes ayant des effets négatifs sur le phénotype. Une interprétation un peu anthropomorphique associant ces deux derniers coûts pourrait s'illustrer par le cas d'un éleveur dont le caractère général serait complètement lunatique. Cet éleveur serait peut-être apte à réagir vite au changement de l'environnement, mais il présenterait par ailleurs des comportements associés à son aptitude flexible pouvant nuire à la bonne conduite de son exploitation.

En plus des coûts, les mêmes auteurs (DeWitt *et al.,* 1998) proposent quatre catégories de limites.

• L'information que les organismes peuvent acquérir sur leur environnement n'est pas forcément fiable, notamment lorsque les changements sont rapides ou imprévisibles.

• Le délai de la réponse peut rendre les stratégies plastiques inopérantes si la réponse est longue à mettre en place (cas de la plasticité de développement) ou si l'environnement change rapidement.

• Un phénotype capable de flexibilité est souvent moins apte qu'un phénotype rigide à s'adapter à des situations extrêmes (le phénotype rigide peut être plus facilement spécialisé).

• Un trait phénotypique ajouté à posteriori (comme résultat d'une réponse plastique ou flexible) peut s'avérer moins efficace d'un phénotype intégré à l'ensemble du développement.

Ainsi, pour résumer, la flexibilité est bénéfique dans les environnements qui changent assez rapidement. Elle nécessite toutefois des investissements dans des structures spécifiques de la flexibilité (telles que celles qui permettent l'acquisition d'information sur l'environnement), ainsi qu'une dépense constante pour faire fonctionner ces structures. En revanche, dans des environnements où les changements sont trop rapides ou dans des conditions extrêmes où il est nécessaire d'être spécialisé, la flexibilité ne présente plus d'avantages.

Flexibilité adaptative : stratégie mixte à l'équilibre de Nash

Dans quelle mesure la flexibilité d'une décision comportementale peut-elle être considérée comme une adaptation ? Afin de répondre à cette question, nous proposons ici un détour par la théorie des jeux ; la flexibilité adaptative sera alors définie comme une stratégie mixte à l'équilibre de Nash[1]. Le choix de la théorie des jeux nous semble justifié pour deux raisons. D'une part, que ce soit dans la nature ou dans le tissu des relations économiques humaines, le bénéfice que peut tirer un individu de la décision qu'il prend est généralement fonction des décisions adoptées par les autres individus en présence. Cette situation d'interdépendance entre individus constitue l'hypothèse fondamentale de la théorie des jeux. D'autre part, sur le plan de la curiosité épistémologique, il pourra paraître surprenant – c'est-à-dire à première vue paradoxal – que dans un ouvrage ayant une forte résonance socio-économique, ce soient les biologistes qui introduisent cette théorie. Paradoxal en effet, parce que la théorie des jeux s'est développée dans le berceau des sciences économiques et sociales (von Neumann et Morgernstern, 1953) bien avant d'être adaptée à la biologie évolutive (Maynard Smith, 1982).

Règles du jeu : joueurs, décisions, paiements

Le jeu qui nous servira d'illustration est volontairement simple : N individus herbivores se distribuent dans une région structurée en deux parcelles, A et B. Pour prédire la distribution de ces herbivores, nous nous plaçons dans une perspective typiquement utilitariste dans laquelle chacun des N individus est supposé rationnel. Chaque individu cherchera donc à maximiser une fonction d'utilité, assimilée à la quantité de nourriture ingérée par jour. Cette variable est supposée comme étant *in fine* bien corrélée à la production de descendants, et donc, à la transmission de gènes vers les générations

---

[1] Pour ceux qui souhaitent s'initier à la théorie des jeux, un ouvrage à la fois clair et récent a été rédigé par un économiste, et traduit en français (Rasmusen, 2004).

futures *(fitness)*. Nous pouvons imaginer que les caractéristiques intrinsèques du couvert végétal des deux parcelles sont telles qu'elles contraignent l'acquisition de nourriture. Il est aussi réaliste de concevoir que plus il y a d'herbivores en compétition sur une parcelle, plus l'acquisition de chaque herbivore est faible. Cette densité-dépendance repose sur deux hypothèses. La première est que soit la quantité de ressources disponibles pour chaque individu, soit l'efficacité des individus à acquérir ces ressources, est une fonction décroissante du nombre d'individus présents sur la parcelle. La seconde hypothèse est que tous les individus sont égaux face à la compétition ; il n'y a pas d'individu qui puisse monopoliser la ressource et qui ne serait alors pas affecté par une augmentation de la compétition. Implicitement, cela signifie que l'on se place dans le cadre de jeux dits symétriques, au cours desquels tous les joueurs partagent les mêmes règles.

Dans ce contexte, la question à laquelle nous allons répondre est : en admettant que ces deux parcelles A et B aient des qualités différentes quantifiables, disons Q_A et Q_B, quelle est la parcelle qu'un herbivore quelconque parmi les N herbivores devrait exploiter ? Répondre à cette question a pour but de poser un cadre théorique simple, permettant par la suite d'analyser la flexibilité adaptative des décisions dans un environnement changeant, c'est-à-dire, un environnement dans lequel les qualités Q_A et Q_B seront modifiées.

Dans le jargon de la théorie des jeux, chaque joueur adopte une stratégie, c'est-à-dire un ensemble de décisions définies à priori. Pour le jeu simple que nous avons choisi, il n'y a que deux décisions possibles : exploiter la parcelle A ou exploiter la parcelle B. On peut imaginer que chaque individu doit prendre cette décision chaque jour, sans connaissance préalable du nombre de compétiteurs qu'il va rencontrer. Un individu peut adopter une stratégie pure, comme exploiter toujours A, ou exploiter toujours B. Alternativement, il peut adopter une stratégie mixte composée de plusieurs stratégies pures, chacune étant jouée avec une probabilité donnée. Dans notre jeu, un herbivore pourra exploiter A avec une probabilité p et B avec une probabilité $(1-p)$. C'est donc la stratégie mixte qui reflète la notion de flexibilité en théorie des jeux, car p pourra éventuellement dépendre des conditions environnementales.

La meilleure stratégie est fonction de l'objectif du jeu. Ici notre critère est la maximisation de l'utilité espérée, un critère qui a servi pour le développement de la théorie des jeux dans le cadre de l'économie (von Neumann et Morgernstern, 1953). Si ce critère de rationalité est considéré par certains comme simpliste pour analyser les décisions économiques humaines, il est plus clairement justifié en biologie évolutive. En effet, les gènes qui engendrent des phénotypes maximisant la reproduction sont mieux transmis aux générations suivantes. Ils résistent donc mieux à la sélection naturelle. C'est pourquoi on peut supposer que des organismes encore observés aujourd'hui portent des gènes qui induisent une maximisation de la reproduction (Maynard Smith, 1982 ; Dawkins, 2003). Ici, nous supposons que l'utilité correspond à la quantité de nourriture acquise par individu et par jour. Cette quantité est contrainte par deux variables environnementales : la qualité de la parcelle choisie, Q_A ou Q_B, et le nombre de compétiteurs présents, $p N$ sur la parcelle A et $(1-p) N$ sur la parcelle B. Compte tenu de ces contraintes sur la fonction d'utilité, nous pouvons définir le paiement (ou gain) de chaque joueur à chaque partie (chaque jour) en fonction de sa décision et de celle des autres joueurs : $G_A = Q_A / (p N)$ pour la parcelle A et $G_B = Q_B / [(1-p) N]$ pour la parcelle B.

La stratégie adaptée est la stratégie imbattable

Les règles du jeu étant définies, il devient possible de rechercher la solution du jeu, en cherchant la stratégie qui maximise l'utilité de chaque joueur. Intuitivement, il est aisé de comprendre qu'une stratégie pure ne remplit pas cette condition. En effet, si tous les herbivores se cantonnent à une seule des deux parcelles (si $p = 0$ ou $p = 1$), alors un individu exploitant la parcelle inoccupée souffrira moins de la compétition et gagnera plus. Il faut donc rechercher une stratégie mixte, caractérisée par une valeur de p différente de 0 et de 1. Une illustration graphique permet de visualiser à la fois le processus sous-jacent, la fréquence-dépendance, et la solution du jeu (figure 1). Si la probabilité p d'exploiter A est faible, il y a peu d'individus sur A, le gain G_A est élevé, et il est alors avantageux de jouer A avec une plus grande probabilité. Si tous les joueurs, supposés identiques, augmentent leur probabilité d'exploiter la parcelle A, alors G_A pourra devenir inférieur à G_B et il deviendra avantageux de jouer A moins fréquemment. Il existe une valeur de p à laquelle plus aucun joueur ne peut augmenter son utilité espérée en changeant de stratégie : c'est le point où l'utilité est identique dans les deux parcelles.

Pour un jeu symétrique comme ici, l'équilibre de Nash strict correspond à la stratégie qui est l'unique meilleure réponse à elle-même ; aucune stratégie alternative ne peut alors apporter une plus grande utilité aux individus qui l'adoptent. Ici, en référence à l'expression originelle employée par Hamilton (1967) on appellera cette stratégie à l'équilibre de Nash la « stratégie imbattable ». Ce terme permet notamment d'éviter le terme ambigu d'optimum, la stratégie imbattable n'étant pas forcément un optimum dans le sens de Pareto. En biologie évolutive, l'équilibre de Nash implique que si un gène mutant apparaît et que ce gène code pour une stratégie différente de celle qui est jouée par la plupart des individus de la population, ce gène ne pourra pas envahir la population sous l'action de la sélection naturelle. En ajoutant une condition supplémentaire, on qualifie de stratégie évolutivement stable la stratégie qui résiste à l'invasion (Maynard Smith, 1982).

Il est possible de retrouver l'équilibre de Nash par un raisonnement formel. La stratégie qui consiste à exploiter la parcelle A avec une probabilité p (et donc B avec une probabilité $1 - p$) est un équilibre de Nash strict si :

$$G(p,p) > G(p',p) \; \forall p' \neq p \qquad \text{équation 1}$$

où p' est une stratégie alternative à p, et $G(p',p)$ est le gain de la stratégie p' lorsqu'elle est jouée contre la stratégie p. Pour trouver p qui satisfait l'équation 1, on cherche le p' qui maximise $G(p',p)$. Par définition, ce p' sera p (équation 1), que l'on note alors p^*, la probabilité imbattable d'exploiter la parcelle A. Techniquement, on cherche le maximum de la fonction $G(p',p)$ en cherchant pour quel p' la dérivée de cette fonction s'annule :

$$\left. \frac{dG(p',p)}{dp'} \right|_{p' = p = p^*} = 0 \qquad \text{équation 2}$$

Le gain d'une stratégie alternative p', lorsqu'elle est jouée contre des individus qui jouent une stratégie p est égal à :

$$G(p',p) = p' \frac{Q_A}{Np} + (1 - p') \frac{Q_B}{N(1 - p)} \qquad \text{équation 3}$$

En dérivant par rapport à p' et en développant, on trouve :

$$p^* = \frac{Q_A}{Q_A + Q_B} \qquad\qquad \text{équation 4}$$

Cela signifie que la stratégie stable est caractérisée par une probabilité d'exploiter une parcelle égale à la qualité relative de cette parcelle par rapport aux autres parcelles. Dans la mesure où tous les joueurs sont supposés égaux, cette probabilité se traduit directement en proportion d'individus dans la parcelle. La prédiction théorique du modèle devient alors : les joueurs en compétition devraient se distribuer de manière à ce que la proportion de compétiteurs soit égale à la proportion de ressources. Cette prédiction est bien connue, sous le nom d'*input matching rule* (Parker, 1978). C'est une des prédictions d'un modèle phare de l'écologie comportementale, la distribution libre idéale (Fretwell et Lucas, 1970). Pour notre exemple de deux parcelles et en prenant $Q_A = 40$ et $Q_B = 10$ (figure 1), cette proportion imbattable est de 0,8. On remarque que pour cette stratégie, l'utilité est identique dans les deux parcelles. Elle est égale à $(Q_A + Q_B)/N$. De ce fait, à l'équilibre, aucun joueur qui cherche à maximiser son utilité n'a intérêt à changer de parcelle.

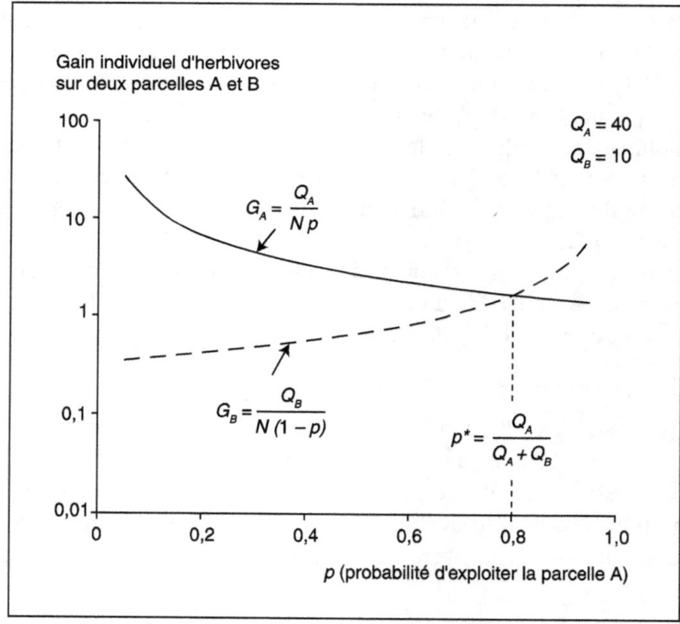

Figure 1. Représentation graphique du gain individuel d'herbivores exploitant chacune des deux parcelles A et B.

Pour chacune des deux décisions alternatives, exploiter A ou exploiter B, ce gain est fonction de la qualité de chacune des deux parcelles (ici, QA = 40 et QB = 10), mais aussi du nombre d'individus dans chaque parcelle (N p dans la parcelle A, et N (1 − p) dans la parcelle B, avec ici N = 30). Il existe une valeur de p à l'équilibre, appelée p*, qui maximise le gain de tous les individus. Ce p* est un équilibre de Nash, encore appelé stratégie imbattable dans cet article.

Psychologie du roseau pensant

L'objectif de cette partie est de montrer que seule une bonne combinaison entre flexibilité et acquisition d'information permet aux individus de s'adapter à un environnement variable. Nous allons donc simuler une situation dans laquelle un même individu a le choix entre deux décisions possibles, et adapte la probabilité de prendre chaque décision en fonction des conditions environnementales qu'il rencontre. Dans la poursuite de notre exemple, chaque herbivore pourra donc adopter une stratégie mixte, en exploitant la parcelle A avec une probabilité p et la parcelle B avec une probabilité $1 - p$. Chaque herbivore aura donc un contrôle sur la valeur de p caractérisant sa stratégie : pratiquement, cette valeur sera déterminée chaque jour, en fonction de l'information acquise sur l'utilité réalisée sur les deux parcelles dans un passé plus ou moins lointain. La valeur adaptative de la stratégie effectivement jouée sera évaluée en la comparant avec la stratégie imbattable p^* dérivée au moyen de la théorie des jeux (équation 4).

L'hypothèse majeure de ce travail est que les individus ne sont pas capables de calculer la stratégie imbattable théorique p^*. Nous faisons ici référence aux coûts et limites de la flexibilité, décrits dans la première partie de ce chapitre, et plus spécifiquement, aux limites sur l'information qu'un organisme vivant peut avoir sur son environnement. Toutefois, nous allons montrer que des règles pragmatiques simples (que les anglo-saxons nomment *rules of thumbs*) peuvent permettre aux joueurs de se rapprocher de la stratégie imbattable dérivée mathématiquement. Ici, la règle comportementale que nous allons utiliser est celle du *Relative Payoff Sum* (RPS), que l'on pourrait éventuellement traduire par ratio des gains cumulés. Cette règle a été proposée par Harley en 1981 (reprise par Maynard Smith, 1982) pour montrer l'intérêt de l'apprentissage dans différents problèmes de théorie des jeux. Il s'agit en fait d'une combinaison de deux règles : une règle d'apprentissage qui détermine la dynamique avec laquelle l'information entre et sort de la mémoire, et une règle de décision qui détermine la valeur de p réalisée en fonction de l'information stockée.

Règle d'apprentissage

La règle du RPS suppose que l'acquisition d'information permet la mise à jour de valeurs subjectives attribuées par chaque individu aux différentes options comportementales. Dans notre exemple où chaque herbivore a le choix entre les deux parcelles A et B, ces valeurs subjectives sont notées V_A et V_B. Elles intègrent trois niveaux d'information.

• Une information déterminée à priori qui ne change pas en fonction de l'expérience acquise dans chaque parcelle rencontrée. Différentes interprétations peuvent être données à cette information. En biologie évolutive, elle pourrait correspondre à celle qui est « contenue » dans le génotype, à l'information innée qui affecte le choix des individus avant qu'ils ne réalisent leur propre expérience de l'environnement. Dans un contexte socio-économique, ce type d'information peut être assimilé à tout ce qui provient d'un passé lointain, comme la culture au sens large, les coutumes, etc.

• Une information progressivement acquise dans le courant de la vie de l'individu. Cette information correspond à un passé plus ou moins proche, l'importance de ce passé dépendant du processus de mémorisation.

• Une information actuelle, qui reflète uniquement du gain réalisé instantanément.

L'intégration de ces informations issues de différents horizons temporels peut se traduire mathématiquement par des équations récursives de la forme :

$$V_A(t) = mV_A(t-1) + (1-m)r_A + G_A \qquad\qquad \text{équation 5}$$

et

$$V_B(t) = mV_B(t-1) + (1-m)r_B + G_B \qquad\qquad \text{équation 6}$$

Dans ces équations, r_A et r_B sont les valeurs à priori concernant les parcelles ; à l'origine, $V_A(0) = r_A$ et $V_B(0) = r_B$.

G_A et G_B correspondent à l'utilité réalisée, avec les mêmes contraintes que précédemment :

$G_A = Q_A / (N\,p)$ lorsque l'herbivore est sur la parcelle A et $G_A = 0$ lorsqu'il est sur B ; $G_B = Q_B / [N(1-p)]$ lorsque l'herbivore est sur la parcelle B et $G_B = 0$ lorsque il est sur A. Le pas de temps t utilisé pour notre exemple correspond au jour.

Dans le RPS, m est le paramètre central de la flexibilité. En effet, m définit la capacité d'apprentissage (via la mémoire) en donnant un poids plus ou moins important à l'information acquise dans le courant de la vie. Une valeur de ce paramètre m proche de zéro s'applique aux individus conservateurs, inflexibles, car dans ce cas, l'information à priori est prépondérante. Au contraire, une valeur du paramètre m proche de 1 caractérise une stratégie flexible pour laquelle l'information acquise est prépondérante. Dans ce cas, les valeurs subjectives des parcelles changent en fonction des gains effectivement réalisés sur ces parcelles, et ce changement de valeurs subjectives pourra générer un changement de décisions.

Règle de décision

Dans le RPS, la règle de décision revient à choisir une option avec une probabilité égale au rapport entre la valeur subjective de cette option et la somme des valeurs subjectives de toutes les options possibles. Un exemple typique de cette règle correspond à la décision que nous prenons le matin en partant travailler. Plusieurs itinéraires sont possibles et la règle du RPS suppose que nous formons progressivement une valeur subjective de chaque itinéraire. Avec le RPS, aucun itinéraire n'est jamais complètement abandonné, mais chaque itinéraire est emprunté d'autant plus fréquemment que la valeur subjective que l'on en a est grande. Dans notre exemple particulier du choix entre deux parcelles, la probabilité p à déterminer est celle d'exploiter la parcelle A. Selon la règle du RPS, cette probabilité est égale au rapport des valeurs subjectives, soit :

$$p = \frac{V_A}{V_A + V_B} \qquad\qquad \text{équation 7}$$

Cette règle est classiquement utilisée en psychologie comportementale sous le terme de loi d'assortiment ou *matching law* (Herrnstein, 1970 et 2000). Les valeurs subjectives sont alors assimilées à des renforcements qui conditionnent l'apprentissage. Il y a plusieurs raisons pour lesquelles cette règle est intéressante ici. D'une part, elle est similaire dans sa construction à l'équation 4 et permet donc de faire le lien entre les modèles de la théorie des jeux et de psychologie comportementale. Si par des essais-erreurs et renforcements successifs, les individus parviennent à former des valeurs subjectives proches des qualités réelles des deux parcelles, le p de l'équation 7 convergera vers le p^* de l'équation 4. D'autre part, cette règle rend bien compte de la flexibilité puisque la décision dépend de p, et que p peut varier en fonction du changement des valeurs subjectives V_A et V_B. Enfin, cette règle semble compatible avec des comportements réellement observés, par exemple sur certains poissons (Regelmann, 1984 ; Kacelnik et Krebs, 1985).

La main tremblante : faire des erreurs pour devenir meilleur

Afin de montrer qu'une bonne combinaison entre acquisition d'information et flexibilité permet l'adaptation à un environnement instable, nous allons simuler un brusque changement de la qualité de nos deux parcelles et observer le comportement de notre groupe d'herbivores. L'idée sous-jacente est celle « de la main tremblante » (Rasmusen, 2004) : tout en faisant des essais et des erreurs, les joueurs échantillonnent leur environnement et acquièrent l'information nécessaire pour ajuster leurs comportements et, éventuellement, converger vers la stratégie imbattable. Concrètement, nous simulons l'exploitation des deux parcelles A et B par une population de 30 individus pendant 500 jours. Au 100e jour, les qualités de A et B s'inversent brutalement : Q_A augmente de 10 à 40 alors que Q_B décroît de 40 à 10, si bien que la probabilité imbattable p^* d'exploiter la parcelle A passe de 0,2 à 0,8 (équation 4). Chaque individu développe une valeur subjective des parcelles A et B. Ces valeurs sont choisies initialement proportionnelles aux qualités respectives de A et B ($r_A = 0,1$ et $r_B = 0,4$), comme si les individus étaient adaptés à l'environnement de départ. Ensuite, les valeurs subjectives sont progressivement mises à jour en fonction des gains réalisés par chaque individu et de la mémoire.

Les résultats de ces simulations apparaissent sur la figure 2. Lorsque la mémoire est nulle, les individus prennent des décisions qui sont uniquement fonction des valeurs des parcelles déterminées à priori et des gains présents. Dans ce cas, même si les gains changent radicalement à $t = 100$, ces changements ne sont pas mémorisés. La conséquence est que les individus ne changent pas de stratégie d'exploitation de façon consistante en fonction du changement d'environnement, et se retrouvent loin de la stratégie imbattable après le changement d'environnement. Lorsque la mémoire est longue ($m = 0,95$) le changement de gains sur chacune des deux parcelles est mémorisé. Progressivement, les individus modifient leur stratégie et la nouvelle stratégie converge vers la stratégie imbattable. Enfin, lorsque la mémoire est maximale (égale à 1), le même résultat apparaît qualitativement. Toutefois, une mémoire trop longue peut avoir un effet négatif quand l'environnement change : les individus restent longtemps contraints par leurs expériences passées, et convergent de ce fait beaucoup plus lentement vers la stratégie imbattable.

Conclusion

Dans cet article, nous avons commencé par aborder la notion de flexibilité à la lumière de la biologie évolutive, en nous appuyant sur la relation duale entre le génotype (le plan

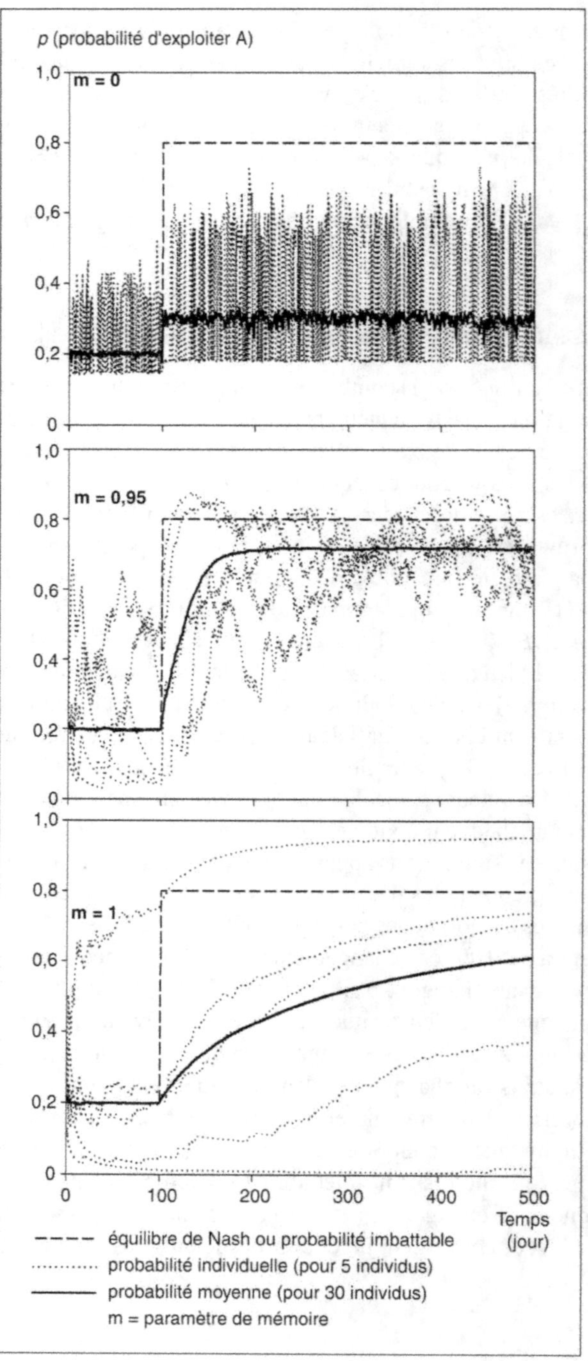

Figure 2. Probabilité p d'exploiter la parcelle A en fonction du temps, pour trois valeurs du paramètre de mémoire (m = 0 ; 0,95 ; 1).

Au 100e jour, la qualité des parcelles A et B est inversée (QA = 10 et QB = 40 → QA = 40 et QB = 10).

d'action de l'organisme) et le phénotype (une réalisation particulière de ce plan d'action). Dans cette perspective, la flexibilité entre dans un ensemble plus vaste de variabilité que l'on appelle la plasticité phénotypique, définie comme la capacité d'un génotype à engendrer différents phénotypes. La flexibilité se caractérise par la réversibilité possible du phénotype, et s'accorde alors particulièrement bien avec les traits comportementaux. La flexibilité est généralement considérée comme adaptative dans les environnements changeants, à condition que les coûts inhérents à sa mise en place et à son fonctionnement n'excèdent pas les bénéfices. En ce qui concerne la flexibilité des décisions comportementales, notamment, notre synthèse de la littérature et nos simulations mettent l'accent sur le rôle de l'information. Pour que la flexibilité soit adaptative, il est nécessaire de produire des structures permettant le traitement de l'information, et de consacrer du temps et de l'énergie à l'acquisition des informations provenant de l'environnement. En d'autres termes, pour qu'un organisme puisse développer des réponses flexibles adaptées aux changements d'environnement, il est nécessaire que les mécanismes qui sous-tendent la flexibilité soient eux-mêmes adaptés. Par exemple, lorsque la flexibilité repose sur l'apprentissage, la durée de la mémoire (notre paramètre m) devra correspondre aux fréquences et amplitudes des changements de l'environnement.

Une des originalités de ce chapitre – allant de pair avec une éventuelle faiblesse – est d'avoir combiné des concepts provenant d'horizons différents. L'introduction et la première partie ont suivi le courant actuel de la biologie évolutive « orthodoxe », en puisant les références dans l'une de ses sources de prédilection, la revue *Trends in Ecology et Evolution*. L'utilisation de la théorie des jeux a ensuite permis une définition à la fois plus stricte et plus originale de la flexibilité, dans un contexte où plusieurs individus prennent des décisions interdépendantes. La théorie des jeux permet de caractériser précisément la flexibilité adaptative en invoquant les concepts de stratégie mixte et d'équilibre de Nash, et offre le confort de la formalisation mathématique. Enfin, dans la dernière partie nous avons emprunté des règles pragmatiques à la psychologie comportementale pour mettre en évidence un des mécanismes possibles de la flexibilité : l'apprentissage.

Une réflexion à plus long terme sur la pertinence d'une telle démarche pluridisciplinaire est nécessaire. Il est notamment légitime de se questionner sur l'intérêt d'aborder des phénomènes de flexibilité réels (par exemple, la flexibilité décisionnelle d'un herbivore) à l'aide de modèles aussi simplistes que ceux qui sont présentés dans ce chapitre. À présent en tout cas, plusieurs jeux de données expérimentales corroborent les prédictions de l'équation 4. Un certain nombre d'animaux sont effectivement capables d'ajuster très rapidement le choix de leurs sites alimentaires en fonction de la quantité de nourriture et du nombre de compétiteurs (Tregenza, 1995). Parmi ces animaux, on peut trouver des animaux d'élevage tels que les saumons, les cochons ou les chevreuils (Done *et al.*, 1996 ; Kohlmann et Risenhoover, 1997 ; Giannico et Healey, 1999), mais aussi des herbivores sauvages (Wahlström et Kjellander, 1995). Même les micro-guêpes sur lesquelles nous travaillons actuellement semblent être capables d'apprendre et de se distribuer de manière globalement congruente avec les théories présentées dans ce chapitre (Fauvergue *et al.*, 2006 ; Tentelier *et al.*, 2006). Néanmoins, un grand nombre d'études expérimentales suggèrent aussi que les hypothèses simplistes de nos modèles doivent être remplacées par des hypothèses plus réalistes. Au sein même de cet ouvrage par exemple, Blanc *et al.* (chapitre 4, p. 73) nous enseignent que chez les biches, les individus ne peuvent être considérés comme des compétiteurs égaux. Il existe des degrés de dominance qui se répercutent sur les stratégies d'acquisition de nourriture.

L'utilisation de la biologie évolutive et de la théorie des jeux pour aborder le comportement humain fait l'objet d'opinions controversées. Les modèles présentés ici semblent décrire assez bien des comportements humains observés dans des situations expérimentales simples (par exemple Sokolowski *et al.,* 1999). Mais que se passe-t-il dans la réalité ? Pour certains, même si l'homme n'a pas échappé à la sélection naturelle, il y aurait une distinction à faire entre ses décisions liées à la survie et la reproduction et ses décisions économiques, ses dernières étant plus fortement empreintes de déterminismes socioculturels. Le concept de rationalité serait ainsi « nébuleux » par rapport au principe de l'optimisation sous l'action de la sélection naturelle (Maynard Smith, 1982 ; Bulmer, 1994). Du coup, la théorie des jeux a eu plus de difficultés à s'implanter dans la discipline pour laquelle elle avait été développée (l'économie) qu'en biologie évolutive. D'après Hammerstein et Hagen (2005), ces premières tentatives de percolations entre l'économie et la biologie évolutive vont connaître une deuxième vague, grâce à l'émergence de disciplines plus synthétiques. D'une part, l'économie comportementale cherche à réintégrer les mécanismes psychologiques afin de proposer des prédictions plus réalistes sur les comportements économiques (Camerer, 1999). D'autre part, la psychologie évolutive offre une nouvelle perspective à l'analyse des décisions individuelles, en insistant sur le fait que les structures cognitives résultent de l'évolution biologique. Sans aucun doute, ces nouvelles disciplines permettront une analyse pertinente de l'acquisition d'information et des prises de décisions qui sous-tendent la flexibilité.

Références bibliographiques

BULMER M., 1994. *Theoretical evolutionary ecology*. Sinauer, Sunderland.

CAMERER C., 1999. Behavioral economics : Reunifying psychology and economics. Proceedings of the National Academy of Sciences of the United States of America, 96(19) : 10575-10577.

DAWKINS R., 2003. *Le gène égoïste*. Odile Jacob, Paris, France (traduction de Dawkins R., 1976. *The selfish gene*. Oxford University Press, Oxford, Grande-Bretagne).

DEBAT V., DAVID P., 2001. Mapping phenotypes : canalization, plasticity and developmental stability. *Trends in Ecology and Evolution,* 16(10) : 555-561.

DEWITT T.J., SIH A., WILSON D.S., 1998. Costs and limits of phenotypic plasticity. *Trends in Ecology and Evolution,* 13(2) : 77-81.

DONE E., WHEATLEY S., MENDL M., 1996. Feeding pigs in troughs : A preliminary study of the distribution of individuals around depleting resources. *Applied Animal Behaviour Science,* 47(3-4) : 255-262.

DUKAS R., 1999. Costs of memory : Ideas and predictions. *Journal of Theoretical Biology,* 197 : 41-50.

DUKAS R., KAMIL A.C., 2000. The cost of limited attention in blue jays. *Behavioral Ecology,* 11(5) : 502-506.

FAUVERGUE X., BOLL R., LAPCHIN L., ROCHAT J., WAJNBERG E., BERNSTEIN C., 2006. Habitat assessment by parasitoids : consequences for population distribution. *Behavioral Ecology*, 17 : 522-531.

FRETWELL S.D., LUCAS H.L., 1970. On territorial behavior and other factors influencing habitat distribution in birds. *Acta Biotheoretica*, 19 : 16-36.

GIANNICO G.R., HEALEY M.C., 1999. Ideal free distribution theory as a tool to examine juvenile coho salmon (Oncorhynchus kisutch) habitat choice under different conditions of food abundance and cover. *Canadian Journal of Fisheries and Aquatic Sciences*, 56(12) : 2362-2373.

HAMILTON W.D., 1967. Extraordinary sex ratios. *Science*, 156 : 477-488.

HAMMERSTEIN P., HAGEN E.H., 2005. The second wave of evolutionary economics in biology. *Trends in Ecology and Evolution*, 20(11) : 604-609.

HARLEY C.B., 1981. Learning the evolutionarily stable strategy. *Journal of Theoretical Biology*, 89 : 611-633.

HERRNSTEIN R.J., 1970. On the law of effect. *Journal of Experimental Analysis of Behaviour*, 21 : 159-164.

HERRNSTEIN R.J., 2000. *The matching law.* Papers in psychology and economics. Harvard University Press, Harvard, États-Unis.

KACELNIK A., KREBS J.R., 1985. Learning to exploit patchily distributed food. *In* Sibly R.M., Smith R.H. (eds), *Behavioral Ecology.* Blackwell Science, Oxford, Grande-Bretagne. p. 189-205.

KOHLMANN S.G., RISENHOOVER K.L., 1997. White-tailed deer in a patchy environment : A test of the ideal-free-distribution theory. *Journal of Mammalogy*, 78(4) : 1261-1272.

MAYNARD SMITH J.M., 1982. *Evolution and the theory of games.* Cambridge University Press, Cambridge, Grande-Bretagne.

MERY F., KAWECKI T.J., 2003. A fitness cost of learning ability in *Drosophila melanogaster.* Proceedings of the Royal Society of London Series B-Biological Sciences, 270(1532) : 2465-2469.

MEYERS L.A., BULL J.J., 2002. Fighting change with change : adaptive variation in an uncertain world. *Trends in Ecology and Evolution*, 17(12) : 551-557.

PARKER G.A. (1978). Searching for mates. *In* Krebs, J.R., Davies, N.B. (eds) *Behavioral Ecology : an evolutionary approach.* Blackwell Science, Oxford, Grande-Bretagne, 214-244.

PIERSMA T., DRENT J., 2003. Phenotypic flexibility and the evolution of organismal design. *Trends in Ecology and Evolution*, 18(5) : 228-233.

RASMUSEN E., 2004. *Jeux et information. Introduction à la théorie des jeux.* De Boek, Bruxelles, Belgique.

REGELMANN K., 1984. Competitive resource sharing : a simulation model. *Animal Behaviour*, 32 : 227-232.

RIDLEY M., 1997. *Évolution biologique.* De Boek, Bruxelles, Belgique.

SOKOLOWSKI M.B.C., TONNEAU F., Baque E.F.I., 1999. The ideal free distribution in humans : An experimental test. *Psychonomic Bulletin and Review*, 6(1) : 157-161.

STEPHENS D.W., 1991. Change, regularity, and value in the evolution of animal learning. *Behavioral Ecology*, 2 : 77-89.

TENTELIER C., DESOUHANT E., FAUVERGUE X., 2006. Habitat assessment by parasitoids : mecanisms for patch time allocation. *Behavioral Ecology*, 17 : 515-521.

TREGENZA T., 1995. Building on the ideal free distribution. *Advances in Ecological Research*, 26 : 253-307.

VON NEUMANN J., MORGERNSTERN O., 1953. *Theory of games and economic behaviour*, Princeton University Press.

WAHLSTRÖM L.K., KJELLANDER F., 1995. Ideal free distribution and natal dispersal in female roe deer. *Oecologia*, 103(3) : 302-308.

Partie II

La flexibilité des élevages face aux aléas

Chapitre 3

La conduite des couverts prairiaux, source de flexibilité

Michel DURU, Pablo CRUZ, Danièle MAGDA

Le qualificatif de flexibilité, ou plus communément de souplesse, est généralement utilisé dans les travaux ayant trait à la comparaison de conduites de pâturage sur une parcelle ou un ensemble de parcelles conduites de manière homogène. Une conduite est qualifiée de flexible lorsque les mêmes performances agronomiques peuvent être atteintes plus ou moins facilement selon le système de pâturage (Parsons, 1988). L'idée sous-jacente à ces travaux est qu'un système requiert de la flexibilité pour faire face aux variations de l'offre en fourrages du fait de la variabilité interannuelle du climat (Charpenteau et Duru, 1983), ou de l'envahissement par des espèces indésirables ou encore de la demande en relation avec les périodes de mise en marché des animaux, ou tout simplement pour des raisons liées à l'organisation du travail (déplacer les animaux au pâturage, organiser un chantier de récolte). *A contrario,* les contractualisations agri-environnementales ou liées à la composition des produits (cahier des charges portant sur les systèmes d'alimentation) de tout ou partie de l'exploitation agricole, qu'elles portent sur des règles de conduites ou des états de végétation, sont susceptibles de réduire la flexibilité.

Dans ce chapitre, nous utilisons les connaissances disponibles sur le fonctionnement des agrosystèmes prairiaux pour instruire la flexibilité de leur conduite, en nous appuyant sur les définitions de la flexibilité proposées dans cet ouvrage (chapitre 1). Nous distinguons la flexibilité du produit et la flexibilité du process.

Appliquée aux prairies, la flexibilité du process renvoie à la possibilité de fabriquer une même ressource dont les spécificités sont définies à l'avance, en faisant varier le process de fabrication, ici le régime de défoliation (période, fréquence et intensité d'utilisation) dans une gamme qui permet de conserver la ressource d'une campagne agricole à l'autre. Autrement dit, il s'agit, à partir d'un même couvert prairial, de définir la gamme des régimes de défoliation permettant de créer une ressource alimentaire satisfaisant à un ou plusieurs objectifs de production (niveau et composition de la ressource, impact des interventions sur le milieu…). La conduite sera d'autant plus flexible que la gamme des régimes de défoliation sera grande.

La flexibilité du produit correspond à la possibilité de fabriquer des ressources alimentaires ou environnementales ayant des valeurs d'usage différentes, principalement par la modification du régime de défoliation, sans pour autant engendrer des changements irréversibles ou durables des caractéristiques de la ressource. La conduite sera d'autant plus flexible que la gamme des ressources qu'il est possible de fabriquer sera grande.

Nous illustrons la flexibilité de conduite par trois exemples. Le premier exemple porte sur un couvert de graminées. L'objectif est d'évaluer la gamme des conduites de pâturage (fréquence et intensité de défoliation) permettant le respect de seuils de biomasse offerte et de teneurs en azote. La comparaison illustre l'effet de la fertilisation azotée sur la flexibilité du process. Pour le deuxième exemple, la comparaison porte sur des communautés herbacées composées d'espèces ayant des potentialités différentes d'adaptation aux ressources minérales et à la défoliation. On s'attache à évaluer la gamme des modes d'exploitation permettant de maximiser l'efficience de récolte (flexibilité process), puis à définir la gamme de ressources qu'il est possible de fabriquer (flexibilité produit). Le troisième exemple montre, pour ces communautés herbacées plurispécifiques, en quoi le régime de défoliation est plus ou moins contraint dès lors qu'un objectif est de contrôler, à l'échelle pluriannuelle, la dominance d'espèces indésirables (flexibilité process).

En conclusion, nous identifions les points communs à ces trois exemples.

Flexibilité de la conduite d'un couvert de graminées pâturé

Flexibilité permise par la fréquence de défoliation en fonction d'objectifs agricoles et environnementaux

Nous considérons ici la flexibilité du process définie comme l'intervalle entre deux défoliations permettant d'atteindre les objectifs visés qui peuvent être divers. Les travaux de recherche sur la prairie pâturée ont surtout cherché à maximiser les efficiences de récolte (biomasse prélevée/biomasse produite) et de la qualité (valeur nutritive) de la ressource. Nous considérerons ici d'autres objectifs concernant les quantités ingérées au pâturage, ainsi que la quantité de rejets azotés (Duru et Delaby, 2003). Prenant l'exemple d'un couvert de graminées, nous caractérisons la flexibilité en fonction des critères de performances cités ci-dessus, puis nous évaluons l'effet de la fertilisation azotée sur le temps que la plante met à atteindre les seuils visés de biomasse et de teneur en azote.

S'agissant de vaches laitières, les données de la littérature fournissent des seuils requis pour ne pas pénaliser les quantités ingérées (Peyraud *et al.*, 1994 ; Delagarde *et al.*, 1997). Pour des conditions de croissance données, ces seuils sont atteints au bout d'une durée de repousse qui est plus courte quand l'apport d'une fertilisation azotée augmente (Duru et Delaby, 2003). Ainsi, dans l'exemple présenté (tableau 1), la différence d'intervalle entre les deux seuils (quantités d'herbe minimale et maximale) est plus grande pour le traitement recevant la fertilisation azotée la plus élevée (N+).

Considérer des critères relatifs à la teneur en azote (teneur en azote minimale pour atteindre des performances zootechniques et maximales pour limiter les rejets azotés)

Tableau 1. Évaluation de la flexibilité de conduite de pâturage pour deux niveaux de fertilisation en azote respectivement élevé (N+) et faible (N–).

Critères de performance	Durée de repousse* (jours)	
	N+	N–
(1) Quantité d'herbe minimale (1 200 kg/ha)	20	40
(2) Quantité d'herbe maximale (3 000 kg/ha)	55	70
(2 – 1) Flexibilité estimée à partir des critères de biomasse	35	30
(3) Teneur maximale en protéines (240 g/kg MS)	25	20
(4) Teneur minimale en protéines (120 g/kg MS)	70	50
(4 – 3) Flexibilité estimée à partir des critères de teneur en N	45	30
(min[2, 4] – max [1, 3]) **Flexibilité estimée à partir des critères de biomasse et de teneur en azote	30	10

* Durée de repousse pour atteindre les seuils de biomasse et protéines en fonction de la fertilisation azotée
**La flexibilité est définie comme la différence entre le nombre de jours permettant d'atteindre des objectifs de biomasse et de teneur en protéines, (adapté de Duru et Delaby, 2003).
Sources : 1 et 2, Peyraud et Gonzalez (2000) ; 3 et 4 Delaby et Peyraud, (1998).

conduit à des intervalles différents qui, dans l'exemple présenté, sont aussi en faveur du traitement N+. En effet, la réduction du temps de repousse occasionnée par la prise en compte d'un seuil de teneur en azote minimal est plus forte que celle résultant de la prise en compte d'un seuil de teneur en azote maximal.

En définitive, la combinaison des quatre seuils différencie fortement les traitements azotés sur la possibilité de faire varier l'intervalle entre deux défoliations : 30 jours pour le traitement N+ et 10 jours pour le traitement N– (fertilisation azotée faible). Ces résultats, qui n'ont qu'une valeur d'exemple, montrent que la flexibilité est très dépendante des critères de performances considérés et de la fertilisation azotée.

Flexibilité permise par l'intensité d'utilisation

En fonction des objectifs zootechniques

Faire varier la quantité de biomasse prélevée pour une même biomasse offerte revient à modifier la quantité d'herbe résiduelle après pâturage. Dans un couvert pâturé, une variation de 1 cm de la hauteur résiduelle correspond à 150 à 400 kg par hectare selon la densité de l'herbe de la strate proche du sol (Duru et Ducrocq, 1998). Une réduction de hauteur de 1 cm équivaut à une augmentation de la durée de pâturage d'environ un jour pour un troupeau de 20 vaches revenant toutes les 3 semaines sur la même parcelle de un hectare, soit 5 % de la durée. Il ne s'en suivra une réduction de croissance que si la diminution de l'indice foliaire résiduel génère une forte réduction du rayonnement intercepté. Lorsque d'un passage à l'autre, les animaux prélèvent une herbe de plus en plus rase, ils créent en même temps une hétérogénéité dans la structure verticale du couvert, qui se traduit par une bien moindre qualité du supplément d'herbe ainsi récupéré (Duru, 2003). *A contrario,* une augmentation de la hauteur résiduelle entraîne une augmentation de la hauteur au niveau de laquelle le profil vertical de qualité chute lors des repousses suivantes (Duru *et al.,* 2001). La flexibilité de conduite permise par des variations d'intensité de pâturage n'est donc pas possible pour des animaux à performance zootechnique élevée (vaches laitières par exemple). Utiliser la possibilité de faire varier l'intensité de pâturage pour s'adapter à des variations de croissance de l'herbe n'est possible qu'avec des animaux moins exigeants (génisses, animaux non productifs). Lorsque ce mode d'exploitation est planifié et raisonné à l'échelle de la campagne agricole (sous-utilisation au printemps et utilisation intense en automne ou en hiver), certains auteurs parlent de rabattement de la végétation (Guérin et Bellon, 1990). En conséquence, la possibilité d'exploiter plus ou moins complètement la biomasse offerte dépend largement des objectifs zootechniques visés, et doit être raisonnée en fonction des différentes utilisations successives.

En fonction des objectifs de structure du couvert

La densité de talles d'un couvert de graminées fluctue fortement en fonction des conditions de croissance (azote, température), de la compétition pour la lumière (Simon et Lemaire, 1987), et de l'intensité d'utilisation. Ainsi, une utilisation printanière ou estivale très intense peut générer une forte mortalité de talles du fait d'un indice foliaire faible conjugué à de faibles réserves glucidiques et azotées mobilisables pour la repousse, créant un déséquilibre entre l'offre et la demande en assimilats (Richards, 1993 ; Duru et Calvière, 1996). Dès lors, la reconstitution d'une population dense de talles s'impose lorsque l'objectif est d'obtenir une vitesse de croissance rapide au début du printemps suivant. Cet objectif contraint alors fortement la gestion de la prairie à l'automne. Comme l'apparition des talles dépend de la composition spectrale du rayonnement (rapport rouge clair/rouge sombre), (Deregibus *et al.,* 1983, Gauthier *et al.,* 1999), elle-même fonction de la densité et de la hauteur du couvert, les modes d'exploitation doivent être mis en œuvre en tenant compte également de cet objectif. Concrètement, cela revient à maintenir par un régime de défoliation approprié l'indice foliaire à un niveau suffisamment bas (inférieur à 3-4, d'après les références de Simon et Lemaire, 1987), à un moment où la croissance n'est pas arrêtée (températures au-dessus de zéro). La reconstitution d'un peuplement dense de talles en fin d'automne et début d'hiver est donc une condition pour pallier les effets négatifs de certains modes d'exploitation de fin de printemps ou d'été qui auraient généré une mortalité de talles. Dans ces conditions, l'intensité d'utilisation variable en plein printemps ou en été (flexibilité du process) est susceptible de contraindre fortement les modes d'exploitation (moment ou intensité d'utilisation) à l'automne.

Flexibilité de conduite des communautés herbacées : diversité des ressources alimentaires et des conduites

Caractéristiques des espèces prairiales considérées pour définir la flexibilité

Nous illustrons les flexibilités de process et de produit pour des prairies naturelles ou semi-naturelles.

Afin de procéder à des comparaisons agronomiques d'espèces ou de communautés, nous avons regroupé les espèces présentant une même réponse aux conduites (fertilisation et régime de défoliation) et des caractéristiques agronomiques semblables (Cruz *et al.*, 2002). Cette comparaison, sur la base de traits de vie, peut être étendue aux communautés prairiales, dans la mesure où, très souvent, une communauté peut être rattachée à un type fonctionnel de plante dominant (Ansquer *et al.*, 2004). Les caractéristiques clefs comme la durée de vie des feuilles et la date de floraison permettent d'identifier les types fonctionnels de plante selon leur stratégie de capture ou de conservation des ressources (tableau 2). Ils sont bien corrélés à des traits foliaires plus synthétiques comme la teneur en matière sèche des tissus par exemple (Al Haj Khaled *et al.*, 2005). Des durées de vie de feuilles longues et des dates de floraison tardives correspondent à une stratégie de conservation des ressources, ce qui permet à ces espèces de s'adapter à des milieux pauvres en nutriments (Poorter et Bergkotte, 1992). Ces caractéristiques se traduisent aussi par des différences dans la composition de tissus (van Arendonk et Poorter, 1994). Les espèces adaptées aux milieux pauvres ont des tissus plus denses et riches en sclérenchyme. Autrement dit, les espèces qui ont les durées de vie des feuilles les plus courtes et les dates de floraison les plus précoces sont aussi celles qui ont les vitesses de croissance les plus rapides et la valeur nutritive la plus élevée.

Pour la flexibilité du process, nous considérons comme critère recherché l'optimisation de l'efficience de récolte (biomasse récoltée/biomasse produite). Des travaux conduits principalement pour un couvert de ray grass anglais pâturé ont montré que la courbe de réponse de la vitesse instantanée de croissance en fonction de la quantité d'herbe sur pied a une forme très aplatie de telle sorte qu'il existe une gamme d'intervalle entre deux utilisations permettant d'atteindre une efficience de récolte proche du maximum (Parsons, 1988). Les données correspondant aux différents types fonctionnels de graminées permettent de schématiser la dynamique d'accumulation de biomasse au

Tableau 2. Caractéristiques de groupes fonctionnels de graminées, données exprimées en degré jour, à compter du 1ᵉʳ février pour les stades début montaison et floraison (d'après Cruz *et al.*, 2002).

Espèces (exemple)	Type	Début montaison(1)	Floraison	Durée de vie des feuilles	Matière sèche des limbes (mg/g)
Lolium perenne *Hocus lanatus*	A	600	1 200	600	200
Dactylis glomerata *Festuca arundinacea*	B	700	1 400	800	225
Festuca rubra *Agrostis capillaris*	C	800	1 600	1 200	250
Brachypodium pinnatum *Briza media* *Deschampsia caespitosa*	D	1 000	1 900	1 400	275

(1) si pâturage après cette date, la repousse est végétative.

cours de la pousse de printemps ou la vitesse de croissance au cours d'une repousse feuillue pour des espèces représentatives de stratégies différentes (figure 1), ou bien pour des communautés composées majoritairement de l'un ou l'autre des types d'espèces. L'intervalle entre deux défoliations est alors d'autant plus long que l'espèce considérée a une plus grande aptitude à accumuler de la biomasse (Parsons *et al.,* 2000). Pour des repousses feuillues, cette caractéristique dépend de la durée de vie des feuilles qui est un trait spécifique des espèces. Lors de la pousse reproductrice au printemps, la croissance aérienne s'accélère lors de la phase de montaison. En conséquence, la vitesse de croissance maximale est observée durant une période d'autant plus longue que les stades début de la montaison et floraison sont espacés. Les caractéristiques phénologiques des espèces déterminent donc largement les rythmes de défoliation qui permettent d'atteindre une vitesse de croissance proche du maximum.

Du point de vue de la flexibilité produit, nous considérons qu'il est possible de tirer parti de l'aptitude des communautés prairiales à supporter des régimes de défoliation contrastés pour constituer des ressources différentes en qualité et en quantité selon le moment où le prélèvement est fait.

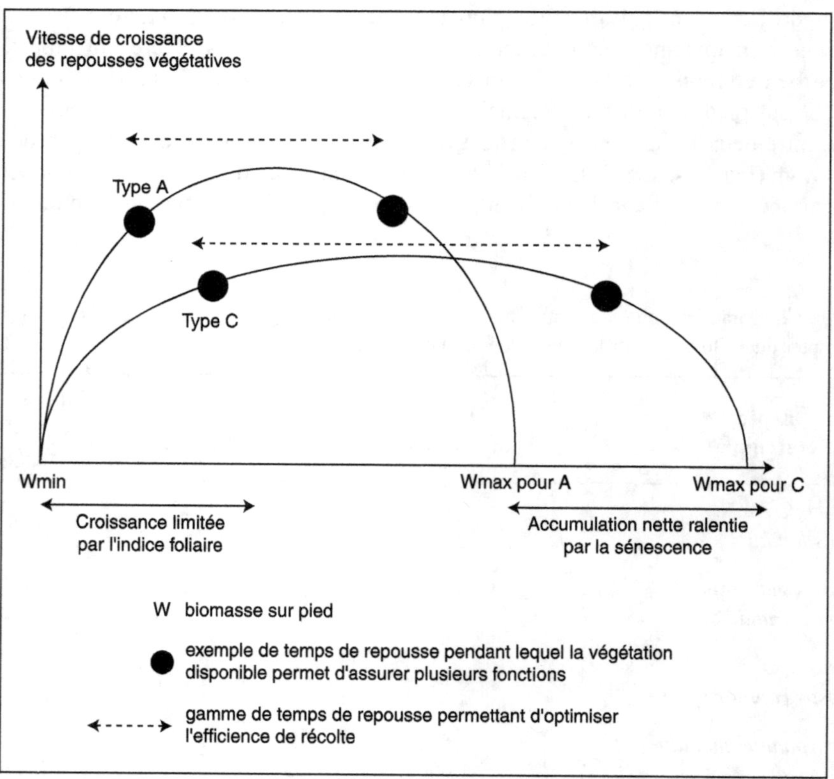

Figure 1. Vitesse de croissance de repousses végétatives en fonction de la biomasse sur pied pour des espèces et ou communautés de type A ou C (tableau 2 pour la définition des types).

Ces deux flexibilités (produit et process) sont permises par l'existence d'une diversité fonctionnelle, toujours importante dans les prairies naturelles (Duru *et al.*, 2005). La difficulté est de définir la gamme des ressources qu'il est possible de fabriquer en changeant la conduite, tout en assurant que cette flexibilité soit reproductible d'une année sur l'autre. Dans la suite du texte, nous faisons l'hypothèse que les variations dans les conduites permettent le maintien entre années du type fonctionnel de plante dominant dans une communauté.

Diversité des conduites selon les types de végétation

La flexibilité d'utilisation d'une végétation pour constituer une ressource optimisant l'efficience de récolte sera d'autant plus élevée que la durée de vie des feuilles des espèces dominantes sera longue et que la date de floraison sera tardive. En conséquence, pour des communautés composées de telles espèces ayant des feuilles à durée de vie longue, des récoltes tardives auront une moindre incidence sur le ratio biomasse récoltée/biomasse produite (figure 1). Il sera également plus facile de constituer des réserves sur pied aux périodes où un ralentissement de la croissance est attendu (début d'été, fin d'automne) car ces communautés supportent mieux que d'autres un usage différé (Duru *et al.*, 2001).

Pour chaque type fonctionnel de plante, il est possible de modifier occasionnellement les modes d'exploitation pour fabriquer une ressource alimentaire présentant des caractéristiques différentes afin de remplir une fonction spécifique une année donnée.

La connaissance des dynamiques de croissance et de qualité par type fonctionnel de plante permet de prédire les changements auxquels on peut s'attendre à court terme lorsque la date, l'intensité ou la fréquence d'utilisation changent (figure 2). La diversité des ressources alimentaires qu'il est possible de constituer, en faisant varier par exemple une date d'utilisation de quelques jours à quelques semaines, est très grande quel que soit le type de végétation (figure 2). Il n'en reste pas moins que la flexibilité de conduite ne sera effective que si, à l'échelle de plusieurs années, les variations dans les modes d'exploitation n'occasionnent pas de changement majeur ou difficilement réversible du type fonctionnel de plante. Autrement dit, les modes d'exploitation doivent permettre de conserver ce potentiel de flexibilité d'une année sur l'autre. Pour définir l'ampleur et la fréquence des changements dans les conduites qui ne génèrent pas de changement marqué ou irréversible du type fonctionnel de plante, il est nécessaire de connaître la plasticité des espèces face à des variations du niveau des ressources.

Alors que de nombreuses études permettent de quantifier les effets de changements de conduite sur la structure de la végétation ou sur les types fonctionnels de plante, peu d'enseignements génériques ont été établis. Nous donnons ici à titre d'exemple quelques enseignements de dispositifs où ont été étudiés les changements survenant à la suite d'une modification importante et de longue durée des modes d'exploitation. Nous avons sélectionné à cet effet quelques conclusions d'une synthèse réalisée par Marriott *et al.* (2004) concernant 22 dispositifs expérimentaux, pour lesquels sont comparées plusieurs conduites, chacune d'elle étant appliquée durant au moins une dizaine d'années. Ces résultats permettent de savoir au bout de combien de temps un mode d'exploitation répété annuellement induit des modifications de composition. Toutefois, nous n'avons pas d'indication sur la réversibilité du changement et sur ce qui se passerait en cas de changements occasionnels des conduites.

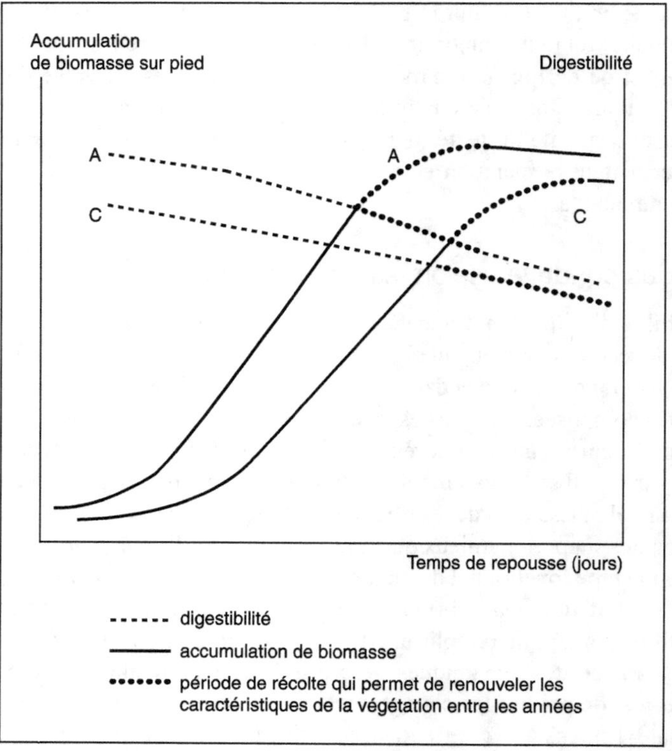

Figure 2. Accumulation de biomasse (courbes croissantes et ordonnée de gauche) et dynamique de la digestibilité (courbes décroissantes et ordonnée de droite) au cours de la pousse de printemps pour 2 types fonctionnels de plante (A et C) différents par les caractéristiques phénologiques (tableau 2) et le niveau de nutrition azotée.

Suite à l'arrêt de toute utilisation, la composition botanique change rapidement, mais les dynamiques sont très dépendantes des sites (histoire de la conduite, environnement de la parcelle). Ainsi, pour des végétations mésophiles, la composition peut changer très rapidement (au bout de deux ans). Dans ces situations, la flexibilité ne peut donc aller jusqu'à l'impasse d'utilisation, car cela entraînerait alors des changements de composition botanique dont on ne sait pas s'ils seront réversibles. Les changements sont beaucoup plus lents en cas de réduction de la fréquence de pâturage ou de fauche qu'en cas d'abandon. Dans de nombreuses expérimentations, il n'a pas été observé de changements majeurs des espèces dominantes. Une réduction de l'intensité d'utilisation en pâturage tournant se traduit souvent par le développement d'espèces moins digestibles, à feuilles larges, et fleurissant tardivement (Louault *et al.*, 2004). Ces changements interviennent au travers de la sélection d'espèces qui sont compétitives pour la lumière, et ainsi dominent la strate non éclairée dans les végétations peu utilisées. Dans des pelouses calcicoles, des changements importants ont été observés seulement au bout de 5 à 10 ans.

À faible intensité d'utilisation, la probabilité d'accroissement des espèces indésirables augmente. Il s'agit d'espèces pérennes comme les orties, les joncs, les chardons (Morgan *et al.,* 2000). La dynamique de dissémination de ces espèces crée des mosaïques dans la mesure où ces espèces sont le plus souvent évitées par les herbivores domestiques. La gestion doit être raisonnée de façon à contrôler l'envahissement.

Flexibilité de conduite des communautés herbacées : contrôle de la dominance

Généralités

Dès lors que des phénomènes de dominance d'espèces indésirables sont observés dans une prairie permanente, une des fonctions de la défoliation (fauche ou prélèvement au pâturage) est de les contrôler pour conserver la ressource alimentaire (Olson et Lacey, 1994), voire pour maintenir un certain niveau de biodiversité, en évitant les situations quasi irréversibles où la communauté est dominée durablement par une seule espèce (Landsberg *et al.,* 1999). La maîtrise des processus de dominance par les pratiques de défoliation suppose cependant de contraindre les moments, les durées et la répétition des interventions en lien avec les caractéristiques démographiques de ces espèces. C'est en ce sens qu'on peut parler de réduction potentielle de la flexibilité en comparaison aux situations décrites dans les sections précédentes. De plus, à la différence des prairies monospécifiques, la gestion de l'abondance de ces espèces doit être raisonnée sur des pas de temps pluriannuels – durée pendant laquelle s'organisent les dynamiques de population. Mais la réduction de flexibilité est très variable et dépend des caractéristiques démographiques des espèces. C'est pourquoi il importe de faire une typologie des comportements des espèces et de les mettre explicitement en lien avec les contraintes, le plus souvent temporelles, de gestion.

La finalité des travaux de modélisation de la dynamique de population d'espèces prairiales envahissantes est donc de définir des modes d'exploitation à l'échelle de la parcelle qui intègrent un objectif de contrôle démographique des espèces cibles.

La démarche de modélisation permet, à partir de différents scénarios de gestion testés expérimentalement, d'identifier le poids dans le modèle des différents stades sensibles aux actes techniques, de calculer le taux de croissance (ou de décroissance) de la population, de simuler à plusieurs pas de temps l'évolution démographique des différents stades (population d'adultes, population de graines dans le sol...). Les similitudes entre espèces, par rapport à certains traits de vie démographiques (durée de vie, capacité de dormance des graines, ratio reproduction sexuée/végétative...), peuvent permettre de définir des comportements démographiques proches et ainsi d'identifier des grands types de stratégies démographiques. Plus précisément, il s'agit de décrire un certain nombre de caractéristiques démographiques susceptibles de contribuer explicitement à la définition des objectifs et des modes d'exploitations possibles (Magda *et al.,* 2004) :

– la capacité de dominance qui va déterminer le statut indésirable de l'espèce et permettre d'établir une hiérarchie dans les priorités de gestion pour l'éleveur entre les différentes espèces qui posent problème ;

– la sensibilité et l'accessibilité des stades de développement. L'identification de stades sensibles contribue à la définition d'un mode d'exploitation dit « efficace » en choisissant des moments d'intervention à l'échelle de la campagne. La notion d'accessibilité introduit l'idée du compromis parfois nécessaire entre ce mode d'exploitation et ce qu'il est possible de mettre en œuvre. À une unique intervention à un stade très sensible mais peu accessible peut se substituer alors une combinaison d'interventions qui cumulent leurs effets ;

– la vitesse et les motifs de réponse des effectifs de population en réponse aux opérations techniques. Ces caractéristiques cinétiques des populations vont définir les règles de planification de la gestion sur un plus long terme.

Deux exemples contraignant plus ou moins les régimes de défoliation

Une analyse comparée du comportement démographique selon ces critères a été menée entre la rhinante *(Rhinanthus minor)* et le cerfeuil *(Chaerophyllum aureum),* deux espèces indésirables et envahissantes des prairies permanentes respectivement pâturées et fauchées (figure 3). Ces espèces sont représentatives chacune d'un type de stratégie démographique définie à priori à partir d'un premier jeu de traits démographiques. Le trait majeur qui les différencie est la durée de vie des adultes, annuelle pour la rhinante, pérenne pour le cerfeuil.

Pour le type annuel, les changements interannuels de densités de population sont naturellement importants et imprévisibles. Mais la sensibilité des adultes dès qu'ils sont accessibles au pâturage (à un stade de croissance facilement repérable) offre une possibilité de réduction rapide des densités de population déjà établies. Un pâturage de printemps ajusté dans le temps au stade pré-reproducteur entraîne une mortalité quasi totale des individus et la suppression de l'approvisionnement annuel du stock de graines. Le renouvellement de cette intervention pendant les deux années suivantes sur les individus issus de la banque de graines conduit à l'éradication de la population. Une stratégie de gestion de type curative peut donc se mettre en place en fonction des besoins de production à court terme sur telle ou telle parcelle. La flexibilité sur la conduite des prairies est relativement importante pour ce type de stratégie démographique.

Pour le type pérenne, la survie des adultes est très importante et peu sensible à la fauche. La survie d'une très forte proportion de la population d'adultes d'une année sur l'autre, y compris après une fauche, permet ainsi de maintenir des populations à effectifs relativement stables et donc prévisibles d'une année sur l'autre (Magda et Jarry, 2000). La décroissance significative des densités de population est envisageable par limitation des apports de graines en fauchant avant la maturation des graines. Cependant, cette décroissance est lente étant donné la durée de vie des adultes (environ 8 ans) et pour être efficaces les interventions doivent être régulières et sans interruption sur un temps long. Un réel contrôle et à fortiori l'éradication des populations est donc quasi impossible dans le cadre de la gestion de production. Cette stratégie d'espèce adaptée à la survie au niveau de l'individu nécessite donc de développer une stratégie de gestion de prévention parant à l'installation des populations au sein de parcelles non colonisées. Le contrôle de ce type d'espèce réduit fortement la flexibilité dans la conduite des couverts et notamment à l'échelle du système fourrager puisqu'une seule parcelle envahie oblige à une gestion de prévention sur l'ensemble de la sole fauchée.

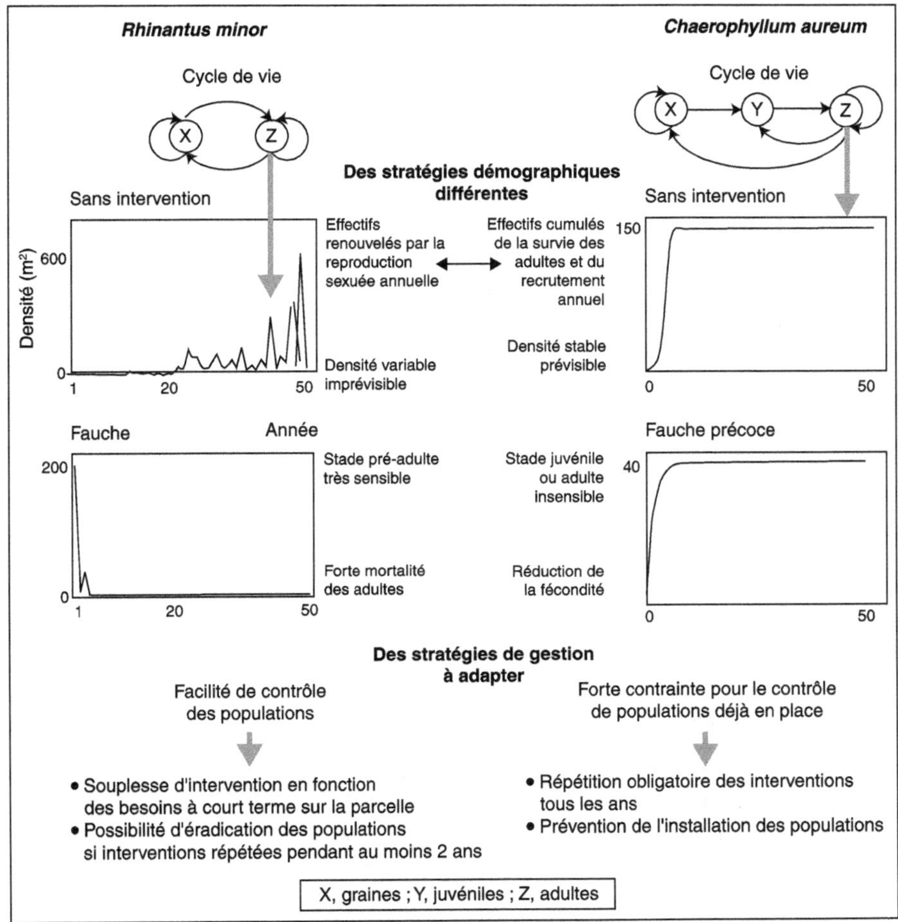

Figure 3. Définition de règles d'action et de stratégies de gestion des couverts prairiaux à partir de l'analyse des traits démographiques des espèces dominantes et de l'identification de leurs stades sensibles et accessibles face aux interventions techniques dans le cycle de vie (d'après Magda *et al.*, 2003).

En production fourragère, le risque du développement des populations d'espèces pérennes comme le cerfeuil nous a amené à envisager d'autres solutions. Il s'agit en fait de coupler une gestion démographique des populations à long terme avec une gestion immédiate du caractère indésirable de l'espèce à l'échelle de l'individu (Magda *et al.*, 2003).

Il est en effet possible de raisonner un mode d'exploitation ajusté sur les processus de croissance du stade adulte. Nous avons montré que les adultes de cette espèce pérenne ont la capacité de développer une biomasse uniquement végétative et appétente après une coupe ou un pâturage. Pour cela, la date du pâturage doit être ajustée en fonction du stade de croissance des tiges pour qu'un maximum d'apex soit consommé. Une période optimale de fauche ou de pâturage peut être définie à partir d'un modèle de croissance des apex pour différents niveaux de nutrition azotée. Cette période doit cependant être calée avant le début de la montaison des graminées, car cette phase détermine une grande partie de la production de biomasse fourragère. Une des solutions est donc de coupler une coupe ou un pâturage de printemps avec une fauche avant la maturité des graines du cerfeuil afin de limiter l'impact des tiges reproductrices qui ont échappé à la première coupe.

Discussion et conclusion

La flexibilité de conduite

La flexibilité de conduite est une propriété dépendante des caractéristiques des espèces prairiales, mais contingente des objectifs de l'exploitant.

À partir des trois exemples présentés, un couvert monospécifique (exemple 1), des communautés plurispécifiques composées d'espèces aux stratégies de croissance différentes (exemple 2) ou soumises à l'envahissement par des espèces indésirables (exemple 3), nous avons montré que les caractéristiques de croissance (exemple 1) et la diversité (exemple 2) créent les conditions d'une gestion flexible. En revanche, la gestion des espèces dominantes (exemple 3) est une des conditions pour conserver ce potentiel des prairies permanentes, et elle ne contraint les interventions techniques qu'à des moments bien précis.

Les pratiques agricoles

Les pratiques agricoles à qualifier renouvellent les questions en écologie et en écophysiologie. S'attacher à définir et à instruire la flexibilité des conduites de prairies revient à mettre au centre des recherches deux questions.

• Quelle est la gamme des pratiques (principalement les modes d'exploitation ici) qui satisfait à un ou plusieurs critères de performances (flexibilité de process) ? L'idée n'est donc pas de maximiser ou d'optimiser l'efficacité d'un facteur de production mais de définir des conduites satisfaisant à un ou plusieurs critères de performances, la solution ne correspondant pas forcément à un optimum.

• Quelles sont les limites au-delà desquelles le peuplement végétal ou la communauté ne retrouve plus facilement sa structure ou sa composition lui permettant de remplir les fonctions recherchées (flexibilité de produit) ? Cette propriété de résilience des communautés prairiales nécessite de définir l'écart acceptable par rapport à l'objectif, ainsi que le laps de temps considéré pour recouvrer la fonction initiale.

Cette orientation de recherche amène à enrichir les approches agronomiques des couverts prairiaux en mobilisant des concepts et des connaissances de l'écologie des communautés et des populations. Elle permet de considérer un couvert prairial autrement que comme un capteur de lumière, et des échelles de temps plus longues que l'année. Le cadre d'analyse proposé permet de faire appel à des connaissances anciennes (par exemple sur les relations entre modes d'exploitation et tallage). Il montre tout l'intérêt des connaissances sur les stratégies des espèces pour la capture et l'utilisation des ressources, ces potentialités étant associées à des différences de phénologie et de composition des tissus.

Les niveaux de diversité à instruire
pour qualifier la flexibilité de conduite

Dans le cas des prairies plurispécifiques, nous avons étudié des couverts homogènes à l'échelle de la parcelle, où les modes d'exploitation ne génèrent pas une structure du couvert en mosaïque. Il n'en reste pas moins qu'il est observé une diversité fonctionnelle élevée en comparaison d'un couvert monospécifique, ce qui engendre de moindres variations dans les caractéristiques de la ressource lorsque les dates où les intensités d'utilisation varient entre années (Duru *et al.,* 2005). Dans le cas de couverts en mosaïque, associant une plus grande diversité de types fonctionnels de plantes, il conviendrait de vérifier qu'il existe une source de flexibilité encore plus importante.

Les échelles de temps à considérer
pour raisonner les interventions techniques

Dans tous les cas, nous avons montré que les modes d'exploitation, outre leur fonction alimentaire immédiate au travers du prélèvement par la fauche ou le pâturage, doivent aussi permettre de renouveler la ressource. Ce renouvellement nécessite de modéliser les processus à l'échelle d'une ou de deux saisons pour les couverts monospécifiques, et le plus souvent sur plusieurs années pour les communautés prairiales. Autrement dit, la recherche d'une flexibilité à court terme pour constituer une ressource ou s'adapter à une contrainte de dates d'intervention implique de considérer des échelles de temps presque toujours pluriannuelles pour s'assurer du renouvellement de cette ressource.

Les connaissances disponibles permettent de bien qualifier les dynamiques sur des pas de temps courts, à l'échelle de la saison ou d'une pousse, mais nous sommes beaucoup moins certains de pouvoir évaluer quelle doit être l'ampleur d'un changement de régime de défoliation (intensité, nombre d'années) pour générer un changement de composition de la communauté tel qu'il ne permette plus de fabriquer le même type de ressource les années suivantes.

Les échelles d'espace auxquelles se raisonne la flexibilité

Nous avons rassemblé ici des connaissances sur les couverts prairiaux pour raisonner leur conduite en termes de flexibilité de conduite. Étant donné que cette propriété dépend toujours des critères de performances retenus (quantité et/ou composition de la biomasse, contribution maximale d'une espèce cible dont on cherche à maîtriser la dominance), il convient d'un point de vue opérationnel d'instruire la question au niveau du système fourrager (chapitre 5, p. 95). En effet, c'est principalement de la recherche d'une cohérence au niveau d'une sole pâturée ou fauchée, ou bien du système technique que découle la nécessité d'ajuster les périodes et l'intensité de défoliation (Coléno et Duru, 2005).

Références bibliographiques

AL HAJ KHALED R., DURU M., PLANTUREUX S., CRUZ P., 2005. Variations of leaf traits through seasons and N availability levels and consequences for ranking grassland species according to their habitat preference. *Journal of Vegetation Science*, 16 : 391-398.

ANSQUER P., THEAU J.-P., CRUZ P., VIEGAS J., AL HAJ KHALED R., DURU M., 2004. Caractérisation de la diversité fonctionnelle des prairies naturelles. Une étape vers la construction d'outils pour gérer les milieux à flore complexe. *Fourrages,* 179 : 353-368.

COLENO F.C., DURU M., 1998. Gestion de production en systèmes d'élevage utilisateurs d'herbe : une approche par atelier. Inra, *Études et recherches sur les systèmes agraires et le développement,* 31 : 45-61.

COLENO F.C., DURU M., 2005. L'apport de la gestion de production aux sciences agronomiques pour l'étude du fonctionnement et des transformations des systèmes techniques de production. Exemple de l'utilisation du territoire dans les systèmes d'élevage. *Natures Sciences Sociétés,* 13 : 247-257.

CRUZ P., DURU M., THÉROND O., THEAU J.-P., DUCOURTIEUX C., JOUANY C., AL HAJ KHALED R., ANSQUER P., 2002. Une nouvelle approche pour caractériser les prairies naturelles et leur valeur d'usage. *Fourrages,* 172 : 335-354.

DELABY L., PEYRAUD J.-L., 1998. Effect of a simultaneous reduction of nitrogen fertilization and stocking rate on grazing dairy cow performances and pastures utilization. *Annales de zootechnie,* 47 : 17-39.

DELAGARDE R., PEYRAUD J.-L., DELABY L., 1997. The effect of nitrogen fertilization level and protein supplementation on herbage intake, feeding behaviour and digestion in grazing dairy cows. *Animal Feed Science and Technology,* 66 : 165-180.

DEREGIBUS V. A., SANCHEZ R. A., CASAL J.J., 1983. Effect of light quality on tiller production in *Lolium* spp. *Plant physiology,* 72 : 212-221.

DURU M., 2003. Effect of nitrogen fertiliser rates and defoliation regimes on the vertical structure and composition (crude protein content and digestibility) of a grass sward. *Journal of the Science of Food and Agriculture,* 83 : 1469-1479.

DURU M., CALVIÈRE I., 1996. Influence de l'indice foliaire et des réserves en hydrates de carbone au moment de la coupe sur la croissance foliaire de deux graminées fourragères (*Dactylis glomerata* L. et *Festuca arundinacea* Screb.). *Canadian Journal of Plant Science,* 76 : 269-276.

DURU M., DUCROCQ H., 1998. La hauteur du couvert prairial : un moyen d'estimation de la quantité d'herbe disponible. *Fourrages,* 154 : 173-190.

DURU M., HAZARD L., JEANGROS B., MOSIMANN E., 2001. Fonctionnement de la prairie pâturée : structure du couvert et biodiversité. *Fourrages,* 166 : 165-188.

DURU M., DELABY L., 2003. The use of herbage nitrogen status to optimize herbage composition and intake and to minimize nitrogen excretion : an assessment of grazing management flexibility for dairy cows. *Grass and Forage Science,* 58 : 350-361.

DURU M., TALLOWIN J., CRUZ P., 2005. Functional diversity in low-input grassland farming systems : characterisation, effect and management. *In* Lillak R., Viiralt R., Linke A., Geherman V., *Agronomy research.* Tartu, Estonia, Estonian University of Life Science, 3, 125.

GAUTIER L., VARLET-GRANCHER C., HAZARD L., 1999. Tillering regulation in short – and long-leaved perennial ryegrass seedlings in response to light environment. *An. Bot.,* 83 : 423-429.

GUÉRIN G., BELLON S., 1990. Analyse des fonctions des surfaces pastorales dans les systèmes de pâturage méditerranéens. Inra, *Études et recherches sur les systèmes agraires et le développement,* 17 : 147-158.

LANDSBERG J., 1999. Response and effect – different reasons for classifying plant functional types under grazing. *In* People and Rangelands : building the future ; Proceedings of the VI International Rangeland Congress, Townsville, Australia, 19-23 July, 1999. International Rangeland Congress, Inc. 2 : 911-915.

LOUAULT F., PILLAR V.-D., AUFRÈRE J., GARNIER E., SOUSSANA J.F., 2004. Plant traits and functional types in response to reduced disturbance in a semi-natural grassland. *Journal of Vegetation Science,* 16 : 151-160.

MAGDA D., JARRY M., 2000. Prediction of cutting effects on a population of Chaerophyllum aureum – a demographic approach. *Journal of Vegetation Science,* 11 : 485-492.

MAGDA D., THEAU J.-P., DURU M., COLÉNO F.C., 2003. Hay-meadows production and weed dynamics as influenced by management. *Journal of Range Management,* 56 (2) : 127-132.

MAGDA D., DURU M., THEAU J.-P., 2004. Defining management rules for grasslands using demographic characteristics of weeds. *Weed Science,* 52 : 339-345.

MARRIOTT C.A., FOTHERGILL M., JEANGROS B., SCOTTON M., LOUAULT F., 2004. Long term impacts of extensification of grassland management on biodiversity and productivity in upland areas. A review. *Agronomie,* 24 : 447-462.

MORGAN C.T., FOTHERGILL M., DAVIES D.A., 2000. The effect of extensification of upland pasture on thistle populations. *In* Proceedings B.G.S. of the 6th Res. Conf., Aberdeen, 11-13 September 2000. p. 113-114.

OLSON B.E., LACEY J.R., 1994. Sheep : a method for controlling rangeland weeds. *Sheep Research Journal,* special issue, p. 105-112.

PARSONS A.J., 1988. The effect of season and management on the grass growth of grass sward. *In* Jones M.B. and Lazenby A (eds.), *The Grass Crop*, p. 129-178. Chapman et Hall ; London, New York.

PARSONS A.J., CARRÈRE P., SWINNING S., 2000. Dynamics of heterogeneity in a grazed sward. *In* Lemaire G., Hodgson J., de Moares A., de Carvalho P. Nabinger C. (eds), *Grassland Ecophysiology and Grazing Ecology*. CABI Publishing, Wallingford, p 289-316.

PEYRAUD J.-L., ASTIGARRAGA L., FAVERDIN P., DELABY L., LE BARS M., 1994. Effect of level of nitrogen fertilization and protein supplementation on herbage utilization by grazing dairy cows. I Herbage intake and feeding behaviour. *Annales de zootechnie,* 43 : 291.

PEYRAUD J.-L., GONZALEZ-RODRIGEZ A., 2000. Relationships between grass production, supplementation and intake in grazing dairy cows. *In* Soegard K., Ohlssson C., Sehested J., Hutchings N.J. and Kristensen T. (eds), *Grassland farming. Managing environmental and economic demands*. Proceedings of the 18th European grassland Federation Meeting, Aalborg. Grassland Science in Europe, 5 : 269-282.

POORTER H., BERGKOTTE M., 1992. Chemical composition of 24 wild species differing in relative growth rate. *Plant Cell and Environment,* 15 : 221-229.

RICHARDS J.H., 1993. Physiology of plants recovering from defoliation. *In* Baker M. J., Proceedings of the XVII International Grassland Congress, Palmerston North, Hamilton, Lincoln and Rockhampton, New Zealand, 85-94.

SIMON J.-C., LEMAIRE G., 1987. Tillering and leaf area index in grass in the vegetative phase. *Grass and Forage Science,* 42 : 373-380.

VAN ARENDONK J.J.C.M., POORTER H., 1994. The chemical composition and anatomical structure of leaves of grass species differing in relative growth rate. *Plant Cell and Environment,* 17 : 963-970.

Chapitre 4

La composante animale
de la flexibilité des systèmes d'élevage

Fabienne BLANC, François BOCQUIER,
Jacques AGABRIEL, Pascal D'HOUR, Yves CHILLIARD

La capacité des systèmes d'élevage à s'adapter à des contextes changeants dépend non seulement des décisions et des actions de l'éleveur (chapitre 7, p. 119) mais également des réponses propres aux animaux et à leurs potentiels adaptatifs. La composante animale du système d'élevage constitue le niveau d'investigation principal du zootechnicien, qui considère le troupeau comme une entité composée d'individus pouvant s'agréger plus ou moins durablement dans des catégories en fonction de leurs caractéristiques biologiques et productives à un moment donné du cycle de production. Cet objet est soumis aux actions de l'éleveur (composante décisionnelle du système), aux effets du milieu, et ses réponses dépendent de ses caractéristiques propres (espèce, race, sexe, parité, stade physiologique, état nutritionnel) (Cournut, 2001). En situation de contraintes fortes ou de contexte changeant, les potentiels adaptatifs des animaux, qu'ils soient comportementaux, physiologiques ou métaboliques, accompagnent ou limitent forcément les décisions et les possibilités d'action de l'éleveur. Ainsi, comprendre les mécanismes en jeu dans la réponse adaptative est un enjeu important dans la mesure où ceux-ci vont conditionner le maintien ou non des fonctions de production et de reproduction des animaux et avoir ainsi un impact important sur la productivité et la pérennité du système d'élevage.

La conceptualisation des profils de réponse des animaux en situation de contrainte doit permettre d'apprécier les potentiels adaptatifs et d'en appréhender les limites. Une telle démarche consiste en particulier à quantifier l'élasticité des réponses – c'est-à-dire l'ampleur de la variation de la réponse en fonction de celle de la contrainte (Blanc *et al.*, 2004a) – et à identifier l'existence de seuils de rupture – échec de l'adaptation. Elle doit également conduire à une analyse dynamique des profils de réponse des animaux en liaison avec une évolution passée, présente et future du niveau de la contrainte subie.

Cette démarche est ici développée en considérant la sous-alimentation comme contrainte et la femelle reproductrice (ruminant) comme modèle animal, ceci en raison de sa contribution essentielle à l'élaborâtion de la performance globale du troupeau et de son rôle dans la pérennité du système. Cette démarche vise dans un premier temps à caractériser les processus biologiques impliqués dans la réponse adaptative, à mettre en évidence leur réactivité ainsi que leurs limites. Les relations entre fonctions de nutrition et de reproduction sont ensuite explicitées en raison de leur influence sur la pérennité du troupeau. Enfin, nous illustrons l'influence du génotype sur les potentiels adaptatifs des animaux et son impact sur la sensibilité du système d'élevage à la contrainte alimentaire sur le long terme (enchaînement de plusieurs cycles productifs).

Capacités d'adaptation des femelles à leur environnement

Tout animal peut être considéré comme un système biologique placé au sein d'un milieu dans lequel il doit assurer trois fonctions indispensables et interdépendantes : puiser des nutriments, résister aux contraintes biotiques (interspécifiques, intraspécifiques) et abiotiques et, disséminer ses gènes (en anglais *fitness*). La réalisation de ces trois fonctions s'appuie sur l'expression du répertoire comportemental propre à chaque espèce, ainsi que sur le fonctionnement physiologique de l'organisme.

Implications des stratégies comportementales dans la réponse adaptative

L'ingestion de nutriments par les herbivores résulte non seulement de l'expression du comportement d'ingestion, mais met également en jeu un comportement de sélection alimentaire. Les herbivores sont en effet capables d'exploiter des ressources hétérogènes en pâturant sélectivement, ce qui les conduit à élaborer un régime de meilleure valeur nutritionnelle que celui qui leur est globalement offert. Les comportements de sélection alimentaire et d'ingestion dépendent de l'interaction entre les caractéristiques des animaux (morphologie, physiologie, niveau des besoins) et celles de la végétation disponible (disponibilité, valeur nutritionnelle et sensorielle) (Prache *et al.*, 1998 ; Baumont *et al.*, 2000).

Dans certaines situations contraignantes, des adaptations comportementales particulières peuvent émerger. Ainsi, chez les biches, l'accroissement de la densité animale au pâturage s'accompagne d'une élévation des tensions sociales entre congénères (figure 1a) en raison de la diminution, imposée, des distances interindividuelles. Les animaux étant maintenus dans des enclos de petite taille, les possibilités, pour les individus subordonnés, d'échapper aux agressions des individus dominants par la fuite et les évitements, sont limitées. La dispersion spatiale n'étant pas possible, les individus subordonnés développent un comportement qui permet une dispersion temporelle des activités : désynchronisation des activités (Blanc et Thériez, 1998), accélération des rythmes (accroissement de la fréquence journalière des repas et diminution de leur durée) (figure 1b). Une telle adaptation permet de limiter les tensions sociales tout en maintenant un temps total de pâturage identique à celui des individus dominants. Le niveau d'ingestion peut ainsi être maintenu. De ce point de vue, et pour la plage de contrainte étudiée, le profil de réponse correspondant à l'évolution du temps de pâturage en fonction de l'accroissement de la

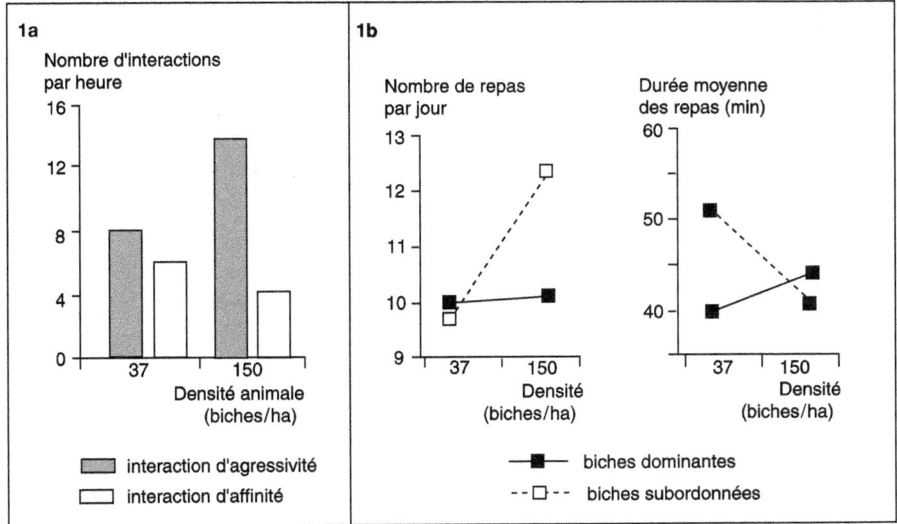

Figure 1. Effet de la densité animale sur le comportement social (a) et alimentaire (b) de biches au pâturage (d'après Blanc et Thériez, 1998) (source : Blanc *et al.*, 2004).

1a. Interactions sociales échangées entre biches.

1b. Évolution du profil d'activité de pâturage (nombre et durée des repas) en fonction de la densité animale et du statut hiérarchique des individus.

densité animale est qualifié d'inélastique (Blanc *et al.*, 2004a). Cette notion d'élasticité de la réponse, illustrée ici sur des traits comportementaux, s'applique également aux réponses physiologiques (Blanc *et al.*, 2004a).

Caractérisation des processus physiologiques impliqués dans la réponse adaptative à la sous-nutrition

Dans les systèmes d'élevage allaitant, les femelles reproductrices sont rarement nourries en permanence à hauteur de leurs besoins. Les modes de conduite comportent pratiquement toujours des alternances de périodes de sous-alimentation et de réalimentation. Les restrictions alimentaires peuvent être plus ou moins sévères selon les particularités physiques du milieu (climat, accessibilité de la ressource) ou les choix de conduite effectués par l'éleveur pour répondre par exemple à des objectifs d'entretien d'un territoire. Sans ignorer l'importance d'autres composantes telles que la santé animale et la qualité des produits, la pérennité de ces élevages repose largement sur la capacité des animaux à s'adapter à des périodes de contraintes nutritionnelles plus ou moins longues.

Les réponses endocriniennes et métaboliques à l'inadéquation des apports aux besoins sont principalement destinées à maintenir, dans certaines limites, la constance du milieu intérieur de l'organisme (homéostasie). Ainsi, lors d'une sous-alimentation, les adaptations (figure 2) passent par une mobilisation coordonnée et séquentielle (court, moyen et long terme) de substrats endogènes tels que ceux stockés dans les réserves corporelles,

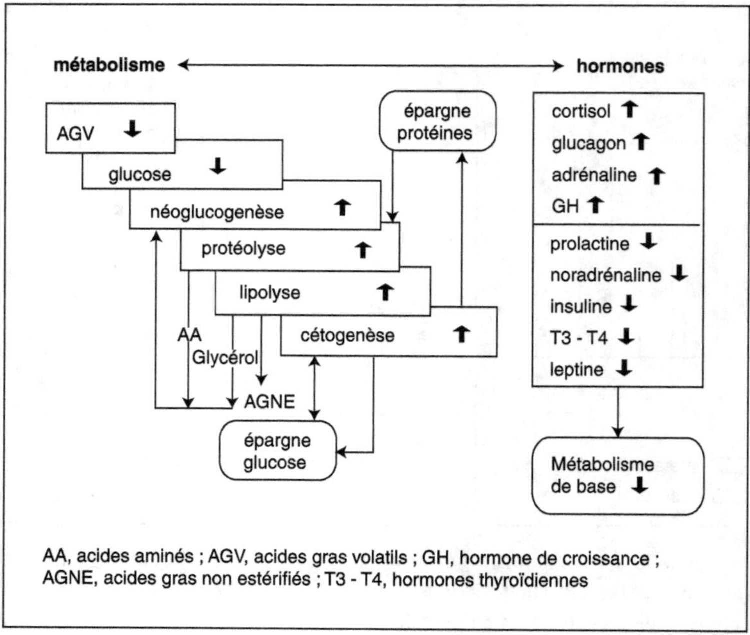

Figure 2. Adaptations métaboliques et hormonales à la sous-nutrition chez les ruminants (d'après Chilliard *et al.,* 1998a) (source : Blanc *et al.,* 2004).

puis par la mise en place de mécanismes d'épargne des métabolites limitants (glucose, acides aminés) et, enfin, par une diminution du métabolisme de base et des dépenses énergétiques (déplacements, mouvements). Ces régulations homéostatiques sont mises en jeu de façon claire lorsqu'un animal à l'entretien est placé en situation de sous-alimentation (Atti et Bocquier, 1999 ; Bonnet *et al.,* 2000) : elles assurent alors la survie de l'individu.

Mais, en dehors de cet état transitoire où l'animal est à l'entretien, les animaux d'élevage, et en particulier les femelles, sont le plus souvent en production. Deux situations de sous-alimentation peuvent être distinguées (Chilliard *et al.,* 1998a) : le cas où les aliments ne sont pas disponibles en quantité suffisante pour satisfaire les besoins (situation de sous-alimentation absolue), et le cas où les aliments sont en quantité et en qualité suffisantes (alimentation à volonté), mais leur ingestion ne permet pas de satisfaire les besoins (situation de sous-alimentation relative).

Cette dernière situation est fréquemment rencontrée chez la femelle laitière haute productrice : en début de lactation, les besoins s'accroissent plus rapidement que la capacité d'ingestion (Inra, 1988). Durant cette période qui dure plusieurs semaines (10 à 11 semaines chez la vache laitière), des mécanismes adaptatifs spécifiques se mettent en place et permettent à l'animal d'évoluer vers un nouvel état nutritionnel (bilan énergétique positif). Les processus en jeu dans cette situation de sous-alimentation relative passent par la forte mobilisation des lipides et, dans une moindre mesure, des protéines corporelles, dont l'effet est de soutenir l'accroissement de la production laitière tandis que la capacité d'ingestion reste limitante (Faverdin et Bareille, 1999). Le développement du tractus digestif, quant à lui, s'opère indépendamment des variations pondérales des autres tissus et permet progressivement l'augmentation des consommations volontaires. L'état des réserves corporelles et l'aptitude de la femelle à les mobiliser en début de lactation jouent un rôle important dans l'expression du potentiel laitier. Mais la perte de masse adipeuse en début de lactation peut être très variable dans la mesure où le niveau de sous-alimentation relative dépend du niveau de production laitière, de l'appétit des animaux et du niveau des apports alimentaires (Chilliard *et al.*, 1983 et 1987). Toutefois, une perte de 10 à 40 % de la masse adipeuse s'observe classiquement durant les six premières semaines de lactation chez les vaches comme chez les brebis. Ainsi, les femelles en mauvais état corporel au moment de la mise bas sont particulièrement sensibles aux effets d'une sous-alimentation en début de lactation (Chilliard, 1992 ; Atti *et al.*, 1995). Les réserves adipeuses et l'aptitude de la femelle à les mobiliser en début de lactation jouent également un rôle déterminant sur la capacité de la femelle à s'adapter à une sous-alimentation en début de lactation (Coulon et Rémond, 1991).

Les situations de sous-alimentation relative peuvent être d'amplitude variable selon les stratégies d'alimentation appliquées au troupeau de femelles, et se trouver renforcées par une restriction alimentaire en début de lactation. Dans ce cas, les réponses des femelles laitières (Chilliard *et al.*, 1983 et 1987 ; Coulon et Rémond, 1991) mettent à nouveau en évidence une capacité d'adaptation, au moins à moyen terme. Lors d'une sous-alimentation modérée (besoins énergétiques couverts à 85-90 %) de 4 à 11 semaines post-partum chez la femelle laitière (vache, brebis), la diminution d'énergie exportée dans le lait est moindre que la baisse des apports d'énergie (figure 3) : l'énergie corporelle mobilisée contribue

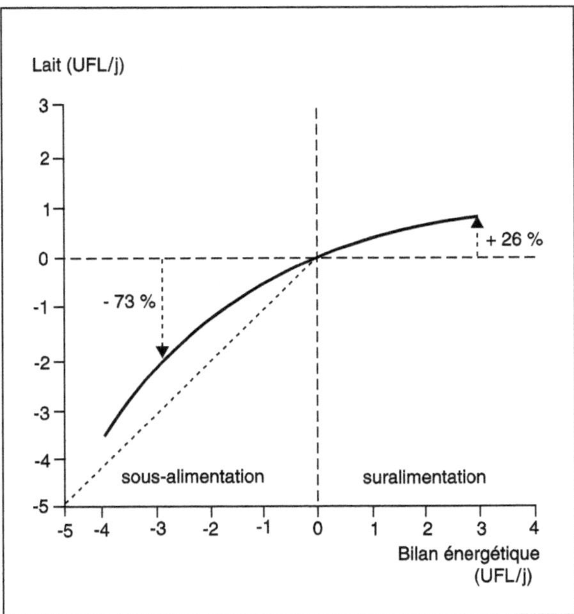

Figure 3. Effet d'une variation des apports énergétiques (UFL/jour) sur la variation de la production laitière, exprimée en énergie nette exportée dans le lait (UFL/j), chez la vache laitière (production laitière standardisée) (d'après Coulon et Rémond, 1991).

pour plus de 30 % aux exportations d'énergie par le lait. Lorsque la sous-alimentation est maintenue pendant une longue période (entre 18 et 40 semaines), l'exportation d'énergie par le lait diminue et s'ajuste aux apports d'énergie de la ration (Coulon et Rémond, 1991) : l'amplitude des réponses adaptatives diminue au cours de la lactation. De plus, les capacités adaptatives permises par les réserves corporelles diminuent lorsque les animaux sont sous-alimentés pendant plusieurs lactations consécutives (Wiktorsson, 1979, cité par Chilliard, 1992).

En situation de production, les régulations téléophorétiques (Chilliard, 1986) assurent la coordination des métabolismes en réajustant les points de consignes des régulations homéostatiques (Chilliard et Bocquier, 2000). Ces adaptations permettent de maintenir l'intégrité de l'organisme tout en assurant les mobilisations nécessaires à la production et la mise en place de mécanismes d'épargne et de recyclage. Sur le plan énergétique, elles se traduisent donc par un accroissement de l'efficacité biologique de certaines fonctions. Ainsi, chez la vache, la reconstitution des réserves adipeuses s'effectue plus efficace-ment en fin de lactation (Énergie nette/Énergie métabolisable = 0,60) qu'en période de tarissement (0,40) (Inra, 1988), de sorte que le déficit énergétique de début de lactation peut être partiellement compensé par une efficacité accrue de la reconstitution qui suit (Chilliard *et al.,* 1983). Ainsi, plus la masse de tissu adipeux a été réduite et plus l'animal est stimulé à ingérer et à reconstituer ses réserves adipeuses. De plus, la lactation dimi-nuant la leptinémie, même lorsque l'animal est en bilan énergétique positif et en bon état corporel (Bonnet *et al.,* 2005 ; figure 4), l'efficacité énergétique serait favorisée, quel que soit le stade de lactation (Chilliard *et al.,* 2005). Finalement, au moins à moyen terme,

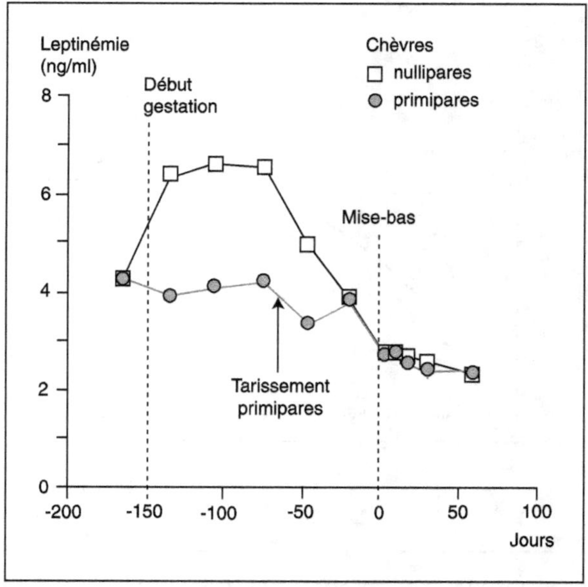

Figure 4. Effet de l'état reproductif (gestation vs lactation) sur l'évolution de la leptinémie des chèvres (d'après Bonnet *et al.,* 2005) (source : Blanc *et al.,* 2004).

l'impact d'un niveau donné de sous-alimentation va différer selon l'état physiologique de l'animal et selon son état corporel au moment où il subit la restriction alimentaire.

Les études les plus analytiques des voies de régulation du statut énergétique de l'animal ont révélé que celui-ci est le résultat de nombreuses régulations qui interfèrent avec les différents métabolismes (glucidique, protéique, lipidique). Si les voies enzymatiques et les principaux modes de régulation (actions directes) sont assez bien décrits (Bocquier *et al.*, 1998a et 1998b, Chilliard *et al.*, 1998a et 2000), il existe en revanche de nombreuses voies de régulations indirectes qui s'expriment différemment selon le contexte (Bocquier *et al.*, 1998a et 1998b ; Chilliard *et al.*, 1998b), et demeurent encore peu explicitées. Cette variété de réponses apparaît toutefois comme un élément fondamental de la capacité d'adaptation des animaux à des situations nutritionnelles variables et contrastées.

De l'épargne au rebond : réactivité de la réponse adaptative

Des réponses adaptatives de compensation ou de rebond sont observées lorsqu'une période de réalimentation succède à une phase de restriction alimentaire plus ou moins durable et sévère. L'exemple le plus classique de réponse de rebond est celui de la croissance compensatrice que l'on observe lors d'un retour à une alimentation non limitée (pâturage) succédant à une période de restriction alimentaire, le plus souvent hivernale (Hoch *et al.*, 2003). Les adaptations digestives et métaboliques en jeu dans cette période de rebond sont effectives en quelques jours (Hoch *et al.*, 2003), ce qui témoigne de la forte réactivité de l'organisme à mettre à profit un accroissement de l'offre alimentaire.

Le processus de rebond a également été mis en évidence sur des femelles adultes au cours de leur cycle de production : brebis à l'entretien (Atti et Bocquier, 1999), vaches et chèvres en lactation (Chilliard *et al.*, 1983). Il est susceptible d'induire des écarts de bilan alimentaire non négligeables, ceux-ci ont été mis en évidence chez la brebis Barbarine, en comparant deux stratégies d'alimentation sur le long terme (Atti et Bocquier, 1999). La stratégie stabilisée (apports ajustés pour le maintien des brebis à poids constant pendant 45 semaines) a été comparée à une stratégie dynamique consistant à les sous-alimenter fortement (40 % ou 20 % des besoins) pendant 22 semaines puis à les réalimenter (130 à 150 % des besoins pendant 23 semaines), jusqu'à revenir à leur poids vif initial (figure 5). Dans le cas de la stratégie dynamique, les apports énergétiques totaux sont inférieurs de 20 % à ceux de la stratégie stabilisée et l'économie réalisée sur les apports énergétiques correspond à 1,7 mois de couverture des besoins d'entretien. Celle-ci peut s'interpréter par un accroissement de l'efficacité alimentaire résultant directement des mécanismes de mobilisation et d'épargne mis en œuvre pendant la sous-alimentation chronique et durant les périodes de réalimentation (Bocquier *et al.*, 1998a et 1998b ; Chilliard *et al.*, 1998a, 1998b et 2000), tels que la modulation de l'efficacité énergétique via la leptine ou les autres hormones adipocytaires secrétées de façon variable selon le niveau d'adiposité (Chilliard *et al.*, 2005). Les processus d'épargne et de reconstitution des tissus musculaires et adipeux lors de la sous-nutrition et de la réalimentation sont plus ou moins efficaces selon l'espèce, la race ou l'âge. Ainsi, la brebis Barbarine est capable de reconstituer intégralement la perte de masse musculaire lors de la réalimentation (Atti et Bocquier, 1999), tandis que la vache adulte tarie non gravide présente des dynamiques de dépôts lipidiques et protéiques différentes lors des phases de réalimentation qui se

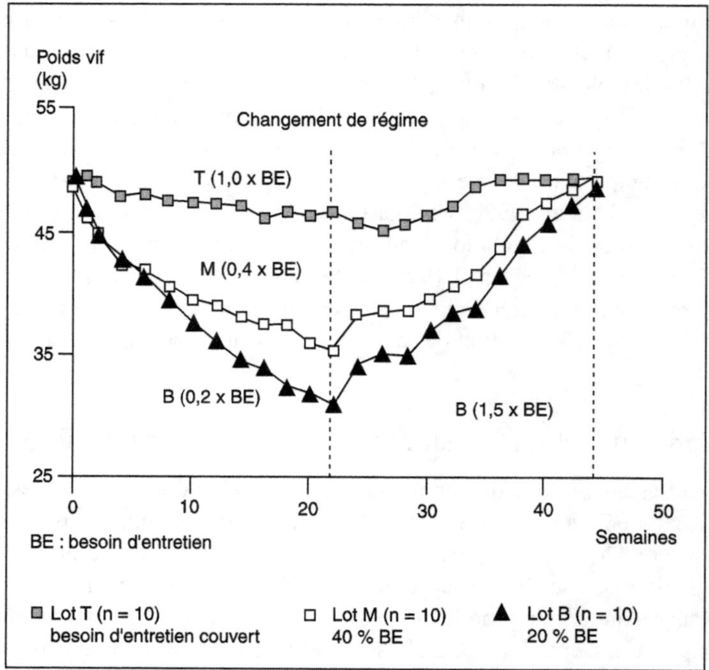

Figure 5. Adaptation à long terme des brebis Barbarine placées en situation de forte sous-alimentation : comparaison de l'évolution des poids vifs d'animaux dont les besoins d'entretien sont couverts avec celle des animaux subissant une sous-alimentation (40 % des besoins d'entretien couverts ou 20 % des besoins couverts) puis une réalimentation (150 % des besoins couverts) (d'après Atti et Bocquier, 1999).

caractérisent par un accroissement très important des tissus adipeux alors que la reprise de masse musculaire reste limitée (Robelin *et al.*, 1990 ; Laurenz *et al.*, 1992).

Situations de rupture :
les limites des systèmes de régulation biologique

Certains modes de production, et les pratiques d'élevage associées, sollicitent considérablement les capacités adaptatives des animaux, car ils se caractérisent par un cumul des contraintes s'exerçant sur l'animal (Boissy *et al.*, 2002). Si l'aptitude de l'animal à répondre aux sollicitations et aux contraintes croissantes de son environnement s'appuie en partie sur la mise en œuvre de réponses comportementales, l'émergence de stratégies comportementales à forte valeur adaptative reste cependant limitée à la gamme du répertoire comportemental propre à chaque espèce. Ainsi, des situations de frustrations importantes peuvent conduire à des échecs d'adaptation (Boissy *et al.*, 2002).

Deux approches sont actuellement développées en vue d'améliorer les capacités adaptatives comportementales des animaux à leur environnement d'élevage, autrement dit en vue d'atténuer les émotions désagréables qu'ils peuvent ressentir inutilement. La première vise à agir sur le milieu d'élevage afin de le rendre moins contraignant pour l'animal (Veissier *et al.*, 1998). La seconde consiste à intervenir directement sur l'animal pour moduler la manière dont il peut ressentir les événements environnants, soit en agissant sur sa propre histoire (manipulations réalisées plus ou moins précocement), soit en sélectionnant les animaux sur la base de profils réactionnels souhaités (Boissy *et al.*, 2002). Cette dernière stratégie vise en fait à orienter les capacités adaptatives des individus dans le sens des contraintes générées par les modes de production. Si elle peut se révéler efficace pour un système d'élevage donné (celui qui a orienté la sélection), cette stratégie présente des risques en cas de modifications rapides et importantes du milieu et des jeux de contraintes.

Des situations de rupture s'observent également du point de vue des réponses physiologiques. Les niveaux relatifs de sous-alimentation qui sont appliqués aux vaches laitières (environ − 10 % du besoin total, voire davantage en milieu tropical) sont généralement plus faibles que ceux auxquels peuvent être confrontés les ovins laitiers en zone méditerranéenne. Comme chez la vache laitière, lors d'une sous-alimentation énergétique importante, la mobilisation des réserves adipeuses permet, chez la brebis, de soutenir dans une certaine mesure la lactation. Chez la brebis Lacaune, tant que le déficit énergétique ne dépasse pas 20 % des besoins totaux en énergie, la baisse relative de production laitière (diminution relative par rapport à la production laitière initiale) évolue linéairement avec le taux de couverture des besoins en énergie (figure 6). En revanche, lorsque le taux de couverture des besoins énergétiques devient inférieur à 80 %, la chute de production laitière est brutale (Bocquier *et al.*, 2002). Cette chute est provoquée par une rupture de l'équilibre homéostatique, caractérisée par une forte diminution des taux circulants d'insuline chez les brebis fortement sous-alimentées.

Cette situation, qui peut paraître exceptionnelle, se produit très fréquemment au sein des troupeaux de grande taille alimentés de façon unique. En effet, la diversité des niveaux de production et des états physiologiques peut induire, chez certains individus sensibles, des situations de rupture (Bocquier *et al.*, 1995). Au sein d'un troupeau, la proportion d'animaux sensibles dépend non seulement de la variabilité des exigences nutritionnelles (stade physiologique, niveau de production) et de la valeur de la ration, mais également du statut hiérarchique des individus. Toutefois, chez les brebis laitières, des stratégies d'alimentation peuvent être mises en place afin de limiter de telles situations de rupture. C'est le cas par exemple d'un rationnement collectif calculé pour satisfaire les besoins d'au moins 80 % des individus (Bocquier *et al.*, 1995). Une telle stratégie, pertinente dans certaines exploitations, peut cependant se révéler peu efficace dans des systèmes où les facteurs d'élevage (qualité et niveau des apports alimentaires, synchronisation des mises bas) sont beaucoup moins maîtrisés (Blanc *et al.*, 2004b).

Rôle central des relations entre nutrition et reproduction pour la pérennité du troupeau en situation de contrainte alimentaire

La fonction de reproduction est une composante clef de la productivité des systèmes d'élevage, dont l'efficacité dépend de l'état nutritionnel de la femelle. Les effets de la nutrition sur la capacité reproductrice s'observent à différentes phases de la vie productive

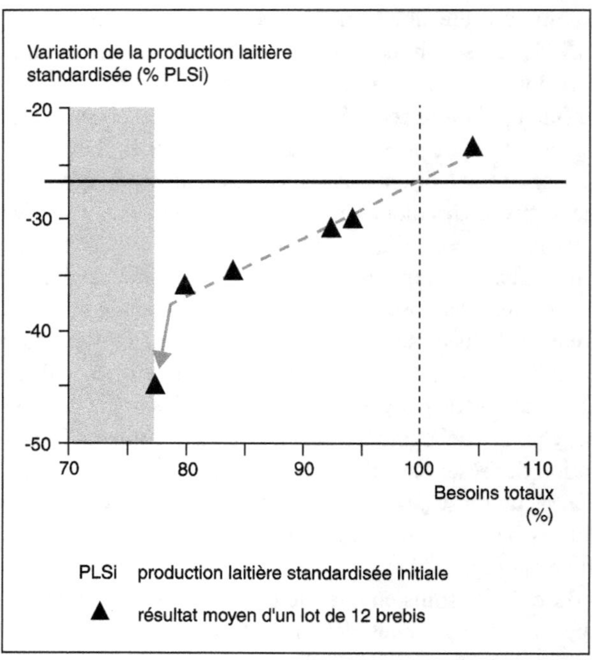

Figure 6. Effet de la sous-alimentation énergétique (exprimée en % des besoins totaux) sur la variation de la production laitière standardisée, exprimée en % de la PLS initiale (PLSi), chez la brebis Lacaune (d'après Bocquier *et al.*, 2002).

PLS : La production laitière standardisée correspond à une valeur énergétique de 5 MJ/l. Chaque point représente le résultat moyen d'un lot de 12 brebis.

de la femelle : dès son jeune âge via ses effets sur le moment d'apparition de la puberté, puis chez l'adulte par son impact sur le taux de fertilité (et sur la prolificité) et donc sur le rythme de reproduction. Plus particulièrement, les rôles du bilan énergétique et de la mobilisation des réserves adipeuses ont clairement été démontrés (revues de Butler, 2003 pour la vache laitière, de Diskin *et al.*, 2003 pour la vache allaitante) et ont donné lieu à des démarches d'intégration et de formalisation des processus en jeu (Friggens, 2003).

Les relations entre l'état nutritionnel de la femelle et la fonction de reproduction sont très particulières car les besoins énergétiques pour la reproduction *stricto sensu,* c'est-à-dire l'ovulation et la fécondation, sont pratiquement négligeables. En revanche, l'initialisation d'une gestation est lourd de conséquences pour la survie de la femelle si les apports nutritionnels et/ou si ses réserves corporelles sont insuffisantes. En effet, ses besoins vont s'accroître au cours de la gestation et, surtout, après l'enclenchement de la lactation. Les régulations de la reproduction par l'état nutritionnel supposent donc, à un moment donné, la mise en œuvre de mécanismes particuliers d'évaluation simultanée du bilan énergétique et de l'état des réserves adipeuses. Une telle évaluation, à des phases clés du processus reproductif (jours suivant le vêlage chez la vache laitière), pourrait constituer un moyen de remettre en cause l'engagement de la femelle dans une nouvelle gestation et de limiter ainsi le risque associé à la reproduction (Chilliard et Bocquier, 2000 ; Butler, 2003). Les mécanismes physiologiques en jeu impliquent un effet mémoire, par exemple chez la vache laitière (évaluation du bilan énergétique dans les jours qui suivent la mise bas et effet sur la fertilité et la fécondité deux mois plus tard), ils sont très complexes et demeurent encore mal connus (Blanc *et al.,* 2004b ; Butler, 2003).

Les effets de l'état nutritionnel des femelles sur leur survie et leur investissement reproductif dépendent de la dynamique du cycle de production

Les contraintes du milieu, notamment celles relatives à la disponibilité alimentaire, le niveau de maîtrise technique et technologique ainsi que les particularités biologiques des espèces sont à l'origine d'une gamme variée de modalités de conduite de la reproduction (chapitre 7, p. 119). Ainsi, en situation extrême, dans le Sud Sénégal (Kolda), le rythme de reproduction des vaches de race N'Dama se caractérise par de grands intervalles de temps entre événements reproductifs, avec un âge moyen à la première mise bas de cinq ans et un intervalle moyen entre vêlages de 27 mois (Ezanno *et al.,* 2003). À l'opposé, dans les troupeaux de milieu tempéré, les rythmes de reproduction sont souvent proches des limites biologiques théoriques de l'espèce avec un intervalle entre vêlages proche d'un an ou même 3 agnelages en 2 ans en élevage ovin allaitant.

Dans le premier cas, qui correspond à des systèmes d'élevage fortement contraints et dont les solutions adaptatives reposent principalement sur la composante animale (systèmes peu sécurisés), ce sont les régulations biologiques, à savoir les équilibres entre fonctions d'homéostase et de téléophorèse, qui déterminent la dynamique des événements reproductifs et la survie des femelles. Ces équilibres se traduisent par des rythmes de reproduction variables et des pas de temps longs. L'analyse de ces rythmes (Ezanno *et al.,* 2003) montre que la reproduction n'est effective que lorsqu'il y a coïncidence entre un état corporel suffisant et des conditions nutritionnelles favorables. Autre élément important dans ces systèmes pastoraux d'Afrique subsaharienne, les décisions de réforme des femelles ne sont pas toujours directement dépendantes de leur aptitude à se reproduire car, pour l'éleveur, un animal vivant représente un capital financier à maintenir prioritairement et à moindre coût. En conséquence, la survie des femelles au sein du système est principalement fonction de leur aptitude à s'adapter aux conditions de milieu et en particulier à la sous-nutrition.

À l'opposé, dans les systèmes d'élevage intensifs, les rythmes de reproduction sont imposés à l'animal (avec éventuellement un recours aux traitements hormonaux) et ce sont les pratiques de l'éleveur (alimentation, renouvellement, réforme) qui soutiennent et orientent la trajectoire des femelles reproductrices, ainsi que leur survie et leur production (chapitre 7). Tant pour les espèces à cycle long (bovins), que pour celles à cycles courts et accélérés (ovins), les rythmes de reproduction tendent à talonner les limites physiologiques. En effet, les intervalles entre mise bas imposent une très courte période de repos après la parturition. Les régulations biologiques des différentes fonctions sont donc fortement sollicitées et s'exercent en interdépendance du fait de l'enchaînement rapide des états physiologiques, voire de leur superposition. Ces régulations peuvent donc conduire à des états de rupture au terme desquels l'une des fonctions associées à la reproduction (fertilité, production laitière) est mise en échec. Une telle réponse peut alors être interprétée de deux façons, selon que l'on considère l'intérêt de l'éleveur ou celui de l'animal : respectivement, capacités adaptatives insuffisantes ou sauvegarde de l'intégrité de l'individu. Dans la mesure où les femelles qui ne parviennent pas à s'adapter à de telles accélérations des rythmes sont le plus souvent réformées, les processus physiologiques qui conduisent à privilégier la survie de l'individu au détriment de son investissement dans la génération suivante, s'avèrent de fait inefficaces. Les vaches laitières hautes productrices sont particulièrement sensibles à ce risque de réforme car, sélectionnées pour leur niveau de production laitière, elles présentent une moindre aptitude à se reproduire dans les conditions souhaitées par l'éleveur (corrélation génétique négative de − 0,3 entre le niveau de production laitière et la fertilité à la première insémination artificielle ; Boichard *et al.,* 1998). Dans ce contexte, il apparaît utile de comprendre comment interagissent les fonctions de nutrition et de reproduction afin d'éviter les situations de rupture et de blocage fonctionnel (anœstrus).

Caractérisation des relations entre les fonctions de nutrition et de reproduction

Les effets de la nutrition sur l'efficacité reproductrice des femelles ont été largement étudiés en système d'élevage allaitant car ces systèmes reposent sur une utilisation maximale des ressources fourragères. Ces travaux sont particulièrement instructifs dès lors que l'on s'intéresse à la pérennité de l'élevage car les animaux y sont soumis à des phases de restriction alimentaire de durée et d'intensité souvent importantes. Les travaux menés jusqu'à présent mettent en évidence les effets de la restriction alimentaire non seulement sur les caractéristiques physiologiques de la fonction de reproduction, mais également sur le comportement sexuel des femelles.

Dans les systèmes d'élevage de bovins allaitants et laitiers de zones tempérées, les interactions entre nutrition et reproduction s'exercent principalement dans les jours qui suivent le vêlage, en raison de l'existence d'un anœstrus post-partum qui correspond à une période de repos physiologique (Short *et al.,* 1990). Ainsi, une restriction alimentaire modérée avant le vêlage induit un délai de réponse de la fonction de reproduction : un point de note d'état en dessous de la moyenne retarde l'apparition des chaleurs de 10 jours environ chez les multipares et de plus de 20 jours chez les primipares (Petit et Agabriel, 1993). La femelle maintient donc son investissement dans un nouveau cycle de production, mais sur un rythme plus lent.

Les mécanismes physiologiques en jeu dans la régulation de la fonction de reproduction en liaison avec l'état nutritionnel des vaches ont récemment fait l'objet de revues bibliographiques (Butler, 2003 ; Diskin *et al.,* 2003). Chez la vache allaitante, une restriction alimentaire modérée mais prolongée (60 à 70 % des besoins satisfaits) s'accompagne d'une réduction progressive de la croissance du follicule ovarien dominant et de sa persistance. Si cette sous-alimentation se prolonge de telle sorte que les pertes de poids vif dépassent 20 % du poids initial, les animaux basculent dans un état d'anœstrus nutritionnel (Diskin *et al.,* 2003). Ces situations de rupture s'observent également dans le cas de restrictions alimentaires très sévères, aiguës (40 % des besoins satisfaits chez l'animal à l'entretien) et de courte durée : réduction très rapide du taux de croissance et du diamètre maximal des follicules dominants provoquant un anœstrus chez une forte proportion d'individus dans les 15 jours suivant le début de la restriction alimentaire

(Mackey *et al.,* 2000 ; Diskin *et al.,* 2003). Il semble donc exister un seuil, situé entre 40 et 60 % de la satisfaction des besoins chez l'animal à l'entretien, en deçà duquel la sous-alimentation a un effet quasi immédiat sur le développement folliculaire (délai de réponse de quelques jours). Une telle réponse s'interprète comme une situation de rupture dans laquelle la fonction de survie de l'individu devient prioritaire et se développe au détriment d'un investissement dans la génération suivante.

À côté de ces phénomènes de rupture, on retrouve des réponses de type rebond qui rendent compte d'un accroissement de l'efficacité temporaire du système lors de séquences de sous-nutrition/réalimentation. Ainsi, des agnelles subissant une restriction alimentaire sévère après le sevrage présentent d'importants retards d'apparition de la puberté, voire un blocage durable de la fonction de reproduction (Foster *et al.,* 1985). Une réalimentation permet d'induire un déclenchement de la puberté dans les 2 à 3 semaines chez les agnelles dont l'apparition de la puberté a été précédemment inhibée par la restriction alimentaire (figure 7).

Au-delà des altérations du fonctionnement ovarien, des travaux réalisés sur la brebis ont montré que le comportement sexuel constitue également une voie de régulation de la réponse de la femelle à la sous-nutrition (Debus *et al.,* 2003). L'apparition du comportement d'œstrus est une étape nécessaire à la réussite de la reproduction sur laquelle les effets de la restriction alimentaire ont été relativement peu étudiés chez les ruminants.

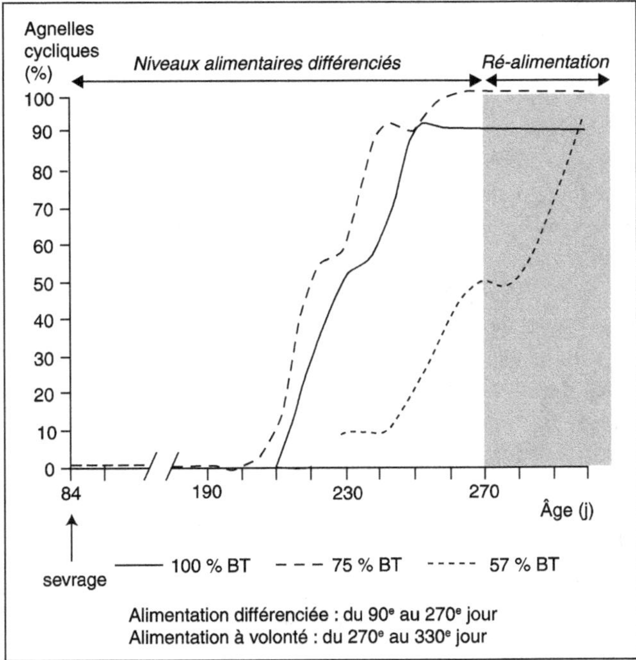

Figure 7. Apparition de la puberté chez des agnelles Mérinos d'Arles (n = 10/lot) ayant subi une restriction alimentaire post-sevrage plus ou moins sévère (100 % des besoins totaux BT, 75 % BT et 57 % BT) pendant une durée de 169 jours, puis une réalimentation (120 % BT) durant 60 jours (d'après Blanc *et al.,* 2005) (source : Blanc *et al.,* 2004).

Une restriction alimentaire sévère (40 % des besoins énergétiques couverts) maintenue durant 75 jours chez des brebis nullipares n'induit pas de blocage complet de la reproduction (activité ovulatoire maintenue), mais entraîne un retard d'apparition de l'œstrus (+ 1,2 jour) et une réduction de sa durée (– 1,7 h). En conséquence, la probabilité de saillie par des béliers se trouve notablement réduite (réduction de la durée de l'œstrus), alors que les paramètres physiologiques révèlent un assez bon maintien du fonctionnement ovarien. À condition que l'on ne se situe pas en deçà d'un seuil de rupture (amaigrissement trop important), le maintien d'une activité ovarienne (peu coûteuse), alors que le comportement sexuel est partiellement inhibé, permettrait de réduire le risque de fécondation en situation de restriction alimentaire tout en assurant une forte réactivité au système si la situation alimentaire devient plus favorable ou si l'éleveur pratique un *flushing*.

Réponses adaptatives à la sous-alimentation : conséquences sur la durée de la carrière productive et influence du génotype

Dans un système d'élevage à l'équilibre (à effectif constant), le taux de renouvellement des femelles est en rapport direct avec la durée de leur carrière productive au sein du troupeau (longévité). Pour l'éleveur, ce taux doit être optimisé car l'élevage des jeunes femelles destinées au renouvellement représente un coût alimentaire certain. Dès que ces femelles intègrent le groupe des adultes, l'éleveur a intérêt à les conserver aussi longtemps qu'il n'y a pas de dépréciation économique sur la carcasse à la réforme. La productivité des femelles doit donc être évaluée globalement sur l'ensemble de leur carrière. Or, des travaux réalisés en système d'élevage bovin allaitant ont bien montré l'interaction qui existe entre le potentiel adaptatif des vaches placées en situation de sous-alimentation et la durée de leur carrière productive. Une comparaison a été menée sur les réponses de deux races bovines, la Salers et la Limousine, élevées selon deux modalités alimentaires (haut vs bas, pendant l'hiver) depuis leur sevrage jusqu'à leur quatrième lactation (D'hour *et al.*, 1995). Si la sous-alimentation hivernale n'a pas eu d'effet sur la production laitière moyenne des vaches Salers primipares et multipares elle a en revanche affecté celle des Limousines (figure 8). Toutefois, après la mise à l'herbe, la production laitière des vaches des lots bas (Limousines) rattrape, voire dépasse significativement (Salers multipares) celles des vaches précédemment mieux alimentées (figure 8). Les différences de profils de réponse entre Salers et Limousines peuvent s'interpréter par des réserves adipeuses plus importantes (maturité atteinte) et plus facilement mobilisables chez les Salers, ou encore par des différences d'ingestion au pâturage. Les évolutions des poids vifs (maintien de l'écart de poids vif de 50 kg observé au premier vêlage chez les Salers et disparition de cet écart chez les Limousines à l'issue de quatre lactations) et des performances de reproduction (accroissement de la durée d'anœstrus, liée à la restriction alimentaire, plus faible chez les Salers que chez les Limousines), laissent penser que la Salers privilégie la production de lait destinée à la croissance de son veau (investissement maternel), puis les nouvelles gestations, alors que la Limousine continue de croître et stocke des réserves pour son propre compte (survie de l'individu). Ainsi, sur le long terme, après quatre lactations en situation de ressources alimentaires limitantes,

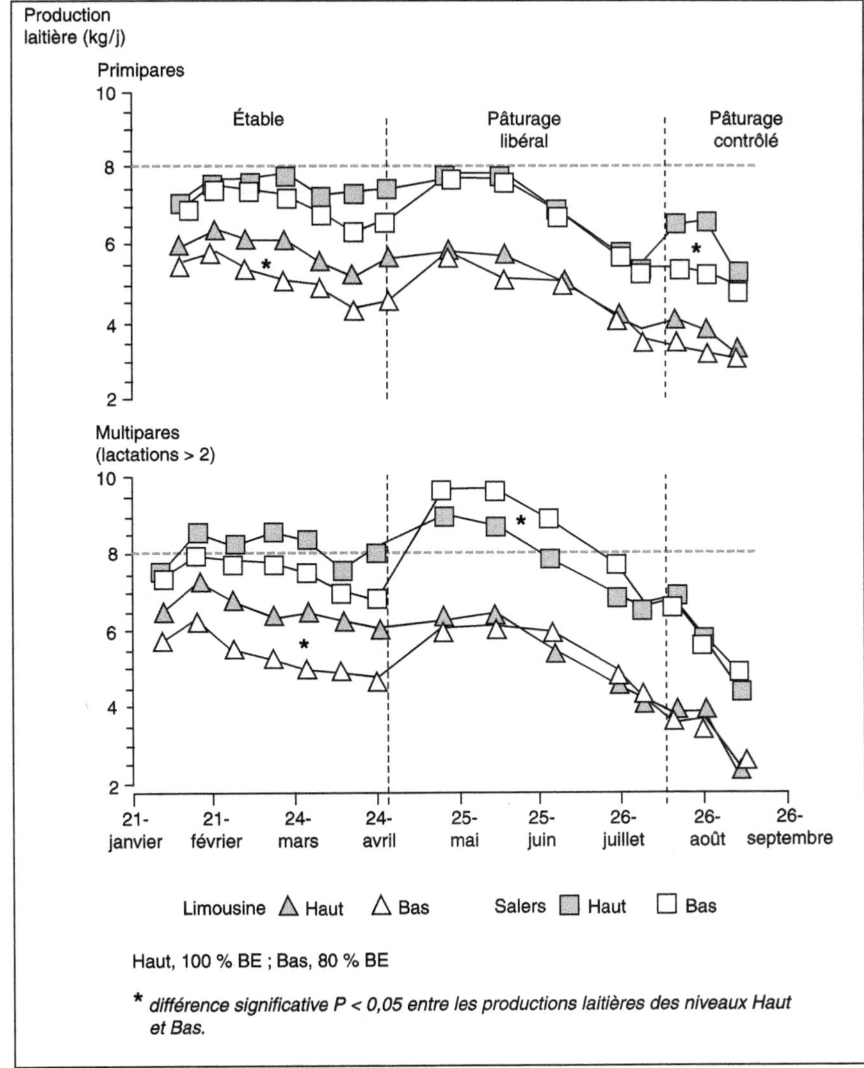

Figure 8. Évolution, selon la parité, des productions laitières de vaches Salers (n = 141) et Limousines (n = 27) conduites selon deux modalités alimentaires en hiver : haut (couverture des besoins énergétiques) vs bas (80 % des besoins énergétiques couverts) (d'après D'hour *et al.*, 1995).

une différence de capacité d'adaptation entre races se dessine. Elle se répercute directement sur le taux de survie des vaches (figure 9), qui résulte de la politique de réforme fondée principalement sur la sortie des femelles vides (échec de la reproduction pour une période déterminée de mise au taureau).

En système bovin allaitant, les interactions entre aptitudes productrices et reproductrices ont été souvent mesurées dans le but de sélectionner les meilleurs génotypes

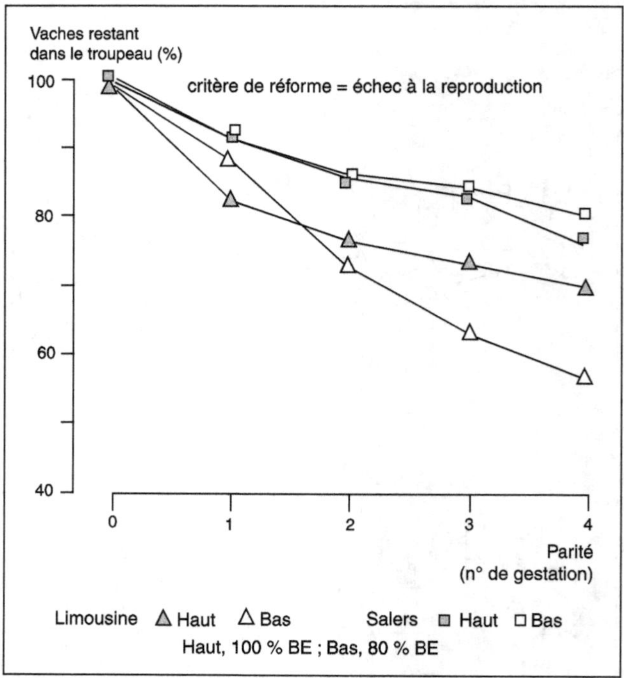

Figure 9. Évolution du taux de survie des vaches (% de vaches restant dans le troupeau) Salers et Limousines conduites selon deux modalités alimentaires en hiver : haut (couverture des besoins énergétiques) vs bas (80 % des besoins couverts) (d'après D'hour et Petit, 1997) (source : Blanc *et al.*, 2004).

dans un milieu donné. Des travaux ont par ailleurs été entrepris afin d'analyser les différences de réponses adaptatives entre génotypes en situation non optimale, et d'étudier ainsi comment ces potentiels adaptatifs conditionnent la productivité du système et son efficacité. Chez la vache allaitante, les lois de réponse décrivant le niveau de production en fonction de la contrainte alimentaire diffèrent selon les races (Jenkins et Ferrel, 1994). Pour certains génotypes (groupe 1 : Charolais, Limousin, Simmental), le niveau de production s'accroît linéairement avec celui du niveau alimentaire, tandis que pour d'autres (groupe 2 : Angus, Red Poll, Hereford), la courbe de productivité passe par un optimum (figure 10). Ainsi, les races du groupe 2 ont des productivités (mesurées en kg de veau sevré par vache mise à la reproduction) supérieures en situation de restriction alimentaire. En revanche, lorsque les apports alimentaires s'améliorent, leurs productivités deviennent comparables voire inférieures à celles des races du groupe 1. L'efficacité biologique des races du groupe 2 (qualifiées de précoces) diminue lorsque les conditions alimentaires deviennent favorables, dans la mesure où le potentiel de croissance de leurs veaux est plus faible que celui des veaux des races du groupe 1 (races tardives).

De tels résultats indiquent que le choix du génotype détermine le potentiel adaptatif des animaux et influe sur la sensibilité du système d'élevage à l'accroissement de la contrainte alimentaire (Jenkins et Ferrel, 1994 et 2002). La notion de précocité

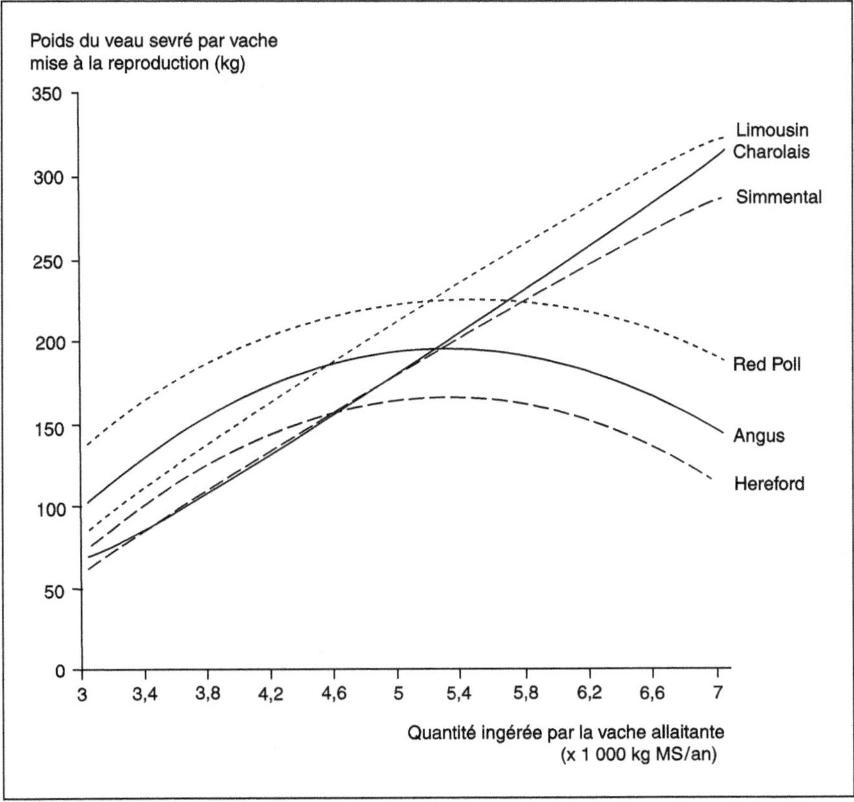

Figure 10. Effet des quantités ingérées sur l'évolution de la productivité (poids de veau sevré par vache mise à la reproduction) en fonction de la race chez la vache allaitante (d'après Jenkins et Ferrell, 1994).

(Blanc *et al.,* 2004b) conduit par ailleurs à envisager les processus de régulation entre fonction de production et fonction de reproduction sur le long terme et en liaison avec la dynamique de développement corporel (évolutions du poids et de la composition chimique) de l'individu au cours de sa phase de croissance.

Conclusion

Les réponses de la fonction de production à une variation de la contrainte alimentaire reposent sur un ensemble de processus adaptatifs qui s'appuient non seulement sur des régulations physiologiques complexes, mais également sur l'expression de comporte-ments adaptatifs. En élevage, la période de reproduction constitue une étape déterminante pour laquelle il est impératif de prévenir les situations de blocage, même temporaires, susceptibles d'affecter la productivité du troupeau. La maximisation du nombre de jeunes viables produits au cours de la vie de la femelle est un objectif qui dépend des capacités reproductrices de la femelle. L'engagement dans un nouveau cycle de production a un coût énergétique que l'on peut estimer par l'accroissement considérable des besoins associés à la gestation puis à la lactation. En situation nutritionnelle non contraignante, des processus de régulations spécifiques permettent à l'organisme de supporter ces coûts tout en sauvegardant son intégrité, ce qui n'est pas toujours le cas en situation de restriction alimentaire.

Pour comprendre comment opèrent ces adaptations au cours de la vie de l'animal, il est indispensable de s'appuyer sur les connaissances de la biologie des adaptations chez les animaux d'élevage. S'il est assez facile de concevoir l'intérêt des régulations homéostatiques pour la survie d'un animal à l'entretien, il est en revanche plus difficile de prévoir les effets des régulations téléophorétiques, orientées d'abord vers la conception puis la survie du (ou des) jeune(s), qui sont particulièrement actives chez les animaux sélectionnés sur leur niveau de production. Dans ces deux types d'adaptation, les réserves corporelles jouent un rôle fondamental de rééquilibrage du bilan énergétique, et ont, via la leptine par exemple, un rôle permissif au travers d'autres régulations (par effet de seuil) qui révèlent une véritable capacité d'anticipation et de gestion du risque. Ainsi, dans un environnement nutritionnel contraignant, l'aptitude de la femelle à s'investir dans un nouveau cycle (re)productif dépend largement du niveau de ses réserves lipidiques. Ce concept n'est pas nouveau puisqu'il était généralement admis que la nutrition agit sur la reproduction via une composante statique (niveau des réserves lipidiques) et via une composante dynamique (état du bilan énergétique au moment de la reproduction). L'élément plus récent (Chilliard et Bocquier, 2000 ; Chilliard *et al.,* 2005) est que les signaux émis par le tissu adipeux, comme la leptine et/ou d'autres adipokines, permettraient à la fois de renseigner sur le niveau des réserves et sur le bilan énergétique.

Selon les systèmes d'élevage, nous avons montré que les réponses adaptatives des femelles à la contrainte alimentaire pouvaient soit remettre en cause la survie des individus au sein du système via la pression de réforme exercée sur les femelles improductives ou dont la production est simplement décalée, ce qui est le cas des zones tempérées ; soit contribuer, paradoxalement, à la pérennité du troupeau dans les systèmes d'élevage soumis à une très forte contrainte alimentaire (systèmes pastoraux d'Afrique du Nord ou de la zone subsaharienne) et pour lesquels les capacités d'adaptation reposent davantage sur les animaux que sur l'innovation technique.

L'élevage d'animaux adaptés à des conditions changeantes ou contraignantes constitue un réel enjeu de recherches finalisées visant à proposer des systèmes d'élevage pérennes et durables. Une telle démarche est déjà lancée en vue de mieux connaître les lois de réponses des animaux en fonction de leur génotype (Jenkins et Ferrell, 2004) et d'identifier les profils de réponse laissant apparaître de meilleurs potentiels adaptatifs. Si ces approches sont indispensables pour quantifier les niveaux de réponse de différents génotypes ou encore de différents types d'animaux au sein d'une même race, il apparaît toutefois fondamental de poursuivre les travaux de physiologie afin de comprendre les mécanismes qui sous-tendent ces potentiels adaptatifs. Par ailleurs, concernant l'adaptation à la sous-nutrition et les interactions entre fonctions de nutrition et de reproduction, une approche de modélisation systémique s'avère indispensable afin d'affiner notre représentation du fonctionnement de l'organisme et d'en prédire les évolutions dynamiques.

Références bibliographiques

ATTI N., NEFZAOUI A., BOCQUIER F., 1995. Influence de l'état corporel à la mise bas sur les performances, le bilan énergétique et l'évolution des métabolites sanguins de la brebis Barbarine. *Options méditerranéennes,* 27 : 25-33.

ATTI N., BOCQUIER F., 1999. Adaptation des brebis Barbarine à l'alternance sous-nutrition – réalimentation : effets sur les tissus adipeux. *Annales de zootechnie,* 48 : 189-198.

BAUMONT R., PRACHE S., MEURET M., MORAND-FEHR P., 2000. How forage characteristics influence behaviour and intake in small ruminants : a review. *Livestock Production Science,* 64 : 15-28.

BLANC F., THÉRIEZ M., 1998. Effects of stocking density on the behaviour and growth of farmed red deer hinds. *Applied Animal Behaviour Science,* 56 : 297-307.

BLANC F., BOCQUIER F., AGABRIEL J., D'HOUR P., CHILLIARD Y., 2004a. Amélioration de l'autonomie alimentaire des élevages de ruminants : conséquences sur les fonctions de production et la longévité des femelles. *Rencontres recherche ruminants,* 11 : 155-162.

BLANC F., BOCQUIER F., DEBUS N., AGABRIEL J., D'HOUR P., CHILLIARD Y., 2004b. La pérennité et la durabilité des élevages de ruminants dépendent des capacités adaptatives des femelles. Inra *Productions Animales,* 17(4) : 287-302.

BLANC F., FABRE D., BOCQUIER F., CANEPA S., DELAVAUD C., CARATY A., CHILLIARD Y., DEBUS N., 2007. Effect of a post-weaning restricted nutrition on the initiation of puberty and the reproductive performances of early bred Merino ewe-lambs. *In* Proceedings of the 11th Seminar of the FAO-CIHEAM Sub-Network on Sheep and Goat Nutrition. Advanced Nutrition and Feeding Strategies to Improve Sheep and Goat Production ; Priolo A., Biondi L., Ben Salem H., Morand-Fehr P. (eds). *Options méditerranéennes,* Série A, 74 : 387-393.

BLANC F., BOCQUIER F., AGABRIEL J., D'HOUR P., CHILLIARD Y., 2006. Adaptive abilities of the females and sustainability of ruminant livestock systems. A review. *Animal Research,* 55(206) : 489-510.

BOCQUIER F., GUILLOUET Ph., BARILLET F., 1995. Alimentation hivernale des brebis laitières : intérêt de la mise en lots. Inra *Productions animales,* 8 : 19-28.

BOCQUIER F., FERLAY A., CHILLIARD Y., 1998a. Effects of body lipids and energy balance on the response of plasma non-esterified fatty acids to a beta-adrenergic challenge in the lactating dairy ewe. *In.* McCracken K., Unsworth E.F. and Wylie A.R.G. (eds), Energy Metabolism of Farm Animals. Proceedings of the 14th Symposium on Energy Metabolism of Farm Animals, Sept. 14-20, Newcastle, Northern Ireland, 167-173. CAB International, Wallingford (UK).

BOCQUIER F., BONNET M., FAULCONNIER Y., GUERRE-MILLO M., MARTIN P., CHILLIARD Y., 1998b. Effects of photoperiod and feeding level on adipose tissue metabolic activity and leptin synthesis in the ovariectomized ewe. *Reproduction Nutrition Development,* 38 : 489-498.

BOCQUIER F., CAJA G., OREGUI L.M., FERRET A., MOLINA E., BARILLET F., 2002. Nutrition et alimentation des brebis laitières. *In* F. Barillet et F. Bocquier (eds), Nutrition, alimentation et élevage des brebis laitières : maîtrise de facteurs de production pour réduire les coûts et améliorer la qualité des produits. *Options méditerranéennes,* Série B : Études et recherches, 42 : 37-55.

BOICHARD D., BARBAT A., BRIEND M., 1998. Évaluation génétique des caractères de fertilité femelle chez les bovins laitiers. *Rencontres recherche ruminants,* 5 : 103-106.

BOISSY A., LE NEINDRE P., GASTINEL P.L., BOUIX J., 2002. Génétique et adaptation comportementale chez les ruminants : perspectives pour améliorer le bien-être en élevage. Inra *Productions Animales,* 15 : 373-382.

BONNET M., LEROUX C., FAULCONNIER Y., HOCQUETTE J.-F., BOCQUIER F., MARTIN P., CHILLIARD Y., 2000. Lipoprotein lipase activity and mRNA are up-regulated by refeeding in adipose tissue and cardiac muscle of sheep. *Journal of Nutrition,* 130 : 749-756.

BONNET M., DELAVAUD C., ROUEL J., CHILLIARD Y., 2005. Pregnancy increases plasma leptin in nulliparous but not primiparous goats while lactation depresses it. *Domestic Animal Endocrinology,* 28 : 216-223.

BUTLER W.R., 2003. Energy balance relationships with follicular development ovulation and fertility in postpartum dairy cows. *Livestock Production Science,* 83 : 211-218.

CHILLIARD Y., 1986. Revue bibliographique : Variations quantitatives et métabolisme des lipides dans les tissus adipeux et le foie au cours du cycle gestation-lactation. 1. Chez la ratte. *Reproduction Nutrition Development,* 26 : 1057-1103.

CHILLIARD Y., 1992. Physiological constraints to milk production : factors which determine nutrient partitioning, lactation persistency, and mobilization of body reserves. *World Review of Animal Production,* 19-26.

CHILLIARD Y., BOCQUIER F., 2000. Direct effects of photoperiod on lipid metabolism, leptin synthesis and milk secretion in adult sheep. 9th International Symposium on Ruminant Physiology. Pretoria (ZAF), 1999/10/18-22 : *In* Cronjé P.B. (ed), *Ruminant physiology : digestion, metabolism, growth and reproduction,* 205-223. CAB International, Wallingford (UK).

CHILLIARD Y., RÉMOND B., SAUVANT D., VERMOREL M., 1983. Particularités du métabolisme énergétique. In Particularités nutritionnelles des vaches à haut potentiel de production. *Bulletin Technique* CRZV Theix, Inra, 53 : 37-64.

CHILLIARD Y., RÉMOND B., AGABRIEL J., ROBELIN J., VÉRITÉ R., 1987. Variations du contenu digestif et des réserves corporelles au cours du cycle gestation lactation. *Bulletin Technique* CRZV Theix, Inra, 70 : 117-131.

CHILLIARD Y., BOCQUIER F., DOREAU M., 1998a. Digestive and metabolic adaptations of ruminants to undernutrition, and consequences on reproduction. *Reproduction Nutrition Development,* 38 : 131-152.

CHILLIARD Y., FERLAY A., DESPRÉS L., BOCQUIER F., 1998b. Plasma non-esterified fatty acid response to a beta-adrenergic challenge in underfed or overfed, dry or lactating cows, before or after feeding. *Animal Science,* 67 : 213-223.

CHILLIARD Y., FERLAY A., FAULCONNIER Y., BONNET M., ROUEL J., BOCQUIER F., 2000. Adipose tissue metabolism and its role in adaptations to undernutrition in ruminants. Proceedings of Nutrition Society, 59 : 127-34.

CHILLIARD Y., DELAVAUD C., BONNET M., 2005. Review. Leptin expression in ruminants : nutritional and physiological regulations in relation with energy metabolism. *Domestic Animal Endocrinology,* 29(1) : 3-22.

COULON J.B., RÉMOND B., 1991. Variations in milk output and milk protein content in response to the level of energy supply to the dairy cow : a review. *Livestock Production Science,* 29 : 31-47.

COURNUT S., 2001. Le fonctionnement des systèmes biologiques pilotés : simulation à événements discrets d'un troupeau ovin conduit en trois agnelages en deux ans. Thèse de doctorat, Université Claude Bernard-Lyon I, France. 492 p.

DEBUS N., BLANC F., BOCQUIER F., 2003. Effect of under-feeding on reproduction and plasma metabolites in the ewe : impact of FGA treatment. 54th annual meeting of the European Association for animal Production, Rome, Italie, 31 août-3 sept. 2003.

D'HOUR P., PETIT M., 1997. Influence of nutritional environment on reproductive perform-ances of Limousin and Salers cows. *In* Pullar D. (ed), Proceedings 'Suckler cow workers meeting', Kirbymoorside, Grande-Bretagne, 1997/10/15-18.

D'HOUR P., PETIT M., PRADEL P., GAREL J.-P., 1995. Évolution du poids et de la production laitière au pâturage de vaches salers et limousines dans deux milieux. *Rencontres recherche ruminants,* 2 : 105-108.

DISKIN M.G., MACKEY D.R., ROCHE F., SREENAN J.M., 2003. Effects of nutrition and metabolic status on circulating hormones and ovarian follicle development in cattle. *Animal Reproduction Science,* 78 : 345-370.

EZANNO P., ICKOWICZ A., BOCQUIER F., 2003. Factors affecting the body condition score of N'Dama cows under extensive range management in Southern Senegal. *Animal Research,* 52 : 37-48.

FAVERDIN P., BAREILLE N., 1999. Lipostatic regulation of feed intake in ruminants. *In* van der Heide D., Huisman E.A., Kanis E., Osse J.W.M., Verstegen M. (eds), *Regulation of Feed Intake.* Wageningen, Netherlands.

FOSTER D.L., YELLON S.M., OLSTER D.H., 1985. Internal and external determinants of the timing of puberty in the female. *Journal of Reproduction and Fertility,* 75 : 327-344.

FRIGGENS N.C., 2003. Body lipid reserves and the reproductive cycle : towards a better understanding. *Livestock Production Science,* 83 : 219-236.

HOCH T., BEGON C., CASSAR-MALEK I., PICARD B., SAVARY-AUZELOUX I., 2003. Mécanismes et conséquences de la croissance compensatrice chez les ruminants. Inra *Productions Animales,* 16 : 49-59.

INRA (Institut National de la Recherche Agronomique), 1988. *Alimentations des bovins, ovins et caprins,* Jarrige R. (ed). Inra, Paris, 476 p.

JENKINS T.G., FERRELL C.L., 1994. Productivity through weaning of nine breeds of cattle under varying feed availabilities : I. Initial evaluation. *Journal of Animal Science,* 70 : 1652-1660.

JENKINS T.G., FERRELL C.L., 2002. Efficiency of feed utilization of diverse biological types of cattle. *In* Proceedings of the 7th World Congress on Genetics Applied to Livestock Production, Montpellier (France), 2002/08/19-23, 31 : 285-288.

JENKINS T.G., FERRELL C.L., 2004. Preweaning efficiency for mature cows of breed crosses from tropically adapted Bos indicus and Bos taurus and unadapted Bos taurus breeds. *Journal of Animal Science,* 82 : 1876-1881.

LAURENZ J.C., BYERS F.M., SCHELLING G.T., GREENE L.W., 1992. Periodic changes in body composition and in priorities for tissue storage and retrieval in mature beef cows. *Journal of Animal Science,* 70 : 1950-1956.

MACKEY D.R., WYLIE A.R.G., SREENAN J.M., ROCHE J.F., DISKIN M.G., 2000. The effect of acute nutritional change on follicle wave turnover, gonadotropin, and steroid concentration in beef heifers. *Journal of Animal Science,* 78 : 429-442.

PETIT M., AGABRIEL J., 1993. État corporel des vaches allaitantes Charolaises : signification, utilisation pratique et relations avec la reproduction. Inra *Productions Animales,* 6 : 311-318.

PRACHE S., GORDON I.J., ROOK A.J., 1998. Foraging behaviour and diet selection in domestic herbivores. *Annales de zootechnie,* 47 : 335-345.

ROBELIN J., AGABRIEL J., MALTERRE C., BONNEMAIRE J., 1990. Changes in body composition of mature dry cows of Holstein, Limousin and Charolais breeds during fattening. I. Skeleton, muscles, fatty tissues and offal. *Livestock Production Science,* 25 : 199-215.

SHORT R.E., BELLOWS R.A., STAIGMILLER R.B., BERARDINELLI J.G., CUSTER E.E., 1990. Physiological mechanisms controlling anestrus and fertility in postpartum beef cattle. *Journal of Animal Science,* 68 : 799-816.

VEISSIER I., CAPDEVILLE J., SARIGNAC C., 1998. À partir de quelles bases peut-on concevoir des bâtiments respectueux du bien-être des animaux de rente. *Rencontres recherche ruminants,* 5 : 273-279.

# Chapitre 5

L'organisation du système fourrager
source de flexibilité face aux variations climatiques

Nadine ANDRIEU, François COLÉNO, Michel DURU

En élevage d'herbivores, le besoin de flexibilité est manifeste pour le système fourrager du fait des variations interannuelles aléatoires du climat qui influent sur le niveau et l'accès aux ressources, mais aussi du fait de l'évolution des réglementations et des marchés (plus ou moins incertaines) qui modifient le contexte de production (activités de service, cahier des charges...). Mais si un système fourrager est souvent qualifié de flexible ou de non flexible, cette propriété n'est pas bien définie. Dans ce chapitre, nous nous efforcerons de clarifier ce que recouvre cette réalité. Nous nous intéresserons plus précisément à la manière dont l'éleveur organise son système fourrager pour le rendre moins sensible aux aléas climatiques.

La définition que nous adoptons du système fourrager est celle d'Attonaty (1980) : « un système fourrager est l'ensemble des moyens de production, des techniques et des processus qui, sur un territoire, ont pour fonction d'assurer la correspondance entre le (ou les) système(s) de culture et le (ou les) système(s) d'élevage ». Autrement dit, sa fonction est d'alimenter les lots d'animaux en continu malgré des fluctuations de l'offre en fonction des variations interannuelles du climat, ou de la demande, compte tenu des variations d'effectifs (Duru *et al.*, 1988). Les variations du climat se caractérisent par une intensité, une probabilité d'apparition en un lieu donné au cours d'un intervalle de temps donné (Carbonel et Margat, 1996). Cette variabilité recouvre donc à la fois des variations qui restent dans une gamme considérée comme normale, mais aussi des aléas lorsqu'intervient un phénomène d'intensité supérieure ou inférieure à une normale établie sur une longue série d'années (Eldin, 1989 ; de Jager *et al.*, 1998 ; Ingram *et al.*, 2002).

La flexibilité dont nous faisons état ici est permise par des décisions d'organisation du système fourrager. Elle est complémentaire de celle consistant pour l'éleveur à tirer profit des propriétés de flexibilité intrinsèques aux couverts végétaux (chapitre 3 p. 57) ou aux animaux (chapitre 4 p. 73). Nous nous intéresserons plus précisément aux coordinations mises en place par l'éleveur au sein des ateliers de production de fourrages et entre eux, à l'échelle de la campagne (lorsqu'il gère les enchaînements des interventions sur les parcelles et l'utilisation des différentes ressources fourragères) ou entre campagnes (lorsqu'il constitue ou utilise des stocks de fourrages).

Dans une première partie, nous proposons une grille de lecture du système fourrager permettant une description des règles de décision de scénarios types d'allocation des surfaces ou de stocks de fourrages conservés. La deuxième partie est dédiée à l'étude de l'aptitude de différents scénarios types à réduire la sensibilité aux variations climatiques. Nous montrons tout d'abord l'ampleur des variations interannuelles de l'offre et de la demande fourragère pour un exemple de système fourrager, à l'aide d'un modèle simple prenant en compte les caractéristiques du climat. Nous illustrons ensuite par deux exemples l'intérêt de la modélisation pour évaluer la sensibilité du système fourrager aux variations du climat. Ces exemples mettent en valeur les jeux d'ajustement différents s'appuyant sur la diversité des types de stocks dans un cas et sur l'aptitude des parcelles dans l'autre. Dans les deux situations, le modèle de système fourrager comprend un module biophysique et un module décisionnel, ce dernier étant construit à partir des observations de terrain. Nous discutons enfin des limites de ces représentations et des pistes pour poursuivre ce genre d'étude.

Le concept de flexibilité appliqué au système fourrager

Pour caractériser la flexibilité d'un système fourrager, nous proposons de le représenter comme un ensemble structuré en entités de gestion appelées ateliers de production (Coléno et Duru, 1998). Les ateliers correspondent aux tâches et aux savoir-faire concourant à l'élaboration d'un ou de plusieurs aliments ou services ; chacun correspondant à des logiques de production et à des temporalités différentes (Coléno, 2002). Le système fourrager comprend ainsi des ateliers troupeau qui transforment des ressources aliments en lait ou viande et des ateliers fourragers (pâturage ou stocks conservés) qui produisent, à partir des ressources de terres et d'intrants des ressources aliments destinées au troupeau. À un atelier est donc associée le plus souvent une fonction, par exemple produire du pâturage de printemps et d'automne. Nous nous limitons ici aux ateliers fourragers.

La représentation d'un système fourrager sous forme d'ateliers permet de définir quatre types de règles (Coléno et Duru, 1998).

• Les règles de dimensionnement visent à fixer pour chaque atelier la période calendaire, sa durée, ainsi que les quantités de ressources à allouer (surfaces, intrants…).

• Les règles de coordination permettent de gérer les enchaînements d'utilisation des différentes ressources fourragères au cours du temps entre les différents ateliers à l'échelle des saisons et des campagnes agricoles. Elles permettent par exemple de prendre en compte l'état des stocks provenant de l'année précédente pour l'année suivante de façon à éviter des excès ou des manques de ressources fourragères.

• Les règles d'ordonnancement correspondent à la succession des tâches au sein de l'atelier.

• Les règles de mise en œuvre des interventions sont propres à la gestion des organismes vivants (les plantes, les animaux), qui du fait de leur propriété de plasticité, peuvent donner lieu à des régulations spécifiques, qui sont aussi source de flexibilité (par exemple l'intensité et la fréquence de prélèvement au pâturage, la reconstitution et mobilisation des réserves corporelles des animaux).

Les ateliers sont soumis à des variations de leur environnement, obéissent à des temporalités différentes, et peuvent mobiliser à certains moments de la campagne une même ressource. L'éleveur doit donc planifier, c'est-à-dire déterminer un objectif à chaque atelier et lui assigner des ressources. Il s'agit pour lui de se préparer à saisir d'éventuelles opportunités, ou bien de se prémunir de situations jugées particulièrement défavorables (Sebillotte et Soler, 1990). Cette capacité à planifier découle d'un processus d'apprentissage lié au caractère récurrent et cyclique des activités d'élevage (Aubry *et al.*, 1998 ; Coléno et Duru, 2005). La planification concerne à la fois les décisions générales correspondant au déroulement souhaité des opérations, et les adaptations (surfaces de sécurité, distribution de stocks au pâturage...) permettant de faire face si nécessaire aux variations de l'environnement (Chatelin *et al.*, 1993 ; Duru *et al.*, 1998 ; Fleury *et al.*, 1996). Dans la détermination du champ des futurs possibles, les variations du climat sont déterminantes (Coléno et Duru, 1999).

Pour le dimensionnement, planifier signifie pour l'éleveur choisir les surfaces de base (Bellon *et al.*, 1999) qui seront affectées de façon prioritaire aux différents ateliers, et de garder des parcelles sans pré-affectation définitive comme surfaces de sécurité (Guérin et Bellon, 1990 ; Bellon *et al.*, 1999) de façon à s'adapter aux conditions particulières de l'année. Lorsqu'il planifie le dimensionnement, l'éleveur détermine également un calendrier alimentaire prévisionnel et des moments-clefs auxquels il évaluera le déroulement des opérations et leur adéquation avec sa planification.

En cours de campagne, l'éleveur va devoir arbitrer entre plusieurs alternatives (solutions générales et adaptations) pour retenir celle permettant de répondre au mieux à ses objectifs stratégiques. C'est ce que nous mettons sous le concept de pilotage. Ce pilotage sera donc plus ou moins complexe en fonction du nombre d'adaptations planifié par l'éleveur.

Cette grille de lecture du système fourrager (règles, planification, pilotage) permet de rendre compte de décisions à l'échelle locale de l'atelier de production et d'autres à l'échelle plus globale du système fourrager pour gérer les conflits entre des activités différentes mobilisant une même ressource (terre, travail, matériel...) (Coléno, 1997). Elle permet en outre de qualifier des modes de gestion selon la structure de leur corps de règles de décision : pilotage mobilisant peu ou pas d'adaptations, pilotage conduisant à beaucoup d'ajustements à des pas de temps saisonniers ou annuels. Dans le module décisionnel présenté ici, sont considérées les règles de coordination, de dimensionnement et d'ordonnancement.

Évaluation par la modélisation de la sensibilité du système fourrager aux variations interannuelles du climat

Nous cherchons ici à évaluer, par la simulation, quels sont les modes d'organisation qui permettent de limiter la sensibilité aux variations climatiques. Nous développons deux exemples de gestion des ressources fourragères dans des troupeaux laitiers qui diffèrent par l'existence et le niveau des sécurités (surface à mobiliser, quantités de fourrages conservés récoltés), et les règles de gestion de la diversité des milieux et des végétations. La comparaison de ces modes de gestion porte sur leur capacité à réduire (ou non) les effets des variations du climat pour l'accès aux surfaces, le besoin ou la production de fourrages conservés.

Les deux exemples, qui s'appuient sur une méthodologie commune, concernent deux terrains d'application très différents par le niveau des contraintes rencontrées pour décider dans le temps et dans l'espace des interventions sur les prairies. Ces différences sont mises à profit pour évaluer le caractère générique de la méthodologie. Dans le premier exemple, les caractéristiques des parcelles sont homogènes. La comparaison porte sur les règles d'allocation des surfaces et de gestion des stocks d'ensilage de maïs ou d'herbe pour des systèmes. Dans ce cas, les surfaces peuvent être affectées indifféremment à des cultures (maïs) ou à des prairies présentant le même type de végétation et les mêmes conditions d'accès ou d'usage (pâturage ou fauche). Le deuxième exemple concerne des exploitations d'élevage de montagne exploitant des prairies présentant des types de végétation, des caractéristiques topologique et/ou topographique différentes. Dans cet exemple, la récolte de fourrages conservés est faite sous forme de foin.

Variation interannuelle de l'offre et de la demande en ressources fourragères en fonction du climat

Afin d'évaluer l'ampleur des effets des variations du climat sur l'offre et la demande fourragère, nous avons défini des indices spécifiques aux types de ressources (pâturage ou fourrage conservé) à chaque saison, et aux besoins en ressources de fourrages conservés. Nous avons considéré quatre ateliers de pâturage : au printemps, en été, en automne et l'hivernage.

Calcul de l'offre en fourrage

L'offre en fourrage a été calculée par saison de la manière suivante :
– au printemps, croissance estimée entre le 1er février et le 15 juin (soit 135 jours) ;
– en été, croissance estimée entre le 15 juin et le 15 septembre (soit 90 jours) ;
– en automne, croissance estimée entre le 15 septembre et le 30 novembre (soit 75 jours) ;
– en hiver, quantité de fourrages récoltés (même indice que la production de printemps) pour la durée d'hivernage. La date d'entrée en hivernage est déterminée par la fréquence des températures basses à l'automne (0 ou 5 °C durant 5 ou 10 jours consécutifs) et celle de sortie lorsque la somme des températures atteint 200 degrés-jours après le 1er février.

L'indice, pour chaque critère, est calculé en rapportant la valeur d'une année particulière à la moyenne des années ayant servi pour le calcul. Pour évaluer les effets du climat au fil des saisons, nous avons considéré chaque année trois indices successifs :
– les indices traduisant les variations de croissance du printemps, de l'été et de l'automne pour estimer les ressources au pâturage ;
– l'indice de croissance de printemps pour estimer les disponibilités en fourrages conservés ;
– l'indice traduisant la longueur de l'hiver (un indice supérieur à 1 signifie un hiver plus court que la moyenne).

Les indices considérés séparément permettent de comparer la variabilité interannuelle de la ressource ou du besoin en fourrages conservés. L'enchaînement des indices au fil des saisons, sur plusieurs années permet d'identifier l'occurrence des situations les plus critiques correspondant à une succession d'indices inférieurs à 1.

Utilisation des indices saisonniers

Ces indices saisonniers renseignent sur des variations de production ou de besoin en ressources d'un type donné, en dehors de toute forme d'ajustement. Les illustrations sont données à titre d'exemple. Elles visent à montrer qu'il est possible de quantifier l'effet des variations climatiques pour des systèmes fourragers types et non seulement pour la pousse de l'herbe sur une parcelle. Les modèles disponibles permettent d'étendre l'analyse à un nombre plus important d'années et à une diversité de situations pédoclimatiques.

Les données du tableau 1 montrent que même sous un climat relativement bien arrosé, la plus grande variation de la production d'herbe s'observe en été (coefficient de variation le plus élevé et valeurs minimales et maximales des indices très contrastées). Les variations de durée d'hivernage sont, avec les conventions retenues, plus faibles que celles de l'offre d'herbe aux différentes saisons. Néanmoins, les valeurs minimales et maximales des indices indiquent que sur une période de 11 ans, les besoins en fourrages conservés durant l'hivernage peuvent varier de 180 à 270 jours. La modélisation offre ainsi un moyen rigoureux, plus fiable que des enquêtes, pour comparer des années entre elles (figure 1) ou des localités différentes.

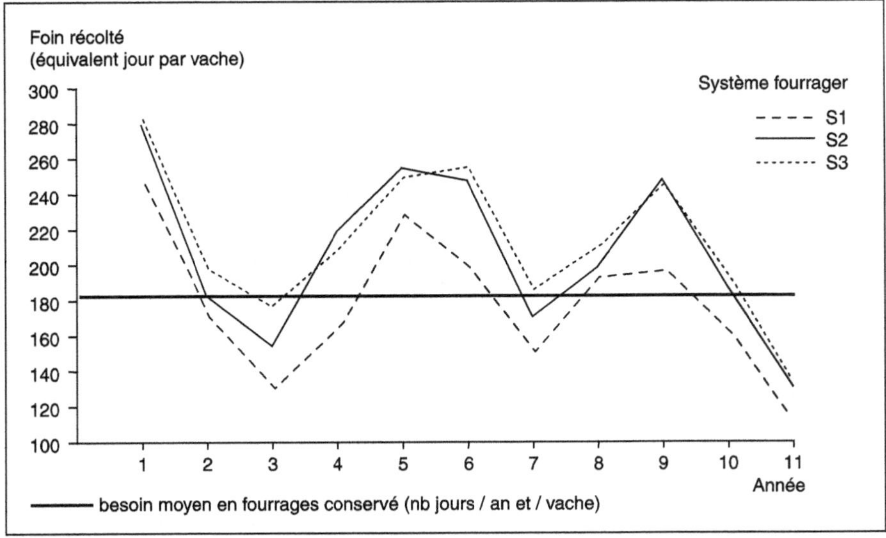

Figure 1. Évaluation de la sensibilité du système fourrager (s1, s2, s3) aux aléas climatiques : variabilité interannuelle des récoltes de fourrages conservés (en jours de consommation par vache).

Tableau 1. Offre et demande de production fourragère.

Saison	Offre d'herbe au pâturage en t/ha (coeff. de variation)	Besoins en stock en jours (coeff. de variation)	Minimum et maximum observés pour les indices de production d'herbe et de besoins en fourrages conservés
Printemps	5,8 (0,2)	0	0,9 – 1,1
Été	3,3 (0,2)	0	0,6 – 1,4
Automne	1,4 (0,13)	0	0,8 – 1,2
Hiver	0	224 (0,10)	0,8 – 1,2

Simulations réalisées avec les données climatiques de la station de Landos (altitude, 1 100 m ; latitude 44,85°N ; longitude 3,83°E) sur une série de 11 années pour une parcelle ayant une réserve en eau utile de 50 mm, et pour laquelle le niveau de nutrition minérale est de 80 % du potentiel.

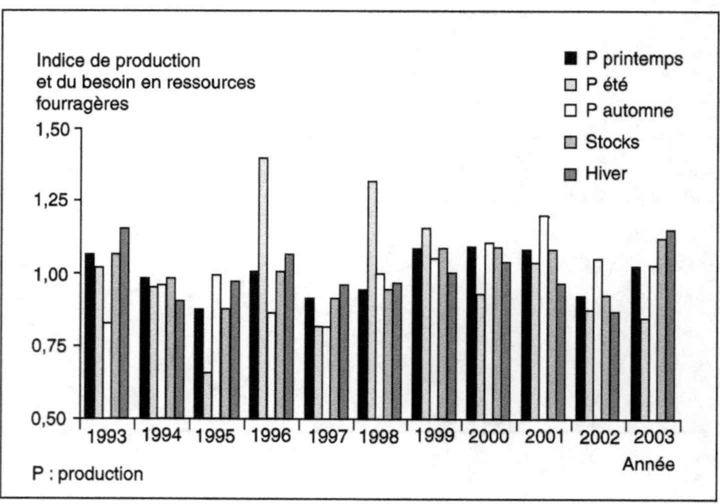

Figure 2. Indices de variabilité interannuelle de la production et du besoin en ressources fourragères.

Une année favorable est observée en 1993 où se succèdent un printemps et un été favorable à la pousse de l'herbe, puis une durée d'hivernage courte. La situation inverse est observée au cours des années 1995 et 2002. En 2002, un hiver plus long que la moyenne, d'environ un mois, s'est ajouté à un déficit de production sur trois saisons (7 % au printemps) ce qui a conduit à une rupture d'alimentation de 45 jours – sans compter le déficit au pâturage – dans le cas d'un système fourrager conçu pour être équilibré. En 2001, un hiver plus long que la moyenne coïncide avec une récolte de foin supérieure à la moyenne.

Ces simulations et calculs montrent que, pour éviter des ruptures d'alimentation ou des diminutions de quantité d'herbe offerte par animal, des adaptations sont nécessaires. Elles peuvent consister en des reports de stocks, des achats ou des ventes de fourrages et d'animaux, un pâturage plus ou moins différé par rapport à la croissance, ou bien encore la mobilisation des réserves corporelles des animaux. Mais, au-delà des variations interannuelles, à l'échelle de la campagne, c'est bien les enchaînements saisonniers qu'il faut considérer. L'observation des histogrammes de la figure 2 permet ainsi d'identifier des successions particulièrement favorables ou au contraire défavorables.

Exemple 1. Règles d'allocation des surfaces et des fourrages conservés pour sécuriser l'alimentation

Nous considérons dans cet exemple des exploitations laitières dont l'alimentation se fait à partir de pâturage et d'ensilage sur un espace homogène, pratique courante dans de nombreuses régions françaises (Coléno, 1999). Nous comparons la sensibilité aux variations climatiques de stratégies explicitées en corps de règles. Cette comparaison concerne l'allocation des surfaces aux différents ateliers (pâturage, ensilage d'herbe et ensilage de maïs) : règles de dimensionnement ; règles de coordination qui régissent les transitions entre les différentes ressources fourragères (pâturage/ensilage) et sont sources d'ajustement du dimensionnement. Les ajustements peuvent se décliner à deux pas de temps :

– période interannuelle, il s'agit de la prise en compte des ruptures alimentaires en fin d'hiver ou des surplus de fourrages conservés provenant de la campagne précédente (prise en compte des reports de stocks). Il s'agit également de la mise en place de provisions sur la production de maïs (de l'ordre d'un mois et demi de consommation supplémentaire) afin de palier une croissance trop tardive de l'herbe

– période intracampagne, il s'agit en revanche de provisions sur l'ensilage d'herbe (de l'ordre de 15 jours de consommation) utilisé durant la campagne où il est récolté. Il concerne aussi la mise à l'herbe déclenchée ou non en fonction de production d'herbe.

La mise en œuvre de l'une ou l'autre de ces règles d'ajustement est une condition pour éviter les ruptures alimentaires ou les reports de fourrages conservés importants.

Neuf scénarios sont comparés (figure 3) : 3 correspondent à des situations observées (Coléno, 1999) et les 6 autres ont été construits avec des experts. Nous les avons classés en deux catégories (tableau 2) selon la nature et la fréquence des ajustements :

– d'une part, des stratégies qualifiées de « rigides », c'est-à-dire stables d'une campagne à l'autre, pour lesquelles les règles ne génèrent aucun ajustement en fonction des résultats des campagnes précédentes ou même (cas de la stratégie 3) de la croissance de l'herbe ;

– des stratégies plus « adaptatives » qui prennent en compte d'une part les informations sur la croissance de l'herbe pour adapter la durée du pâturage et, d'autre part les reports de stocks en fourrages conservés pour le calcul des assolements de la campagne suivante.

Pour chaque type de stratégie, nous avons effectué des simulations sur 16 années climatiques pour un système de production type : 35 vaches avec 5,9 ha de pâturage, + 4 ha de surface tampon ; le maïs ensilage étant prévu pour alimenter le troupeau durant six mois avec ou non un mois et demi de réserve (Coléno *et al.*, 2002). Dans une première étape,

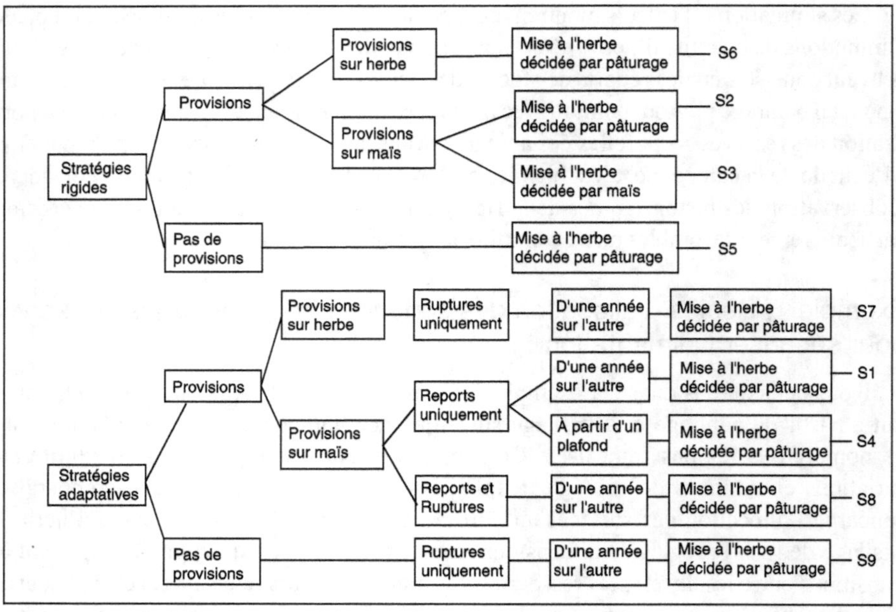

Figure 3. Les 9 stratégies testées (d'après Coléno *et al.*, 2002).

Tableau 2. Classification des stratégies en fonction du type d'ajustement prévu.

Stratégies	Entre campagnes		Au sein d'une campagne	
	Prise en compte des ruptures alimentaires	Prise en compte des surplus de fourrages conservés	Utilisation de provisions sur l'ensilage d'herbe	Mise à l'herbe tenant compte de la croissance de l'herbe
S3	non	non	non	non
S2	non	non	non	oui
S5	non	non	non	oui
S6	non	non	oui	oui
S1	non	oui	non	oui
S4	non	oui	non	oui
S9	oui	non	non	oui
S7	oui	non	oui	oui
S8	oui	oui	non	oui

le modèle calcule la surface à allouer au pâturage en prenant en compte les résultats de l'année antérieure (stocks d'ensilage de maïs et d'herbe), puis le début de période où chaque type d'aliments est distribué. Ensuite, à la mise à l'herbe, le modèle calcule la surface à allouer au pâturage sur la base de la quantité d'herbe disponible.

Dans les stratégies où la surface de maïs est surdimensionnée et constante (S3), cela a pour conséquence une mise à l'herbe tardive, une augmentation de la surface ensilée en herbe, et ainsi la récolte d'une quantité supérieure aux besoins pour l'été. Celle-ci conduit à réduire la surface pré-affectée à l'ensilage d'herbe pour la campagne suivante. À l'inverse, une surface trop réduite combinée à un climat défavorable à la croissance de l'herbe au printemps est susceptible de générer des ruptures d'alimentation. On peut en outre constater que les stratégies les plus flexibles présentent les variations de surface en maïs et en ensilage d'herbe les plus importantes, du fait de leurs capacités d'adaptation aux variations climatiques (tableau 3). Enfin, les variations de surface en ensilage d'herbe sont plus importantes que celles en maïs (tableau 3). En effet, les variations climatiques influent de deux façons sur la planification des surfaces en ensilage d'herbe :
– d'une part, directement, car un climat favorable conduit à une augmentation de la production lors de la campagne « n », ce qui induit des reports de stocks pris en compte lors de la planification de la campagne « n +1 » ;
– d'autre part, indirectement, un climat favorable conduisant à diminuer les surfaces pâturées et donc à augmenter les surfaces ensilées, ce qui là encore induit une augmentation des quantités produites lors de la campagne « n ».

Tableau 3. Surfaces moyennes allouées aux différents usages pour chacune des 9 stratégies (adapté de Coléno *et al.*, 2002).

Stratégies	Surface en maïs (ha/vache)	Surface pré-affectée à l'ensilage d'herbe (ha/vache)	Surface utilisée en ensilage d'herbe (ha/vache)	Surface totale allouée pour l'alimentation (ha/vache)
S1	0,2 (8)	0,08 (97)	0,14 (20)	0,53 (14)
S2	0,23 (0)	0,08 (97)	0,14 (20)	0,56 (14)
S3	0,23 (0)	0,02 (322)	0,11 (13)	0,50 (10)
S4	0,22 (27)	0,08 (97)	0,14 (20)	0,55 (18)
S5	0,19 (0)	0,1 (69)	0,15 (23)	0,53 (13)
S6	0,19 (0)	0,1 (66)	0,15 (23)	0,53 (13)
S7	0,17 (0)	0,1 (79)	0,14 (24)	0,52 (17)
S8	0,20 (8)	0,08 (97)	0,14 (20)	0,53 (14)
S9	0,17 (4)	0,1 (64)	0,15 (23)	0,53 (13)

Les coefficients de variations entre années sont indiqués entre parenthèses.

Exemple 2. Règles de gestion de la diversité des prairies pour sécuriser l'alimentation

Nous considérons ici le cas où, au sein d'un même élevage, les parcelles diffèrent d'une part selon les types de végétation définis d'après leur valeur agronomique (Ansquer *et al.*, 2004), et d'autre part selon leurs caractéristiques topographiques (altitude, exposition, profondeur de sol) et topologiques (distance). L'altitude, l'exposition, la profondeur et la texture du sol, de même que le type de végétation influent sur la production de biomasse de chaque parcelle, son accessibilité (la portance) et sa précocité. La prise en compte de ces caractéristiques pour l'allocation des parcelles aux différents ateliers (règles de dimensionnement et de coordination des ateliers) peut influer sur l'offre fourragère. Par ailleurs, dans la mesure où, au sein de chaque atelier, l'ordre d'utilisation des parcelles présentant des caractéristiques différentes peut également constituer un moyen d'adaptation aux variations climatiques, les règles d'ordonnancement doivent également être considérées. Par conséquent, les modes de gestion de cette diversité (soit pour les décisions d'affectation des parcelles aux différents ateliers soit pour celles concernant leur utilisation ou sein de chaque atelier) sont susceptibles d'influer sur les performances du système fourrager.

Nous avons choisi de comparer trois stratégies correspondant à différents modes de prise en compte de la diversité des caractéristiques parcellaires dans les règles de dimensionnement et d'ordonnancement.

• Stratégie 1 : c'est l'absence de mise à profit de la diversité des végétations et des caractéristiques topographiques. L'éleveur privilégie la distance des parcelles au siège de l'exploitation sans tirer parti des différences de production (niveau et saisonnalité) entre parcelles.

• Stratégie 2 : la diversité des végétations et des caractéristiques topographiques est mise à profit dans le dimensionnement uniquement. L'éleveur tient compte des différences de production lors de l'affectation des parcelles aux différents ateliers mais privilégie la distance lors des décisions concernant l'utilisation des parcelles au sein de l'atelier.

• Stratégie 3 : les diversités de végétation et des caractéristiques topographiques sont valorisées dans le dimensionnement et dans l'ordonnancement. L'éleveur tire parti des différences de production entre parcelles aussi bien dans ses décisions de dimensionnement que d'ordonnancement.

Pour chaque stratégie, nous avons réalisé des simulations sur 11 années climatiques pour un système de production type : 17 vaches, sur un territoire d'exploitations de 17 parcelles de façon à avoir un chargement moyen de 1 UGB par hectare, les parcelles ayant des caractéristiques hétérogènes. Dans une première étape, le modèle planifie les surfaces à allouer aux différents ateliers fourragers compte tenu des besoins estimés du troupeau à chacune des saisons. Ensuite, en fonction des conditions climatiques et des indicateurs d'état de la ressource (jours d'avance au pâturage, hauteur d'herbe résiduelle, stade phénologique…), il simule le déplacement des animaux sur les différentes parcelles de pâturage de la mise à l'herbe jusqu'à la rentrée à l'étable ainsi que les fauches de foin ou de regain.

Le tableau 4 présente la moyenne sur 11 années simulées du bilan fourrager obtenu pour chacune des 3 stratégies. On constate que la stratégie 3 permet d'améliorer l'offre fourragère notamment grâce à des récoltes moyennes plus importantes, des distributions

Tableau 4. Comparaison des effets des stratégies de prise en compte de la diversité sur le bilan fourrager.

Indicateurs du bilan fourrager	Stratégie		
	1	2	3
Distributions (jours de consommation pour le troupeau)	0	+ 0,1	− 9,2
Qualité du foin récolté (% récolte totale)	0	− 3,6	+ 7,2
Récoltes (jours de consommation pour le troupeau)	0	+ 16,1	+ 13,1
Indicateur synthétique (jours de consommation pour le troupeau)*	0	+ 8	+ 14

*L'indicateur synthétique correspond à l'agrégation de plusieurs indicateurs et décrit le prélèvement de biomasse permis par une stratégie donnée.

au pâturage moindres et une amélioration de la qualité du foin récolté. Cependant, lorsque l'on observe plus en détail les résultats de chaque année simulée (les récoltes par exemple sur la figure 1), on constate que la stratégie 3 ne permet pas de diminuer la variabilité interannuelle de la production. En effet, malgré une augmentation de la production (en comparaison des stratégies 1 et 2), l'ampleur des variations interannuelles est du même ordre que pour les deux autres stratégies.

Ces résultats montrent que la prise en compte de la diversité de végétation ou de caractéristiques topographiques permet de sécuriser le système d'alimentation. Mais cette sécurisation du système d'alimentation ne provient pas d'une réduction des effets de la variabilité climatique, elle provient de la capacité à créer des reports de stocks en réponse à la variabilité du besoin fourrager durant l'hiver et également à compenser une production insuffisante l'année suivante. Plus largement, la flexibilité du système résulte de sa capacité à augmenter la fréquence d'avoir des résultats supérieurs à des seuils limites de production que se fixe l'éleveur. Ces seuils correspondent par exemple à la demande moyenne du troupeau (ligne horizontale sur la figure 1), tout résultat en dessous de ce seuil remet en cause la pérennité du système (Coléno et Duru, 1998 ; Landais et Balent, 1995).

Discussion

L'organisation du système fourrager, une source de flexibilité pour la gestion des ressources fourragères

Les variations de production (ou de besoin en ressources) du fait des variations du climat, en dehors de toute forme d'ajustement, sont observées dans de nombreuses régions d'élevage, à l'exemple de ce qui a été présenté dans le Massif Central, dans les Pyrénées centrales (Duru et Charpenteau, 1981) et en Bretagne (Cros *et al.*, 2003). La spécificité des systèmes d'élevage, à la différence des systèmes de culture, est que le climat influe à la fois sur la production de ressources aux différentes saisons, mais également sur les besoins en ressources (en fonction des « longueurs » de l'hiver et de l'été). En dehors des achats de fourrages ou des ventes d'animaux, les ajustements qui confèrent de la flexibilité sont de nature organisationnelle ou biologique. Les premiers ont été définis comme l'aptitude de différents jeux de règles pour l'allocation des surfaces (ou des stocks de fourrages conservés) à sécuriser le système d'alimentation, c'est-à-dire à le rendre moins sensible aux variations du climat. Les seconds concernent les décisions de conduite mettant à profit les capacités de régulation des organismes (couverts prairiaux, animaux). Nous discutons ci-dessous de la façon dont sont prises en compte ces deux composantes de la flexibilité dans les deux exemples présentés.

Les ajustements d'ordre organisationnel sont largement spécifiques aux systèmes fourragers étudiés. Dans les systèmes fourragers avec des stocks provenant en partie de cultures annuelles comme le maïs, les prairies pouvant être indifféremment pâturées ou ensilées (premier exemple), la flexibilité vient de la possibilité de faire varier entre années la surface ensemencée en culture (maïs ou prairie), ou bien l'allocation entre parcelles ensilées et pâturées. Ces ajustements sont bien connus (Duru *et al.,* 1988). Dans les systèmes herbagers sans cultures, et dans lesquels une partie des parcelles est dédiée soit à la fauche, soit au pâturage en fonction de leurs caractéristiques (deuxième exemple), les ajustements organisationnels portent sur les reports de fourrages conservés d'une année à l'autre, et sur l'ordre d'utilisation des parcelles (Andrieu, 2004). La flexibilité permise par ce dernier type d'ajustement provient de la diversité des végétations comme cela a été observé dans d'autres régions du globe (White *et al.,* 2004). Il n'en reste pas moins que le report de fourrages conservés d'une année à l'autre reste la voie principale de réduction des effets des variations climatiques dans ces systèmes d'élevage.

Dans les deux situations, les stratégies « adaptatives » correspondent à un jeu de règles déclenchées de manière circonstanciées, lorsque l'état du système le justifie (Romera *et al.,* 2005a et b), afin de réduire les variations entre années.

Concernant le second type d'ajustement, les décisions d'allocation des parcelles pour la constitution de stocks de fourrages conservés et surtout pour le pâturage sont susceptibles de tirer plus ou moins parti des capacités de régulation de la prairie. Dans les scénarios types testés, les ajustements portant sur le couvert végétal (variations des fréquences et des intensités de défoliation) sont pris en considération même s'ils n'ont pas été explicités. En effet, dans le premier exemple, les effets des variations de l'intervalle entre deux défoliations au pâturage sur les quantités prélevées sont pris en compte (Coléno et Duru, 1999). En revanche, l'intensité d'utilisation a été considérée comme constante. Nous avons ainsi retenu une hauteur d'herbe résiduelle optimale pour l'interception du rayonnement, la limitation des pertes par sénescence (Parsons, 1988), et l'ingestion animale (Mayne *et al.,* 1987). Une variation de hauteur peut toutefois engendrer des variations de performances importantes et être un moyen mis en œuvre pour ajuster la conduite de pâturage aux ressources disponibles (Duru *et al.,* 2000). Dans le deuxième exemple, les végétations les plus précoces et les plus productives sont fauchées (règle d'allocation choisie lors des simulations) de façon à refléter les capacités d'adaptation des espèces végétales au niveau de nutrition minérale ainsi qu'aux pratiques de défoliation (Andrieu, 2004). Les dates et les intervalles entre les utilisations sont en revanche des données du modèle. Celles-ci sont donc susceptibles de varier entre stratégies et entre parcelles, mais dans une gamme telle que la pérennité des types de végétation n'est pas remise en cause. On peut donc estimer que le modèle simule à la fois les effets des ajustements permis par l'organisation et par la conduite des prairies, sans que la distinction ait été faite quant aux effets respectifs de chacun d'eux.

La modélisation pour évaluer la flexibilité

Si les moyens de s'adapter à la variabilité du climat sont bien connus, les approches par enquêtes ou suivis d'élevage permettent difficilement de quantifier à la fois l'effet des variations du climat sur les ressources et l'efficacité des réponses permises par les pratiques. L'intérêt de la modélisation est de pouvoir dissocier les deux processus, les représenter et surtout de faire une simulation pour de longues séries climatiques, ce que ne permet pas l'enquête. La modélisation apparaît donc comme un outil pertinent pour l'évaluation de la flexibilité des systèmes de production même si son utilisation suppose un certain nombre de choix et donc de simplifications sur les objets à modéliser (Coquillard et Hill, 1997). En effet, il n'est pas souhaitable de modéliser toute la complexité de ces systèmes : l'amélioration de la description du système se traduit le plus souvent par une perte des capacités prédictives des modèles qu'aurait permis un modèle plus simple (Hakanson, 1995 ; Monteith, 1996 ; Sinclair et Seligman, 1996).

Il n'en reste pas moins qu'en préalable à la modélisation, il est nécessaire d'élaborer un cadre de représentation pour expliciter les modes de gestion. Des études antérieures ont permis de fournir des cadres d'analyse de ces modes de gestion (Fleury *et al.,* 1996 ; Bellon *et al.,* 1999 ; Guérin et Bellon, 1990 ; Moulin *et al.,* 2001) mettant l'accent sur la diversité des stratégies, notamment pour assurer une diversité de fonctions. Ces fonctions ont pour but de sécuriser l'alimentation des animaux à court terme, de permettre des « soudures alimentaires » entre les saisons et aussi d'assurer le renouvellement des caractéristiques des végétations sur le temps long (Landais et Deffontaines, 1988).

Notre représentation du système fourrager portant sur les entités gérées par l'éleveur permet d'identifier des niveaux de décision différents pour mieux appréhender l'organisation des systèmes techniques et les éléments du système à considérer lorsque des changements sont en jeu. La configuration du système fourrager relève de la gestion stratégique lorsqu'il s'agit de définir les ateliers de production qui le constituent, d'acquérir des ressources de production (achats de parcelles) ou de fixer des objectifs de modification des caractéristiques des parcelles (Girard *et al.,* 2001). Les questions concernant le dimensionnement et l'ordonnancement des ateliers relèvent de la planification de campagne. Cette planification porte sur l'allocation des parcelles aux différentes productions (maïs, prairies...) et aux différents lots d'animaux, mais également sur les règles qui, en cours de campagne, permettront de modifier ces allocations. Chacun de ces niveaux de décision est associé à un pas de temps. La distinction des différents types de règles facilite ainsi l'identification des pas de temps les plus pertinents, par exemple des bilans (ou des coordinations) saisonniers (premier exemple), ou annuels (second exemple).

Conclusion

La flexibilité peut effectivement, comme cela a été démontré dans l'industrie, s'avérer une propriété essentielle à évaluer pour caractériser l'adaptabilité d'un système aux variations de son environnement. Nous avons ici privilégié son importance en regard des variations climatiques. Les mêmes types d'ajustements pourraient être mobilisés lorsque la demande en fourrage est susceptible de dépendre de variations dans les calendriers de vente des animaux. À cet effet, tous les moyens pouvant renforcer la flexibilité n'ont pas été présentés. C'est ainsi que certains équipements de récolte peuvent accroître la flexibilité du système fourrager. Par exemple, l'enrubannage peut rendre plus flexible la conduite du pâturage par le fait qu'il offre la possibilité de faire des petits chantiers et ainsi de mieux saisir les créneaux de climat (récolter plus tôt ; réguler plus finement le pâturage).

Des analyses complémentaires seraient à mener pour traiter de l'adaptation aux variations de l'environnement socio-économique. Pour s'adapter à ces variations incertaines, la flexibilité sur les produits consistera en la capacité de transformer la végétation pour passer d'un type à un autre. Dans le cas des prairies naturelles (non semées), cela suppose d'évaluer leur aptitude à de tels changements. La flexibilité dans l'organisation suppose une configuration de l'exploitation adaptée, par exemple une surface par vache accessible au pâturage minimale, de façon à pouvoir réduire le chargement si l'objectif est d'accroître la part du pâturage dans les calendriers alimentaires.

Notons enfin, que la modélisation mathématique couplant un modèle du système biophysique à un modèle de décision est nécessaire pour quantifier la flexibilité de l'organisation, du process ou du produit. Les modèles permettent de tester une large gamme de solutions et de disposer rapidement de résultats dans la mesure où l'évaluation de la flexibilité nécessite une échelle d'analyse pluriannuelle.

Références bibliographiques

ANDRIEU N., 2004. Diversité du territoire de l'exploitation et sensibilité du système fourrager aux aléas climatiques : étude empirique et modélisation. Thèse d'agronomie, Institut national agronomique Paris-Grignon, 258 p.

ANSQUER P., THEAU J.P., CRUZ P., VIEGAS J., AL HAJ KHALED R., DURU M., 2004. Caractérisation de la diversité fonctionnelle des prairies naturelles. Une étape vers la construction d'outils pour gérer les milieux à flore complexe. *Fourrages*, 179 : 353-368.

ATTONATY J.-M., 1980. Qu'est ce que le système fourrager ? *Perspectives agricoles* Hors série, p. 20-27.

AUBRY C., PAPY F., CAPILLON A., 1998. Modelling Decision-Making Processes for Annual Crop Management. *Agricultural Systems,* 56 : 45-65.

BELLON S., GIRARD N., GUÉRIN G., 1999. Caractériser les saisons pratiques pour comprendre l'organisation d'une campagne de pâturage. *Fourrages,* 158 : 115-132.

CHATELIN M.-H., AUBRY C., LEROY P., PAPY F., POUSSIN J.-C., 1993. Pilotage de la production et aide à la décision stratégique. *Cahiers d'économie et sociologie rurales,* 28 : 119-138.

COLÉNO F.C., 1997. Stratégies de gestion des systèmes fourragers en élevage laitiers : étude empirique et modélisation. Thèse de doctorat en gestion, Ina-PG, Paris, France, 247 p.

COLÉNO F.C., 1999. Le pâturage des troupeaux laitiers en question : contribution d'une analyse des décisions des éleveurs. *Fourrages,* 157 : 63-76.

COLÉNO F.C., 2002. Une représentation des systèmes de production agricoles par ateliers. *Cahiers Agricultures,* 11 : 221-225.

COLÉNO F.C., DURU M., 1998. Gestion de production en systèmes d'élevage utilisateurs d'herbe : une approche par atelier. Inra, *Études et recherches sur les systèmes agraires et le développement,* 31 : 45-61.

COLÉNO F.C., DURU M., 1999. A model to find and test decision rules for turnout date and grazing area allocation for a dairy cow system in spring. *Agricultural Systems,* 61 : 151-164.

COLÉNO F.C., DURU M., SOLER L.G., 2002. A simulation model of a dairy forage system to evaluate feeding management strategies with spring rotational grazing. *Grass and Forage Science,* 57 : 312-321.

COLÉNO F.C., DURU M., 2005. De la gestion de production aux sciences agronomiques. Le cas des ressources fourragères. *Nature Sciences Sociétés,* 13(3) : 247-257.

COQUILLARD P., HILL D.R.C., 1997. *Modélisation et simulation d'écosystèmes, des modèles déterministes aux simulations à événements discrets.* Éditions Masson, Paris.

CROS M.-J., DURU M., GARCIA F., MARTIN-CLOUAIRE R., 2003. A biophysical dairy farm model to evaluate rotational grazing management strategies. *Agronomie,* 23 : 105-122.

DE JAGER J.M., POTGIETER A.B., VAN DEN BERG W.G., 1998. Framework for forecasting the extent and severity of drought in maize in the free state province of South Africa. *Agricultural Systems,* 57(3) : 351-365.

DURU M., CHARPENTEAU J.L., 1981. Working on the farming systems in the Pyrenees. Elaboration of a model of constitution and utilization of hay stock. *Agricultural Systems,* 7 : 137-156.

DURU M., NOCQUET J., BOURGEOIS A., 1988. Le système fourrager : un concept opératoire ? *Fourrages,* 115 : 251-272.

DURU M., DUCROCQ H., BOSSUET L., 2000. Herbage volume per animal : a tool for rotational grazing management. *Journal of Range Management,* 53 : 395-402.

ELDIN M., 1989. Analyse et prise en compte des risques climatiques pour la production végétale. *Le risque en agriculture.* Éditions Orstom, Paris. p. 47-62.

FLEURY P., DUBEUF B., JEANNIN B., 1996. Forage management in dairy farms : a methodological approach. *Agricultural Systems,* 52 : 199-212.

GIRARD N., BELLON S., HUBERT B., LARDON S., MOULIN C.H., OSTY P.L., 2001. Categorising combinations of farmer's land use pratices : an approach based on examples of sheep farms in the south of France. *Agronomie,* 21 : 435-459.

GUÉRIN G., BELLON S., 1990. Analyse des fonctions des surfaces pastorales dans les systèmes de pâturage méditerranéens. Inra, *Études et recherches sur les systèmes agraires et le développement,* 17 : 147-158.

HAKANSON L., 1995. Optimal size of predictives models. *Ecological Modelling,* 78 : 195-204.

INGRAM K.T., RONCOLI M.C., KIRSHEn P.H., 2002. Opportunities and constraints for farmers of west Africa to use seasonal precipitation forecasts with Burkina Faso as a case study. *Agricultural Systems,* 74 : 331-349.

LANDAIS É., DEFFONTAINES J.-P., 1988. Les pratiques des agriculteurs. Point de vue sur un nouveau courant de la recherche agronomique. *Études Rurales, 109* : 125-158.

LANDAIS É., BALENT G., 1995. Introduction à l'étude des systèmes d'élevage extensif. Inra, *Études et recherches sur les systèmes agraires et le développement,* 27 : 13-35.

MAYNE C.S., NEWBERRY R.D., WOODCOCK S.C., WILKINS R.J., 1987. Effect of grazing severity on grass utilization and milk production of rotationally grazed dairy cows. *Grass and Forage Science,* 59-72.

MONTEITH J.L., 1996. The quest for balance in crop modeling. *Agronomy Journal,* 88(5) : 695-697.

PARSONS A.J., 1988. The effect of season and management on the growth of grass swards. *In* Jones M.B., Lazenby A. (eds), *The Grass Crop.* Chapman and Hall, New York, p. 129-178.

ROMERA A.J., MORRIS S.T., HODGSON J., STIRLING W.D., WOODWARD S.J.R., 2005a. Comparison of haymaking strategies for cow-calf systems in the Salado Region of Argentina using a simulation model. 2. Incorporation of flexibility into the decision rules. *Grass and Forage Science,* 60 : 409-416.

ROMERA A.J., MORRIS S.T., HODGSON J., STIRLING W.D., WOODWARD S.J.R., 2005b. Comparison of haymaking strategies for cow-calf systems in the Salado Region of Argentina using a simulation model. 3. Exploratory risk assessment. *Grass and Forage Science,* 60 : 417-422.

SEBILLOTTE M., SOLER L.G., 1990. Les processus de décision des agriculteurs. *In Modélisation systémique et systèmes agraires. Décisions et organisations.* Brossier J., Vissac B., Lemoigne J.-L. (eds). Inra Éditions, SAD, p. 93-118.

SINCLAIR T.R., SELIGMAN N.G., 1996. Crop modeling : from infancy to maturity. *Agronomy Journal,* 88(5) : 698-704.

WHITE T.A., BARKER D.J., MOORE K.J., 2004. Vegetation diversity, growth, quality and decomposition in managed grasslands. *Agriculture, Ecosystems & Environment,* 10 : 73-84.

Chapitre 6

Prévention des risques de maladie : cas de l'élevage bovin argentin face à l'*Enteque Seco*

Benoît DEDIEU, Raul PEREZ

Les progrès techniques associés à la phase d'intensification de la production ont largement eu comme objectif d'affranchir la production agricole des facteurs limitants du milieu. La remise en cause du modèle productiviste interroge sur les modalités de prévention des aléas dans le fonctionnement des systèmes. Dans le secteur de l'élevage d'herbivores, ces aléas comprennent notamment les conditions climatiques et les risques sanitaires associés à l'exploitation du bétail. La façon dont les éleveurs prennent en compte ces aléas dans la gestion de leur exploitation devient un élément essentiel de l'analyse et de l'évaluation des systèmes d'élevage.

Ainsi que le rappellent Chia et Marchesnay (chapitre 1, p. 23), l'aptitude d'une l'entreprise à répondre à des aléas (ou à des conditions nouvelles) dépend de sa capacité à utiliser des informations lui permettant d'anticiper, de planifier ou d'attendre. Dans ce chapitre, nous cherchons à mettre en évidence la façon dont les éleveurs intègrent deux risques importants dans une situation d'élevage extensif en Argentine : le risque sanitaire lié à la maladie du bétail dénommé « *Enteque Seco* » et le risque de disette hivernale. Les niveaux de risque dépendent du climat : dans le premier cas, il s'agit des conditions climatiques estivales ; dans le second cas, sont déterminantes les conditions climatiques d'automne et d'hiver affectant les réserves sur pied et la précocité de la pousse printanière. Quels systèmes d'information et d'actions développent-ils pour limiter l'impact de tels risques sur les résultats de production et de mortalité de leur troupeau de bovin pour la viande ? Nous mobilisons pour ce faire les résultats d'une étude d'exploitations d'élevage de petite et moyenne dimension de la Pampa Deprimida (Province de Buenos Aires Sud) (Perez, 1998 ; Chia et Dedieu, 2002 ; Chia *et al.*, 2006). L'analyse débouche sur une proposition de qualification des différentes modalités de gestion du risque. Nous discutons des perspectives de renouvellement des cadres d'analyse des systèmes d'élevage, qui sont ouvertes par la prise en compte de profils de comportements d'éleveurs face aux aléas affectant l'activité d'élevage.

La Pampa, l'activité d'élevage bovin-viande et le risque sanitaire *Enteque Seco*

La Pampa Deprimida est une zone d'élevage bovin naisseur fondé sur l'exploitation des prairies naturelles. L'élevage pratiqué est de type extensif en plein air avec un chargement moyen compris entre 0,5 et 1 LU par hectare (1 Livestock Unit = 400 kg de poids vif). La productivité technique est faible (70 kg poids vif/ha/an). Les contraintes pédoclimatiques sont importantes : les terres sont inondables l'hiver et séchantes l'été.

La maladie *Enteque Seco* est une maladie liée à l'ingestion accidentelle de feuilles toxiques d'un arbuste, *Solanum glaucoplyllum,* très présent dans des zones humides (photo 1). Cette ingestion entraîne, par calcification des tissus mous, l'amaigrissement puis la mort de l'animal. L'été constitue la période à risque d'*Enteque Seco*. La répartition spatiale de l'arbuste dans les parcelles s'observe de deux façons : soit concentrée, notamment autour des mares très fréquentées par les animaux en été ; soit dispersée, avec des densités d'arbustes plus faibles que précédemment mais réparties sur l'ensemble de la parcelle. Le nombre d'animaux atteints varie selon les années en fonction des conditions climatiques. L'intensité et la précocité de la sécheresse estivale jouent sur la vitesse de chute des feuilles de *Solanum glaucoplyllum* et sur le différentiel de qualité d'herbe entre les zones humides et les zones plus séchantes, ce qui conduit à des concentrations variables d'animaux dans les zones touchées par le *Solanum glaucoplyllum*. Son impact est très important (Crenovitch *et al.,* 1994) dans la région avec des pertes économiques estimées en dizaines de millions de dollars. Il n'existe pas à l'heure actuelle de traitement

Photo 1. *Solanum glaucophyllum* dans une prairie (Perez, 1998).

curatif satisfaisant de la maladie, ni de procédure efficace d'éradication chimique ou mécanique de l'arbuste. La maîtrise du problème repose donc sur des mesures de prévention d'une part, et de surveillance du bétail d'autre part.

Les modalités de gestion des risques par les éleveurs

L'appréhension de la façon dont les éleveurs gèrent les risques liés à la maladie *Enteque Seco* a donné lieu à un suivi spécifique dans six exploitations faisant partie d'un dispositif d'étude plus large portant sur la diversité du fonctionnement des systèmes d'élevage (Cittadini *et al.*, 2001). Les exploitations étudiées ont une surface comprise entre 310 et 1 300 ha, pour un cheptel reproducteur compris entre 114 et 620 vaches. Outre l'étude détaillée des pratiques d'élevage, de leur justification, et des performances technico-économiques, ce suivi incluait une caractérisation précise du parcellaire avec des cartes de densité d'arbustes *Solanum glaucoplyllum* ; l'étude des pratiques préventives et adaptatives en cause ; l'estimation du nombre de cas d'occurrence de la maladie (Perez, 1998). L'analyse des combinaisons de pratiques a permis d'identifier différents comportements techniques vis-à-vis du problème de l'*Enteque Seco*. Dans un premier temps nous qualifions la flexibilité de ces différents comportements, puis nous les relions aux pratiques mises en œuvre en hiver – pratiques étudiées dans le cadre du dispositif de Cittadini *et al.* (2001). Il s'agit d'identifier d'éventuelles cohérences dans la gestion de ces deux problèmes et de définir ce que peuvent être des stratégies de gestion des risques techniques.

La gestion du problème d'*Enteque Seco*

La prévention consiste à mettre en défens les parcelles présentant des répartitions spatiales de *Solanum glaucoplyllum* de type dispersé, ou des portions de parcelle lorsque le *Solanum glaucoplyllum* est concentré. Cette mise en défens peut avoir lieu en début de période à risque après l'apparition des premiers symptômes sur des animaux, ou après la mise en œuvre de la méthode proposée par Crenovitch qui consiste à compter le nombre de feuilles tombées. Lorsque 20 % du feuillage de *Solanum glaucoplyllum* est à terre, les animaux doivent être retirés de la parcelle. L'étude des pratiques de surveillance du bétail montre qu'il existe deux types de suivi des animaux malades :
– le diagnostic précoce des animaux (symptôme du poil piqué, ou *vaca picada*). Placée sur une parcelle riche en herbe, la vache se remettra en état et poursuivra sa carrière reproductive ;
– le diagnostic tardif. L'amaigrissement est plus prononcé et n'offre aucun moyen d'ajustement possible. L'animal ne peut qu'être réformé et sera vendu à plus ou moins brève échéance (photo 2).

Trois types de comportement technique vis-à-vis des risques d'apparition de la maladie *Enteque Seco* ont pu être identifiés ; ils diffèrent par les indicateurs mobilisés et le degré d'anticipation des problèmes. Nous les présentons en référence aux qualificatifs de la flexibilité (statique, réactive et proactive) définis au chapitre 1.

• Type 1, aucune mesure de prévention. Le diagnostic de la maladie est tardif dans deux cas sur trois (cas de 3 exploitations). Aucune flexibilité relevant du processus de production n'est apparente.

Photo 2. Vache malade de l'*Enteque Seco* (Perez, 1998).

• Type 2. Le diagnostic de cas de malades est toujours précoce et l'observation des premiers symptômes déclenche les ajustements (2 cas rencontrés). Selon la distribution du *Solanum glaucoplyllum* dans les parcelles, la gestion de la période à risque repose d'abord sur le cloisonnement avec clôture fixe et la mise en défens des zones à forte concentration de *Solanum glaucoplyllum*, puis sur la clôture temporaire (principalement électrique) et la mise en défens des parcelles à distribution dispersée de *Solanum glaucoplyllum*. La flexibilité du processus de production est de type dynamique réactive.

• Type 3, mise en défens des parcelles à *Solanum glaucoplyllum,* quelle que soit leur distribution spatiale, après comptage des feuilles tombées régulièrement effectué dès que l'on entre dans la période à risque (1 cas rencontré). La flexibilité est de type dynamique proactive.

Du problème de l'*Enteque Seco* à la gestion de la disette hivernale : vers une approche globale de la gestion des aléas touchant les processus de production

L'*Enteque Seco* n'est pas le seul type d'aléas auquel les éleveurs argentins ont à faire face. L'hiver est une période délicate du calendrier d'alimentation des systèmes d'élevage extensif argentins. La sévérité de la disette est cependant aléatoire en fonction des conditions climatiques d'automne et d'hiver. Pendant cette période de faible pousse d'herbe se jouent le début de l'allaitement des veaux et le maintien d'un état suffisant des vaches pour assurer le succès de la période de reproduction de printemps. Trois sources d'ajustement de l'offre et de la demande alimentaire sont identifiées en période de disette hivernale en Argentine (Perez, 1998) : la diminution des besoins globaux du troupeau pendant l'automne et l'hiver (diminution de l'effectif animal, vente des veaux et tarissement des mères) ; la préparation des réserves de fourrage sur pied (mise en défens de parcelles, cultures annuelles, stocks de foin) ; les réserves corporelles des vaches. Le niveau de réserves corporelles en début d'hiver et la possibilité de les solliciter pendant cette saison sans dommage sur la reproduction dépendent de la charge animale et de la conduite durant l'été et l'automne précédent.

Dans l'échantillon observé, les élevages ont des pratiques différentes de constitution de réserve de fourrages ; ils se distinguent notamment par la mise en défens de parcelles à l'automne pour obtenir des réserves d'herbe sur pied et par le niveau des récoltes de foin.

La mise en regard des pratiques de gestion des problèmes d'été (problème d'*Enteque Seco*) et d'hiver (pénurie alimentaire) fait apparaître trois groupes de comportements techniques :

– le laisser-faire (été + hiver). Ce comportement cumule l'absence de mesures préventives contre l'*Enteque Seco* et la pénurie hivernale. La flexibilité ne relève pas du processus de production mais d'autres éléments tels que de la capacité de l'exploitation à supporter des baisses d'effectifs (mortalité liée à l'*Enteque Seco*) et de productivité (infertilité liée à l'amaigrissement hivernal des vaches), ce comportement est observé dans un cas ;

– l'assurance pour risques limités. Elle associe les flexibilités dynamiques (réactives et proactives) tant face au risque *Enteque Seco* que face à la pénurie hivernale (stocks de foin et mise en défens de parcelles à l'automne), observée dans 4 cas ;

– le balancier. Ce comportement associe d'une part l'absence de méthode préventive vis-à-vis de l'*Enteque Seco* et, d'autre part une flexibilité de type statique pour l'hiver due à une récolte de foin pléthorique. Il est observé dans un cas.

Discussion

Beaucoup de recherches portant sur les raisonnements de sécurisation des systèmes d'élevage ont été centrées sur les sécurisations alimentaires, notamment dans les systèmes d'élevage pastoraux (Bellon *et al.*, 1999), et sur les possibilités qu'ont les éleveurs de jouer sur la capacité des femelles à mobiliser et à reconstituer leurs réserves corporelles en cas de disette (Dedieu *et al.*, 1991 ; chapitre 4 p. 73). Mais les aléas alimentaires sont loin d'être les seuls à être intégrés dans les raisonnements des éleveurs ; les considérations sanitaires sont tout aussi primordiales. L'exemple présenté illustre, de façon ponctuelle, comment des observations sur l'état du système (les animaux et les végétaux) participent à cette sécurisation. Plus généralement, il s'agit d'aller plus finement dans la caractérisation des systèmes d'information (Volberga et Rutges, 1999) qui assurent le contrôle, l'anticipation et la réactivité du système vis-à-vis des fluctuations de l'environnement.

Dans le cas de l'*Enteque Seco*, les éleveurs changent de source d'information et de procédure de traitement de cette information selon le degré d'anticipation des problèmes. Le point de départ est l'observation de l'état de l'animal, notamment la maigreur prononcée relativement aux autres paramètres susceptibles d'intervenir : stade physiologique, parité (Thériez, 1984), effet à moyen terme de l'alimentation. Puis il faut effectuer le comptage des feuilles de *Solanum glaucoplyllum* tombées à terre et comparer à une valeur seuil (20 %). On change aussi de registre technique, le premier s'appuyant sur la capacité d'observation et l'expérience de l'ouvrier *gaucho,* le second sur des normes et procédures proposées par la recherche. Il est probable que les identités professionnelles (Degrange, 2001) associées à ces modalités de sécurisation des systèmes soient bien différentes.

En associant l'analyse des modalités de gestion du risque *Enteque Seco* à l'analyse de la période critique hivernale, l'étude vise non seulement à rendre compte de la façon dont les éleveurs gèrent des problèmes importants, mais propose un regard sur les décisions techniques différent de celui centré sur l'élaboration de la performance technique et économique. Les modes d'organisation de la production et d'utilisation du territoire contribuent-ils aux capacités globales des systèmes à résister à plusieurs types d'aléas ? Pour répondre à cette question, il nous paraît important de suivre deux orientations : d'une part identifier les aléas pris en compte par l'éleveur (et pas seulement ceux qui, comme ici, sont délimités par l'observateur car réputés majeurs pour les systèmes extensifs de la région) ; d'autre part caractériser et qualifier les systèmes d'information et les procédures d'ajustement permettant d'y faire face. La qualification des systèmes d'élevage en référence aux modalités de la flexibilité (statique, dynamique proactive ou dynamique réactive, laisser faire, assurance risques limités, etc.) et l'analyse des différentes sources de cette flexibilité (Tarondeau, 1999) ouvrent alors des pistes essentielles de renouvellement des cadres d'analyse et d'évaluation des systèmes d'élevage.

Références bibliographiques

BELLON S., GIRARD N., GUERIN G., 1999. Caractériser les saisons pratiques pour comprendre l'organisation d'une campagne de pâturage. *Fourrages*, 158 : 115-132.

CHIA E., DEDIEU B., 2002. Nouveaux dispositifs de recherche-développement en agriculture : le programme franco – argentin IDEAS. *Cahiers Agricultures*, 11(4) : 259-267.

CHIA E., DEDIEU B., PEREZ R., 2006. The concept of flexibility and the analysis of livestock farming systems : illustration using extensive beef cattle systems in Argentina. *In* Rubino R., Sepe L., Dimitriadou A., Gibon A. (eds), *Product quality based on local resources and its potential contribution to improved sustainability*. EAAP Publication, Benevento (Italy), 118 : 373-378.

CITTADINI R., BURGES J., HAMDAN V., PEREZ R., NATINZON P., DEDIEU B., 2001. Diversidad de sistemas ganaderos y su articulación con el sistema familiar. *Revista Argentina de Producción Animal*, 21(2) : 119-135.

CRENOVITCH H., RUFFINI O., PEREZ R., 1994. *Enteque Seco :* perdidas economicas en la Cuenca del Salado. EEA, INTA Balcarce, septembre 1994.

DEDIEU B., GIBON A., ROUX M., 1991. Notations d'état corporel des brebis et diagnostic des systèmes d'élevage ovin. Inra, *Études et recherches sur les systèmes agraires et le développement*, 22, 48 p.

DEGRANGE B., 2001. La mise à l'épreuve d'une profession. Le travail de redéfinition du métier d'éleveur charolais. Thèse de doctorat, université de Lyon 2 Lumière, France, 396 p.

PEREZ R., 1998. Réflexions sur l'analyse des comportements techniques en périodes à risque. Pratiques d'éleveurs du bassin versant du Salado (Argentine) face à la maladie *Enteque Seco*. Mémoire du Cnearc, Inta, Inra-Sad, 63 p.

TARONDEAU J.-C., 1999. Approches et formes de flexibilité. *Revue française de gestion*, mars-avril-mai, 66-71.

THÉRIEZ M., 1984. Influence de l'alimentation sur les performances de reproduction des ovins. *In* Actes des 9e Journées de la recherche ovine et caprine. Inra, Itovic (eds), SPEOC, 294-327.

VOLBERDA H., RUTGES A., 1999. FARSYS. A knowledge based system for managing strategic change. *Decision Support Systems*, 26 : 99-123.

Chapitre 7

Capacités d'adaptation du troupeau : la diversité des trajectoires productives est-elle un atout ?

Muriel TICHIT, Stéphane INGRAND, Charles-Henri MOULIN,
Sylvie COURNUT, Jacques LASSEUR, Benoît DEDIEU

L'activité d'élevage connaît aujourd'hui de profonds changements alors même qu'elle doit faire face à une crise de confiance des consommateurs vis-à-vis de ses produits[1]. Ces changements portant sur les structures et les manières de produire surviennent parallèlement à l'évolution des règlements européens et nationaux générant ainsi des incertitudes avec lesquelles les éleveurs doivent composer. Comme le montre la synthèse de Hardaker *et al.* (1997) autour des aléas en agriculture, le caractère incertain du contexte de production des systèmes d'élevage n'est pas en soit une nouveauté. En revanche, la multiplicité des paramètres concernés, leurs interactions et la vitesse à laquelle ils évoluent prennent de plus en plus d'importance dans les choix que les éleveurs sont amenés à faire en termes de gestion des effectifs, des périodes de mise bas et des réformes. Ces choix de conduite ont pour corollaire une diversité de rythmes de reproduction au sein du troupeau qu'il convient d'appréhender afin de vérifier si elle est susceptible ou non de renforcer les capacités d'adaptation du troupeau face à un environnement changeant.

Comme le soulignent Blanc *et al.* (chapitre 4 p. 73), les capacités d'adaptation des systèmes d'élevage à un environnement variable reposent sur le potentiel adaptatif des femelles, mais elles dépendent également de la façon dont les décisions de conduite interagissent avec les comportements productifs des animaux composant le troupeau. L'analyse de cette deuxième dimension des capacités d'adaptation des élevages implique de prendre en compte la diversité des projets techniques et des conduites et de simuler les effets de conduites différentes, y compris celles s'éloignant de nos référentiels habituels, sur la construction, la reproductibilité et la sensibilité des performances du troupeau sur

---

[1] Ce chapitre s'inspire de l'article Tichit *et al.* (2004).

le moyen terme. Ainsi, différents travaux ont abouti à une formalisation : le troupeau est un système dynamique piloté et renouvelé par l'éleveur (chapitre 7, p. 119) dans lequel les informations sur les différentes catégories d'animaux deviennent en retour des indicateurs d'application des règles de conduite. Un enjeu majeur de ces travaux est alors d'identifier dans le collectif d'individus composant le troupeau, les catégories pertinentes d'individus, c'est-à-dire celles ayant un sens du point de vue de la gestion mise en œuvre par l'éleveur.

Pour aborder la gestion de la diversité à l'intérieur du troupeau, nous proposons ici une formalisation du fonctionnement du troupeau fondée sur la notion de « trajectoire productive de femelle reproductrice », qui qualifie à la fois le trajet d'une femelle dans l'enchaînement des sessions de reproduction et la succession des événements de reproduction qui en résulte (Cournut, 2001). Cette formalisation repose sur six études ayant analysé ou simulé le fonctionnement de troupeaux d'herbivores allaitants différant par leurs conduites de la reproduction. Ceci nous permet d'étudier le lien entre les profils de trajectoires productives et les capacités d'adaptation qu'ils offrent aux systèmes d'élevage. Enfin, nous proposons quatre principes permettant de modéliser l'effet des décisions de l'éleveur et des comportements biologiques des femelles reproductrices sur les trajectoires productives. Le troupeau est alors considéré comme un système dans lequel les pratiques et les informations sur les animaux, y compris celles sur les trajectoires productives, relient les sous-systèmes décisionnel et opérant (Landais et Deffontaines, 1988).

Présentation de six conduites d'élevage pour des projets techniques différents

Les six études considérées concernent des élevages bovin ou ovin allaitant exploitant des milieux contrastés en termes de saisonnalité de la production fourragère et d'incertitudes climatiques. Ces troupeaux s'inscrivent dans des projets techniques très variables selon les fonctions de l'élevage dans les systèmes familiaux, le mode d'appropriation des animaux, l'intégration dans les circuits marchands et les complémentarités attendues entre élevage et cultures (Lhoste, 1986). Pour qualifier ces projets techniques nous avons retenu trois critères : la production quantitative attendue ; la répartition calendaire des mises bas et des ventes ; l'évolution de la composition numérique et qualitative (effectifs, aptitudes).

Les six études peuvent être regroupées selon trois familles de projets techniques (tableau 1). La première correspond aux situations les plus difficiles d'un point de vue climatique, sans sécurisation du système d'alimentation : il s'agit de l'élevage ovin du Sénégal et de l'élevage mixte associant lamas et brebis de l'Altiplano de Bolivie. Pour ces agriculteurs, l'objectif est d'assurer la pérennité du troupeau reproducteur. La deuxième exprime une attente de régularité de la production sur des campagnes successives, couplée à des ambitions modérées en termes de productivité numérique ou pondérale : l'élevage bovin viande en Guyane et l'élevage ovin viande des Préalpes sont les deux exemples où la production varie peu en quantité d'une année sur l'autre, en revanche, la répartition des mises bas intra-campagne est assez fluctuante. La troisième correspond à une attente de haut niveau de productivité (relativement au niveau de production des systèmes allaitants),

Tableau 1. Les six études portant sur le projet technique et les pratiques de conduite du troupeau de femelles reproductrices.

Étude	Contexte d'élevage	Projet technique pour la reproduction	Période de reproduction	Taux de mise bas visé	Seuil de tolérance pour la réforme
1	Ovins Sénégal, Sahel	Pérennité du troupeau reproducteur	Non	1 mise bas/an	Tolérance sur infertilité
2	Ovins + lamas Bolivie	Pérennité du troupeau reproducteur	1 période/an	Ovins 1 mise bas/an lamas < 1 mise bas/an	Brebis : intolérance sur infertilité Lamas : 1 an sans mise bas
3	Bovins viande Guyane	Régularité de la production	Toute l'année ou éviter les mise bas en saison des pluies	< ou = 1 mise bas/an	Intervalle vêlage – vêlage (IVV) < 500 jours
4	Ovins viande France, Sud-Est, Préalpes	Régularité de la production	2 ou 3 périodes/an	Au moins 1 mise bas/an	Jusqu'à 2 années sans mise bas pour quelques individus
5	Bovins viande France, Massif Central	Productivité pondérale	1 période/an à durée limitée	1 mise bas/an	Intolérance sur infertilité
6	Ovins viande France, Massif Central Nord	Productivité numérique	3 périodes/an	3 mises bas en 2 ans	jusqu'à 18 mois sans mise bas

(Sources : 1, Moulin 1993 et 2000 ; 2, Tichit 1998 ; 3, Ingrand *et al.*, 1992 ; Dedieu 1987 ; 4, Lasseur et Landais, 1992 ; 5, Ingrand, 1999 ; 6, Cournut 2001.)

avec une distribution des mises bas sur une ou plusieurs sessions annuelles. L'élevage bovin viande du Massif Central d'une part, l'élevage ovin viande d'Auvergne conduit en trois agnelages en deux ans d'autre part, en constituent les deux exemples : le premier vise une forte productivité associée à un objectif d'homogénéité du poids des veaux au sevrage, le second est très ambitieux en matière de productivité numérique au sevrage.

Les pratiques de reproduction et de renouvellement (et de réforme) diffèrent très sensiblement d'une famille à l'autre. Le nombre de sessions annuelles de reproduction varie d'une session courte pour la moitié du troupeau – l'autre moitié étant au repos – dans l'élevage de lamas, jusqu'à 3 sessions en élevage ovin dans les Préalpes et en Auvergne. Enfin, dans les élevages bovins de Guyane et ovins du Sénégal, les mâles reproducteurs sont présents toute l'année ou presque. Les causes de réforme des femelles pour infertilité sont également variables : un épisode d'infertilité consécutif à une session de reproduction est rédhibitoire pour les lamas et les bovins du Massif Central. En revanche, plusieurs épisodes consécutifs d'infertilité sont tolérés en élevage ovin dans les Préalpes (jusqu'à 5) et en Auvergne (3 épisodes tolérés dans le système à 3 agnelages en deux ans). Pour les conduites reposant sur la présence permanente des mâles, il n'y a ni lot particulier ni session de reproduction spécifique. La réforme de l'animal pour infertilité est décidée selon la durée écoulée depuis la dernière mise bas. Dans l'étude guyanaise, une fouille est pratiquée systématiquement 400 jours après la mise bas et les vaches vides sont éliminées. Enfin, au Sénégal, l'infertilité prolongée n'est pas une cause de réforme systématique.

Combinées avec la diversité des pratiques d'exploitation du bétail et des systèmes d'alimentation, les conduites de la reproduction mises en œuvre dans ces différents projets engendrent des productivités animales et des répartitions de la production très variées mais aussi une pérennité du troupeau inégalement assurée.

Construction de la diversité des trajectoires productives

La diversité des trajectoires productives dépend des choix de l'éleveur

Les pratiques différenciées des éleveurs selon les animaux d'une part, et les réponses productives de chaque animal (variables pour une même pratique) d'autre part, induisent au sein d'un troupeau une diversité de trajectoires productives. Cette diversité porte sur la répartition des trajectoires selon l'âge à la disparition et sur les modalités d'enchaînements des épisodes productifs et improductifs. Seules ces modalités sont analysées ici, les données n'étant pas complètes, ni aisément reconstituables pour les premières dans toutes les études. Deux familles de trajectoires sont observées selon leur degré d'homogénéité au sein du troupeau. Elles sont reliées aux pratiques de conduite dans chacune des situations étudiées.

Trajectoires productives des femelles reproductives : définitions et exemples

Une trajectoire productive qualifie : le trajet réalisé par une femelle dans l'enchaînement des sessions de reproduction organisé par l'éleveur ; la succession des événements de production qui résulte des réponses biologiques de cette femelle (Cournut 2001).

Ainsi Lee et Atkins (1996) de même que Cournut (2001) définissent des trajectoires de brebis comme des modalités de réalisation de cycles de production individuels exprimés relativement aux sessions de lutte du troupeau. L'exemple ci-dessous (figure 1) présente les trajectoires productives de 11 brebis conduites dans un système de trois agnelages en deux ans (d'après Cournut, 2001). Les situations où les mâles reproducteurs sont présents en permanence constituent une variante dans laquelle la session de lutte est permanente. La trajectoire est alors définie par la succession des mises bas, et traduit plus strictement l'aptitude des femelles à enchaîner des cycles reproductifs. Cette aptitude est appréciée par la durée de l'intervalle entre la mise bas et la saillie fécondante qui suit ou par l'intervalle entre mises bas (figure 2).

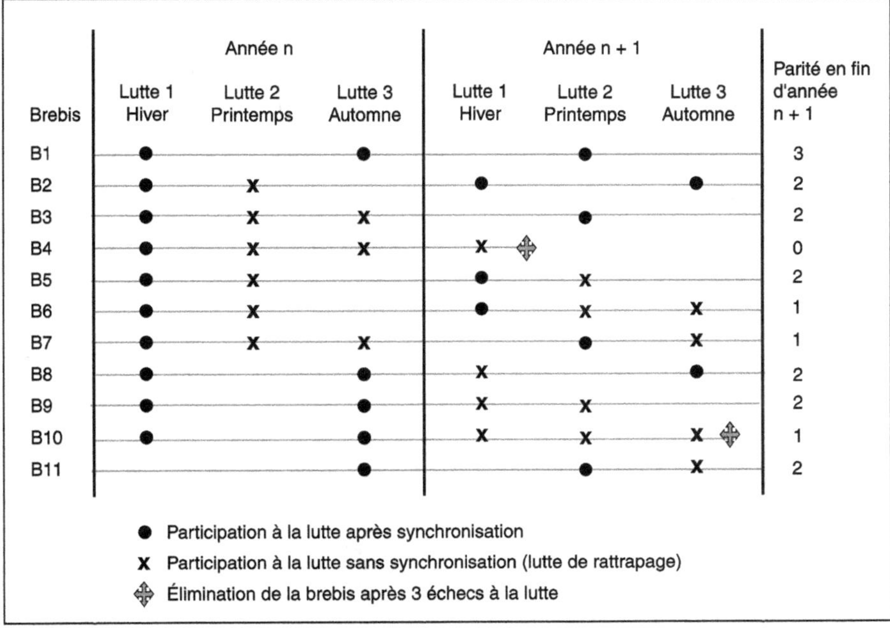

Figure 1. Diversité des trajectoires productives de brebis conduites dans un système de trois agnelages en deux ans (d'après Cournut, 2001).

Une homogénéité des trajectoires imposée

Toutes les femelles du troupeau ont la même trajectoire, composée d'une succession de réussites à chaque session de reproduction à laquelle la femelle participe. Deux modalités de fin de trajectoire (réforme) sont observables : épisode d'infertilité et réforme en conséquence, réussite à la reproduction et réforme pour d'autres causes (accident, âge, maladie). L'éleveur impose un rythme identique de reproduction à toutes les femelles. Il est très exigeant sur le critère de réforme pour infertilité, aucun échec n'est toléré.

Ce type de conduite correspond classiquement en France aux systèmes bovins et ovins, avec une seule session de mise bas dans l'année. Dans ces systèmes, les taux de fertilité garantissent que le nombre de femelles réformées pour échec à la reproduction restera dans des limites raisonnables, c'est-à-dire ne pénalisera pas l'efficacité économique de l'élevage. Dans les troupeaux mixtes de Bolivie où les mauvaises années se caractérisent par des mortalités importantes d'animaux (y compris de femelles adultes), l'homogénéité des trajectoires au sein du troupeau est similaire aux cas précédents (même rythme de reproduction pour toutes les femelles) et valable pour les deux espèces. Cependant, dans certains troupeaux, les éleveurs ne font faire qu'une mise bas tous les deux ans aux femelles lamas. En effet, si une session de reproduction est organisée tous les ans pour les deux espèces, les femelles lamas ne sont présentées aux mâles qu'une année sur deux alors que l'ensemble des brebis est mis en lutte chaque année. Cette conduite amène, les bonnes années, à des différences importantes de productivité numérique au sevrage (par

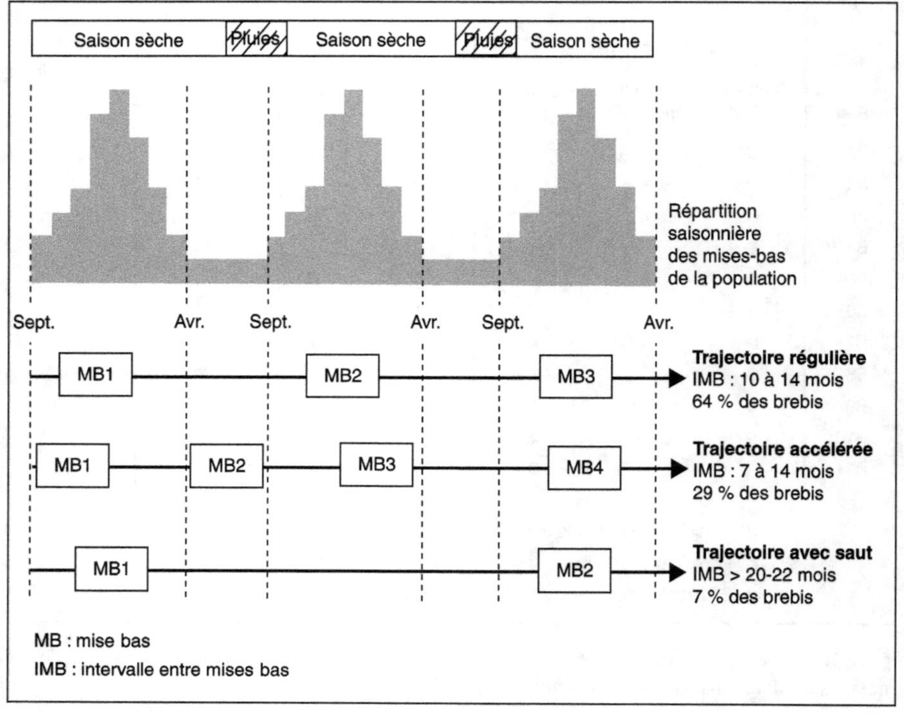

Figure 2. Trajectoires productives de brebis dans les troupeaux d'éleveurs Wolof en zone sahélienne, Sénégal (d'après Moulin, 1993).

femelle présente sur l'année) pour les deux espèces (respectivement 44,1 % et 77,2 %). Mais en cas de sécheresse, la mortalité des brebis induit des baisses d'effectif de reproductrices (– 5 %), alors que pour le troupeau de lamas, la variation reste positive (+ 2 %). Avec des pratiques peu contraignantes sur le plan biologique pour les lamas, l'éleveur tamponne l'effet imprévisible des fluctuations alimentaires et assure la pérennité de ce troupeau.

Une hétérogénéité des trajectoires permise

Il existe, à l'inverse, des situations où les choix de conduite induisent des trajectoires productives variées au sein du même troupeau. Certaines femelles se reproduisent dès que l'occasion leur est donnée de le faire, d'autres alternent des phases de production et des phases d'infertilité plus ou moins prolongées. Dans les systèmes fondés sur l'organisation dans l'année de plusieurs sessions de reproduction à durée limitée, ce qui correspond à des systèmes ovins dans notre panel d'études, cette variabilité a deux conséquences. D'une part, les critères de réforme pour infertilité sont moins stricts que dans les cas précédents : plusieurs épisodes d'infertilité sont tolérés. D'autre part, des flux d'animaux sont organisés d'une session de reproduction à celle immédiatement suivante (Girard et Lasseur, 1997). Ces flux résultent de deux types d'intervention de l'éleveur :

un changement de lot des brebis constatées infertiles pour les présenter dans le lot de lutte suivant ; le maintien de béliers dans tout le troupeau à chaque session de reproduction y compris dans le lot des brebis présumées gestantes.

Dans les systèmes où les mâles sont présents presque toute l'année, la durée écoulée depuis la dernière mise bas constitue le critère d'élimination pour infertilité. Plus la tolérance de l'éleveur est grande pour ce critère, plus la variabilité biologique de l'intervalle entre la mise bas et la saillie fécondante peut s'exprimer. Les projets techniques associés à ces situations sont très différents. La diversité des trajectoires est perçue comme un gage de pérennité du troupeau (Sénégal) et de stabilité interannuelle des performances (Guyane, Préalpes). Elle est un moyen d'atteindre des niveaux de performances élevés dans les systèmes ovins, comme le rythme de trois agnelages en deux ans (Auvergne).

L'élevage ovin tel qu'il est pratiqué au Sénégal est emblématique de contextes d'élevage très contraignants pour les animaux (climat, parasites, ressources alimentaires), dans lesquels l'objectif de maintien à long terme du stock de femelles reproductrices est prioritaire sur le niveau annuel des performances. L'éleveur, en laissant les mâles en permanence avec les femelles, autorise l'expression maximale de la diversité individuelle des performances de reproduction qui n'est plus canalisée dans une gamme réduite d'intervalles entre mise bas comme dans les cas précédents (figure 2). Si l'éleveur intervient peu dans l'organisation de la reproduction, il gère en revanche les entrées et les sorties de femelles du troupeau en privilégiant pour la réforme les brebis dont la probabilité de mourir est la plus élevée, quitte à garder des vieilles femelles peu fertiles, mais en bonne santé. Le critère majeur de tri des animaux pour la réforme n'est plus l'aptitude à la reproduction, mais l'aptitude à survivre face aux contraintes du milieu (Moulin, 2000). Malgré la présence de ces femelles peu fertiles, le taux de mise bas par brebis et par an reste voisin de 1 à l'échelle du troupeau grâce à la présence de brebis mettant bas trois fois en deux ans.

En Auvergne, le choix d'un rythme de reproduction élevé du type « trois agnelages en deux ans » impose une rigidité sur la durée et les intervalles entre les trois sessions de lutte annuelles. Ce rythme accéléré de mise bas n'est pas atteint par toutes les femelles du troupeau. Cependant, l'éleveur tolère jusqu'à trois épisodes successifs d'infertilité. Pour limiter la durée de la phase improductive, il doit donc gérer finement les flux de brebis d'une session de reproduction à une autre. La distribution des agnelages par saison est donc le résultat des interactions entre la saison sexuelle, la conduite et l'histoire productive des brebis et elle se construit par des rythmes individuels de reproduction variés (Cournut et Dedieu, 2002).

Dans les Préalpes, les systèmes ovins sont moins exigeants en termes de productivité, mais dans des contextes d'élevage plus difficiles qu'en Auvergne, avec des fluctuations saisonnières et interannuelles de l'offre alimentaire. Les choix de conduite de la reproduction ont alors pour objectif de tamponner ces variations (Lasseur et Landais, 1992). L'éleveur organise de la même façon plusieurs périodes de reproduction, mais autorise pour une femelle des épisodes successifs d'infertilité. La multiplication des sessions de lutte permet *a contrario* à certaines femelles de « redoubler », c'est-à-dire de mettre bas trois fois en deux ans. Ces possibilités de redoublement ou au contraire de saut entre sessions de lutte caractérisent des aptitudes individuelles différentes entre animaux qui sont évaluées sur le long terme.

Finalités multiples de la diversité des trajectoires

Ces études montrent qu'il n'y a pas de relation univoque entre la diversité des trajectoires productives, le niveau de contraintes affectant le système et le type de projet de production. La tolérance, voire la recherche d'une diversité de trajectoires productives, n'est pas l'apanage de systèmes privilégiant la survie du troupeau de reproductrices ou la stabilité de la production annuelle du troupeau en dépit d'aléas. La diversité des trajectoires productives peut permettre de tamponner les variations du milieu, ou encore de renforcer les capacités d'adaptation du troupeau à un projet exigeant d'un point de vue biologique, mais elle ne semble toutefois pas être une voie privilégiée pour les espèces à cycle biologique long quand la production fourragère est très saisonnière.

Les exemples des troupeaux mixtes de Bolivie et des troupeaux ovins du Sénégal montrent que la capacité d'adaptation du système d'élevage face aux incertitudes de disponibilité des ressources alimentaires ne repose pas toujours sur une organisation de la reproduction visant à contrôler très strictement les opportunités de reproduction. Il s'agit soit de limiter l'intensité biologique des carrières, soit de laisser s'exprimer l'aptitude des animaux à construire des carrières de contenu varié incluant des phases plus ou moins longues d'improductivité. De même, des systèmes visant un très haut niveau de productivité individuelle, comme dans le cas du système de trois agnelages en deux ans, ne peuvent pas atteindre cet objectif par la construction de trajectoires identiques rythmées par une mise bas tous les huit mois (rythme individuel théorique de mise bas). Il faut trouver de la souplesse, avec des règles de réforme des animaux et l'organisation de flux, qui autorisent l'expression de trajectoires productives variées.

Diversité des trajectoires productives chez les ruminants et lien avec la notion de carrière

Les études décrites précédemment ne couvrent bien sûr pas toute la variabilité des conduites de la reproduction et du renouvellement propre à chaque espèce de ruminants domestiques. En élevage bovin allaitant, des systèmes comportant deux périodes de vêlages ont été décrits, en France, dans le Limousin (Bécherel et Brouard, 2003) ou aux États-Unis (Azzam et Azzam, 1991). La question de l'organisation de flux de vaches entre la session de reproduction d'été et celle d'hiver se pose dans les mêmes termes qu'en élevage ovin : quels sont les critères de passage d'une session de vêlage à l'autre ? De même, les règles de réforme appliquées à des systèmes ovins avec une ou deux périodes de mise bas dans l'année peuvent différer selon l'importance accordée à la maîtrise du nombre de mise bas lors de la session d'agnelages en contre-saison (automne). Enfin, les élevages caprins et bovins laitiers connaissent également cette diversité. Santucci (1991) montre que la régulation au sein des troupeaux caprins corses face aux aléas climatiques repose sur la possibilité pour les femelles de suivre des trajectoires productives variées (modèles précoces, tardives, improductives), finalement assez proches des situations ovines décrites dans les Préalpes.

L'intérêt porté à la reconstitution des carrières pour l'analyse des performances n'est pas nouveau. Par exemple, Vallerand (1979) analyse les carrières zootechniques de brebis Djallonké du Cameroun élevées en milieu contraignant. Pour Landais (1987), l'analyse des performances, classiquement réalisée à l'échelle du temps « rond » de la campagne doit être complétée par une approche sur le « temps long », fondée sur l'étude des carrières animales. De même, Roux (1992) estime que les stratégies d'élevage doivent être évaluées au niveau du troupeau et au niveau du cycle de vie des animaux. Les analyses d'expérimentations de longue durée décrivent la succession des événements de production de la carrière des femelles (par exemple Coulon *et al.*, 1993 et 1995 ; D'Hour *et al.*, 1998). Les critères d'évaluation des carrières s'expriment soit par la production cumulée, soit par la productivité annuelle moyenne ou par le nombre et les modalités d'enchaînement des mises bas. Les études en ferme mobilisent les mêmes critères, même si elles sont plus difficilement renseignées sur les événements qui ont affecté les animaux. En revanche, le pas de temps est plus souvent celui de la carrière complète, jusqu'à la sortie de l'animal du troupeau. La longévité d'une femelle est alors appréciée par le critère de la durée de vie productive (Ducrocq, 1994). L'analyse, à des fins zootechniques ou génétiques, porte alors sur la variabilité de la longévité des femelles au sein des troupeaux et sur le contenu productif des carrières complètes. Lors des comparaisons de carrières de femelles observées en ferme chez différents éleveurs, une des difficultés de l'analyse est qu'aucun élément ne permet de s'assurer que chaque conduite donne les mêmes opportunités aux individus de se reproduire, comme c'est le cas en milieu contrôlé. L'analyse des trajectoires productives, reliant les opportunités de mise à la reproduction (décision de l'éleveur) et les événements reproductifs des femelles, permet de lever cette difficulté et de réaliser des analyses sur des pas de temps de quelques années sans être gêné par la question des données censurées (carrières longues non terminées).

Quatre principes pour modéliser le fonctionnement du troupeau

Le troupeau est considéré dans notre cadre d'analyse comme un système biologique piloté dont le fonctionnement dynamique correspond à l'enchaînement d'événements productifs (en l'occurrence les mises bas) d'un ensemble renouvelé d'individus. Le développement de modèles doit alors tenir compte des effets, d'une part, des décisions de l'éleveur et, d'autre part, des comportements biologiques des femelles reproductrices sur les trajectoires productives dont l'agrégation constitue les performances du troupeau (production : quantité, répartition, renouvellement de sa composition). Notre analyse est centrée sur la partie décisionnelle de ces modèles à développer, complémentaire des modèles biologiques rendant compte des régulations propres aux différentes fonctions physiologiques (alimentation, reproduction, réserves corporelles). L'enjeu est d'articuler ces deux approches pour rendre compte à la fois des réponses biologiques sous l'effet des pratiques et en retour de l'adaptation des pratiques aux indicateurs de performances fournis par les animaux.

À partir de l'analyse des différentes situations présentées précédemment, nous identifions quatre principes importants à prendre en compte dans les démarches de modélisation du fonctionnement des troupeaux intégrant un sous-modèle décisionnel.

• Tenir compte de la variabilité des trajectoires productives implique de modéliser celle de chaque animal (modèles individus centrés), ou au minimum chaque profil de trajectoire. En effet, à l'exception des situations combinant une seule session de reproduction courte dans l'année et une réforme systématique dès le premier épisode d'infertilité, le fonctionnement d'un troupeau résulte de trajectoires diversifiées qui ne peuvent se résumer à la trajectoire d'un animal moyen. Les profils de trajectoires sont alors des indicateurs de fonctionnement des troupeaux. La typologie des modes d'élaboration des performances de troupeaux est fondée sur la décomposition de la performance globale du troupeau sur le moyen terme en profils types de trajectoires productives, définies à l'échelle de sa population d'étude (d'après Moulin, 1993, figure 3).

• Analyser et formaliser l'organisation conjointe de la reproduction, de l'allotement et de la réforme pour infertilité, afin de préciser la composition des lots de femelles reproductrices. Il s'agit de déterminer l'effectif et la démographie du groupe de femelles concerné par une session donnée de reproduction, mais aussi de caractériser la diversité des trajets productifs qui caractérise ce groupe. Cournut et Dedieu (2000) proposent d'en rendre compte avec le concept de cycle de production de lot (CPL), utilisé dans des démarches de simulation en élevage ovin mais aussi en élevage bovin viande (Ingrand *et al.*, 2002 et 2003 ; Agabriel et Ingrand, 2004). Un cycle de production de lot agrège des cycles de production individuels pour former une période de mise bas du troupeau. Le pilotage du troupeau s'exprime alors comme une modalité spécifique de configuration et de coordination de cycles de production de lot successifs (Cournut et Dedieu, 2004). Les

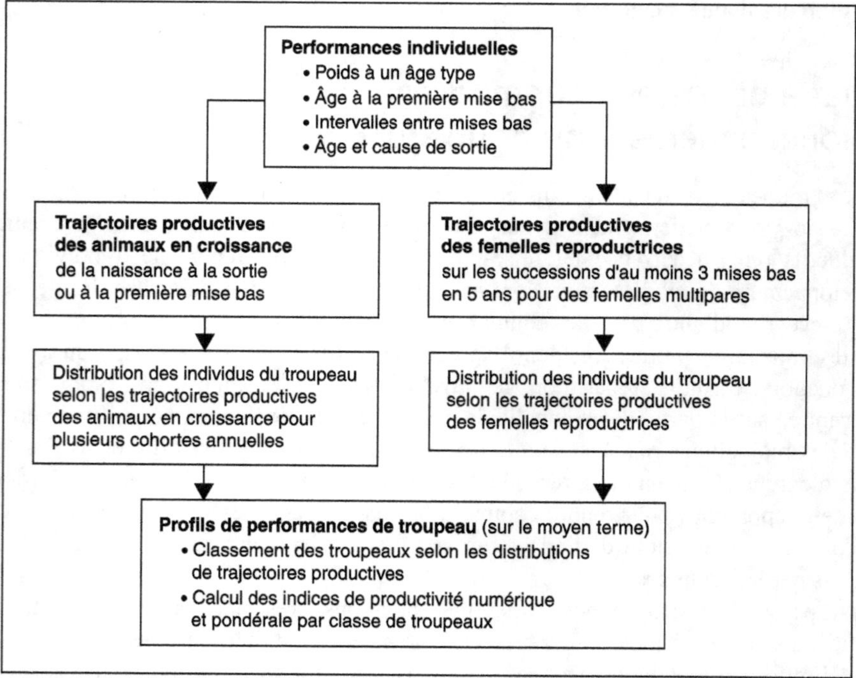

Figure 3. Typologie des modes d'élaboration des performances de troupeaux fondée sur la décomposition de la performance globale du troupeau sur le moyen terme en profils types de trajectoires productives, définies à l'échelle de sa population d'étude (d'après Moulin, 1993).

cycles de production de lot sont des entités de gestion qui constituent l'interface entre les comportements productifs de femelles et le système décisionnel (figure 4).

• Le contenu d'une trajectoire productive est un indicateur essentiel pour l'expression des règles de réforme dans la plupart des élevages. C'est en outre un indicateur de performances qui doit pouvoir être accessible dans les résultats des simulations. En effet, le nombre d'épisodes d'infertilité et la production cumulée (Oltjen *et al.*, 1990) sont des critères couramment utilisés, avec des valeurs seuils différentes selon les éleveurs. De plus, le contenu de cette trajectoire à un moment donné (représentant le passé de la femelle) influe d'une part sur son comportement reproductif lors d'une session de reproduction donnée et, d'autre part sur sa survie fonctionnelle (son maintien dans le troupeau), (Atkins, 1986 ; Gonzales *et al.*, 1986 ; Ercanbrack et Knight, 1989 ; Ducrocq, 1994 ; Lee et Atkins, 1996 ; Cournut, 2001). En conséquence, la trajectoire productive est, de notre point de vue, un objet fondamental du modèle conceptuel des simulateurs informatiques du fonctionnement d'un troupeau.

• La pérennité du troupeau est essentielle à considérer pour évaluer les interactions entre les décisions et la biologie des animaux évoquées précédemment. La plupart des modèles dynamiques de troupeaux estiment conjointement la production sur le long terme et l'évolution de la démographie du troupeau. Mais ces expériences informatiques définissent le troupeau comme devant rester en effectif stable d'une campagne à l'autre. Ainsi, les simulations qui considèrent l'effectif comme le résultat de simulations testant

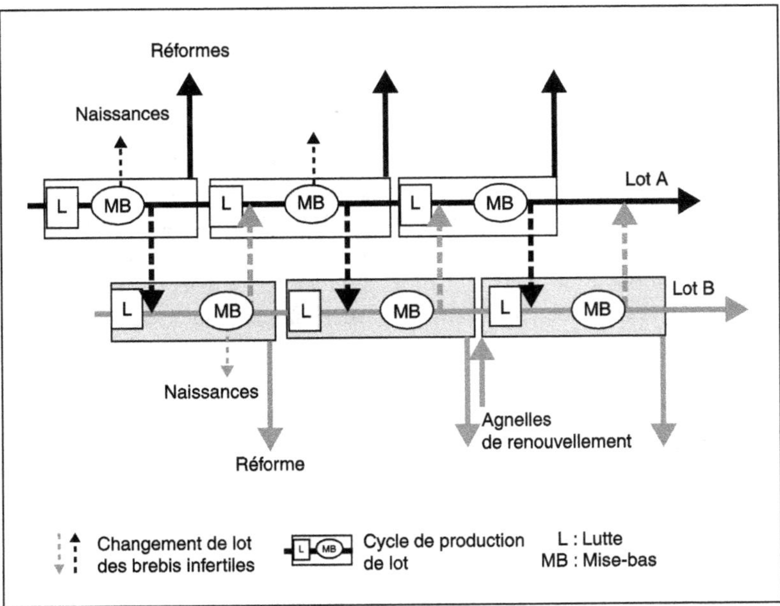

Figure 4. Les cycles de production de lot : entités de gestion qui permettent de faire l'interface entre les comportements productifs de femelles et le système décisionnel.

des règles de conduites de la reproduction et de la réforme sont plutôt rares (Schmitz, 1997 ; Lehenbauer et Oltjen, 1998). L'accroissement des effectifs d'un troupeau est pourtant essentiel à modéliser pour les systèmes dans lesquels la pérennité fait partie intégrante du projet de production et pour lesquels il convient d'évaluer les effets différés des pratiques au regard de leur capacité à favoriser le maintien à long terme du stock de femelles reproductrices (Tichit *et al.*, 2004b).

Conclusion

L'analyse de la diversité des trajectoires productives apporte des éléments clés de compréhension pour identifier les capacités d'adaptation du système biotechnique que constitue un ensemble renouvelé de femelles associé à une conduite. Ces capacités reposent soit sur des trajectoires homogènes associées à une conduite de la reproduction peu contraignante pour les femelles, soit sur des trajectoires hétérogènes dans un environnement plus variable ou dans un contexte des performances reproductives de haut niveau requis en milieu non limitant.

Les exemples présentés soulignent la diversité des projets techniques dans différentes régions du monde. Assurer la pérennité du troupeau en situation très contraignante, tamponner l'effet d'aléas alimentaires sur la production, obtenir de bons niveaux de performances avec un milieu d'élevage non limitant constituent trois pôles. La conduite du troupeau, notamment les pratiques d'allotement, de reproduction et de réforme, vise selon les cas à réduire ou au contraire à amplifier la diversité des trajectoires productives individuelles au sein du troupeau. Il est intéressant de noter que l'hétérogénéité des trajectoires productives au sein du troupeau n'est pas une spécificité des systèmes très extensifs, mais peut constituer dans certains systèmes le moyen d'atteindre de hauts niveaux de performance.

La structure démographique d'un troupeau à un instant donné résulte de son histoire productive (notamment des règles de réforme antérieures) et peut, dans une première approche, représenter la mémoire du système. Nous proposons d'étendre l'expression de cette mémoire à l'ensemble des trajectoires productives des femelles qui composent le troupeau. Dans les modèles de fonctionnement qui ne sont pas centrés sur l'animal, ceci revient à représenter des groupes d'individus, non pas selon des classes d'âge et de sexe mais selon des types de trajectoires productives réalisées. Cette mémoire est à la fois biologique et décisionnelle, dans la mesure où elle résulte des choix de conduite qui délimitent des opportunités de reproduction pour les femelles, exprimant ainsi leurs aptitudes à la production.

Les trajectoires productives sont un moyen de rendre compte des performances élémentaires et de la survie des animaux au sein du troupeau. Elles sont aussi des indicateurs de l'application des règles de reproduction et de réforme. La construction des trajectoires au cours du temps, issue de l'interaction entre la conduite et les comportements biologiques des animaux, définit le fonctionnement dynamique du troupeau. Ces trajectoires productives doivent donc être au cœur des modèles qui ont pour ambition de simuler ce fonctionnement, c'est-à-dire dont l'objectif est de comprendre et d'évaluer l'effet de changements de conduite sur la production d'une part, son niveau, sa répartition, sa sensibilité aux aléas, et sur la pérennité du troupeau d'autre part.

Références bibliographiques

AGABRIEL J., INGRAND S., 2004. Modelling the performance of the beef cow to build a herd functioning simulator. *Animal Research,* 53 : 347-362.

ATKINS K.D., 1986. A genetic analysis of the components of lifetime productivity in Scottish Blackface sheep. *Animal Production,* 43 : 405-419.

AZZAM S.M., AZZAM A.M., 1991. A markovian decision model for beef cattle replacement that considers spring and fall calving. *Journal Animal Science,* 69 : 2329-2341.

BÉCHEREL F., BROUARD S., 2003. Vivre de la viande bovine en Limousin. Actualisation des cas types. Étude du département Action régionale. Institut de l'élevage, 66 p.

COULON J.-B., LESCOURRET F., FAYE B., LANDAIS É., TROCCON J.-L., PEROCHON L., 1993. Description de la base de données Lascar, un outil pour l'étude des carrières des vaches laitières. Inra *Productions Animales,* 6 : 151-160.

COULON J.-B., PÉROCHON L., LESCOURRET F., 1995. Évolution de la production laitière et du poids vif des vaches au cours de leur carrière. *Annales de zootechnie,* 44 : 189-199.

COURNUT S., DEDIEU B., 2000. Comment simuler le fonctionnement d'un troupeau ovin viande ? *Rencontres recherche ruminants,* 7 : 337-340.

COURNUT S., 2001. Le fonctionnement de systèmes biologiques pilotés : simulation à événements discrets d'un troupeau ovin conduit en trois agnelages en deux ans. Thèse de doctorat, Université Lyon 1, France, 418 p.

COURNUT S., DEDIEU B., 2002. L'étude de la robustesse d'une conduite par simulation : l'exemple du « 3 agnelages en 2 ans ». *Rencontres recherche ruminants,* 9 : 79.

COURNUT S., DEDIEU B., 2004. A discrete event simulation of flock dynamics : a management application to three lambings in two years. *Animal Research,* 53 : 383-403.

DEDIEU B., 1987. Élevage bovin viande en Guyane : premiers résultats des suivis techniques et essai de typologie. *In* Hentgen A., Girault N. (eds), Systèmes d'élevage herbager en milieu équatorial, Cayenne, 9-10 décembre 1985. Inra, Paris, 23-40.

D'HOUR P., REVILLA R., WIRGHT I.A., 1998. Possible adjustments of suckler herd management to extensive situations. *Annales de zootechnie.,* 47 : 453-463.

DUCROCQ V., 1994. Statistical analysis of length of productive life for dairy cows of the Normande breed. *J. Dairy Scence,* 77 : 855-866.

ERCANBRACK S.K., KNIGHT A.D., 1989. Lifetime production of ¼ and ½ Finnsheep ewes from Rambouillet, Targhee and Columbia dams as affected by natural attrition. *Journal Animal Science,* 67 : 3258-3265.

GIRARD N., LASSEUR J., 1997. Stratégies d'élevage et maîtrise de la répartition temporelle de la reproduction. Exemples en élevage ovin en montagne méditerranéenne. *Cahiers Agricultures,* 6 : 115-124.

GONZALEZ R., BONNET R., GUERRA J.C., LABUONORA D., 1986. Lifetime productivity of single and twin-born Corriedale sheep and their dams. *Austr. J. Exp. Agric.,* 26 : 631-637.

INGRAND S., DE BAYNAST L., VISSAC B., 1992. La reproduction du troupeau allaitant de Saint-Elie. *In* Vivier M., Vissac B., Matheron G. (eds), *L'élevage bovin en Guyane.* Cirad-Inra, 69-90.

HARDAKER J.B., HUIRNE R.B.M., ANDERSON J.R., 1997. Coping with Risk in Agriculture. New York, *CAB International,* 274 p.

INGRAND S., 1999. Constitution des lots de vaches dans les élevages allaitants : effet de l'hétérogénéité intra-lot des besoins nutritionnels sur le niveau d'ingestion et le comportement alimentaire des vaches charolaises. Thèse de doctorat, Ina-PG, Paris, France, 257 p.

INGRAND S., DEDIEU B., AGABRIEL J., PÉROCHON L., 2002. Modélisation du fonctionnement d'un troupeau bovin allaitant selon la combinaison des règles de conduite. Premiers résultats de la construction du simulateur Simball. *Rencontres recherche ruminants,* 9 : 61-64.

INGRAND S., COURNUT S., DEDIEU B., ANTHEAUME F., 2003. La conduite de la reproduction du troupeau de vaches allaitantes : modélisation des prises de décision. Inra *Productions Animales,* 16 : 263-270.

LANDAIS É., 1987. Recherches sur les systèmes d'élevage. Questions et perspectives. Document de travail, Inra-Sad, Versailles, 70 p.

LANDAIS É., DEFFONTAINES J.-P., 1988. Les pratiques des agriculteurs. Points de vue sur un courant nouveau de la recherche agronomique. *Études Rurales,* 109 : 125-158.

LASSEUR J., LANDAIS É., 1992. Mieux valoriser l'information contenue dans les carnets d'agnelage pour évaluer des performances et des carrières de reproduction en élevage ovin-viande. Inra *Productions Animales,* 5 : 43-58.

LEE G.J., ATKINS K.D., 1996. Prediction of lifetime reproductive performance of Australian Merino ewes from reproductive performance in early life. *Austr. J. Exp. Agric.,* 36 : 123-128.

LEHENBAUER T.W., OLTJEN J.W., 1998. Dairy cow culling strategies : making economical culling decisions. J. *Dairy Science,* 81 : 264-271.

LHOSTE P., 1986. L'association agriculture élevage. Évolution du système agro-pastoral au Siné-Saloum (Sénégal). Thèse de doctorat, Ina-PG, Paris, France, 314 p.

MOULIN C.H., 1993. Le concept de fonctionnement de troupeau. Diversité des pratiques et variabilité des performances animales dans un système agropastoral sahélien. Inra, *Études et recherches sur les systèmes agraires et le développement,* 27 : 73-94.

MOULIN C.H., 2000. Pratiques de gestion du troupeau en élevage sahélien : cas des brebis de réforme. *In* 5th Livestock Farming Systems Symposium, Integrating Animal Science Advances in the Search of Sustainability, 19-20 August 1999, Posieux, Switzerland., EAAP Publication n° 97, Wageningen Pers, Wageninen : 254-257.

OLTJEN J.W., SELK G.E., BURDITT L.G., PLANT R.E., 1990. Integrated expert system for culling management of beef cows. *Comp. Electr. Agric.,* 4 : 333-341.

ROUX C.Z., 1992. Maximum herd efficiency in meat production. I Optima for slaughter mass and replacement rate. *South African Journal Animal Science,* 22, 1-5.

SANTUCCI P., 1991. Le troupeau et ses propriétés régulatrices, bases de l'élevage extensif. Thèse de doctorat université Montpellier II, France, 85 p.

SCHMITZ J., 1997. Dynamics of beef cow herd size : an inventory approach. *J. Agric. Eco.,* 79 : 532-542.

TICHIT M., 1998. Cheptels multi-espèces et stratégies d'élevage en milieu aride : analyse de viabilité des systèmes pastoraux camélidés ovins sur les hauts plateaux boliviens. Thèse de doctorat, Ina-PG, Paris, France, 283 p.

TICHIT M., INGRAND S., MOULIN C.H., COURNUT S., LASSEUR J., DEDIEU B., 2004a. Analyser la diversité des trajectoires productives des femelles reproductrices : intérêts pour modéliser le fonctionnement du troupeau en élevage allaitant. Inra *Productions Animales,* 17(2) : 123-132.

TICHIT M., HUBERT B., DOYEN L., GENIN D., 2004b. A Viability Model to Assess the Sustainability of Mixed Herds under Climatic Uncertainty. *Animal Research,* 53 : 405-418.

VALLERAND F., 1979. Réflexions sur l'utilisation des races locales en élevage africain. Exemple du mouton Djallonké dans les conditions physiques et sociologiques du Cameroun. Thèse de docteur ingénieur, INP Toulouse, France, 242 p.

Chapitre 8

La flexibilité relationnelle : rôle des réseaux, des groupements et des associations d'éleveurs

Éduardo CHIA

« Un prêté pour un rendu (PPR). Vous coopérez avec l'autre joueur tant qu'il ne vous fait pas défaut, auquel cas c'est vous qui le laisserez tomber le coup d'après. Mais du moment que l'autre sait que vous agirez ainsi, vous n'en aurez pas besoin. C'est le ciment de la société. La morale humaine se ramène à ça ». Lodge David, 2001, Pensées secrètes, Rivages (Thinks…)

Depuis une dizaine d'années, les éleveurs français doivent de plus en plus, d'une part, faire face à des injonctions des pouvoirs publics (quotas, type d'animaux…), répondre aux attentes de la société (produits de qualité, façons de produire), respecter les contrats avec les abattoirs, la distribution (grandes et moyennes surfaces, GMS)… et, d'autre part, tenir compte des incertitudes liées à l'activité même d'éleveur, à savoir les incertitudes sur l'état du monde (évolution du contexte, des marchés…) et sur les conséquences de leurs propres actions. Face à cette situation, ils développent de nouvelles pratiques productives, de nouveaux systèmes de production et de nouvelles formes d'organisation (interne ou externe) de façon à réagir rapidement et conserver ainsi leurs parts de marché. C'est cette capacité à s'adapter que nous définissons, dans un premier temps, comme étant de la flexibilité (Reix, 1997 ; Alcaras et Laroux, 1999).

Après avoir défini ce que nous entendons par flexibilité relationnelle en la resituant par rapport aux autres formes de flexibilité développées dans la littérature (chapitre 1, p. 23), nous l'illustrerons par les résultats de deux travaux sur le comportement des éleveurs face aux incertitudes du marché : dans le cas de la crise de la « vache folle » et dans le cas de variations importantes des prix. Nous conclurons en mettant en parallèle la notion de flexibilité relationnelle avec celle de capacité de négociation (Chia, 1992).

La flexibilité relationnelle
entre action individuelle et collective

Je propose de définir la flexibilité relationnelle d'une exploitation comme la capacité des acteurs qui la pilotent à mobiliser des ressources extérieures à travers des alliances durables, des coopérations, la participation à un club ou à un réseau, en un mot leur capacité à développer des actions collectives afin de dépasser les limites de l'action individuelle. Ce type de flexibilité, comme nous allons le voir, nous paraît constituer un élément essentiel de la stratégie à l'œuvre dans le monde de l'élevage. La flexibilité relationnelle est proche de la flexibilité dynamique proactive et de la flexibilité stratégique. De plus, elle ne dépend pas seulement de la volonté d'une entreprise mais d'un ensemble d'entreprises. Il s'agit donc d'adhérer ou de participer à l'élaboration d'un projet commun qui permet à chaque entreprise de respecter ses objectifs ou de valoriser ses structures (adaptation flexible téléologique et téléonomique) ; la flexibilité relationnelle exige des éleveurs qu'ils s'engagent dans la durée.

Si la flexibilité des exploitations agricoles n'est pas une chose nouvelle, sa nature a profondément évolué (Cohendet et Llerena, 1999 ; Everaere, 1997). En effet, jusque dans les années 95, elle a été un facteur de concurrence et de compétitivité. Il s'agissait principalement d'une flexibilité de processus et d'une flexibilité interne. C'est aussi le cas pour des petites et moyennes entreprises dans le secteur agro-alimentaire (Lecomte *et al.,* 1996). Aujourd'hui, la flexibilité est devenue un facteur de survie des exploitations agricoles. Cette flexibilité est devenue relationnelle, c'est-à-dire qu'elle s'appuie sur des actions au sein de collectivités (groupements de producteurs, coopératives, réseaux, Cuma…). Aujourd'hui dans le secteur agricole, il ne s'agit plus pour les éleveurs de produire mais de vendre. Or plus de 80 % de la viande consommée est commercialisée par les GMS qui sont devenues des interlocuteurs incontournables des éleveurs. La commercialisation renvoie de plus en plus à des négociations portant non seulement sur le prix et le type de produit mais aussi sur la capacité à respecter des cahiers des charges (dates de livraison, type de produit et surtout les pratiques de production). C'est donc à travers l'action collective, dans le cadre de groupements et d'associations de producteurs essentiellement, que les éleveurs exercent actuellement leur capacité de négociation et développent ce que nous appelons la flexibilité relationnelle.

La flexibilité renvoie à la question de l'adaptation dans le temps et également à la question de la capacité de réaction. Ainsi, explorer la flexibilité consiste à identifier les fonctions qui permettent à l'entreprise d'en développer les propriétés. D'après Reix (1997), la recherche de flexibilité peut être assimilée à la recherche du maintien d'une cohérence dans la conduite de l'entreprise (maintien de ses objectifs et de sa forme organisationnelle) par rapport à l'environnement qu'elle doit affronter. L'idée est qu'un décideur peut à tout moment adapter le fonctionnement, la structure de son entreprise à l'évolution de l'environnement, et atteindre ainsi ses objectifs mais également être capable de les modifier le cas échéant.

Dans le chapitre 1, quatre principaux types de flexibilité ont été identifiés (statique, dynamique, stratégique et opérationnelle) et chacun est relié à des actions individuelles de l'entreprise. Les actions collectives en dehors de l'entreprise n'ont pas été étudiées ou analysées comme source de flexibilité. Pasin et Tchokogué (2001) montrent que les entreprises de transports, pour faire face aux évolutions de la demande de déménagement, achètent les services d'autres entreprises. Dans ce cas, il ne s'agit pas d'une flexibilité relationnelle car, même si les entreprises peuvent mobiliser un réseau, elles ne participent pas à une action collective (coopérative, club, etc.)

À la différence de chercheurs qui essaient de mesurer (quantifier) la flexibilité à partir d'un ensemble ou d'un seul indicateur, nous essayons de comprendre les pratiques et les processus à l'œuvre. Un agriculteur développe de la flexibilité lorsque de nouvelles pratiques (ou des nouvelles combinaisons) techniques, financières, organisationnelles, relationnelles sont mises en œuvre pour faire face à des imprévus ou à des modifications de l'environnement venant mettre en cause une trajectoire prévue, et pour anticiper des évolutions.

Économie de la variété et des formes de flexibilité relationnelle

Selon Salais et Storper (1993), il existe, pour tous les acteurs, une pluralité de mondes possibles dans lesquels une action économique pertinente peut être engagée. De cette pluralité des mondes possibles découle la diversité des produits qui arrivent à réalisation. Et à chaque monde correspond un type de flexibilité. Les pratiques des entreprises vont consister à ajuster la qualité à la demande (en particulier lorsqu'il s'agit de produits dédiés), il faudrait donc suivre (ou devancer) la demande. La mise en place de systèmes capables de produire différentes qualités et d'avoir différentes stratégies de valorisation peut relever d'initiatives individuelles, mais elles sont généralement collectives dans le cas des éleveurs

Le secteur de la viande bovine est emblématique de l'incertitude et du développement des contrats de production au travers notamment de la multiplication des signes de qualité (labels, certificat de conformité de produit, CCP). La crise de l'encéphalopathie spongiforme bovine (ESB ou maladie de la vache folle) a fonctionné comme un révélateur de la variabilité des degrés de flexibilité et des capacités d'adaptation des systèmes de production existant dans le secteur de l'élevage bovin allaitant (Lemery *et al.,* 2000).

Nous avons réalisé une enquête auprès des éleveurs de la région Bourgogne, entre 1998 et 2000, sur les modalités de commercialisation des animaux. Nous avons fait l'hypothèse que la connaissance de la stratégie de commercialisation nous permettrait de comprendre les réactions des éleveurs au regard des difficultés de la filière, et leur manière de réagir (Lemery *et al.,* 2000). Nous avons constaté une grande diversité de pratiques de vente et un souci de diversification des circuits. Parmi les éleveurs rencontrés, 13 étaient adhérents à des groupements de producteurs et 10 avaient recours à des marchands de bestiaux, passant occasionnellement par des groupements mais sans en être adhérents. La plupart des éleveurs développe une stratégie de valorisation des produits, soit par contact direct avec un boucher, soit en s'inscrivant dans des filières de qualité certifiée. Ces éleveurs mobilisent deux sources de la flexibilité relationnelle, à savoir : les réseaux et la coopération (Chia et Torre, 1999).

Cependant la flexibilité a un coût (chapitre 1) et nous avons noté, au moment de la crise de l'ESB, que les éleveurs qui commercialisaient par l'intermédiaire des groupements de producteurs ou d'organismes collectifs avaient plus de difficultés à vendre leurs produits, du fait des délais d'attente importants qu'ils ont subis avant que le marché reprenne. Les éleveurs qui ne passaient pas par ces intermédiaires, ou qui ne leur livraient pas la totalité de leurs animaux, en combinant ainsi réseau et coopération, ne se sont pas trouvés confrontés à de telles difficultés.

L'acquisition de flexibilité relationnelle suppose des changements non seulement à l'extérieur mais aussi à l'intérieur même des exploitations agricoles. Ainsi, les éleveurs qui, à l'occasion des crises ou des changements importants, pratiquent ou développent la vente sur les foires et à des marchands ont, d'une part, adapté les caractéristiques de leurs animaux à ces différents marchés (via les systèmes d'alimentation, etc.) et, d'autre part, cherché de nouveaux circuits de commercialisation (vente directe, etc.), démarche qui leur impose au moins de modifier l'organisation du travail. Ce type de vente au détail trouve rapidement ses limites car le marché est réduit en quantité et en type d'animaux ; donc le nombre d'éleveurs potentiellement concernés est également limité. Par conséquent, la commercialisation via les coopératives ou les groupements devient une pratique dominante.

À leur tour, les groupements en mal de valorisation s'engagent dans des démarches collectives de traçabilité et de qualité pour assurer des débouchés aux éleveurs. Ces derniers adhèrent aux groupements mais ils adoptent également une stratégie de valorisation de leurs animaux en diversifiant leurs circuits de commercialisation : c'est le constat de l'opportunisme des agents économiques.

Action collective, signes de qualité : un engagement nécessaire mais difficile

La mise en place d'une stratégie de traçabilité et de labellisation des produits a été une des réponses collectives à la crise de confiance qui a suivi la crise de la vache folle. Les labels placent les producteurs face à un dilemme dont ils ne voient pas très bien comment sortir car, *« si l'on continue à produire une viande de masse, la viande sous label restera un produit de luxe… les labels sont voués à l'échec, car le marché est trop petit »*. La mise en œuvre des labels pose enfin un problème délicat de partage de la plus-value – les éleveurs considérant qu'une partie trop importante de la différence de prix qu'ils génèrent est accaparée par les GMS –, ou de partage des charges nécessaires. Par ailleurs, la démarche collective implique une commercialisation via les groupements et les associations d'éleveurs.

Quant à la traçabilité, elle est surtout appréhendée comme un mal nécessaire. Les éleveurs estiment que la traçabilité est un bon moyen pour redonner confiance aux consommateurs. Cependant, ils jugent que celle-ci n'est pas complète et que tout le monde ne joue pas le jeu de la même façon : *« pour que la traçabilité marche il faut que les abattoirs et les GMS fassent un effort ; chez nous (dans les exploitations) la traçabilité est assurée, vous pouvez suivre l'animal, savoir le type d'aliment, les soins, etc., mais elle se perd dans l'abattoir et encore plus dans les GMS »*. Ceci pose le problème de l'organisation de l'action collective. Ainsi dans la pratique, un certain partage semble s'être opéré entre les GMS qui commercialisent plutôt sous leurs propres marques (les certificats de conformité de produits par exemple), et les bouchers qui commercialisent plutôt les labels Rouge.

Action collective, produits de masse :
la flexibilité relationnelle de type coopératif

Les groupements, partenaires privilégiés des GMS, apparaissent ainsi spécialisés dans l'écoulement de produits de masse avec un certain standard de production. Cette situation se caractérise par des produits standards dédiés autorisant des économies d'échelle (Salais et Storper, 1993). L'évaluation de la qualité correspond à un standard particulier à chaque situation et qui est défini par l'acheteur. Ce dernier peut à tout moment mettre en concurrence plusieurs fournisseurs, la principale variable de la concurrence reste le prix.

Au total, il existe donc une relation étroite entre types de produits et modes de commercialisation. Les groupements gèrent la production de masse – ils occupent notamment une place importante dans la commercialisation d'animaux maigres vers l'Italie et de génisses vers l'Espagne – et les produits difficiles à valoriser. Les marchands achètent plutôt la production de génisses, les bonnes vaches de réforme et les bœufs (produits dédiés). Les bouchers vendent les bœufs, les génisses de bonne qualité ainsi que les vaches de réforme (produits dédiés domestiques, correspondant à un marché plutôt réduit).

Les groupements facilitent le travail de commercialisation des éleveurs (temps de négociation, de préparation, de transport…) et diminuent les coûts de transaction avec des marchands privés (maquignons), qui dans certains cas sont importants (non-paiement des animaux par exemple). Par ailleurs, certains groupements offrent un appui technique voire même des crédits de campagne à leurs adhérents. Il y a aussi un facteur personnel : l'éleveur intègre ou non la vente dans la conception de son métier.

Opportunisme des agents économiques :
la flexibilité relationnelle de type réseau

L'apport total aux groupements n'existe pas dans la réalité : rares sont en tout cas les éleveurs qui commercialisent 100 % de leur production par leur intermédiaire – c'est le principe d'opportunisme des acteurs économiques, souligné par différentes théories économiques. Le groupement représente essentiellement une sécurité pour l'écoulement des animaux et pour le paiement, mais il pratique des prix inférieurs à ceux des marchands et des bouchers. Les éleveurs, cherchant à la fois la sécurité et la plus-value, vont commercialiser par l'intermédiaire des groupements la production de masse (taurillons) et la plus difficile à valoriser (vaches de réforme et génisses maigres). Cette attitude ne semble pas être propre à notre échantillon car, sur le plan national, la règle de l'apport total est la moins suivie : en moyenne, moins de la moitié des adhérents sont en apport total, mais ils représentent 70 % des volumes apportés (d'après un audit du fonctionnement des coopératives et groupements des producteurs du secteur bétail et viande, 1998). Cela s'explique d'abord par la diversité des produits et des marchés et donc par les inégalités d'intérêt et de compétence d'un groupement sur ces différents créneaux de vente.

Le prix de vente (1998-1999) des génisses commercialisées directement auprès de chevillards est supérieur au prix de vente au groupement (3,81 € pour 3,04 €, à poids équivalent). Les génisses destinées à la vente directe auprès des bouchers sont plus lourdes (+ 100 kg) et sont valorisées à 6,09 €/kg, soit le double de ce que l'on observe pour les autres modes de commercialisation. Le phénomène est identique en ce qui concerne les vaches grasses.

Les produits de qualité spécifique – jeunes vaches de réforme grasses, génisses grasses de qualité (viande actuellement recherchée) et bœufs – sont commercialisés par l'intermédiaire des marchands et des bouchers. Les éleveurs adaptent dans ce cas leurs produits à la demande spécifique de l'acheteur. Il s'agit du « monde interpersonnel » décrit par Salais et Storper (1993). Chaque produit est spécialisé, dédié et unique ; l'incertitude sur la qualité est à priori aiguë. Le prix est le seul critère extérieur aux échanges entre les individus. La confiance est ici le moteur de la coordination. La stabilisation des relations et les règles qui vont les organiser sont le produit d'effets d'apprentissage. La qualité est « coconstruite » entre les différents acteurs (éleveurs, maquignons, bouchers...) et déterminée *ex-post* en fonction des filières de production et de commercialisation. Elle valorise le savoir-faire des éleveurs (pour produire les animaux) et celui des bouchers (production de la viande et commercialisation).

Une forme de flexibilité relationnelle : la pratique de *capitalización* des éleveurs argentins

En Argentine, lors des crises économiques graves (chute des prix des animaux, pertes économiques dans d'autres activités) ou dans le cas de projets d'investissements importants, certains éleveurs ne peuvent garder leur exploitation qu'en vendant leur troupeau. Ils louent leurs terres à d'autres éleveurs qui sont, eux, en phase de capitalisation ou de recomposition de leur troupeau au-delà des possibilités de leur exploitation. Ce système informel, dit de *« capitalización »*, permet aux éleveurs en difficulté de poursuivre l'exercice de leur métier, puisqu'ils doivent surveiller et gérer un troupeau et des prairies. Ce système leur permet aussi de recomposer leur troupeau. La rémunération de cette formule de mise en pension dépend de la productivité du troupeau. En règle générale, elle consiste à garder un veau sur deux et à recevoir un pourcentage (variable) du poids de sortie des animaux adultes. Ce système est à bénéfice réciproque (gagnant-gagnant) : il permet à l'éleveur en *capitalización* d'augmenter son troupeau sans s'endetter par l'achat d'animaux ou sans augmenter les frais de location des terres et de main-d'œuvre et à celui en *decapitalización* de continuer à posséder les terres et de reconstituer petit à petit son propre cheptel. Après quelques années et des conditions économiques favorables, l'éleveur en *decapitalización* peut redevenir à son tour éleveur en *capitalización*.

Le système informel de mise en pension, que nous identifions comme une forme de flexibilité relationnelle, favorise une flexibilité stratégique (chapitre 1) des systèmes d'exploitation en permettant de maintenir dans le métier des éleveurs qui font face à des ruptures fortes dans leurs activités. La source de cette flexibilité est externe – les réseaux des éleveurs –, et met en jeu l'environnement de l'exploitation et la capacité de l'éleveur à réaliser des alliances durables avec d'autres éleveurs. Cette situation est aussi caractéristique d'une flexibilité stratégique proactive au sens où les producteurs vont modifier la structure de production et les objectifs assignés à l'élevage, au moins pendant une certaine période, afin de valoriser leur savoir-faire et leur capital foncier.

Conclusion

L'action collective est de plus en plus présente dans la filière bovine : en amont de la production avec la gestion des signes de qualité et de la traçabilité des produits carnés ; en aval avec la commercialisation des produits. Il ne s'agit pas seulement d'alliances d'un jour mais bien de projets collectifs à long terme.

Le fait que les éleveurs puissent, malgré leur opportunisme, livrer leurs animaux en fonction de la finition (type et qualité), de leurs besoins financiers ou des besoins des groupements, sans augmenter les coûts de transaction est de toute évidence une source de flexibilité car elle leur permet de valoriser leur système de production, de conserver leurs objectifs, de faire face aux perturbations de l'environnement et de garder la cohérence du fonctionnement de leur exploitation. Donc, la flexibilité des exploitations sera d'autant plus importante que les éleveurs pourront combiner les différentes formes de flexibilités internes (opérationnelle, stratégique, dynamique, proactive...) avec la flexibilité relationnelle. Cette capacité s'appuie sur ce que nous avons défini comme la capacité de négociation des agriculteurs (Chia, 1992).

L'analyse de la flexibilité relationnelle – en mettant l'accent sur une meilleure compréhension des choix des agriculteurs pour telle ou telle forme d'organisation collective – nous questionne sur la pertinence des outils et des concepts disponibles pour l'analyse de l'exploitation agricole. Nous devrions poursuivre des analyses sur la flexibilité relationnelle dans les autres secteurs de l'agriculture (céréaliculture, viticulture...) afin non seulement de préciser cette forme de flexibilité, mais également de dégager des clefs d'interprétation des échecs de certaines formes d'organisation qui n'étaient pas, de fait, une source de flexibilité pour les exploitations.

Références bibliographiques

ALCARAS J.R., LAROUX F., 1999. Planifier, c'est s'adapter. *Économies et Sociétés,* Série Sciences de Gestion, 26-27 : 6-7. p. 7-37.

CHIA E., 1992. La recherche-clinique : proposition méthodologique dans l'analyse des pratiques économiques des agriculteurs (étude de cas en Lorraine). Inra, *Études et recherches sur les systèmes agraires et le développement,* 26 : 39 p.

CHIA E., 2001. Introduction au concept de flexibilité. Séminaire Trapeur. Inra-Sad, 19 p.

CHIA E., Torre A., 1999. Règles et confiance dans un système localisé. Le cas de la production de Comté AOC. *Sciences de la Société,* 48 : p. 49-68.

COHENDET P., LLERENA P., 1999. Flexibilité et modes d'organisation. *Revue française de gestion,* mars-avril-mai, p. 72-79.

EVERAERE Ch., 1997. *Management de la flexibilité.* Paris. Édition Economica, 203 p.

LECOMTE C., MAROLDA A., THIEL D., 1996. La flexibilité industrielle dans la production et la logistique alimentaires : quelques réflexions. *Ind. Alim. Agr.,* octobre, p. 763-769.

LEMERY B., CHIA E., DEGRANGE B., 2000. Étude sur les conditions de redéfinition du métier d'éleveur et de ses formes de coordination avec les différents acteurs de la filière viande bovine en Bourgogne. Rapport final, Inra-Sad, Dijon, 28 p.

PASIN F., TCHOKOGUÉ A., 2001. La flexibilité multiforme des entreprises de transport. *Revue française de gestion*, janvier-février, 23-31 p.

REIX R., 1997. Flexibilité. [article 70] *In* Encyclopédie de Gestion. Édition Economica, Paris, France.

SALAIS R., STORPER M., 1993. *Les mondes de production. Enquête sur l'identité économique de la France.* Éditions de l'École des Hautes Études en Sciences Sociales, Paris. 467 p.

Chapitre 9

La flexibilité des élevages allaitants face aux aléas de production et aux incertitudes de la filière

Bruno LÉMERY, Stéphane INGRAND, Benoît DEDIEU, Béatrice DEGRANGE

La modernisation de l'agriculture lancée dans l'Après-guerre a abouti à la constitution d'un secteur d'activité spécialisé dans la production de matières premières alimentaires[1]. Depuis les années 80, ce secteur rencontre une série de blocages dans ses mécanismes internes de développement et il est confronté à de nouvelles demandes sociales. Il se voit ainsi invité à un effort particulier d'adaptation. Les mots d'ordre par lesquels se traduit cette invitation (compétitivité sur des marchés de plus en plus ouverts, qualité et traçabilité, multifonctionnalité, durabilité, territoire…) ne font, cependant, qu'indiquer une direction générale. La compatibilité de tous ces mots d'ordre est loin d'être évidente et nul ne sait encore ce que seront à l'avenir les contours exacts de l'activité agricole.

Dans ces conditions, étudier les évolutions de l'agriculture exige de prêter attention, non pas seulement à ce qui change dans son environnement, mais aussi à l'activité propre de ceux qui y exercent et qui font face aux événements perturbant aujourd'hui cet exercice (Lémery, 2003). C'est sur ces bases que nous avons donc conçu une recherche, destinée à comprendre ce qui – du point de vue des éleveurs eux-mêmes – est mis en jeu par les transformations de l'activité d'élevage. Nous nous sommes plus particulièrement intéressé pour cela à ce qui pouvait conditionner la flexibilité des exploitations, c'est-à-dire la capacité des producteurs à saisir des opportunités et à résister aux aléas, moyennant certaines combinaisons d'activités, de systèmes techniques de production et de pratiques économiques et sociales établies en fonction de certaines façons de penser l'élevage et ses évolutions nécessaires.

---

[1] Ce chapitre s'inspire de l'article Lémery *et al.* (2005).

Cette recherche a été menée par une équipe de zootechniciens, d'économistes et de sociologues[2], entre les années 2001 et 2004. Elle a été réalisée sur des exploitations d'élevage bovin allaitant du département de Saône-et-Loire, en Bourgogne. Pour en rendre compte, nous présentons, dans un premier temps, le cadre général et la démarche adoptée ; nous exposons, ensuite, les résultats principaux, puis nous indiquerons les enseignements que nous en tirons quant à la compréhension de « ce que changer veut dire » aujourd'hui pour les éleveurs.

Raisonnements et pratiques des éleveurs de bovins allaitants dans un contexte d'incertitude

Dans le domaine des sciences de gestion, le concept de flexibilité (Chapitre 1 ; Cohendet et Llerena, 1999 ; Tarondeau, 1999) renvoie, d'une part, aux capacités à faire évoluer la structure et les projets d'une entreprise pour répondre aux évolutions de l'environnement (flexibilité stratégique) et, d'autre part, aux capacités à ajuster les compétences ou à modifier les méthodes pour répondre aux variations non anticipées des *inputs* en provenance de l'extérieur (flexibilité opérationnelle), tout en maintenant une cohérence dans la conduite de l'entreprise par rapport à l'environnement qu'elle doit affronter (Reix, 1997). Ce concept apparaît donc bien approprié pour saisir ce qu'implique pour les agriculteurs de faire face au contexte actuel de la production, l'idée principale étant que leur réponse à des aléas et leur capacité à faire évoluer leur exploitation dépend d'une diversité de facteurs matériels et immatériels, comme les configurations des systèmes techniques, les structures, les projets et les finalités de l'entreprise (Alcaras et Lacroux, 1999).

Sur ces bases, l'usage que nous avons fait du concept de flexibilité a reposé sur trois types de considérations.

• Plusieurs échelles de temps devaient être associées dans l'analyse : la dimension stratégique renvoyant au « temps long » des trajectoires d'évolution des exploitations, et aux conceptions qu'ont les agriculteurs de la nécessité et des voies les plus appropriées du changement, la dimension opérationnelle supposant de prendre en compte le « temps rond » de la campagne agricole.

• Il nous fallait nous donner les moyens d'explorer les différentes sources possibles de la flexibilité, ce qui impliquait de mobiliser des disciplines relevant à la fois des sciences techniques et des sciences sociales.

• Il convenait de bien prendre en compte le fait que, dès lors que l'on raisonne en termes de flexibilité (et non de pure adaptation), la déformation d'un système suppose aussi la conservation d'une certaine identité de ce système : s'il y a transformation, il y a également des invariants à préserver (chapitre 11, p. 181), la flexibilité reposant sur la gestion d'une tension entre ces deux dimensions (Périlleux, 2001).

---

[2] Outre les auteurs de ce texte, ont participé à ce travail Jacques Brossier, Hélène Bardey, Pierre Pasdermadjian (Inra-Sad, Listo) et Marion Séréna (Inra-Sad, Clermont-Ferrand, France).

Compte tenu de ces attendus, nous avons organisé nos investigations autour de trois objectifs :
– qualifier la diversité des rapports que les éleveurs entretiennent avec les exigences d'adaptation qui leur sont adressées, selon la façon dont ils y sont exposés et dont ils peuvent les interpréter ;
– analyser comment ces rapports se traduisent dans la conduite effective de l'activité d'élevage en cherchant à appréhender la manière dont les éleveurs s'y prennent concrètement pour procéder à des réagencements ou à des changements de pratiques ;
– examiner ce que ces changements révèlent quant à la nature des problèmes rencontrés par les éleveurs et quant aux leviers qu'ils mobilisent dans le traitement de ces problèmes.

Pour atteindre ces objectifs, notre recherche impliquait de satisfaire deux conditions : couvrir autant que possible la diversité des situations des éleveurs au regard de l'adaptation attendue de leur part au nouveau contexte de production qui est le leur ; accéder à une description précise des pratiques qu'ils mettent en œuvre à cette fin. Notre dispositif d'étude a ainsi reposé sur une série d'enquêtes thématiques menées auprès d'une quinzaine d'exploitations du département de Saône-et-Loire.

Le choix de ces exploitations (tableau 1) a été effectué avec les partenaires professionnels mobilisés pour notre projet (les trois groupements de producteurs intervenant sur ce département, l'Association des éleveurs de Saône-et-Loire et la Chambre d'agriculture), en fonction de deux critères principaux :
– naisseur, opposé à naisseur-engraisseur, pour prendre en compte la diversité des systèmes de production présents sur notre zone d'étude ;
– appartenance à un groupement, opposé à appartenance à l'Association des éleveurs de Saône-et-Loire, pour prendre en compte la diversité des positions des éleveurs dans le débat – assez marqué dans le monde de l'élevage bovin allaitant charolais – entre commerce organisé et commerce libre (Dégrange, 2001).

Les enquêtes réalisées sur cet échantillon ont consisté en cinq entretiens, d'une durée de deux à trois heures chacun, conçus de manière à pouvoir réaliser une analyse à la fois sur le long terme (pluriannuelle) et sur le court terme (une campagne annuelle).

Une approche pluriannuelle

Deux types d'enquêtes ont été effectués à ce niveau. Un premier entretien a été conduit pour rassembler les informations nécessaires à la caractérisation globale des exploitations. Il nous a aussi servi à préciser, à partir d'un relevé et d'une première analyse des changements opérés par les exploitants depuis leur installation, les points à approfondir dans nos enquêtes ultérieures pour apprécier, dans chacune des approches disciplinaires mobilisées dans notre étude, comment la notion de flexibilité pouvait se manifester et quels pouvaient en être les déterminants. Un second passage nous a permis de collecter les informations nécessaires pour une analyse sociologique de l'action professionnelle des éleveurs visant à appréhender les processus délibératifs en jeu dans la transformation des normes d'exercice de leur métier (Conein et Jacopin, 1994). Nous nous sommes intéressés à la manière dont le système de relations des éleveurs et, notamment, la composition de leurs réseaux de dialogue professionnel pouvait conditionner leur rapport au changement (Darré, 1996). Nous nous sommes

Tableau 1. Caractéristiques des élevages enquêtés.

Exploitation agricole	Date d'installation	Surface agricole utile (ha)	Surface en cultures (ha)	Vêlages (nb/an)	Chargement (UGB/ha de surface fourragère principale)	Orientation : naisseur (N), engraisseur (E)	Structure commerciale pour la vente des animaux (2)	PCB (3)
1	1986	101	15	66	1,2	N	GP	2
2	1990	180	12	180	1,7	N	GP	3
3	1985	113	25	49	1,02	N	GP	2
4	1984	210	21	145	1,4	N	AE71	3
5	1996	101	3	62	1,2	N	GP	2
6	1976	125	0	74	1,2	NE	GP	2
7	1988	75	11	60	1,9	NE	GP	1
8	1978	73	11	53	2,2	NE	GP	2
9 (1)	1984	170	25	145	1,92	NE	GP	–
10	1980	82	9	67	1,75	NE	AE71	2
11	1980	206	111	87	1,4	N	AE71	1
12	1995	125	25	84	1,7	NE	AE71	2
13	1997	80	0	59	1,4	N	AE71	1
14	1997	120	4	40	1,3	N	AE71	1
15	1995	188	38	110	1,3	N	GP	2

1. L'éleveur 9 s'est retiré du dispositif après la première enquête.
2. GP, groupement de producteurs ; AE71, Association d'éleveurs de Saône-et-Loire
3. PCB, personnes dans la cellule de base, c'est-à-dire tirant un revenu du travail dans l'exploitation, hors salariés.

attachés à comprendre, ensuite, comment ce rapport pouvait être modulé par la trajectoire des éleveurs, c'est-à-dire à la façon dont ils procèdent pour intégrer les modifications de pratiques qu'ils sont amenés à effectuer dans la continuité d'une expérience professionnelle (Dubar, 1991).

Une approche à l'échelle d'une campagne annuelle

Trois enquêtes ont été réalisées sur ce plan. La première a été consacrée au recueil des informations nécessaires pour une analyse de l'organisation technique de l'activité d'élevage, c'est-à-dire de l'ensemble des décisions qui permettent de renouveler le troupeau (nombre et composition) et de le faire produire (volume de production, types de produits et répartition dans le temps). Cette approche s'inscrivait dans le courant des recherches agronomiques menées sur les pratiques des agriculteurs (Landais et Deffontaines, 1988). Notre ambition étant de travailler sur l'ensemble des techniques mises en jeu dans les transformations actuelles de l'élevage, nous n'avons pas privilégié une entrée à priori (alimentation, reproduction, réforme...) ou une saison de l'année (par exemple le pâturage de printemps). Nous avons plutôt cherché à mener une analyse en termes de combinaisons ou de systèmes de pratiques (Cristofini *et al.*, 1978) et d'enchaînements de décisions dans un calendrier (Sébillotte et Soler, 1990). Faisant l'hypothèse que toute préconisation ou toute intention de changement met en cause l'organisation de la conduite du troupeau (alimentation, reproduction, allotement), nous avons relevé les changements que celle-ci avait pu connaître au cours de l'histoire de l'exploitation afin de caractériser les raisons et les modalités de ces changements et d'en évaluer les conséquences sur la cohérence et les marges de manœuvre du système technique. Cette analyse technique a été combinée à une analyse des pratiques économiques et commerciales (Chia, 1987), recueillies lors d'un entretien spécifique. Il s'agissait de mettre en évidence les variables permettant d'apprécier le potentiel d'adaptation de l'éleveur à l'évolution de la demande du marché (en particulier la production d'animaux conformes à des cahiers des charges de filières sous signes officiels de qualité). Il s'agissait aussi de se faire une idée des moyens utilisés par les éleveurs pour rendre leur système de production plus réactif aux variations de cette demande. Le dernier entretien, également ciblé sur une campagne annuelle, a été mené de manière à collecter les informations sur l'organisation du travail et les marges de manœuvre en temps dont disposent les éleveurs, compte tenu des structures, des choix techniques de production, des équipements et de la configuration du collectif de travail (Dedieu *et al.*, 1998). Pour appréhender ces marges de manœuvre, nous avons utilisé l'indicateur du temps disponible calculé annuel (TDC) du bilan-travail (Dedieu *et al.*, 2000). Cet indicateur permet d'apprécier le temps qu'il reste à la cellule de base (personnes tirant un revenu du travail dans l'exploitation, hors salariés), une fois effectuée sa part de travail d'« astreinte » et de « saison » et une fois rendue l'entraide d'autres agriculteurs, pour effectuer des tâches interstitielles non comptabilisées et disposer de temps libre. L'analyse a ainsi porté sur la comparaison des valeurs du temps disponible calculé annuel aux modalités de sa construction : dans le temps avec des profils d'évolution par quinzaine calendaire ; en référence aux deux grands ensembles de tâches agricoles (travaux d'astreinte quotidien, travaux de saison différables) et à l'importance de la délégation du travail.

Les comportements des éleveurs dans un contexte d'incertitude : des logiques différentes

Le traitement de l'ensemble des informations collectées a d'abord consisté à qualifier le rapport au changement des éleveurs, à partir des données issues de l'enquête sociologique. Nous avons mis en relation les différents rapports au changement ainsi identifiés avec le fonctionnement effectif des exploitations. Ce deuxième traitement nous a conduits à dégager quatre types de réponse des éleveurs à la nécessité de s'adapter tout en maintenant la cohérence de leur projet de production. Pour chacun de ces groupes, nous avons cherché à qualifier les déterminants fonctionnels de la flexibilité à l'aide d'une analyse multivariée sur la base des paramètres de la conduite technique, économique, commerciale et de l'organisation du travail.

Rapport au changement des éleveurs : deux styles contrastés

L'analyse du rapport au changement des éleveurs a été effectuée en combinant différents registres d'interprétation de leur discours. Nous avons d'abord relevé l'ensemble des énoncés dans lesquels ils formulaient un jugement sur les évolutions auxquelles ils étaient confrontés ou dans lesquels ils expliquaient comment ils essayaient de répondre à ces évolutions. Nous avons ensuite caractérisé les cadres spatio-temporels associés aux situations de changement décrites par les éleveurs, en examinant les moments (choisis ou subis) correspondants et l'étendue des problèmes que ces situations impliquaient selon eux de prendre en compte. Nous nous sommes enfin intéressé aux procédures mises en œuvre par les éleveurs pour changer. Cette démarche nous a permis de mettre en évidence deux styles de rapport au changement assez contrastés : « agir sur », « faire avec ».

« Agir sur » (groupe 1, éleveurs 1, 2, 4, 7, 8, 10, 12, 15)

Pour les huit éleveurs concernés, changer est associé à l'idée d'examiner un problème sous toutes ses facettes avant de prendre une décision à laquelle il faut ensuite rester fidèle. Il ne faut surtout pas changer d'optique au gré des aléas et, à fortiori, en temps de crise : il est important de se donner des objectifs clairs, de se fixer une ligne de conduite et de la tenir jusqu'au bout, envers et contre tout. Ces éleveurs se réfèrent à certaines normes à priori, explicitement formulées et revendiquées, quant à ce que doit être l'élevage (un élevage moderne, professionnel). Le passage à l'élevage pour l'engraissement constitue le principal changement qu'ils ont opéré, à un moment présenté comme clé dans leur histoire (installation, changement dans le collectif de travail, reconstitution du cheptel…). Leur discours valorise cette option du fait de la régularité et de la maîtrise de la production qu'elle permet. L'avenir de la profession (notion importante dans la justification qu'ils donnent de leur comportement) tient, selon eux, à sa capacité à s'affirmer collectivement face aux autres maillons de la filière.

« Faire avec » (groupe 2, éleveurs 3, 5, 6, 11, 13, 14)

Pour ces six éleveurs, le changement (notion qu'ils relativisent fortement) est associé à l'idée de « faire de petits essais, pour voir » et à une évolution en continu pour s'adapter à la conjoncture. L'essentiel est de faire en sorte de ne pas se retrouver « coincé » dans des situations irréversibles. Il s'agit donc d'essayer des choses qui pourraient marcher, tout en se donnant la possibilité de revenir en arrière. Les exemples de changements effectués sont beaucoup plus variés que dans le premier cas. Ils portent sur la construction de bâtiments, le développement du recours à l'insémination artificielle, l'arrêt ou la reprise de certaines cultures et sont souvent associés à ce qui est présenté comme des contraintes : mise aux normes des bâtiments, climat, nature des sols… L'avenir de leur exploitation, davantage que celui de la profession, constitue la toile de fond de leur discours.

Fonctionnement des exploitations et organisation du travail

L'analyse du fonctionnement des exploitations a été réalisée en reconstituant leur trajectoire depuis l'installation et en recoupant les points de vue techniques, économiques et celui du travail. Des profils de pratiques ont d'abord été obtenus en décomposant les pratiques techniques et gestionnaires au regard de différentes variables jugées conditionner les possibilités d'adaptation des éleveurs (tableau 2) – les liens entre les valeurs de ces variables et leur pertinence en termes de réponse aux aléas et incertitudes ayant été discutés avec les partenaires du projet. Une analyse factorielle des correspondances (figure 1) a ainsi permis de mettre en évidence quatre pôles principaux de différenciation du fonctionnement des exploitations (P1 à P4), selon l'ouverture ou non de compte courant, le type de recours à l'épargne, la présence ou non de revenus extérieurs, le

Tableau 2. Variables retenues pour décrire des profils des pratiques techniques et gestionnaires des éleveurs.

Nom de la variable	Rôle dans la détermination du profil	Occurrence – Seuils retenus	
Revenus extérieurs	supplémentaire	non	oui
Recours à l'épargne	active	non	oui
Surface exploitée (ha)	supplémentaire	< = 122	> = 160
Contrainte bâtiments	active	contrainte	pas contrainte
Structure commerciale	supplémentaire	Groupement	Association
Diversification des acheteurs	active	1 ou 2	> = 3
Profil de vente (nb catégories vendues)	active	< = 4	> = 5
Finition (nb têtes engraissées)	active	< = 33	> 33
Nb animaux vendus filières qualité	supplémentaire	< 10	> 10
Chargement technique (UGB/ha SFP)	active	> = 1,7	< = 1,4
Saison moyenne des vêlages	active	< 1 janvier	> 1 janvier
Reproduction artificielle (IA)	supplémentaire	oui	non
Nb de fourrages grossiers en hiver	supplémentaire	1 ou 2	> = 3
Nb de mois de ventes d'animaux)	active	< = 6 mois	> 6 mois

nombre d'acheteurs, le nombre de catégories d'animaux vendus, le degré de finition des animaux avant la vente et l'importance des ventes en filières de qualité, le niveau de chargement, la répartition des vêlages et la taille de l'exploitation.

Du point de vue du travail, les exploitations de notre échantillon s'inscrivent dans une logique d'efficacité de la mobilisation de la ressource en main-d'œuvre. Le

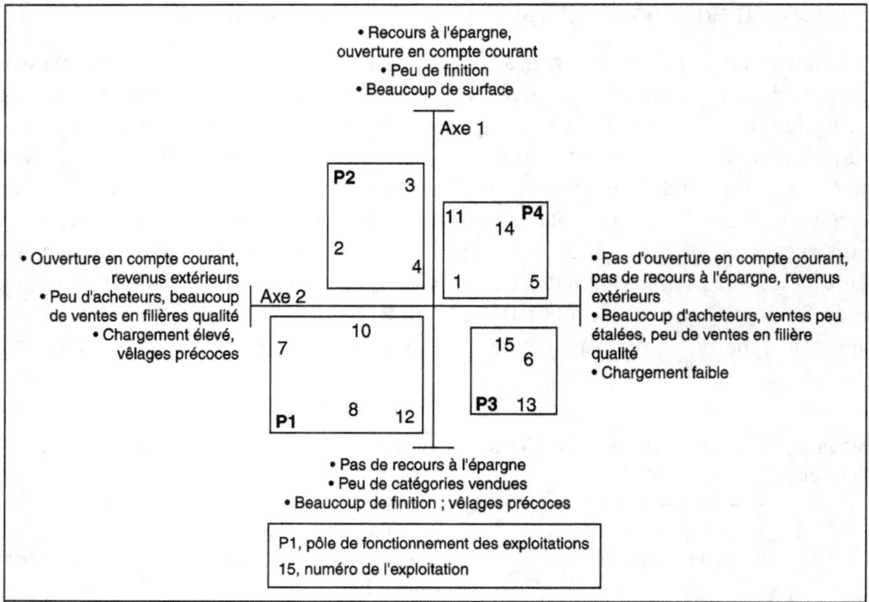

Figure 1. Profils de pratiques issus d'une AFC (Analyse factorielle de correspondance) réalisée à partir de variables caractérisant la conduite technique, économique, commerciale et la structure des 14 élevages de l'échantillon (n° 1 à 15, sauf 9).

L'analyse factorielle des liens entre les modalités des variables fait ressortir deux axes de discrimination pour le fonctionnement et la structure des élevages.

L'axe 1 est construit par une combinaison d'un grand nombre de modalités de variables. Il oppose, respectivement à gauche et à droite de la figure :

– des structures contraintes en surface, ayant intensifié la production (chargement élevé) notamment en engraissant les produits viande, lesquels sont vendus à un nombre restreint d'opérateurs, et en s'impliquant fortement dans les filières sous signes officiels de qualité. Les pratiques de conduite de la reproduction sont très technicistes, avec des vêlages précoces et le recours massif à l'insémination artificielle et aux échographies. Économiquement, la trésorerie est tendue, avec des ouvertures en compte courant, sans revenu extérieur ;

– des structures extensives herbagères avec des sorties d'animaux plus calées dans le temps, pas de recours à l'insémination, peu d'investissement dans les filières qualité, mais par contre un choix de diversifier les acheteurs, notamment en passant par l'association d'éleveurs (qui permet ce choix). Économiquement, la trésorerie n'est pas tendue, avec des revenus extérieurs et un faible niveau de recours aux ouvertures de compte courant.

L'axe 2 discrimine, respectivement en haut et en bas de la figure :

– de grandes structures productrices d'animaux maigres, avec donc des troupeaux de vaches de taille importante, des bâtiments adaptés, mais une trésorerie tendue et un recours à l'épargne pour les résoudre ;

– des structures spécialisées dans l'engraissement (peu de catégories vendues mais des animaux engraissés), avec des pratiques de reproduction classiques (monte naturelle) et des vêlages précoces.

temps disponible calculé annuel par personne de la cellule de base (c'est-à-dire des permanents pour lesquels l'activité agricole est prépondérante en temps et en revenu) varie de 515 à 1 437 heures par an. Dans les situations où le temps disponible calculé annuel est inférieur à 800 heures, le travail est très intense l'hiver (pas de disponibilité) et demeure tendu l'été. Dans les situations à plus forte marge de manœuvre, on peut trouver des formes caractérisées par des marges de manœuvre très régulièrement réparties dans l'année ou opposant, plus classiquement, l'hiver (tendu) et l'été. Une analyse a été conduite selon que la cellule de base comprenait une personne (TDC de 515 à 1 008 heures) ou plus (TDC de 724 à 1 437 heures) et selon la taille des structures d'exploitation. Il s'agissait d'analyser plus précisément le poids des facteurs liés à la conduite et à la délégation. La conduite, notamment les choix de reproduction (étalement des vêlages) et la durée d'hivernage, influe sur le temps disponible hivernal. La délégation du travail de « saison » est un facteur essentiel de la marge de manœuvre estivale (Dedieu *et al.*, 2000). Nous distinguons dans l'échantillon trois stratégies de délégation : l'autonomie (la cellule de base effectue plus de 80 % du temps) ; la délégation poussée (la cellule de base fait de 50 à 60 % du travail) ; la situation intermédiaire (figure 2). Dans les cas de délégation poussée, le recours à la main-d'œuvre extérieure se fait selon des modalités distinctes avec dans certains cas le recours au salariat (et à l'apprentissage), dans d'autres à l'entraide entre agriculteurs et, également, au bénévolat familial de voisinage.

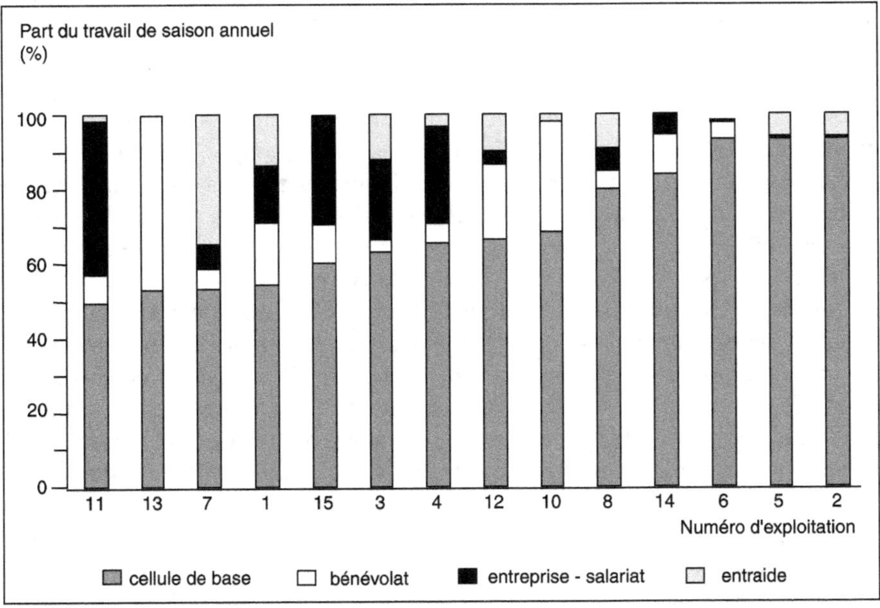

Figure 2. Contribution de la main-d'œuvre au travail de saison annuel (élevage, culture, entretien).

Rapport au changement et fonctionnement de l'exploitation : 4 logiques différentes

En mettant en perspective les deux styles de rapport au changement précédemment mentionnés avec le fonctionnement des exploitations, les modalités d'organisation du travail et un certain nombre de caractéristiques sociologiques des éleveurs, nous avons affiné l'analyse et précisé les différents profils de pratiques qui se dégageaient du croisement des enquêtes techniques et économiques – cet exercice nous a conduit à revoir la caractérisation précédemment effectuée de certaines exploitations. Les relations qui sont apparues pouvoir être établies entre ces profils, – comme un certain style de rapport au changement, une certaine trajectoire d'exploitation, certaines modalités d'organisation du travail et certains traits sociologiques des éleveurs (principalement le positionnement au regard de l'appareil des organisations professionnelles agricoles et la composition de leurs systèmes de relations) –, nous ont ainsi permis de constituer quatre groupes d'exploitations. Chacun correspond à une logique particulière mise en œuvre par les éleveurs pour faire face aux aléas, tout en défendant une certaine conception de leur métier qui se traduit dans certains schèmes d'action privilégiés.

« Agir pour réduire l'incertitude par la maîtrise technique » (logique 1a, éleveurs 1, 7, 8, 10, 12)

Le premier groupe rassemble des éleveurs qui se sont installés depuis 5 à 20 ans sur des exploitations qui ont connu une augmentation de surface limitée. Ces exploitations se caractérisent également par une stabilité du collectif de travail (reposant essentiellement sur le couple) et une intensification de la production bovine liée à la mise en place de l'activité d'engraissement pour tout ou partie des animaux (le manque de surfaces disponibles ayant contraint les éleveurs à intensifier pour pallier l'impossibilité de trouver des surfaces supplémentaires). Globalement, la stratégie qu'ils ont adoptée est d'agir pour réduire la sensibilité de leur exploitation aux aléas. La conduite de l'élevage s'appuie sur des contrôles fréquents, avec des prises d'informations nombreuses pour une gestion très individualisée des animaux (par opposition à une conduite groupée, en lots). Ces éleveurs cherchent à contrôler et à orienter les processus biologiques, par la sélection (génétique), l'allotement, l'alimentation. La maîtrise technique leur permet de produire des animaux répondant aux attentes de la filière (âge, conformation, période de l'année). Dans tous ces élevages, les ventes sont étalées sur plus de six mois et la proportion d'animaux vendus dans les filières sous signes officiels de qualité est relativement importante. Ces éleveurs, fortement impliqués dans l'appareil des organisations professionnelles agricoles et dont le réseau de relations professionnelles est à la fois étendu et dense, se sont organisés pour vendre des « animaux finis » qui représentent toujours plus d'un tiers de l'effectif de leurs ventes. Ils s'investissent collectivement dans la recherche d'une meilleure valorisation des animaux produits (projets de vente directe, labels, projet d'appellation d'origine contrôlée…). Ils se montrent très critiques à l'égard de ceux de leurs collègues qu'ils considèrent vendre « n'importe quoi, n'importe quand et à n'importe qui, sans finir (engraisser) les animaux, en déstabilisant le marché par une production et des ventes en dents de scie… ». En contrepartie de l'intensification de la conduite technique, les marges de manœuvre en termes de structure sont très limitées, voire nulles. La petite dimension de ces structures, à une exception près, rend, cependant, la situation confortable en termes de charge de travail. Dans tous les cas, il n'est fait aucune référence au salariat et une partie des tâches est effectuée grâce au bénévolat ou à l'entraide. La marge de manœuvre représentée par le temps disponible calculé est correcte dans tous les cas.

« Miser sur la taille de l'exploitation pour tenir » (logique 1b, éleveurs 2, 4, 15)

Un deuxième groupe rassemble des éleveurs qui apparaissent beaucoup plus nuancés que les précédents quant au lien qu'il y aurait entre la maîtrise de la production et l'engraissement, celui-ci ne constituant pas, selon eux, la solution unique aux problèmes rencontrés actuellement par leur secteur de production. Même s'ils se considèrent aussi, parfois, comme de « mauvais engraisseurs » (ou, peut-être, parce qu'ils se voient comme tels et se sentent dans une certaine position d'infériorité au regard de la position dominante dans le champ professionnel qui est celle du groupe précédent), ces éleveurs revendiquent également la pertinence d'une logique d'agrandissement et semblent même considérer que cette logique est, à long terme, celle qui permettra aux éleveurs « de s'en sortir ». Ce qui les caractérise, c'est la poursuite d'un objectif qui peut se résumer par « faire du nombre », indépendamment de l'évolution de la conjoncture. Ces exploitants, installés depuis 5 à 15 ans, ont réussi à s'agrandir fortement, leurs trajectoires étant marquées, dans certains cas, par des changements assez radicaux dans l'appareil de production initial (cheptel, bâtiments, surfaces) dont ils ont hérité. Cet objectif peut s'accompagner d'un investissement en matière de génétique, avec un souci de progresser dans ce domaine. Ces éleveurs considèrent ces objectifs comme une sorte de préalable, les problèmes que peuvent poser, par ailleurs, la conduite de grosses structures n'étant à régler qu'à leur heure, lorsque les buts fixés sont atteints : amélioration de la conformation des animaux après une phase de croissance en interne des effectifs (peu de sélection possible) ou bien adaptation du système fourrager aux besoins accrus du troupeau en ressources alimentaires. La priorité étant la taille du troupeau de vaches (nombre de vêlages annuels), la proportion d'animaux finis est toujours inférieure à un tiers. Un tel choix se traduit par de fortes contraintes d'organisation du travail, notamment en hiver (problèmes de places dans les bâtiments, surveillance des vêlages, soins aux veaux). Ces problèmes sont d'autant plus marqués que, dans ces exploitations, le collectif de travail montre une certaine instabilité (départ des parents, entrée ou sortie de l'épouse). Pour y faire face, deux éleveurs sur trois ont recours au salariat, en plus de l'entraide dans le cadre de leurs réseaux de proximité, ce qui leur permet de tenir avec une marge de manœuvre suffisante. Ces éleveurs ne se sentent pas vraiment soutenus par la profession et ne sont pas toujours « bien vus » localement par leurs pairs – du fait de leur choix de jouer la carte de l'agrandissement, mais aussi du fait d'un parcours souvent chaotique : impossibilité de prétendre aux aides à l'installation du fait d'un diplôme d'étude insuffisant, reconstitution d'un cheptel suite à la brucellose… Ils s'impliquent néanmoins dans les organisations professionnelles agricoles, mais moins par conviction semble-t-il, que par intérêt bien compris.

« Maintenir un système robuste » (logique 2a, éleveurs 5, 6, 13)

Le troisième groupe rassemble des exploitations dans lesquelles la référence à la tradition est très centrale. Leurs trajectoires correspondent toutes à des transmissions de père en fils, avec des modes de fonctionnement se maintenant au fil des générations. Il s'agit de systèmes extensifs reposant sur un agrandissement des surfaces mené en parallèle à une augmentation du troupeau ou sur une valorisation de la production herbagère par certaines catégories d'animaux (bœufs), en limitant délibérément l'effectif total du troupeau. Toutes ces exploitations sont très spécialisées, sans production complémentaire en dehors de l'élevage bovin. La logique de production des éleveurs de ce groupe repose sur l'association d'un faible taux de chargement avec une technicité dans la conduite des animaux fondée avant tout sur l'expérience, ce qui a fait ses preuves par le passé et qu'il faut donc transmettre. La conduite technique vise ainsi à laisser s'exprimer les régulations naturelles permises par la synchronisation des cycles biologiques des animaux et des surfaces : organisation par exemple de la saison de reproduction au pâturage coïncidant avec la pousse de l'herbe au printemps (vêlages de fin d'hiver). Ces éleveurs considèrent que l'avenir de l'exploitation dépend, à la fois, de leur capacité à maîtriser l'organisation de leur système d'élevage et de leur capacité à garder la main sur la commercialisation des animaux. Leur objectif principal est de préserver leur autonomie : dans l'alimentation du troupeau, vis-à-vis des structures d'aval (et plus largement, de tout l'appareil d'encadrement professionnel agricole), mais aussi dans le travail. Les exploitations concernées se caractérisent, en effet, par la faiblesse des contributions extérieures au noyau familial (l'apprentissage *in situ* étant fortement valorisé et les réseaux de relations professionnels de ces éleveurs apparaissant assez peu étendus), alors même qu'il s'agit de systèmes exigeants en suivis. En conséquence, lorsqu'on a affaire à des exploitations de taille importante (relativement à la main-d'œuvre présente), la marge de manœuvre en temps disponible est assez faible. Mais dans tous les cas, l'autonomie (en particulier technique) dont disposent les éleveurs de ce groupe du fait des marges de manœuvre structurelles de leurs exploitations (faible chargement), leur permet de faire des ajustements à court terme sans changer fondamentalement le fonctionnement du système et de maintenir le cap sur le moyen et le long terme.

« *Saisir les opportunités* » (logique 2b, éleveurs 3, 11, 14)

Le quatrième groupe réunit des éleveurs qui, à la différence de tous les autres enquêtés, ne manifestent pas d'attachement très marqué au monde de l'élevage, revendiquant même une certaine distance à l'égard de l'agriculture, activité qu'ils exercent tout en cherchant à ne pas y être trop investis, certains n'excluant pas la possibilité de l'abandonner. Tous ont eu des expériences professionnelles hors agriculture avant de s'installer et les exploitations concernées montrent une forte tendance à la diversification, tendance qui s'est accrue au fil du temps. L'un d'entre eux se définit avant tout comme un cultivateur. Un autre associe à sa production de bovins un élevage de poulets et des cultures de vente. Le troisième, qui a travaillé dans l'informatique avant de reprendre (pour des raisons complexes, mêlant attachement et rejet de la tradition dans une forme de néo-ruralisme assez ambivalente) une exploitation familiale dans laquelle l'élevage équin était aussi important que l'élevage bovin, apparaît plus attiré par la viticulture (qu'il exerce aussi) que par l'activité d'élevage. Le raisonnement de ces éleveurs, ou plutôt de ces entrepreneurs, est guidé par le souci d'opérer des choix qui n'engagent pas le système bovin en profondeur mais permettent de répondre aux aléas de la demande, c'est-à-dire de saisir les opportunités de vente quand elles se présentent (en suivant la variation des cours selon les catégories d'animaux, par exemple). En matière d'élevage, ils n'ont pas de projet de production prédéfini, mais ils sont plutôt dans une logique d'adaptation permanente. Cela ne signifie pas qu'ils ne maîtrisent pas la conduite de leur activité, mais, au contraire, qu'ils sont capables d'ajustements et de réorientations assez rapides sur les catégories produites (finition ou non). Cela se traduit par une gamme diversifiée de produits commercialisés. Les structures relativement favorables qui sont les leurs (surface, chargement) leur offrent également des marges de manœuvre importantes avec, en contrepartie, une situation tendue en termes de charge de travail. Deux sur trois y font face avec du salariat. Ils sont assez peu insérés dans le monde des organisations professionnelles agricoles (ou, plus exactement, limitant leurs adhésions à des organismes à vocation d'abord économique), et leurs réseaux professionnels, d'étendue assez variable, sont essentiellement composés de personnes ressources avec lesquelles ils entretiennent des relations privilégiées en fonction de l'intérêt qu'elles présentent au regard de leur souci de diversifier la mise.

Enseignements et perspectives
en matière de développement

La manière dont les éleveurs répondent à leur nouveau contexte de production apparaît donc assez variable. Ainsi, le deuxième épisode de la crise de la « vache folle » auquel l'élevage bovin a été confronté en 2001 a suscité des réactions assez contrastées chez les exploitants que nous avons enquêtés. Seuls les éleveurs du premier des quatre groupes que nous avons identifiés ont déclaré avoir été vraiment affectés par la crise de 2001. Ayant investi dans la production d'animaux finis, ils ont été directement touchés par la chute de la consommation qui en a résulté. S'ils ont alors envisagé la possibilité de s'engager dans la voie d'une certaine diversification de leur activité, soit en se lançant dans de la vente directe de viande bovine, soit en mettant en place (ou en développant) des productions complémentaires (ateliers de volailles), ils ont surtout réagi en réaffirmant la nécessité, pour faire face à ce genre de situation, d'une solide organisation des producteurs. En ce qui concerne le deuxième groupe, on peut penser que les conséquences de la crise sont restées relativement secondaires au regard de difficultés plus structurelles (agrandissement, augmentation des effectifs du troupeau). Mais cette absence de réaction marquée renvoie aussi, selon nous, à leur volonté de montrer une certaine capacité à « encaisser » – quel qu'en soit le degré de réalité, « ça passe ou ça casse » – attitude constituant un élément central de leur modèle d'excellence professionnelle. Pour les éleveurs du troisième groupe, une telle indifférence semble surtout due au fait que la crise ne les a effectivement pas atteints (animaux vendus avant les effets de la crise ou catégories produites non concernées), leur système de production apparaissant en quelque sorte formaté pour absorber les aléas, quels qu'ils soient, compte tenu de leur souci d'autonomie. Quant aux éleveurs du quatrième groupe, ils se trouvaient confrontés au moment de nos enquêtes à des problèmes tels que la crise ne les a pas spécifiquement perturbés. On est cependant en droit de se demander si la conception qu'ils ont de leur activité n'explique pas également cette attitude. Se définissant comme des entrepreneurs, le risque fait pour eux partie intégrante de leur métier.

Cette diversité de réactions montre que les éleveurs répondent aux évolutions actuelles de leur secteur non seulement suivant la manière dont ils se trouvent objectivement exposés aux conséquences qui en résultent, mais aussi suivant certaines normes prédéfinies d'exercice de leur métier qui ne sont pas les mêmes pour tous et qui font l'objet de débats dans leur monde professionnel. Notre étude met ainsi en en évidence les limites de tous les discours sur le changement fondés sur l'idée que ces évolutions appelleraient une sorte de substitution radicale à des façons de voir et de faire établies – forcément considérées suivant une telle perspective, comme routinières et donc rigides – d'un nouveau comportement de production censé permettre – de par sa souplesse à la fois technique, organisationnelle et commerciale, comme si l'alignement de ces diverses composantes allait de soi – une sorte de réactivité instantanée aux aléas. Une lecture transversale des différentes stratégies d'adaptation effectivement mises en œuvre par les éleveurs (figure 3) indique qu'ils disposent en fait de différents leviers d'action – l'organisation collective, la taille de l'entreprise, la robustesse du système de production, la diversification des produits – leviers hiérarchisés et combinés diversement suivant les situations et les ressources techniques, économiques mais aussi sociales qui sont les leurs.

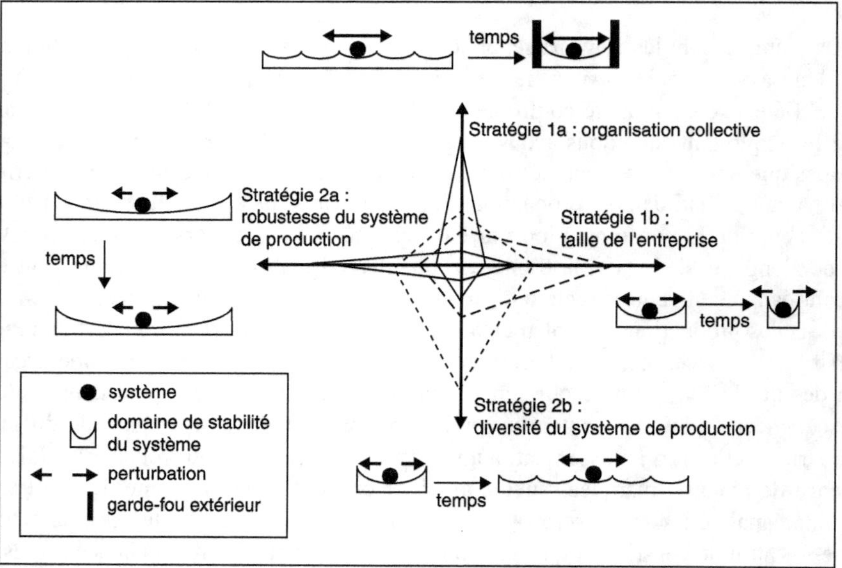

Figure 3. Les ressorts de la flexibilité des exploitations d'élevage de bovins allaitants et la diversité de leurs combinaisons.

Les ressorts (en souligné) de la flexibilité des exploitations d'élevage de bovins allaitants peuvent être combinés pour un même éleveur mais correspondent à des logiques dominantes :
– logique 1 = « agir sur », 1a, 1b selon les profils de pratiques ;
– logique 2 = « faire avec », 2a, 2b selon les profils de pratiques.
À chaque stratégie correspond un type de résilience du système d'élevage représenté par des schémas en billes et vallées inspirés de Gunderson (2000). La bille, les vallées et les flèches représentent respectivement le système, le domaine de stabilité du système et les perturbations subies par le système. Selon les logiques dominantes, le système est plus ou moins sensible aux perturbations.
Ces logiques peuvent reposer sur un garde-fou extérieur (1a, symbolisé par les barres verticales noires), sur les degrés de liberté laissés aux effets d'une perturbation (soit grands : 2a, soit restreints : 1b), sur les changements de point d'équilibre autorisés (2b).

La flexibilité n'est pas une propriété donnée d'un système : elle se construit, s'entretient, se cultive. Selon Gunderson (2000), traitant de la résilience des systèmes écologiques, trois stratégies permettent d'accroître le niveau de résistance des systèmes pilotés aux perturbations de leur environnement : l'accroissement du pouvoir tampon du système, le pilotage à différents niveaux d'échelle (spatiale et temporelle) et la création des conditions d'émergence d'innovations (sources de changements des caractéristiques des systèmes). Les différentes situations représentées dans la figure 3 montrent que ces stratégies semblent aussi valides dans le cadre de notre échantillon d'éleveurs bovins allaitants.

L'entretien d'un certain pouvoir tampon apparaît comme une préoccupation commune à l'ensemble des systèmes, mais ses sources et ses caractéristiques n'apparaissent pas être les mêmes :
– dans la logique 1a (« Agir pour réduire l'incertitude par la maîtrise technique »), il repose principalement sur l'investissement des éleveurs dans une organisation collective de la production par la profession ;
– dans la logique 1b (« Miser sur la taille de l'exploitation pour tenir »), sur un système largement dimensionné ;
– dans la logique 2a (« Maintenir un système robuste »), sur la capacité du système à encaisser les changements tout en se maintenant en l'état ;
– dans la logique 2b (« Saisir les opportunités »), sur une diversification des sorties du système.

Le pilotage à différentes échelles de temps renvoie à l'articulation entre flexibilité opérationnelle flexibilité stratégique évoquée en introduction de ce texte. Les situations relevées dans notre échantillon sont caractérisées, – pour autant que l'on puisse en juger sur la base d'une analyse n'ayant porté, en ce qui concerne l'appréciation de la flexibilité opérationnelle des exploitations, que sur une période relativement courte –, d'un côté, par un formatage à long terme dans le but d'éviter au maximum les ajustements de court terme (logiques 1a, 1b et 2a) et, de l'autre, par un formatage à court terme favorisant au contraire de tels ajustements, en fonction des opportunités à saisir (logique 2b).

Enfin, les innovations susceptibles de conférer aux élevages de nouvelles caractéristiques leur permettant de répondre efficacement à des changements de contexte sont de deux ordres : des innovations dont la source est interne (avancement des vêlages pour vendre des broutards aux périodes creuses, insémination artificielle pour accroître le niveau génétique et alourdir les carcasses, accroissement du taux de renouvellement, changements de modes d'alimentation, mécanisation…) et des innovations dont la source est externe (groupements de main-d'œuvre, contractualisation avec l'aval, cahiers des charges spécifiques, Cuma…).

Au total, l'efficacité des réponses que les éleveurs peuvent élaborer pour faire face au nouveau contexte de production qui est le leur ne saurait donc s'apprécier au regard de la plus ou moins grande conformité de ces réponses à un modèle posé à priori. Elle dépend de leur capacité à réfléchir les compromis particuliers qu'ils ont établis ou qu'ils cherchent à établir entre les différents leviers sur lesquels ils peuvent jouer pour s'adapter tout en maintenant un certain projet de production, en appréciant la cohérence (la solidité) et les conséquences (la durabilité) de ces compromis. De nouvelles formes d'accompagnement des producteurs seraient alors à imaginer pour tenir compte de la diversité de leurs stratégies et de leur compatibilité.

L'invention par les exploitants de nouvelles façons de produire ajustées aux évolutions de leur contexte de production renvoie aussi, en effet, à des processus qui ne sont pas seulement de l'ordre de leur capacité individuelle à évaluer la pertinence de leurs choix personnels. Notre étude met en évidence que les compétences (les savoirs et les savoir-faire techniques, économiques, organisationnels et relationnels) sur lesquelles repose une telle invention sont en quelque sorte distribuées entre différents types d'éleveurs. Des débats opposent ainsi des éleveurs aux positions très différentes dans leur champ professionnel et dotées d'une légitimité et d'une reconnaissance assez inégales. Un investissement particulier serait alors nécessaire pour que ces débats puissent être effectivement menés à leur terme. Comme on l'a vu, les stratégies déployées par les éleveurs des groupe 2a (« Agir sur ») et 2b (« Faire avec ») ne manquent pas d'une certaine pertinence, alors même que les premiers sont généralement considérés comme attachés à un modèle d'excellence professionnel dépassé et que les seconds sont jugés quelque peu marginaux. Trouver les moyens d'une réévaluation effective de leurs positions devrait donc être aussi un impératif de développement.

Références bibliographiques

ALCARAS J.R., LACROUX F., 1999. Planifier, c'est s'adapter. *Économies et sociétés,* Série *Sciences de gestion,* 26-27 : 6-7, p. 7-37.

CHIA E., 1987. Les pratiques de trésorerie des agriculteurs. La gestion en quête d'une théorie. Thèse de doctorat, Université de Dijon, France, 232 p.

COHENDET P., LLERENA P., 1999. Flexibilité et modes d'organisation. *Revue française de gestion,* mars-avril-mai, 72-79.

CONEIN B., JACOPIN E., 1994. Action située et cognition, le savoir en place. *Sociologie du travail,* XXXVI, 4/94 : 475-500.

CRISTOFINI B., DEFFONTAINES J.-P., RAICHON C., DE VERNEUIL B., 1978. Pratiques d'élevage en Castagniccia. Exploration d'un milieu naturel et social en Corse. *Études Rurales,* 71-72 : 89-109.

DARRÉ J.-P., 1996. *L'invention des pratiques dans l'agriculture. Vulgarisation et production locale de connaissance.* Karthala, Paris, France.

DEDIEU B., CHABOSSEAU J.-M., WILLAERT J., BENOIT M., LAIGNEL G., 1998. L'organisation du travail dans les exploitations d'élevage : une méthode de caractérisation en élevage ovin du Centre-Ouest. Inra, *Études et recherches sur les systèmes agraires et le développement,* 31 : 63-80.

DEDIEU B., CHAUVAT S., SERVIÈRE G., TCHAKÉRIAN E., 2000. Bilan travail pour l'étude du fonctionnement des exploitations d'élevage : Méthode. *Collection Lignes,* Institut de l'élevage, Inra, Paris, 27 p.

DÉGRANGE B., 2001. La mise à l'épreuve d'une profession. Le travail de redéfinition du métier d'éleveur charolais. Thèse de doctorat, université de Lyon 2 Lumière, France, 396 p.

DUBAR C., 1991. *La socialisation. Construction des identités sociales et professionnelles.* Armand Colin, Paris, France.

GUNDERSON L.H., 2000. Ecological resilience in theory and application. *Annu. Rev. Ecol. Syst.,* 31 : 425-439.

LANDAIS É., DEFFONTAINES J.-P., 1988. Les pratiques des agriculteurs. Point de vue sur un courant nouveau de la recherche agronomique. *Études Rurales,* 109 : 125-158.

LÉMERY B., 2003. Les agriculteurs dans la fabrique d'une nouvelle agriculture. *Sociologie du travail,* 45/1 : 9-25.

LÉMERY B., INGRAND S., DEDIEU B., DEGRANGE B., 2005. Agir en situation d'incertitude : le cas des éleveurs de bovins allaitants. *Économie Rurale,* 288 : 57-69.

PÉRILLEUX T., 2001. *Les tensions de la flexibilité.* Desclée de Brouwer, Paris, France.

REIX R., 1997. Flexibilité [article 70]. *In Encyclopédie de gestion.* Édition Economica, Paris.

SEBILLOTTE M., SOLER L.G., 1990. Les processus de décision des agriculteurs. *In Modélisation systémique et système agraire. Décision et organisation,* Brossier J., Vissac B., Lemoigne J.-L. (eds), Actes du séminaire du Département de recherches sur les systèmes agraires et le développement (Sad), Saint-Maximin, 2 et 3 mars 1989, Versailles, SAD, Inra – Éditions : 93-118.

TARONDEAU J.-C., 1999. Approches et formes de flexibilité. *Revue française de gestion,* mars-avril-mai, 66-71.

Chapitre 10

Réponse de systèmes d'élevage innovants à la variabilité climatique : une expérimentation en production extensive ovin viande intégrant des préoccupations environnementales

Benoît DEDIEU, Frédérique LOUAULT, Hervé TOURNADRE, Marc BENOIT

La conception de systèmes innovants, répondant aux enjeux d'une production économiquement viable et d'un entretien maîtrisé du territoire est un des défis de la recherche-développement pour l'avenir des zones herbagères et de montagne (Parris, 2002 ; Gibon, 2005). Dans de telles régions où les surfaces en herbe dominent et avec des conditions extensives de production − recours minime, voire nul, à la fertilisation minérale −, la disponibilité des ressources fourragères est très dépendante des conditions climatiques, ce qui signifie que les règles de gestion du système d'élevage intègrent différents outils et procédures pour y faire face. Concevoir de nouveaux systèmes d'élevage ayant une double finalité de production et d'entretien du milieu pose la question de la sensibilité aux variations du climat d'une part, et celle du choix concret des leviers de régulation des aléas, d'autre part. Traiter ces deux questions implique de prendre en considération le fonctionnement des systèmes sur les pas de temps pluriannuels et la manière dont les règles de gestion prennent en compte et s'adaptent à la variabilité climatique.

Dans la plupart des recherches sur le fonctionnement des systèmes fourragers, les analyses intègrent la nécessité de s'adapter à la variabilité climatique. Ainsi, la sécurisation par les stocks est explicite dans l'approche proposée par Lebrun *et al.* (Iteb, 1983). Dans la méthode d'analyse fonctionnelle des systèmes d'alimentation (Moulin *et al.,* 2001) et dans ses fondements − c'est-à-dire l'approche du pâturage à partir de fonctions des surfaces (Guérin et Bellon, 1989) −, certaines séquences de pâturage de l'intersaison et de l'hiver ont pour fonctions la régulation ou la soudure alimentaire. Les modélisations des systèmes fourragers comprennent la nécessité de réévaluer la dimension des ateliers de production d'herbe (stocks, pâture) selon les conditions climatiques notamment au printemps (Coleno, 1997) et explorent le rôle de la diversité parcellaire dans la sécurisation de systèmes (Andrieu, 2004). Lorsqu'il s'agit de concevoir de nouveaux systèmes, ces approches présentent cependant des limites, notamment pour :

– prendre en compte les leviers d'action « troupeau » qui permettent de sécuriser le système en jouant d'une part sur la répartition temporelle du niveau global de la demande alimentaire (Molenat et Jarrige, 1979) et, d'autre part sur la diversité des besoins au sein du troupeau et sa gestion par l'allotement (Ingrand *et al.*, 1993). On retrouvera ces éléments abordés de façon plus explicite dans des modes de gestion intensifs, comme le pâturage intensif libre dans lequel l'ajout ou le retrait d'animaux est un levier de contrôle de la hauteur de l'herbe (Vallentine, 2001) ;

– raisonner les modes et outils de gestion, en se fondant non plus sur les seuls critères de productivité mais sur le compromis entre des finalités multiples, notamment celles de l'entretien de territoire et de la contribution à la gestion des paysages. Peu d'approches font aujourd'hui référence à la variété de finalités des systèmes et à leurs conséquences.

L'objectif de ce chapitre est donc de présenter et de discuter les outils de régulation de la variabilité climatique pris en compte dans la conception et la mise en œuvre expérimentale de systèmes d'élevage innovants. Il s'agit d'élevages ovins viande très extensifs (en « sous-chargement » par rapport au potentiel des surfaces herbagères), l'un a pour objectif prioritaire de maximiser ses performances économiques, c'est le système appelé production, et l'autre a pour objectif d'entretenir l'ensemble du territoire, appelé système entretien. Compte tenu des caractéristiques des systèmes (sous-chargement, herbe), les fluctuations du climat peuvent tout aussi bien entraîner un manque d'herbe estival qu'un fort excédent printanier difficile à maîtriser. Nous présentons dans une première partie les matériels et méthodes, c'est-à-dire des éléments de description des systèmes et de leur suivi, et résumerons les options stratégiques de conduite définies par le groupe pluridisciplinaire en charge de l'expérimentation. Nous détaillons dans la deuxième partie les différents leviers de sécurisation identifiés répondant à la variabilité de la production herbagère. L'efficacité, en conditions réelles, des pratiques d'ajustement de la conduite mises en œuvre pour faire face aux variations de climat sera présentée dans une troisième partie. Nous discutons enfin des retombées d'une telle démarche expérimentale sur l'analyse des modalités de sécurisation des systèmes dans les exploitations.

Présentation des systèmes

Le Centre Inra de Clermont-Ferrand-Theix développe depuis une quinzaine d'années des recherches pluridisciplinaires visant à expérimenter des systèmes d'élevage ovin à faible niveau de chargement (Brelurut *et al.*, 1998). Lors d'une première phase (1988-1993), il s'agissait de comparer deux systèmes d'élevage, ayant un même objectif de haut niveau de production animale, à deux chargements différents, le plus bas (0,8 UGB/ha SFP) correspondant aux potentialités du milieu sans fertilisation minérale (Theriez *et al.*, 1997). Nous faisons référence dans cet article à la deuxième phase des recherches.

Matériel et méthode

Les systèmes sont conduits sur deux dispositifs rigoureusement homologues, tant en terme de surfaces (distance et potentialités) que de troupeau (type génétique, démographie).

Chaque dispositif est composé d'un troupeau de 115 brebis de race Limousine pour 27,2 ha de surface en herbe, avec les deux tiers de la surface localisée dans un îlot principal, siège de l'exploitation (700 m d'altitude) et un tiers dans un îlot éloigné (850 m d'altitude). Les deux groupes de parcelles, formant les deux îlots, sont éloignées de 5 km. Les prairies fauchables représentent 49 % des surfaces, les pacages de bonne qualité 29 % et les parcours pauvres 22 %. Le recouvrement initial en ligneux des zones non fauchables était de 4,7 %, avec comme principales espèces présentes et par ordre décroissant : *Rosa canina, Rubus* sp., *Prunus spinosa, Cytisus scoparius, Crataegus monogyna, Juniperus communis.*

L'expérimentation a été réalisée de l'automne 1994 au printemps 1999. Durant cette période, les projets ont été conçus et mis en œuvre par un groupe de travail composé d'agronomes, zootechniciens et économistes. Le relevé systématique des interventions a été consigné et justifié dans un agenda tenu par les agents en charge de l'expérimentation, et les contrôles zootechniques, agronomiques et économiques nécessaires à l'évaluation de la conduite (vis-à-vis des objectifs du système d'élevage) et à l'analyse des processus biotechniques en jeu ont été enregistrés. Ces contrôles sont détaillés dans Benoit *et al.* (2000). Notamment, toutes les parcelles sont caractérisées par des mesures saisonnières de production d'herbe et par des observations botaniques de la flore herbacée et ligneuse réalisés en début, milieu et fin d'essai.

Les conditions climatiques pendant l'expérimentation sont rappelées à la figure 1 et comparées aux moyennes climatiques des 20 dernières années. La pluviométrie a

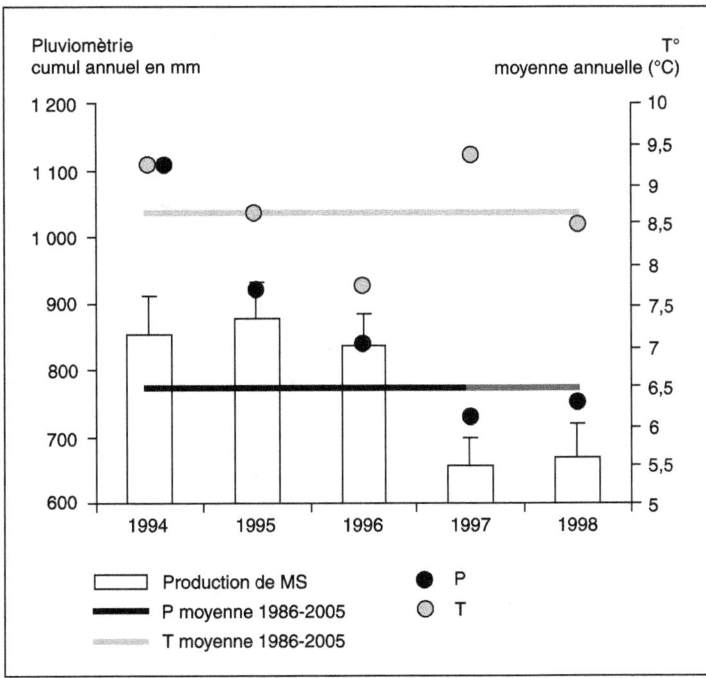

Figure 1. Caractéristiques climatiques de 1994 à 1998 et production moyenne annuelle de matière sèche (g MS/M² ± se) des parcelles des deux systèmes.

varié de 729 à 1 115 mm au cours de l'expérimentation. Les trois premières années (1994 à 1996) ont été plus arrosées que la moyenne 1986-2005 (770 mm) alors que les deux dernières ont été plus sèches. La température varie de 7,7 à 9,4 °C (moyenne sur 20 ans de 8,6 °C). Ces fluctuations climatiques sont significatives sans être exceptionnelles. Elles entraînent pourtant des variations très sensibles de la production d'herbe : 6,6 tonnes de matière sèche par hectare et par an en 1997 et 1998 contre de 8,6 tonnes de matière sèche par hectare en moyenne les trois premières années (52 sites de mesure). La production du troupeau ne saurait fluctuer dans de mêmes proportions ! Ce qui illustre très concrètement l'intérêt d'une exploration des règles de régulation de l'impact des variations climatiques. Le détail des valeurs saisonnières est présenté au tableau 1. Au printemps, la pousse a toujours été contrariée, soit par le froid ou la neige (1995, 1996, 1998) soit par la sécheresse (1997). Les périodes estivales (juillet et août) ont été bien arrosées en 1995 et 1997, mais séchantes en 1996 et 1998. À l'automne, le déficit a été marqué en 1996 (septembre), en 1997 (octobre) et en 1998 (fin d'été).

Les options stratégiques de conduite

Le groupe pluridisciplinaire a défini, pour chaque système, les indicateurs d'évaluation de son fonctionnement, la stratégie de conduite du troupeau et des surfaces qui résulte de la mise en commun des connaissances agronomiques, zootechniques et économiques et la prise en compte des principes d'une bonne surveillance du troupeau (pas de lot sensible à une trop grande distance de lieux de contention...). Cela a débouché sur la définition d'options fondées sur trois points clés déclinés dans chaque système : l'organisation de la production d'agneaux, la gestion de l'îlot éloigné, la gestion des enjeux saisonniers du système fourrager.

Options stratégiques adoptées pour le système à finalité d'entretien du territoire (SE)

Le système à finalité d'entretien du territoire a pour but d'assurer la stabilité du recouvrement en ligneux et de la valeur pastorale des prairies entre le début et la fin du

Tableau 1. Données climatiques saisonnières de 1995 à 1998.

Période	P/ETP				Somme des températures (°J)				Cumul des précipitations (mm)			
	1995	1996	1997	1998	1995	1996	1997	1998	1995	1996	1997	1998
Mars1-Avril2	0,59	0,52	0,01	1,41	287	225	358	272	41	32	0	91
Avril3-Mai2	1,02	1,58	1,12	0,96	295	281	309	347	65	97	91	87
Mai3-Juil2	0,86	0,79	0,64	0,39	903	883	864	911	160	185	137	87
Juil3-Sept2	1,24	0,33	0,64	0,51	972	873	1080	988	212	64	138	105
Sept3-Nov2	1,18	1,69	1,00	2,06	597	516	617	465	90	124	96	140

Mars1 : première décade mars, P/ETP : pluviométrie/ETP

test, tout en garantissant des résultats techniques et économiques acceptables relativement aux données collectées pendant la même période dans l'Observatoire Montagne du laboratoire d'économie de l'élevage (Benoit *et al.* 1999) qui rassemble des exploitations ayant une avance structurelle et technique.

L'organisation de la production d'agneaux correspond à la recherche d'une répartition permettant de maximiser l'impact des troupeaux sur le territoire, tout en évitant des luttes durant les périodes sexuellement trop défavorables du fait de l'anœstrus saisonnier. Cela s'est traduit par le choix d'une répartition équilibrée (50 %-50 %) des agnelages en deux périodes : à la fin mai (associé à la production d'agneaux d'herbe de 35 kg de poids vif), à la mi-octobre (associé à la production d'agneaux de bergerie de même poids). Les brebis agnelant en octobre et taries en janvier assurent l'entretien des végétations de moindre qualité en fin d'hiver, début de printemps et d'été. Les brebis agnelant en mai contribuent au pâturage hivernal : elles peuvent rester à l'extérieur en hiver et au printemps sans risque pour leurs performances, le dernier mois de gestation coïncidant avec le démarrage de la pousse printanière.

L'îlot éloigné du siège de l'exploitation doit être aussi bien entretenu que l'îlot principal. Il s'agit de lever le maximum de contraintes liées à la distance du siège de l'exploitation par l'aménagement d'un parc de contention sur l'îlot éloigné. Ainsi, si les mises bas en plein air, les sevrages et les tris en vue de la vente doivent se dérouler sur l'îlot siège pour faciliter la surveillance et les manipulations, les luttes de printemps (avec éponges) et l'élevage des agneaux peuvent être réalisés dans l'îlot éloigné. Enfin, les déplacements entre îlots doivent respecter un délai d'au minimum 3 semaines après le début d'une lutte et 15 jours après la fin des mises bas.

Dans ce système « sous-chargé », la préparation d'herbe de qualité pour le pâturage ne concerne que des surfaces réduites, les autres étant gérées au moins pour assurer l'objectif de stabilité de la valeur pastorale. Ainsi, il s'agit de réaliser tous les ans un niveau minimum de prélèvements sur la végétation, ce niveau étant ajusté selon la fertilité des parcelles. Il en résultera des conduites adaptées à chaque parcelle ou groupe de parcelles selon leur potentiel et les attentes d'usage du gestionnaire. Ainsi, la gestion des enjeux saisonniers s'appuie sur le découpage du calendrier annuel en périodes ponctuées de dates clefs (figure 2). La date d'arrivée des animaux sur le site éloigné, entre le 10 et le 15 avril, permet d'organiser sur l'îlot siège un déprimage de l'herbe avec des animaux peu exigeants et un premier impact sur les espèces ligneuses en période de débourrement, ce qui va freiner leur développement. Par ailleurs, les choix de gestion durant la première décade du mois de mai, concernant les répartitions entre fauches précoces et tardives orientent considérablement les quantités et la qualité des ressources qui seront ensuite disponibles pour le pâturage et les récoltes. L'arrivée du lot de brebis allaitantes et d'agneaux en juin sur l'îlot éloigné, pour y renforcer la pression d'utilisation, et le départ de ce lot en août, au moment du sevrage, constituent des moments charnières dans l'organisation des conduites des troupeaux et des surfaces. En conséquence, les règles d'allotement intègrent, outre les critères zootechniques classiques (niveau de besoins alimentaires, reproduction) la nécessité de constituer, aux moments opportuns, deux ou trois lots d'un nombre adéquat d'ovins en vue d'assurer le contrôle et le renouvellement de la ressource au cours d'une période.

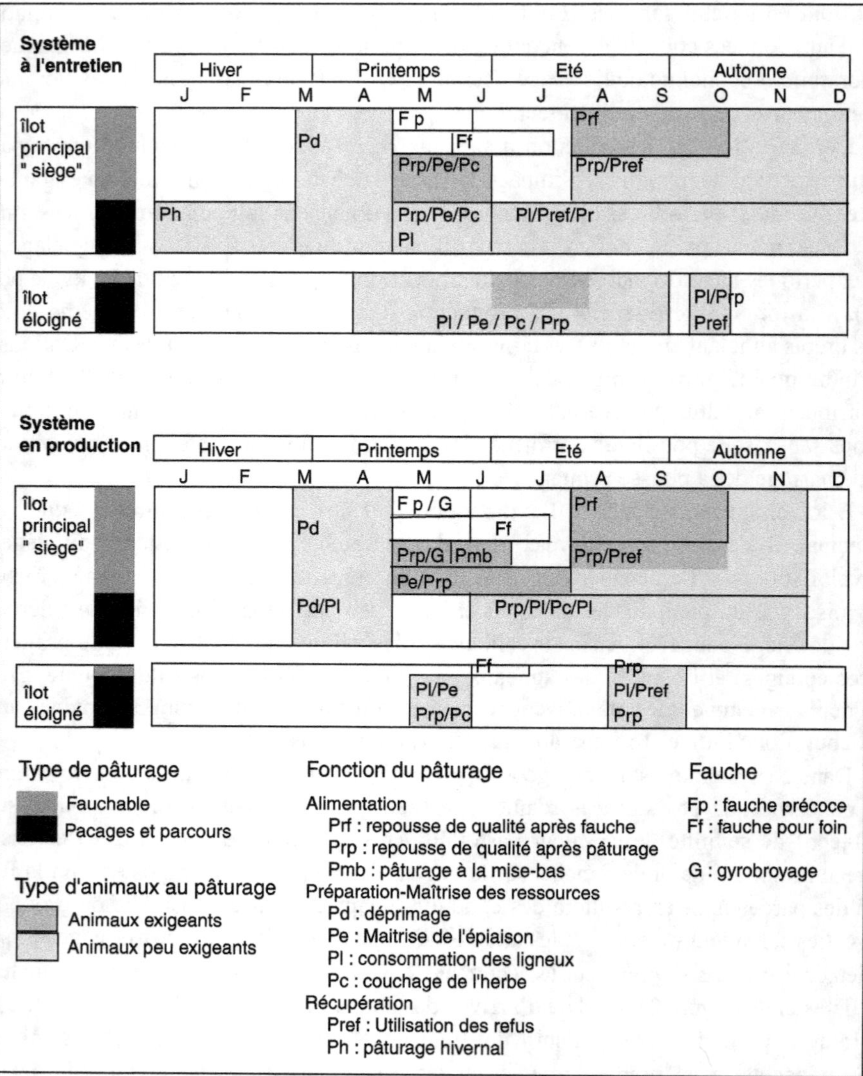

Figure 2. Calendrier d'utilisation du territoire dans les deux systèmes.

Options stratégiques adoptées pour le système à finalité de production (SP)

Le système à finalité de production a pour but d'assurer un haut niveau de marge brute par brebis, relativement aux données de l'Observatoire Montagne. Dans ce système, trois considérations principales ont déterminé les options stratégiques de conduite : le produit brut, les charges opérationnelles et l'utilisation de la ressource. D'une part, les performances de reproduction doivent être optimales et régulières, et ce à toutes les périodes. Les périodes de commercialisation des agneaux doivent être choisies parmi les plus favorables compte tenu des fluctuations annuelles de la conjoncture. D'autre part, les niveaux d'intrants (engrais évidemment, mais également les concentrés achetés) doivent être limités. La recherche d'une autonomie fourragère élevée est une condition de la réussite du projet. Enfin, la conduite doit assurer le maintien du potentiel agronomique de l'îlot principal siège de l'exploitation. L'utilisation de l'îlot éloigné se fait dans le respect du contrat de prime à l'herbe, c'est-à-dire avec au moins un passage significatif chaque année.

Ainsi, les options stratégiques de conduite du troupeau dans un système voué à la production se résument au choix d'une répartition équilibrée des agnelages entre le début du mois de juin (50 % des agnelages) et le mois de novembre (50 % des agnelages). La période de juin permet un déroulement des mises bas, c'est-à-dire de la fin de gestation au début de lactation à l'herbe, ce qui induit une économie de concentrés sur l'alimentation des mères. Elle est associée à la production d'agneaux de type léger pour l'exportation (finis vers 25 kg de poids vif). La rareté de l'offre de ce type d'agneaux en début d'automne devrait garantir des cours intéressants. La réussite de la lutte de juin est sécurisée par la pose d'éponges vaginales. La production d'agneaux nés à l'automne et finis en bergerie (30-35 kg de poids vif) permet de profiter des cours régulièrement favorables en début d'hiver. Le choix d'une égalité de répartition des agnelages entre les deux périodes résulte de simulations (Benoit, 1998). Notamment, l'âge à la première mise à la reproduction des agnelles nées au printemps peut être avancé à 7 mois pour maximiser la productivité numérique et stabiliser les effectifs mis en lutte à chaque session. Enfin, les brebis n'ayant pas mis bas en novembre peuvent être facilement recyclées pour une lutte de janvier. Les options stratégiques concernant l'utilisation du territoire sont la priorité donnée à l'exploitation de la zone proche, avec la possibilité de combiner pâturage, récolte des stocks et gyrobroyage (figure 2).

Indicateurs retenus

Dans les deux systèmes, les indicateurs retenus pour évaluer la façon dont les objectifs ont été atteints sont frustes. La marge brute par brebis est certes un critère bien corrélé au revenu tiré de l'activité ovine en zone de montagne (r = 0,7), mais d'autres éléments comme la productivité du travail (surface et cheptel par travailleur) comptent également, notamment en zone herbagère (Benoit *et al.*, 1999). Il en est de même pour la valeur pastorale, dont l'intérêt du pouvoir de prédiction des quantités ingérées par les herbivores a été remis en question (Agreil, 2003). Cet indicateur demeure cependant très accessible pour un diagnostic de l'état et des dynamiques floristiques à l'échelle de parcours ou de territoire d'exploitation (Daget et Poissonet, 1971).

Les leviers de la sécurisation face aux aléas climatiques

L'analyse du fonctionnement de ces deux systèmes nous a permis de définir un ensemble d'éléments, sources de souplesse dans la gestion du territoire vis-à-vis de la variabilité climatique. Ils concernent la gestion des stocks et des fauches, la répartition de la pression de pâturage sur les deux îlots, l'ajustement des dates de sevrage des agneaux d'herbe, le pâturage hivernal.

• Des stocks suffisants pour ajuster la date de mise à l'herbe avec un ajustement de la surface fauchée et des dates de récolte. D'une façon générale, les dates de démarrage de la rotation au printemps dépendent du niveau de réserves de fourrages conservés et du rythme de croissance de l'herbe au printemps. De fait, la constitution et l'utilisation éventuelle d'un volant de sécurité en stocks ont toujours permis de déclencher le pâturage de printemps en fonction de l'état et de la dynamique de l'herbe. La variation des surfaces fauchées en fauche précoce et en fauche tardive est à mettre en relation avec la croissance de l'herbe au printemps d'une part, et avec les besoins de récoltes en quantité et qualité pour l'hiver suivant d'autre part. Ces derniers ne sont pas stables : la consommation hivernale des brebis dépend, en système de production, de la longueur de l'hiver, des conditions climatiques lors du pâturage hivernal dans le système entretien et de la nécessité de reconstituer ou non le volant de sécurité.

• La variation des chargements dans les deux îlots. L'îlot éloigné, d'altitude plus élevée et d'exposition plus fraîche que l'îlot siège, est moins sensible à la sécheresse estivale. En système d'entretien, le peu de restriction à la mobilité des animaux permet d'accentuer les prélèvements sur l'îlot éloigné s'il y a un manque d'herbe en zone basse. En système de production, il existe une opportunité d'un deuxième passage du lot de brebis agnelant à l'automne, avec une date butoir fixée à quinze jours avant la date présumée de début des mises bas.

• L'ajustement des dates de sevrage à l'herbe et les modalités de finition des agneaux lourds. En système de production, les agneaux sont vendus à environ 25 kg de poids vif au sevrage : les dates de sevrage ne dépendent ainsi que des dates de commercialisation. En revanche, en système d'entretien, les agneaux sont sevrés en une seule manipulation, avant d'être finis à l'herbe. La date du sevrage peut être ajustée selon l'état de l'herbe. En cas de risque de manque d'herbe, l'avancement de la date de sevrage permet de diminuer les besoins des brebis (passage de l'état d'allaitante à tarie). Par ailleurs, la finition des agneaux peut être réalisée en bergerie, en cas de sécheresse prononcée comme en 1998.

• L'hivernage extérieur en système d'entretien. L'hivernage extérieur doit permettre de « récupérer » des parcelles sous-utilisées pendant la saison de pâturage, par les prélèvements directs (ingestion) et le piétinement des refus. L'opportunité de ce pâturage, limité cependant à quelques parcelles de l'îlot siège de l'exploitation (contraintes de surveillance, portance), donne une souplesse dans la gestion des parcelles en cas d'excédent d'herbe. En effet, les exigences de maîtrise de la pousse de l'herbe pourront y être moins importantes au printemps, compte tenu de la possibilité d'organiser un séjour prolongé des animaux en hiver. L'intensité du prélèvement quotidien des brebis en hiver dépend, comme classiquement, des conditions climatiques et l'ajustement des distributions de fourrages conservés est impératif. Neige et humidité entraînent de fortes consommations de foin et contribuent à la variabilité des besoins de reconstitution des stocks d'une année sur l'autre.

Évaluation de l'efficacité des leviers d'action

La mise en œuvre des leviers entre 1995 et 1999

Prévision et préparation des récoltes, surfaces fauchées et rendements

Les prévisions des quantités de stocks à récolter, calculés en début d'année en fonction des stocks restants et des besoins de fourrage pour l'hiver à venir, ont fortement varié entre les années : de 11,5 à 22 tonnes de matière sèche en système d'entretien et de 14 à

28 tonnes en système de production. Les récoltes effectuées ont suivi de très près ces objectifs (tableau 2). Cette capacité à faire correspondre réalisations et prévisions est liée au mode de prévision et de conduite des récoltes qui utilise les trois leviers principaux que sont les variations du ratio entre fauches précoces et fauches classiques, les variations des surfaces fauchées et les variations des rendements via le recours à l'azote.

Globalement, pour la fauche, les deux systèmes se ressemblent. Des fauches précoces sont programmées à partir de début mai pour être réalisées entre la mi-mai et début juin. Elles ont double vocation : celle de gérer les excédents printaniers, car ces fauches à faible rendement permettent de contrôler des surfaces importantes, et celle de préparer des repousses de qualité pour l'été. Ensuite, en fonction de la réalisation de ces fauches précoces (estimation des volumes récoltés), les surfaces complémentaires en foin classique sont choisies et les dates de coupes décidées en fonction des niveaux d'accumulation espérés. Ce schéma général est adapté aux conditions de l'année (tableau 3). Ainsi, en année de production d'herbe pléthorique mais à niveau faible de besoins de récoltes (cas de l'année 1995 en système d'entretien par exemple), les fauches précoces ont représenté 41 % du tonnage total récolté ; elles ont été effectuées tôt en saison avec un faible rendement (1,1 tonne de MS/ha), afin de maîtriser l'herbe et d'éviter l'épiaison sur des surfaces importantes ; ces fauches précoces ont représenté 64 % des surfaces fauchées. À l'inverse en 1997, année de sécheresse printanière et à objectifs de récolte élevés, la part des fauches précoces dans la récolte totale a été la plus faible des 4 années d'expérimentation dans les deux systèmes (27 % en système d'entretien et 20 % en système de production), l'essentiel se faisant sur des foins classiques plus tardifs ; l'écart de rendement entre les fauches précoces et les fauches plus tardives est resté cependant très faible cette année-là du fait d'une sécheresse soutenue au printemps qui a limité la croissance de la végétation.

Le système de production se distingue du système d'entretien par une plus grande complexité de la gestion de l'herbe au printemps sur l'îlot siège. En effet, les animaux exigeants n'ont pas accès à l'îlot éloigné pendant cette période (contraintes de mobilité) et de ce fait, le site proche doit assurer un nombre important de fonctions en mai, juin et juillet : mise bas et alimentation des allaitantes, lutte en juin des brebis taries, récolte. Il est en particulier impératif d'assurer conjointement des fauches précoces pour organiser une chaîne de pâturage pour l'été, et la préparation de surfaces pour les mises bas de juin en plein air. De ce fait, la gestion du territoire en système de production est spécifique sur trois points : les surfaces fauchables de l'îlot éloigné sont systématiquement fauchées,

Tableau 2. Récoltes de fourrages : prévisions, réalisations (en tonnes de matière sèche).

Prévisions-réalisations	Système entretien du territoire				Système production				
	1995	1996	1997	1998	1994	1995	1996	1997	1998
Objectif récolte (tonnes)	11,5	17,2	21,	22,0	33,0	14,0	20,7	23,0	28,0
Réalisation récoltes (t)	12,3	19,6	21,0	23,0	33,5	17,9	20,5	19,3	27,0
Réalisation/Objectif (%)	107	114	100	105	101	128	99	84	95

le gyrobroyage de printemps et la fertilisation azotée peuvent être utilisés pour aider à mieux maîtriser les enjeux sur l'îlot siège. En système de production, les fauches sur le site éloigné sont un moyen de limiter la pression sur l'îlot siège. La fertilisation azotée (tableau 3) des surfaces fauchées de l'îlot siège, bien que limitée, est destinée pour partie aux repousses après la première coupe (1997 et 1998) et pour partie au printemps dans le but d'assurer des volumes de récoltes suffisants (1998). Mais c'est la maîtrise de la qualité des parcelles destinées à l'agnelage de juin qui s'est révélé finalement la plus difficile à atteindre : les repousses des fauches précoces sont encore insuffisantes à cette date et les autres surfaces sont au stade épiaison. Dans ce contexte, le gyrobroyage, utilisé une année à la mi-mai (en 1996) est apparu comme une technique complémentaire utile pour préparer les parcelles d'agnelage. Il a également assuré une fonction plus classique de nettoyage des refus (en été 1998).

Modalités d'utilisation de la zone éloignée

Dans le système d'entretien, en accord avec l'objectif de maîtrise de la végétation sur l'ensemble du site expérimental, la zone éloignée a été utilisée pratiquement au même niveau que la zone proche, avec respectivement un taux d'utilisation de 37 % et 44 % en moyenne de 1995 à 1998 (tableau 4).

Tableau 3. Surfaces fauchées et rendements.

Variables mesurées		Système entretien du territoire				Système production			
		1995	1996	1997	1998	1995	1996	1997	1998
Surface pour la fauche	Surface fauchée (ha)	6,6	6,4	11,1	7,4	8,0	6,3	12,7	9,2
	Surface fauchable (ha)	11,1	11,1	11,1	11,1	13,0	13,0	13,0	13,0
	Surface fauchée/ Surface fauchable (%)	60	58	100	67	62	49	98	71
	Rendement (t/ha)	1,8	3,1	1,9	3,1	2,1	3,3	1,5	3,0
Fauche précoce	Fauche précoce % des surfaces fauchées	64	100	28	27	47	49	23	46
	Fauche précoce < 10 juin % tonnage total	41	100	27	31	22	44	20	50
Rendement	(t/ha) F < 10 juin	1,1	3,1	1,8	3,5	1,0	2,9	1,3	3,2
	(t/ha) F > 10 juin	2,8		1,9	3,0	3,1	3,6	1,6	2,7
Gyrobroyage	Présence ou non					non	oui	non	oui
Apports azote	Présence ou non	oui	non	non	non	oui	non	oui	oui
	Surfaces concernées au printemps (ha)							–	5,6
	Après 1re coupe (ha)							7,4	1,7

Tableau 4. Quantités annuelles de matière sèche (tonnes par an) pâturées (pâturage, Pa), récoltées (Récolte, R) et produites (Production, Pr) dans les systèmes production et entretien des territoires, et taux d'utilisation (%) des ressources, 100*[(Pa +R)/Pr], pour l'îlot éloigné.

	Système entretien du territoire					Système production				
	1995	1996	1997	1998	moy (se) 4 ans	1995	1996	1997	1998	moy (se) 4 ans
Pâturage	22,1	18,6	24,1	21,4	21,6 (2,3)	3,2	7,9	11,5	9,1	7,9 (3,5)
Récolte	0	0	3,1	1,5	1,2 (1,5)	4,5	5,3	5,3	3,5	4,7 (0,9)
Production	72,7	54.3	63,5	58,2	62,2 (8,0)	75,8	72,3	71,1	57,0	69,1 (8,3)
Utilisation (%)	30,4	34,3	42,8	39,4	36,7 (5,5)	10,2	18,2	23,6	22,1	18,5 (6,0)

Les quantités pâturées sont calculées en multipliant les journées de pâturage par des quantités quotidiennes ingérées par animal lues dans des tables, ces valeurs étant divisées par deux pour les journées de pâturage s'effectuant en hiver. La production par système est calculée à partir des récoltes sous cages de mise en défens coupées 5 fois par an.

Dans le système de production, le pâturage ne présentait de caractère obligatoire qu'en référence aux exigences du contrat de prime à l'herbe. Le passage « prime à l'herbe » a toujours été réalisé au printemps. L'enjeu était double : assurer un pâturage d'assez bonne qualité aux brebis devant être mises en lutte en juin (avant épiaison) mais également préparer des ressources dans l'éventualité d'un deuxième passage des brebis pendant l'été. La possibilité d'organiser un deuxième passage a été utilisée trois années sur quatre : la deuxième séquence de pâturage a effectivement été un élément de souplesse important pour faire face à un risque de déficit fourrager estival sur l'îlot siège. Ce deuxième passage ne pouvait cependant intervenir qu'entre deux phases zootechniques : après la lutte de juin (réalisée sur l'îlot siège équipé pour les manipulations) et avant les mises bas d'automne. Il a permis d'augmenter le taux d'utilisation des ressources du site éloigné, qui est resté cependant trop faible (en moyenne 19 %) pour éviter les dérives de la végétation vers l'embroussaillement.

Le pâturage hivernal dans le système entretien

Le pâturage hivernal peut être borné dans le temps de différentes manières. Nous considérons deux définitions : la période d'hivernage *sensus lato* (PHL) est celle durant laquelle s'effectuent des distributions de fourrages en extérieur (tableau 5a) ; la période d'hivernage *sensus stricto* (PHS) correspond à la période durant laquelle les animaux sont maintenus sur la parcelle d'hivernage strict (tableau 5b), qui, dès le début de l'expérimentation avait été choisie et équipée pour permettre le séjour prolongé des animaux en hiver (abreuvoir résistant au gel notamment). Cette parcelle représente 30 % de la surface de l'îlot siège.

La quantité de fourrage distribuée par brebis a varié de 0,7 à 0,9 kg de matière sèche par jour si l'on considère la période PHL (110 à 141 jours, tableau 5a) et de 0,8 à 1,0 kg pour la période PHS (80 à 97 jours, tableau 5b). Ainsi, sur les parcelles utilisées lors de la période d'hivernage *sensus lato,* les prélèvements directs d'herbe sur les couverts

Tableau 5a. PHL (pâturage hivernal long), période totale de distribution des fourrages en extérieur pour le système entretien du territoire.

Variables mesurées		Hiver 1995-1996	Hiver 1996-1997	Hiver 1997-1998	Hiver 1998-1999
	Début période	09 nov. 1995	22 nov. 1996	23 nov. 1997	05 nov. 1998
Période	Durée (j)	139	110	121	141
	Nombre jours de pâturage réalisés	10 646	7 917	10 686	11 535
Fourrage distribué	(kg)	7 840	7 260	7 320	8 370
	kg foin/brebis/j	0,74	0,92	0,69	0,73
Surface visitée	(ha)	16,5	16,7	14,4	12,2
	% surface îlot siège	86	87	74	64
Biomasse sur pied en novembre : total îlot siège (IS)	tonnes	49,2	23,1	31,0	35,5
	tonnes/ha	2,6	1,2	1,6	1,9
Surface hivernage (SH)	tonnes	45,2	20,2	24,0	22,4
	tonnes/ha	2,7	1,2	1,7	1,8
T SH/T IS	(%)	92	88	78	63

Tableau 5b. PHS (pâturage hivernal strict), durée réduite aux parcelles équipées pour l'hivernage en système entretien du territoire.

Variables mesurées		Hiver 1995-1996	Hiver 1996-1997	Hiver 1997-1998	Hiver 1998-1999
	Début période	22 déc. 1995	22 déc. 1996	12 déc. 1997	03 déc. 1998
Période	Durée (j)	90	80	80	97
	Nombre jours de pâturage réalisés	7 253	6 276	6 736	7 909
Fourrage distribué	(kg)	6 380	6 380	5 280	6 500
	Kg foin/brebis/j	0,88	1,02	0,78	0,82
Surface visitée	(ha)	8,13	12,15	5,10	8,13
	% surface îlot siège	43	64	27	43
Biomasse sur pied en novembre : Total îlot siège (IS)	tonnes	49,2	23,1	31,0	35,5
	tonnes/ha	2,6	1,2	1,6	1,9
Surface d'hivernage (SH)	tonnes	22,8	16,4	7,6	12,9
	tonnes/ha	2,8	1,4	1,5	1,6
T SH/T IS	(%)	46	71	25	36

couvrent de 15 % à 40 % des besoins des animaux. Ces valeurs globales calculées ont été confirmées par des mesures quotidiennes des consommations de foin effectuées durant 4 à 6 semaines deux hivers consécutifs, mesures qui ont aussi permis de constater que les conditions climatiques quotidiennes constituaient le facteur principal de variation de la consommation de fourrage distribué. Les animaux visitent les parcelles par beau temps mais restent concentrés autour des rateliers par mauvais temps ou neige.

La PHS débute lorsque l'exploitation des autres parcelles est terminée (fin du pâturage d'automne) et finit lorsque redémarre la pousse de l'herbe, c'est-à-dire quand démarre la rotation de printemps. Ainsi à l'automne 1995 et 1996, années durant lesquelles les productions avaient été importantes et les récoltes assez réduites, le pâturage d'automne s'est prolongé jusqu'à la fin décembre pour finir d'utiliser les ressources accumulées. En revanche, en 1997 et 1998, années moins pléthoriques, l'entrée sur les surfaces d'hivernage strict s'est faite début décembre en raison d'une moindre disponibilité de ressources résiduelles dans les parcelles. C'est donc l'état des parcelles de l'ensemble du territoire du système entretien à l'automne et les besoins de pâturage d'arrière-saison qui déterminent la date d'entrée sur la parcelle d'hivernage. De même, la fin de l'utilisation de cette surface d'hivernage dépend au printemps de la précocité du démarrage de la pousse. En effet, pour maîtriser la végétation et éviter que ne se créent des accumulations trop importantes, la gestion du début de printemps s'appuie sur l'organisation de rotations rapides sur toutes les parcelles afin d'obtenir un déprimage précoce et généralisé. Dans ces conditions, la fin du pâturage hivernal strict est plus dictée par les événements climatiques qui concernent l'ensemble du territoire de l'îlot siège que par l'état des couverts sur la parcelle d'hivernage.

Ainsi, le début et la fin de la PHS sont déterminés par l'état des ressources sur l'îlot siège à l'automne et par la date de démarrage de la pousse au printemps. Dans ces conditions, l'état des ressources disponibles sur la parcelle d'hivernage strict n'est pas un facteur déterminant de la durée du séjour des animaux, et ne constitue pas une variable déterminante de la conduite. En effet, pour des durées de séjour assez similaires, les ressources disponibles en début de PHS sur la parcelle d'hivernage strict peuvent varier de plus du double (tableau 5b) : le niveau de ressources sur pied en début de PHS est ainsi légèrement supérieur à ceux des autres parcelles de l'îlot siège les années de forte production d'herbe (1995 et 1996) mais est plus faible les deux années suivantes (1997 et 1998), moins favorables à la pousse d'herbe. Durant les quatre années d'observation, le temps de séjour sur la parcelle d'hivernage a toujours été suffisant pour réduire les ressources présentes sur pied ; les problèmes rencontrés sont en fait plus un risque de surpâturage, voire de dégradation des sols en fin d'hiver. Le pâturage d'hiver qui a été réalisé ne correspond donc pas à une consommation de reports sur pied qui auraient été préparés ou préservés. Il s'agit d'un hivernage en extérieur, centré sur des parcelles qui sont choisies plus pour leurs aptitudes à supporter et abriter les animaux l'hiver (portance, abri naturel) que pour procurer des ressources à pâturer. L'impact des animaux durant l'hiver est important sur la végétation ; les animaux sont efficaces pour réduire les accumulations résiduelles et, même si les ressources à pâturer sont faibles, les animaux, par leur présence (piétinement, circulation...), modifient la structure des couverts herbacés. Cependant cette modalité du pâturage hivernal centré sur une parcelle présente un inconvénient majeur : la concentration du parasitisme rend risquée son utilisation ultérieure par des animaux sensibles.

Les dates de sevrage et la rentrée des agneaux

La date de sevrage des agneaux de printemps du système entretien est centrée sur des dates comprises entre le 16 et le 20 août à l'exception de 1996, où le sevrage des agneaux de boucherie est avancé de façon significative au 5 août du fait de la faible pluviométrie. En 1998, année de sécheresse estivale plus sévère, les agneaux sevrés ont été rentrés en bergerie pour la finition. Ainsi, une année sur deux sont mobilisés les leviers « troupeau », tels que le tarissement des brebis, ou la mise hors pâturage des agneaux.

Évaluation globale des deux systèmes sur la durée de l'expérimentation

Avec un chargement de 0,6 UGB/ha, le taux d'utilisation par le pâturage et la fauche de la production d'herbe est d'environ 40 % dans les deux systèmes (tableau 6). Il ne permet pas de limiter totalement le développement des ligneux. Mais les règles de conduite adoptées en système entretien du territoire limitent l'augmentation du recouvrement en ligneux à + 50 % entre la fin de l'année 1994 et la fin de l'année 1999, contre + 108 % en système production. Il en est de même pour la dégradation de la valeur pastorale. La baisse est faible dans les deux systèmes sur l'îlot siège (– 2 % en SP et – 5 % en SE) (Louault *et al.,* 2002). Elle est plus importante sur l'ilot éloigné mais surtout en système entretien (– 22 %) et moins en système production (– 12 %), traduisant l'efficacité des règles de répartition de la pression de pâturage.

Au niveau zootechnique, les productivités numériques sont à peu près équivalentes dans les deux systèmes et de très bon niveau. Les marges brutes par brebis dans les deux systèmes, 78,70 € en système entretien et 72,30 € en système production, sont dans la fourchette « haute » par comparaison avec l'Observatoire Montagne (moyenne : 62,90 € sur la même période, n = 15). La construction des éléments déterminants de la marge brute du système production est totalement originale : une productivité plus élevée (avec un rythme d'un agnelage par brebis et par an), des prix d'agneaux plus faibles et surtout des charges d'alimentation (quantités de concentrés) presque divisées par deux. Ainsi, les choix de conduite du système production sont validés par le niveau de résultat économique obtenu. La marge brute du système entretien est même paradoxalement

Tableau 6. Résultats technico-économiques et évolution du territoire dans les deux systèmes.

Résultats et évolution du territoire	Système entretien du territoire		Système production	
	Îlot siège	Îlot éloigné	Îlot siège	Îlot éloigné
Taux d'utilisation de l'herbe produite (%)	44	39	44	22
Variation du taux de recouvrement en ligneux (%, 99-94)	+ 47	+ 52	+ 58	+ 181
Variation de la valeur pastorale (%, 98-94)	– 5	– 12	– 2	– 22
Productivité numérique : brebis/an (moy 1996-1998)	1,53		1,59	
Marge brute/brebis/an (€) (moy 1996-1998)	78,7		72,3	

légèrement supérieure à celle obtenue par le système production (+ 6,40 €). Deux raisons l'expliquent. Premièrement, les règles d'utilisation du territoire incluent des considérations relatives à la quantité et à la qualité des ressources nécessaires au bon déroulement des phases clés du cycle de production (de l'herbe de qualité pour les agnelages et le début de la lactation au printemps, puis pour les agneaux). Autrement dit, les choix de répartition de mise bas et de type d'agneaux produits ont finalement permis d'associer harmonieusement l'objectif d'entretien de la végétation et les impératifs zootechniques. Deuxièmement, le système production était plus opportuniste quant aux périodes de vente des agneaux nés en fin de printemps, mais également moins autonome : il faut des concentrés pour produire ce type d'agneaux de 25 kg de poids vif. Le retournement de la conjoncture en 1996 (avec la crise de la vache folle) a annulé le différentiel attendu sur le prix de vente entre catégories d'agneaux nés en fin de printemps (légers au contraire des lourds) sans, bien sûr, gommer les différences de charges d'alimentation.

Discussion – Conclusion

Les leviers de régulation de la variabilité sont de différentes natures : ils jouent sur les régulations et les reports de l'offre de fourrages (les dates et la surface de fauche), sur la distribution calendaire de la demande du troupeau (sevrage anticipé, rentrée des agneaux d'herbe en finition), sur la répartition spatiale de la pression de pâturage et de la fauche entre les deux îlots, au printemps dans les deux systèmes, en été-automne dans le système production.

C'est bien autour de ces trois composantes, pourtant rarement envisagées ensemble, que se jouent les régulations du système fourrager. Notons que les régulations spatiales du pâturage mettent en jeu les principes de mobilité du troupeau (Landais, 1987). Ces principes de mobilité du troupeau sont très souvent négligés sauf lorsqu'il s'agit de considérer la surface proche, accessible par le troupeau de vaches laitières pour un trajet biquotidien à partir de la salle de traite (Benoit, 1986 ; Brunschwig *et al.,* 2005), ou, dans des systèmes pastoraux, lorsque les points de rassemblement des troupeaux marquent le découpage de l'espace (Girard *et al.,* 2000). Dans les systèmes allaitants herbagers, avec clôture et constitution de lots, la façon dont les éleveurs considèrent les moments et les catégories « à surveiller de près » et le lieu pivot de cette surveillance sont déterminants des modalités d'utilisation des îlots éloignés.

Les deux systèmes ont beaucoup de points communs (caractère très extensif, répartition des mises bas assez proches tout comme les règles d'ajustement de la surface de fauche et de la quantité de stock par brebis). Pourtant, certains leviers sont spécifiques : le pâturage hivernal et l'ajustement des dates de sevrage et des modalités de finition des agneaux en système entretien des territoires ; l'organisation éventuelle d'un deuxième passage dans l'îlot éloigné dans le système production. On retrouve ici l'effet du système d'élevage au sens de la finalité assignée à l'activité et de ses conséquences sur la définition des périodes sensibles du calendrier et sur la délimitation et la gestion des surfaces « tampon ». Dans le système production, l'îlot éloigné est la surface tampon d'un système dans lequel la sensibilité de l'îlot principal à la sécheresse estivale est la principale préoccupation. Si cette « roue de secours » n'a pas été utilisée toutes les années, elle a cependant été préparée chaque année (« la roue a été gonflée ») par un passage des brebis de printemps. Dans le système entretien, la parcelle de pâturage hivernal joue le rôle de surface tampon, dans une configuration où la charge animale est répartie de façon équilibrée entre les deux îlots, et dont le risque principal est celui de l'excédent d'herbe en fin de printemps. La parcelle affectée au pâturage hivernal n'est pas spécifiquement préparée à cette fonction par un mode d'exploitation particulier. Ce sont plutôt les aménagements qui l'assurent (abreuvoirs antigélifs, râteliers extérieurs). Comprendre les modalités de régulation de la variabilité climatique implique bien de comprendre la stratégie de conduite, les dates de mises bas, les types d'agneaux produits, la fonction de l'îlot éloigné du siège d'exploitation, les principes de mobilité et d'allotement des ovins. Si les leviers peuvent être considérés comme des sources de la flexibilité opérationnelle du système (chapitre 1), ils ne sont interprétables qu'en référence aux options stratégiques et aux finalités des systèmes.

L'approche technico-économique a souligné la validité et la robustesse interannuelle des marges brutes des systèmes par comparaison avec les données de réseaux d'élevage au cours de la même période. Pendant les quatre années d'expérimentation, le taux de recouvrement en ligneux a augmenté de 49 % en système entretien du territoire et de 108 % en système production. Cela entraîne dans les deux cas, l'emploi d'outils mécaniques pour contenir la progression de la végétation arbustive, mais à un rythme moins rapide dans les systèmes production et entretien. On retrouve ici un dernier ensemble d'outil de régulation de l'herbe à intégrer dans le raisonnement comme ces outils mécaniques d'entretien, et une autre échelle de raisonnement, une période pluriannuelle, au cours de laquelle se jouent des dynamiques, des rattrapages et des régulations que nos approches, très centrées sur la cohérence intracampagne (chapitre 5) ou sur des dynamiques de long terme (Deffontaines *et al.*, 1995 ; Macdonald *et al.*, 2000), ont du mal à intégrer.

Les projets d'élevage définis pour cette expérimentation étaient très originaux : ils n'avaient pas pour fonction de reproduire des situations observées chez les exploitants privés mais d'explorer des situations nouvelles. Le système entretien du territoire par le pâturage s'est révélé globalement performant vis-à-vis de l'objectif qui lui était assigné mais également, de façon plus inattendue, plus intéressant économiquement que le système production d'agneaux, qui visait un haut niveau de marge brute par brebis. Dans le système entretien, les principes et les règles de gestion ont permis de respecter les exigences fondamentales pour l'obtention d'une très bonne marge brute par brebis : une bonne productivité numérique par brebis associée à une exceptionnelle autonomie fourragère. Dans le système production, même si les résultats économiques par brebis sont tout à fait acceptables en comparaison des données recueillies en fermes privées, la conception d'un système opportuniste vis-à-vis des cours du marché (agneaux lourds et légers) n'a pas bien résisté au retournement de conjoncture lié à la crise de l'ESB. Ainsi, alors que l'accent était mis dès le départ sur les modalités de régulation de la variabilité climatique pour assurer la réussite de tels systèmes très herbagers, et notamment l'ajustement très fin des quantités de stocks et des dates de fauche, c'est une autre leçon qui s'est dégagée des fluctuations de l'environnement dans lequel ont évolué les systèmes : le retournement de conjoncture sur les prix des agneaux et son impact sur les résultats du système production (pas de gain sensible en terme de produits pour un système plus coûteux en concentrés que le système entretien) soulignent les limites d'une tentative d'ajustement trop fin du calendrier des mises bas et du type d'agneau sur des conjonctures passées, sauf à disposer de garanties de prix dans le cadre de contrats spécifiques. C'était le cas de la crise de l'ESB, il y a eu bien d'autres sources d'incertitudes depuis.

C'est bien vers cette prise en compte de multiples sources d'incertitudes, et des moyens combinés d'y faire face qu'il nous faut progresser dans la compréhension du « pouvoir tampon » (Carpenter *et al.*, 2001) des systèmes d'élevage.

Références bibliographiques

AGREIL C., 2003. Pâturage et conservation des milieux naturels. Une approche fonctionnelle visant à qualifier les aliments à partir de l'analyse du comportement d'ingestion chez la brebis. Thèse de doctorat, Abies-Ina-PG, Paris, France, 361 p.

ANDRIEU N., 2004. Diversité du territoire de l'exploitation d'élevage et sensibilité du système fourrager aux aléas climatiques : étude empirique et modélisation. Thèse de doctorat en sciences agronomiques, Abies-Ina-PG, Paris, France, 321 p.

BENOIT M., 1986. Intensification des systèmes d'élevage laitier et rigidité des parcellaires et des bâtiments. *BTI,* 412/413 : 641-649.

BENOIT M., 1998. Un outil de simulation du fonctionnement du troupeau ovin et de ses résultats économiques : une aide pour l'adaptation à des contextes nouveaux. Inra *Productions animales,* 11(3) : 199-209.

BENOIT M., LAIGNEL G., LIÉNARD G., 1999. Facteurs techniques, cohérence de fonctionnement et rentabilité en élevage ovin allaitant. Exemples du Massif central Nord et du Montmorillonnais. *Rencontres recherche ruminants,* 6 : 19-22.

BENOIT M., DEDIEU B., (coord.), de MONTARD F.X., LOUAULT F., TOURNADRE H., 2000. Gestion de projets d'élevage ovin en situation de sous-chargement. Mise en œuvre et conséquences de projets « production d'agneaux » et « entretien du territoire » à 0,6 UGB /ha dans le cadre d'une expérimentation système en Auvergne. Document Inra, Centre de Clermont-Ferrand-Theix, GREPO, 43 p.

BRELURUT A., LOUAULT F., BENOIT M., TOURNADRE H., THERIEZ M., DE MONTARD F.X., LIÉNARD G., DEDIEU B., LAIGNEL G., 1998. Adaptation de l'élevage ovin allaitant à une diminution du chargement. Exemple en moyenne montagne. *Annales de zootechnie,* 47 : 483-490.

BRUNSCHWIG G., JOSIEN E., BERNHARD C., 2005. Contraintes géographiques et modes d'utilisation des parcelles en élevage bovin allaitant et laitier. Actes du Séminaire de l'Association française de production fourragère, Élevage, prairies, travail ; Paris, France, 20 octobre 2005. p. 101-110.

CARPENTER S., WALKER B., ANDERIES J.M., ABLE N., 2001. From metaphor to measurement : resilence of what to what ? *Ecosystems,* 4 : 765-781.

COLÉNO F.C., 1997. Stratégie de gestion des systèmes fourragers en élevage laitiers : étude empirique et modélisation. Thèse doctorat, Ina-PG, Paris, France, 241 p. + annexes.

DAGET P., POISSONNET J. 1971. Une méthode d'analyse phytologique des prairies. *Annales Agronomiques,* 22(1) : 5-41.

DEDIEU B., LOUAULT F., TOURNADRE H., BENOIT M., DE MONTARD F.X., THÉRIEZ M., BRELURUT A., TOPORENKO G., PAILLEUX J.Y., TEUMA J.B., LIÉNARD G., 2002. Conception de systèmes d'élevage intégrant des préoccupations environnementales : contribution d'une expérimentation système en production ovin viande. *Rencontres recherche ruminants,* 9 : 391-394.

DEFFONTAINES J.-P., THENAIL C., BAUDRY J., 1995. Agricultural systems and land use patterns : how can we build a relationship. *Landscape Urban Plann.*, 31 : 3-10.

GUÉRIN G., BELLON S., 1990. Analyse des fonctions des surfaces pastorales dans des systèmes de pâturage méditerranéens. Inra *Études et Recherches,* 17 : 147-158.

GIBON A., 2005. Managing grassland for production, the environment and the lansdcape. Challenges at the farm and the landscape elvel. *Livestock Production Science,* 96 (2005) : 11-31.

GIRARD N., BELLON S., HUBERT B., LARDON S., MOULIN C.-H., OSTY P.L., 2000. Categorising combinations of farmers' land use practices : an approach based on examples of sheep farms in the south of France. *Agronomie,* 21 : 435-459.

INGRAND S., DEDIEU B., CHASSAING C., JOSIEN E., 1993. Étude des pratiques d'allotement dans les exploitations d'élevage. Proposition d'une méthode et illustration en élevage bovin extensif Limousin. Inra, *Études et recherches sur les systèmes agraires et le développement,* 27 : 52-72.

LANDAIS E., 1987. Recherches sur les systèmes d'élevage. Document de travail Inra-Sad, Versailles, 70 p.

ITEB, 1983. Comment gérer le pâturage-prévision, suivi, dépouillement. Collection *Le Point sur,* Institut de l'élevage, 76 p.

LOUAULT F., DEDIEU B., BENOIT M., TOURNADRE H., DE MONTARD F.X., 2002. Designing under-stocked livestock farming systems which favor vegetation control : a system-experiment in Auvergne montain. Proceedings 19th General Meeting of European Grassland Federation, La Rochelle, 27th-30th May 2002, J.-L. Durand, J.-C. Emile, C. Huyghe, G. Lemaire (eds.). *Grassland Science in Europe,* 7 : 1044-1045.

MACDONALD D., CRATBEE J.R., WIESINGER G., DAX T., STAMOU N., GUTIERREZ LAZPITA J., GIBON A., 2000. Agricultural abandonment in mountain areas of Europe : environmental consequences and policy response. *Journal of Environmental Management,* 59 : 47-69.

MOLENAT G., JARRIGE R., 1979. Utilisation par les ruminants des pâturages d'altitude et parcours méditerranéens. 10e journées du Grenier de Theix. Inra Publications, 378 p.

MOULIN C., GIRARD N., DEDIEU B., 2001. L'apport de l'analyse fonctionnelle des systèmes d'alimentation. *Fourrages,* 167 : 337-363.

PARRIS K., 2002. Grasslands and the environment : recent European trends and future directions – an OECD perspective. *In* Multi-function Grasslands. Quality forages, animal products and landscapes, Proceedings 19th General Meeting of European Grassland Federation, La Rochelle, 27th-30th May 2002. J.-L. Durand, J.-C. Emile, C. Huyghe, G. Lemaire (eds.). *Grassland Science in Europe,* 7 : 957-985.

THÉRIEZ M., BRELURUT A., PAILLEUX J.-Y., BENOIT M., LIÉNARD G., LOUAULT F., DE MONTARD F.X., 1997. Extensification en élevage ovin viande par agrandissement des surfaces fourragères. Résultats zootechniques et économiques de 5 ans d'expérience dans le Massif central Nord. Inra *Productions animales,* 10 (2) : 141-152.

VALLENTINE J., 2001. *Grazing management.* Brigham Young University, provo, Utah, États-Unis, 659 p.

La dynamique des systèmes d'élevage face aux nouveaux enjeux des filières et du territoire

Comprendre et analyser les changements d'organisation et de conduite de l'élevage dans un ensemble d'exploitations : propositions méthodologiques

Charles-Henri MOULIN, Stéphane INGRAND, Jacques LASSEUR,
Sophie MADELRIEUX, Martine NAPOLÉONE, Jean PLUVINAGE, Vincent THÉNARD

Aujourd'hui, les éleveurs font face à des incitations aux changements sur leur façon de produire. Ces incitations prennent des formes variées (contrats avec des firmes, politiques agricoles…) et leur finalité est de répondre à des préoccupations sur les produits de l'élevage (qualité organoleptique et sécurité sanitaire) mais aussi sur les conséquences des activités d'élevage sur le territoire (développement socio-économique, paysage, etc.). Ces incitations multiformes, portées par différentes institutions, ne débouchent pas sur des propositions de nouveaux systèmes cohérents. Dans ce contexte d'incitations sectorielles et partielles et d'évolutions importantes de l'environnement macro-économique, les éleveurs transforment leurs exploitations en organisant de nouvelles cohérences fonctionnelles, au niveau des processus biotechniques, et de nouvelles cohérences stratégiques, notamment dans l'agencement des éléments constitutifs des systèmes (Osty *et al.,* 1996).

Ce travail de réorganisation produit des changements plus ou moins profonds et plus ou moins rapides des exploitations, sans que le terme de cette réorganisation soit forcément connu à l'avance. Il ne s'agit pas d'un processus de passage d'un ancien système à un nouveau système déjà référencé, mais d'un processus d'exploration des possibilités du système à s'adapter à des changements (ce qui renvoie aux ressorts de la flexibilité déclinés dans la première partie), à s'accorder à de nouvelles cohérences fonctionnelles, jusqu'à la création de nouveaux systèmes, avec de nouvelles cohérences stratégiques, par retouches successives. C'est donc la flexibilité de type stratégique qui nous intéresse ici (chapitre 1).

L'analyse de ce travail de réorganisation soulève des problèmes méthodologiques. Ce processus s'étalant sur plusieurs années, montrant des pauses ou des accélérations au long de la carrière professionnelle d'un éleveur, le pas de temps nécessaire à l'étude est donc pluriannuel. L'éleveur ne réalise pas ce travail de réorganisation seul sur son exploitation ; il le fait en lien avec les évolutions de l'environnement (au sens le plus large du terme) et dans le cadre des réseaux de relations qu'il entretient avec d'autres acteurs. Nous proposons donc d'étudier les réorganisations menées, au cours de plusieurs années, par un ensemble d'éleveurs dans une situation locale, dans laquelle se cristallisent des incitations portées ou relayées par les acteurs du monde de l'élevage.

L'analyse de ce travail de réorganisation fait référence à la flexibilité stratégique. Celle-ci peut être définie comme le champ des possibles (multiplier le nombre de configurations que le système productif peut prendre) et la facilité du changement, mais c'est également la recherche du maintien d'une cohérence dans la conduite de l'entreprise (maintien de ses objectifs et de sa forme organisationnelle) par rapport à son environnement (chapitre 1). Nous proposons donc d'aborder les processus de changement également en étudiant ce qui n'est pas changé, ce qui fait la cohérence et l'identité du système (Le Moigne, 1990) que nous qualifions d'invariant. D'après le Dictionnaire de l'Académie française, l'adjectif invariant se dit d'une grandeur, d'une fonction, d'une relation, d'une propriété qui reste identique, qui se conserve au cours d'une transformation. Nous adoptons cette définition en première approche pour tester si cette notion est pertinente dans l'analyse des changements dans les exploitations d'élevage.

L'objet de ce chapitre est de proposer une démarche d'étude des transformations des pratiques des éleveurs sur le long terme, afin de pouvoir aborder la flexibilité stratégique des exploitations. L'objectif est de construire des connaissances sur les changements passés pour accompagner les acteurs de l'élevage dans les processus de changement en cours. Cette démarche a été formalisée au sein d'un groupe de chercheurs, en se fondant sur deux types de matériaux : d'une part les expériences antérieures des membres du groupe, confrontées à l'analyse des dynamiques d'exploitations d'élevage à moyen ou long terme ; d'autre part, les résultats de deux chantiers en cours. Le premier concerne des éleveurs caprins des Cévennes, adhérents d'une coopérative laitière (Napoléone et Boutonnet, 2004) ; le second s'intéresse aux éleveurs ovins de Crau participant au maintien d'espaces remarquables (Moulin *et al.,* 2004). Après une étude bibliographique pointant les enjeux méthodologiques de l'analyse des évolutions des exploitations, une proposition de démarche est présentée et illustrée. Les résultats du travail réalisé en Crau montrent l'intérêt de cette démarche ; le chantier mené dans les Cévennes est traité au chapitre 14 (p. 219). Les enjeux scientifiques et les applications opérationnelles de cette proposition sont alors discutés.

L'analyse des évolutions du système famille-exploitation

Dans les travaux développés depuis les années 1970 sur l'analyse de l'activité agricole au sein des unités de production, il est souvent fait appel à une approche dynamique prenant en compte les évolutions des activités dans le temps, sur plusieurs années au moins. Des démarches, plus ou moins formalisées, ont été élaborées pour étudier ces évolutions. L'analyse des concepts et des méthodes sur lesquelles reposent ces démarches permet d'identifier des problèmes méthodologiques et les enjeux de nouveaux travaux de recherche.

Les méthodes existantes

Dans les méthodes centrées sur l'analyse d'une exploitation, l'évolution du système est toujours prise en compte. Certaines méthodes (Digrex, Benoît *et al.*, 1988) formalisent la construction d'un schéma d'évolution ; dans d'autres méthodes (Agea, Marshall *et al.*, 1994) le passé n'est pris en compte que pour mieux cerner les objectifs actuels de l'agriculteur et de sa famille. Cette position reprend largement celle de Capillon et ses collègues : *« la connaissance du passé est utile dans la plupart des cas pour mieux cerner les objectifs de la famille »* (Capillon et Manichon, 1978). La reconstitution du passé de l'exploitation n'est donc pas utilisée pour étudier les changements en tant que tels, mais pour en inférer les objectifs de la famille, avec une hypothèse de permanence, même si le caractère adaptatif du comportement de l'agriculteur est reconnu (Petit, 1981), ajustant conjointement objectifs et actions.

Dans les méthodes typologiques, caractérisant la diversité des exploitations à partir d'une théorie de leur fonctionnement, les dynamiques sont prises en compte au travers de deux concepts : la trajectoire d'évolution (Capillon, 1993) et la trajectoire d'exploitation (Perrot *et al.*, 1995). La construction des trajectoires d'évolution est réalisée à partir de l'historique des exploitations, retracé par enquête. La création des types s'appuie alors sur la ressemblance des fonctionnements actuels et des évolutions antérieures : *« On constitue des groupes d'exploitations dont on a de bonnes raisons de penser qu'elles ont une évolution semblable. Toutes les exploitations sont ainsi regroupées en quelques trajectoires d'évolution ou types et la position relative sur cette trajectoire permet de dégager quelques sous-types. »* (Capillon et Manichon, 1978). Dans la méthode typologique à dire d'experts (Perrot, 1990), les dynamiques sont prises en compte en réactualisant la typologie (au bout de 5 ans, par exemple) et en étudiant les trajectoires individuelles des exploitations entre les deux dates, c'est-à-dire le passage d'une exploitation d'un type à l'autre : la construction des types précède ici l'analyse des trajectoires. Dans ces deux démarches, les analyses des trajectoires repèrent les mécanismes mis en jeu lors du passage d'un type à l'autre, comme l'agrandissement des surfaces, l'abandon ou la création d'une activité. C'est la comparaison des états initiaux et finaux qui permet de repérer ces changements, sans que le processus par lequel un système passe d'un état à l'autre soit vraiment abordé.

Des travaux ont été engagés récemment pour appréhender spécifiquement les changements mis en œuvre. Dans le cas d'exploitations d'élevage, Madelrieux *et al.* (2002) ont étudié les modifications de l'utilisation du territoire par l'élevage lorsque les éleveurs cherchent à résoudre des problèmes de travail. C'est le processus même de changement qui est analysé, en saisissant les liens entre les événements, relativement au contexte (Pettigrew, 1987 ; Vandangeon-Derumez, 1998). Ceci passe par l'identification, d'une part, des leviers d'actions possibles pour résoudre un problème de travail et, d'autre part, des actions sur le territoire. Les processus de changement sont alors représentés en mettant en évidence les articulations entre leviers d'action et les effets induits des actions (réactions en chaîne).

Enjeux de démarche et de méthodes

Une série de problèmes méthodologiques sont soulevés à l'examen des démarches présentées succinctement ci-dessus.

La méthode élaborée par Capillon et ses collègues est peu formalisée et ses meilleures applications restent le fait des membres de l'équipe ou de personnes directement formées par cette équipe (Landais, 1996). Dans les constructions de typologies s'inspirant de ces travaux, les aspects historiques ne sont souvent pas repris ou le statut conféré aux données sur l'histoire n'est pas clair, ce que souligne par exemple Bonnemaire (1988) dans une synthèse de communications sur la diversité des exploitations. Ceci appelle à formaliser de façon plus explicite, pour les rendre transmissibles, les méthodes d'analyse de l'historique des exploitations et surtout l'utilisation de ces analyses.

La démarche de Perrot *et al.* (1995) est bien formalisée. Cependant, l'analyse des trajectoires d'exploitation repose sur la réalisation de typologies à dire d'experts à quelques années d'intervalle. Elle peut donc être mise en œuvre par des organismes ayant une mission pérenne de conseil en élevage et capitalisant des connaissances sur les exploitations sur une longue durée (réalisation d'une première typologie à dire d'experts et actualisation périodique). Cette démarche ne peut donc pas être mise en œuvre dans le cadre d'une étude qui démarre. Le recours à une analyse rétrospective, pour saisir les évolutions dans le long terme, reste alors la seule alternative possible.

Au-delà de ces difficultés de méthodes, l'analyse des évolutions d'un ensemble d'exploitations pose également deux problèmes de fond (Landais, 1996). Le premier est d'articuler le temps du système famille-exploitation, fait d'une succession de phases qui marquent le cycle de vie (installation, désendettement, croisière, préparation de la transmission ou de la cessation d'activité) et le temps long de l'évolution historique. Le second problème est de prendre en compte les interactions entre les exploitations : concurrence pour l'accès aux ressources (foncier, droits à prime) et aux marchés, échanges de travail et d'équipements, circulation d'informations dans des réseaux professionnels, etc. Les méthodes typologiques sont au contraire fondées sur l'hypothèse d'une indépendance des évolutions des exploitations. Pour étudier les évolutions des exploitations dans une perspective d'accompagnement du changement, l'enjeu est donc de prendre en compte les liens entre les phases du cycle de vie des exploitations et les évolutions du contexte.

Ceci implique de travailler sur les changements en tant que processus, en caractérisant le contexte du changement, à la fois contexte interne lié aux évolutions du système famille-exploitation mais également contexte externe lié aux transformations de l'environnement socio-économique des exploitations. La difficulté est alors de définir ce qu'est un changement dans l'organisation et la conduite d'une activité d'élevage. Les sciences de gestion distinguent changement exceptionnel et changement continu (Desrumeaux, 1986) : exceptionnel s'il s'agit de procéder à des changements majeurs ; continu lorsque le changement se construit par l'effet de l'ajustement ou de modifications apparemment mineures de la structure de base. Dans l'étude sur les changements mis en œuvre par des éleveurs pour résoudre leur problème de travail, Madelrieux *et al.* (2002) ont privilégié une entrée sur les changements exceptionnels. L'enjeu méthodologique est d'aborder l'ensemble des changements, sans hypothèse à priori sur leur nature.

Proposition de démarche d'analyse des changements dans les exploitations d'élevage

Démarche générale

L'objectif de la démarche (figure 1) est de construire un cadre d'analyse qui relie les processus de changement, les trajectoires d'exploitation et les transformations de l'environnement (milieu naturel et environnement socio-économique). Le recueil d'information s'attache, par enquête rétrospective, à accéder à l'histoire de l'environnement et à l'histoire des exploitations. Il se focalise sur le recensement des événements survenus, sur les liens logiques entre ces événements et les justifications que donnent les acteurs de ces événements. Le traitement de ces informations se fait en deux étapes. Dans un premier temps, l'histoire de chaque famille-exploitation est représentée sous forme d'une succession de phases correspondant à une cohérence dans l'organisation et la conduite des activités. Dans un deuxième temps, l'analyse consiste à repérer les objets des changements opérés pour passer d'une phase à l'autre et à identifier les éléments que l'éleveur préserve au cours des transformations et que nous qualifions d'invariants. Des analyses transversales permettent alors d'étudier, de façon synchronique, comment un ensemble d'éleveurs s'est comporté au cours d'un événement marquant de l'environnement ou d'analyser, de façon diachronique, le comportement des éleveurs au cours

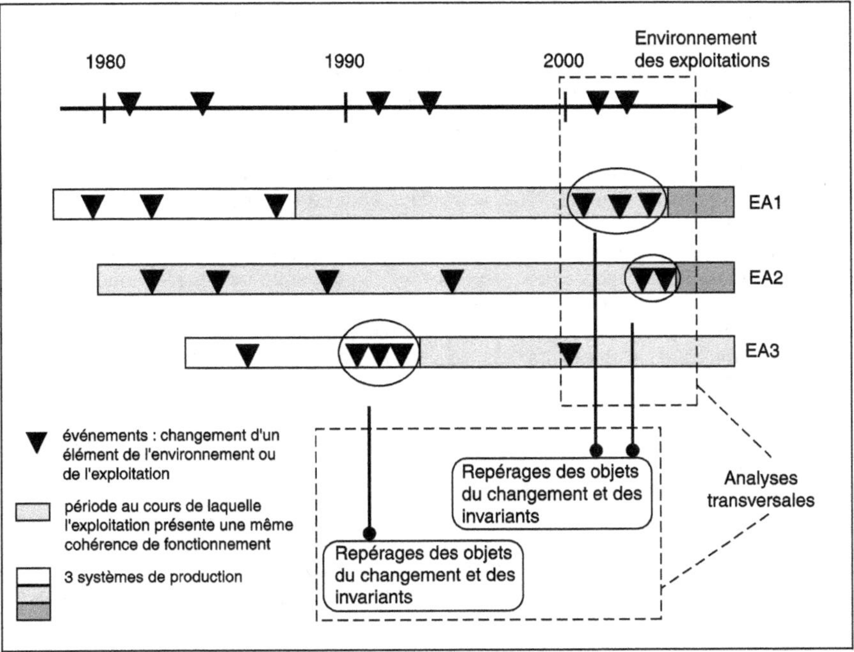

Figure 1. Démarche générale d'analyse des changements dans un ensemble d'exploitations agricoles.

d'événements marquant le cycle de vie du système famille-exploitation. Les points clés de cette démarche peuvent maintenant être détaillés et illustrés, en définissant les notions qu'ils mobilisent et en précisant certains éléments de méthode.

Historique de l'environnement des exploitations

L'environnement des exploitations est compris dans son sens le plus large, depuis les événements proches – ce qui s'est passé chez un éleveur voisin, par exemple, JM a utilisé avec succès la technique de l'éclairement lumineux pour désaisonner ses chèvres – jusqu'aux évolutions des marchés mondiaux et de la Politique agricole commune. Il s'agit de repérer, dans les entretiens avec les éleveurs, les événements du contexte qu'ils évoquent pour justifier les changements opérés dans leur exploitation. Des entretiens avec des opérateurs des filières, des conseillers, etc., permettent de compléter ou de préciser certains événements du contexte. Ces événements sont placés, au fur et à mesure des entretiens, dans une frise chronologique qui fournit des éléments de relance pour les entretiens ultérieurs – voir l'exemple des événements repérés pour le travail en Crau (encadré).

Les différents types d'événements repérés pour retracer l'évolution de l'environnement des exploitations ovines en Crau

La caractérisation de l'évolution de l'environnement des exploitations en Crau répertorie et situe dans un calendrier des événements de natures diverses. Ce sont tout d'abord des évolutions du contexte national et international (marché, politique agricole, réglementation) qui se décline éventuellement de façon particulière en Crau. Par exemple, l'ouverture des marchés de l'Europe du Sud (1982 pour l'Italie puis 1986 pour Espagne et Portugal, à leur entrée dans l'Union européenne) a permis la création d'un débouché pour un nouveau type d'agneau (agneau léger dit « export »), à partir de 1984 pour la Crau. La mise en œuvre des mesures agri-environnementales s'est concrétisée en Crau en 1990 avec deux opérations locales en Crau sèche et en Crau humide. La réglementation sanitaire par rapport à la Tremblante (suite à la deuxième crise de la vache folle) a imposé à partir du 1er juillet 2002, la démédullation des agneaux abattus après l'âge de 6 mois. La mise en place de cette réglementation a poussé les éleveurs de Crau, qui vendent certains agneaux au-delà de cet âge, notamment les tardons, agneaux nés au printemps pouvant monter en estive, à revoir la conduite de leurs agneaux. Dans la région, l'évolution des structures opérant dans l'abattage et la commercialisation des agneaux marque fortement l'environnement des exploitations. Ont ainsi été repérées les dates de fermeture de différents abattoirs locaux (Arles en 1987, Marseille-port-Saint-Louis en 1989, Salon-de-Provence en 1991), seuls Marseille et Tarascon jouant encore un rôle de proximité pour les éleveurs de Crau. La restructuration des organisations de producteurs a également été forte pendant les années 80 et 90 (nombreuses fusions), une organisation, Le Mérinos, restant localisée en Crau. Les organisations de producteurs de la région Provence-Alpes-Côte d'Azur travaillent à la mise en place de signes officiels de qualité pour démarquer la production régionale, autour du site de Sisteron : un Label Rouge, une certification de conformité produit (CCP) et une indication géographique protégée (IGP) « Agneau de Sisteron ». L'organisation de producteurs de la Crau a par exemple participé à la mise en place du Label Rouge « Agneau César », avec les premiers éleveurs adhérant en 1995. La démarche s'est arrêtée en 1997-1998, puis a repris en 2001.

Historique du système famille-exploitation

Le but est de repérer la succession, depuis l'installation du chef d'exploitation, de phases caractérisées par une cohérence de l'organisation et de la conduite des activités. L'entretien avec un éleveur démarre par la description du fonctionnement actuel de l'exploitation ; à partir d'un calendrier annuel des événements sur le troupeau et les surfaces et en reliant ces événements à des éléments d'organisation spatiale des surfaces et des bâtiments et d'organisation du travail. Puis, l'éleveur est amené à raconter l'histoire de son exploitation et de ses pratiques depuis son installation. L'entretien doit être très ouvert pour laisser l'éleveur s'exprimer sur ce qui lui paraît important de relater. Des relances peuvent être faites par la suite, sur des thèmes qui n'auraient pas été abordés ou par rapport à des événements évoqués par d'autres acteurs.

L'ensemble des événements est transcrit dans une frise chronologique. Le traitement consiste alors à repérer les cohérences successives. Cette analyse peut porter sur différents niveaux d'organisation de l'exploitation : soit sur une activité parmi d'autres, soit sur l'ensemble des activités. Concernant une activité d'élevage, la cohérence reflète les objectifs de production (niveau et répartition dans le temps) et les modes de conduite du troupeau, des surfaces et d'organisation du travail mis en œuvre pour satisfaire ces objectifs. La cohérence peut également être étudiée dans l'ensemble du système d'activités de la famille résidant sur l'exploitation agricole. Les phases successives reflètent alors l'évolution conjointe de la famille (passage d'une phase à l'autre du cycle de vie) et des activités menées. Il est alors possible de rendre compte du sens des changements mis en œuvre par les éleveurs, en termes d'organisation et de conduite d'une activité d'élevage, dans le contexte où ils sont opérés : soit de transformation du système de production, soit de passage d'une phase à une autre du cycle de vie du système famille-exploitation, soit des deux en même temps.

Le traitement de l'entretien aboutit à une représentation synthétique de la chronique de l'exploitation (figure 2). Dans le cas présenté ici, un élevage caprin des Cévennes, seuls les événements de l'environnement en lien avec des changements dans l'exploitation ont été figurés. Les événements sont classés par grande catégorie (famille-exploitation, travail, bâtiment…).

Changements et invariants

La mise en forme de la chronique de la famille et de l'exploitation permet d'identifier les éléments du système sur lesquels l'éleveur a fait porter les changements, en précisant à chaque fois le contexte, – tant au niveau de l'exploitation que de son environnement –, dans lequel le changement a été opéré. Deux types de changement peuvent alors être distingués (figure 3). Certains changements peuvent être réalisés sans que la cohérence soit affectée : nous parlons alors de modifications progressives. En revanche, à certaines périodes (sur un pas de temps plus ou moins long), l'éleveur opère plusieurs changements conduisant à la mise en place d'une nouvelle cohérence ; nous parlons alors de transformations. En replaçant ces changements dans leur contexte, en identifiant les liens entre les différents changements, il est alors possible de retracer la stratégie de l'éleveur au cours de ces changements (Mintzberg, 1987 *in* Girard, 1995) : pourquoi changer ? Dans quel but ? Avec quelle logique ?

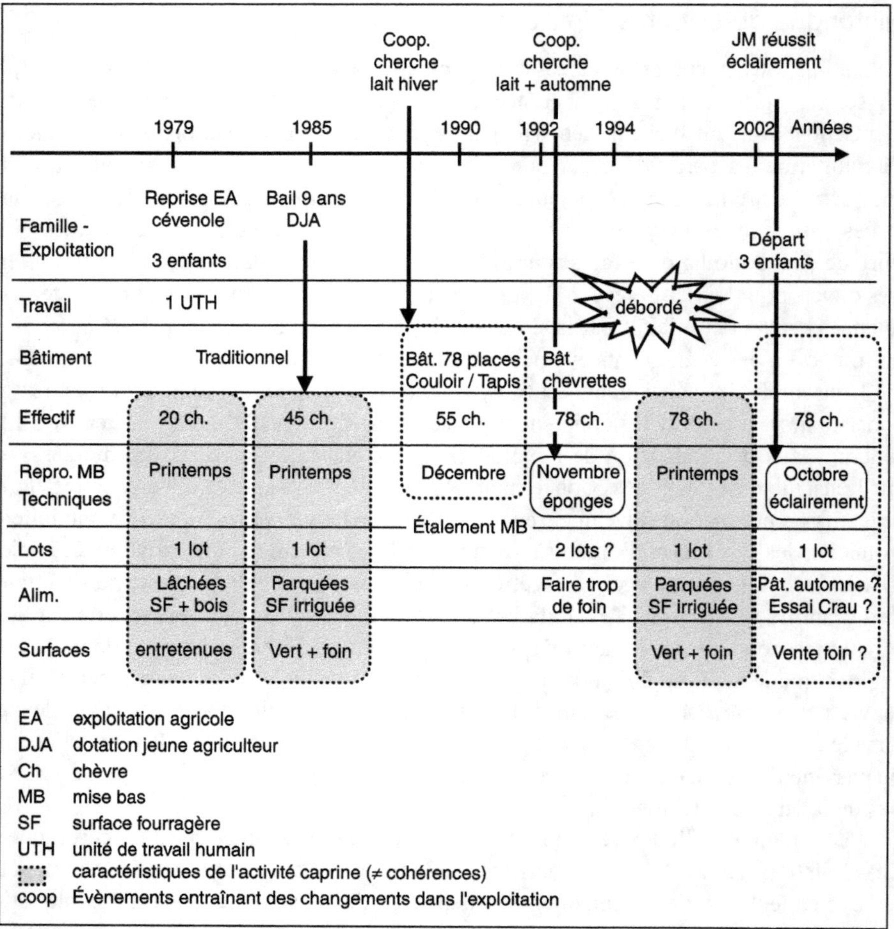

Figure 2. Chronique d'une exploitation d'un éleveur caprin lait dans les Cévennes.

En phase de croissance et d'investissement (1990, construction d'un nouveau bâtiment et augmentation du cheptel), l'éleveur cherche également à répondre aux sollicitations de la coopérative pour produire du lait d'hiver. Il cherche à avancer les dates de mises-bas sur décembre puis novembre en utilisant des traitements hormonaux. Ce faisant, il modifie complètement son calendrier d'alimentation, augmente les tâches à réaliser et malgré les investissements, comme le tapis d'alimentation, se retrouve débordé de travail. En 1994, il revient alors à des mises bas de printemps sur une cohérence de fonctionnement proche de celle d'avant 1990, mais avec un troupeau plus important grâce à un bâtiment plus grand et mieux équipé. En 2002, le départ de ses trois enfants étudiants pousse l'éleveur à modifier ses pratiques de conduite du troupeau pour se libérer du temps libre en été. Il tente donc à nouveau de décaler les mises bas sur l'automne (octobre) grâce à une nouvelle technique de désaisonnement essayée avec succès par un autre adhérent de la coopérative. Une autre cohérence de l'activité caprine est peut-être en train de se dessiner.

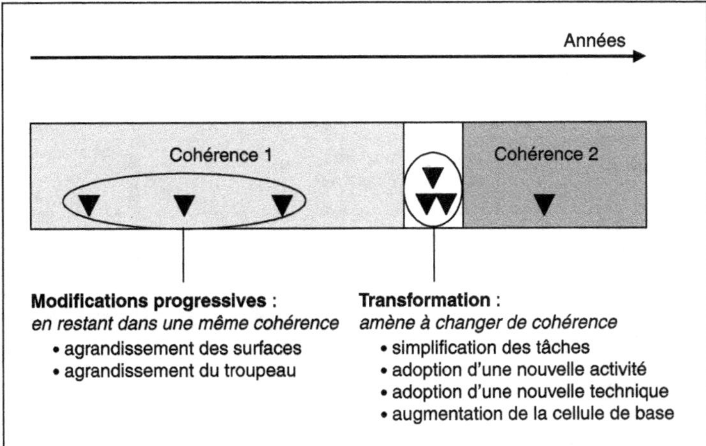

Figure 3. Cohérences successives et changements dans l'exploitation.

Lors de modifications progressives, la cohérence globale est par définition préservée. C'est donc cette cohérence et ce qui la constitue (finalités de l'éleveur, sa vision des contraintes et des opportunités auxquelles il est confronté, ses décisions et leur traduction dans des pratiques) qui sont invariantes. En revanche, au cours des transformations (plusieurs changements aboutissant à une autre cohérence), même si la cohérence du système change, certains éléments restent tout de même inchangés. Ces invariants ne relèvent pas de l'évidence, ne sont pas exprimés directement par l'éleveur lorsqu'il raconte l'histoire de son exploitation. C'est l'analyse des changements opérés, notamment des finalités poursuivies, et des actions alternatives qui auraient pu être retenues pour satisfaire ces mêmes finalités, qui permet d'identifier les invariants.

L'exemple d'un éleveur ovin en Crau permet d'illustrer la méthode suivie pour identifier les invariants (figure 4).

Le cas de l'éleveur caprin (figure 2) permet d'illustrer à nouveau cette notion d'invariant et ses liens avec le changement. Lorsqu'il cherche à désaisonner son troupeau en visant des mises bas de novembre, il utilise la technique des traitements hormonaux. Le fait qu'une faible part du troupeau mette bas effectivement en novembre l'amène à devoir gérer deux lots de chèvres en lactation alors qu'il n'a pas conçu la conduite de l'alimentation et des surfaces fourragères pour cela. En 1994, l'éleveur revient donc à des mises bas de printemps, avec un seul lot de chèvres en lactation. C'est cette gestion en un lot qui est ici l'invariant et qui explique, du moins en partie, l'abandon de la technique des traitements hormonaux pour désaisonner. Si la maîtrise de l'éclairement lumineux permet de faire mettre bas tout le troupeau en octobre, alors une nouvelle conduite cohérente de l'activité caprine, avec mise bas d'automne, pourrait être mise en place par l'éleveur. Cet exemple montre l'intérêt de cette notion d'invariant pour identifier les raisons de l'échec de l'adoption d'une nouvelle technique (traitement hormonal).

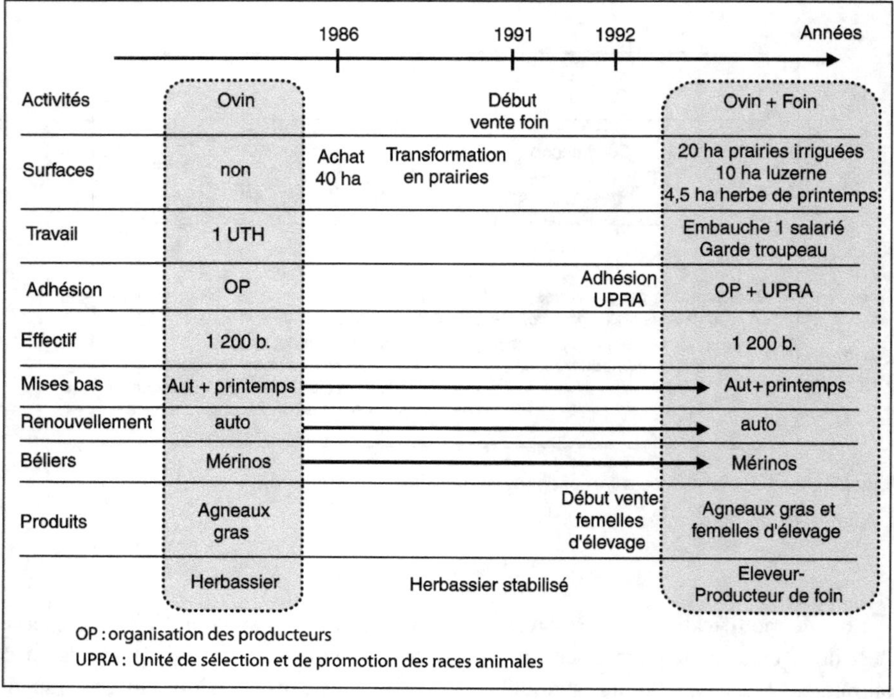

Figure 4. Démarche d'identification d'un invariant.

Repérage des invariants au cours d'une transformation de l'exploitation passant d'un premier système de production avant 1986 à un second système de production après 1992.

Il s'installe comme herbassier en 1972. Entre 1986 et 1991, il acquiert 40 hectares qu'il aménage progressivement en prairies irriguées pour produire du foin de Crau. En 1991-1992, il démarre la vente de foin et change profondément la conduite de son activité ovine (embauche d'un salarié pour la garde au printemps et en estive, vente d'agnelles de renouvellement avec adhésion à l'Upra). Le passage d'une cohérence à une autre s'étale ici sur sept ans. L'éleveur cherche à augmenter la valeur ajoutée de l'activité ovine, tout en développant une nouvelle activité (vente de foin), ce qui nécessite l'embauche d'un salarié. Dans le contexte de l'élevage ovin en Crau, l'éleveur avait une alternative pour augmenter la valeur ajoutée de son activité ovine : la pratique du croisement industriel pour commercialiser des agneaux croisés, avec carcasses plus lourdes, mieux valorisées et recherchées par l'organisation professionnelle à laquelle l'éleveur adhère. Cette alternative, pratiquée par d'autres éleveurs producteurs de foin, aurait entraîné l'achat d'agnelles pour le renouvellement. En effet, l'utilisation de deux races de béliers (race bouchère pour faire des agneaux de boucherie croisés, mais également béliers Mérinos pour assurer l'autorenouvellement) aurait encore alourdi la charge de travail. Dans les transformations réalisées, l'éleveur a donc retenu une solution lui permettant de préserver l'autorenouvellement en agnelles Mérinos.

Exemple d'utilisation de la démarche : les transformations de l'élevage ovin en Crau

L'élevage ovin transhumant en Crau produit des agneaux de race Mérinos d'Arles ou croisés et repose sur la valorisation saisonnière de différentes ressources fourragères : repousses automnales des prés irrigués, pâturées en automne et hiver par les brebis allaitant leurs agneaux (majorité des agnelages à l'automne) ; parcours steppiques et céréales d'hiver au printemps, lors de la lutte ; pelouses d'alpage pâturées en été par les brebis gravides (Molénat *et al.*, 2003). Dans ce schéma général, différents choix techniques sont possibles : gardiennage ou parcs clôturés ; lutte de rattrapage ou non à l'automne ; élevage de tous les jeunes pour la boucherie (finis ou légers pour l'export ; de race pure Mérinos ou croisés) ou commercialisation de reproducteurs (béliers et agnelles d'élevage). Les ateliers ovins s'insèrent dans quatre systèmes de production : les herbassiers, ne disposant d'aucune assise foncière ; les herbassiers stabilisés, avec une assise foncière complétée d'achat d'herbe sur pied ; les éleveurs-producteurs de foin disposant de surfaces importantes de prairies irriguées sur lesquelles ils produisent du foin de Crau destiné à la vente et font pâturer un troupeau ovin ; les éleveurs de gros troupeaux, d'au moins 2 000 brebis, nécessitant l'emploi de bergers salariés permanents. Les troupeaux sont de grande taille, 700 brebis, avec une productivité du cheptel plutôt faible (0,9 agneaux par brebis et par an) (Fabre et Boutin, 2002).

Une nouvelle organisation de l'élevage ovin en Crau est mise en avant de façon récurrente, fondée sur la spécialisation des éleveurs avec, d'une part, quelques sélectionneurs-multiplicateurs de femelles d'élevage de race pure et, d'autre part, des producteurs d'agneaux croisés, achetant les animaux pour le renouvellement. Cette organisation, classique en région d'élevage ovin, permettrait en effet de mieux satisfaire la demande des opérateurs de la filière régionale, à la recherche d'agneaux lourds, issus de croisement entre une brebis rustique comme la Mérinos d'Arles et un bélier de race bouchère. L'analyse des transformations des pratiques des éleveurs permet de comprendre pourquoi cette spécialisation ne se met pas en place en Crau.

L'analyse des changements proposée ci-dessus a été mise en œuvre en 2002. Sur les 109 troupeaux recensés en Crau en 2001, un échantillon de 17 exploitations a été constitué (taux de sondage de 15 %). Afin de constituer une collection de cas représentative de la diversité des situations rencontrées en Crau, une stratification a été faite sur le système de production (2 herbassiers, 4 herbassiers stabilisés, 9 éleveurs-producteurs de foin, 2 éleveurs de gros troupeaux) ainsi que le type de produits et l'adhésion à une structure collective : 10 cas avec vente de reproducteurs dont 4 adhérents à l'Upra et 7 cas avec vente d'agneaux de boucherie dont 4 adhérents à une organisation de producteurs.

La question de la spécialisation des rôles entre éleveurs renvoie au choix des pratiques d'élevage en matière de renouvellement, de reproduction et de types d'agneaux produits. Ces trois pratiques ont été retenues pour caractériser l'activité ovine et son évolution. Cinq modes d'élevage sont distingués (figure 5) et peuvent être présentés en trois groupes d'éleveurs : des producteurs d'agneaux croisés achetant leur renouvellement (Xind) ; des producteurs d'agneaux de boucherie (Mab), élevant leur renouvellement (Xma) ; enfin des éleveurs commercialisant des agneaux de boucherie (MA) et des femelles d'élevage Mérinos (MAx). L'organisation des éleveurs dans un schéma régional classique de croisement est donc loin d'être atteinte – il y aurait alors une majorité de producteurs d'agneaux croisés (Xind) achetant leurs agnelles de renouvellement aux sélectionneurs-multiplicateurs d'agnelles (MA).

La prépondérance des éleveurs en race pure et vendant des reproducteurs (MA) s'explique en partie par les marchés. D'une part, le marché de l'agnelle de renouvellement était plutôt porteur ces dernières années du fait des ventes de Mérinos hors de son berceau de race (en substitution à la race Préalpes du Sud notamment). D'autre part, les

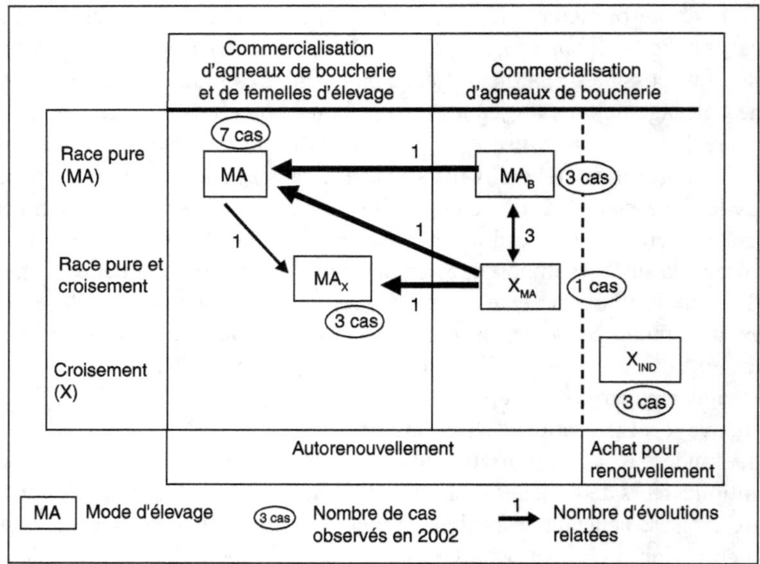

Figure 5. Évolution du mode d'élevage ovin dans 17 exploitations en Crau.

circuits orientés vers la clientèle des agglomérations des Bouches-du-Rhône valorisent bien les mâles de race pure Mérinos, peu recherchés au contraire par les opérateurs liés à Sisteron.

Certains éleveurs sont quand même spécialisés dans la production d'agneaux croisés (Xind). Cette pratique est un invariant traversant les générations : leurs parents faisaient déjà du croisement industriel. Pour d'autres, le croisement est un mode de reproduction qui peut être pratiqué temporairement (passages entre les modes d'élevage MAb et Xma, figure 5), tant que l'autorenouvellement n'est pas remis en cause.

En effet, dans des phases de recherche de simplification des tâches sur l'activité ovine, les éleveurs utilisant deux races de béliers choisissent d'arrêter le croisement pour diminuer le nombre de lots gérés, plutôt que de supprimer l'autorenouvellement. La question du croisement ne se pose donc pas uniquement en termes d'agneaux produits : faire des agneaux croisés, que recherchent les organisations de producteurs présentes autour de Sisteron, ou faire des agneaux de race pure Mérinos, que des éleveurs défendent comme pouvant donner de bonnes carcasses, sur d'autres circuits de commercialisation. Le clivage entre éleveurs ne se fait pas tant sur le croisement que sur l'autorenouvellement. Celui-ci est un invariant pour une partie des éleveurs. La volonté d'élever ses agnelles répond à plusieurs motivations. Celles-ci peuvent être d'ordre économique, comme la gestion de la trésorerie (éviter des sorties importantes d'argent pour l'achat de lot d'agnelles), la souplesse sur les débouchés (vente accrue de femelles en boucherie si le cours de l'agneau est intéressant, en diminuant le renouvellement en conséquence), la sécurité sur le plan sanitaire. Mais ces motivations peuvent également relever de la culture technique des éleveurs ovins en Crau. La question de l'élevage des agnelles renvoie à la définition de la bonne brebis Mérinos pour faire de l'élevage en

Crau. Les éleveurs s'opposent sur le format de l'animal (certains recherchent des petites brebis, d'autres des grandes) et sur les critères de sélection de la race retenus par l'Upra – des éleveurs en désaccord avec les objectifs de sélection ont ainsi quitté le schéma de sélection collectif. L'élevage des agnelles peut alors être interprété comme la recherche d'une sécurité : faire naître et élever ses futures brebis, c'est s'assurer le type recherché, sans être dépendant d'un marché sur lequel l'éleveur n'est pas certain de trouver les agnelles qui lui conviennent. Enfin, l'élevage des ses propres agnelles peut aussi renvoyer à l'identité du métier : être éleveur, c'est maîtriser l'ensemble des opérations depuis la sélection des grands parents jusqu'à la production d'agneaux.

Discussion

Enjeux de recherche et de méthodes

Au terme de cette présentation méthodologique, il convient de revenir sur les enjeux de recherche soulevés par ces analyses des changements dans le long terme et la notion d'invariant. Un invariant est un objet ou un processus technique. L'élevage des agnelles, invariant chez certains éleveurs de la Crau, correspond à des processus (faire naître des agnelles et les élever jusqu'à leur intégration dans le troupeau de brebis) et à un produit (le type d'agnelles sélectionnées). Mais ces objets et ces processus ne sont pas des invariants par nature : c'est un éleveur qui confère cette qualité à certains objets, pendant une période donnée de son parcours professionnel ; à d'autres périodes cet objet peut perdre sa qualité d'invariant pour l'éleveur et d'autres éleveurs peuvent ne jamais considérer ce même objet comme un invariant. Deux ordres de raisons peuvent être sollicités pour expliquer la qualification d'invariants conférée à des objets et des processus.

La première explication est d'ordre technico-économique et relève de l'organisation interne du système. Un objet ou un processus peut être qualifié d'invariant parce qu'il est central dans la cohérence du système. Changer cet objet ou ce processus conduit à faire évoluer l'ensemble de la cohérence et donc amène à une transformation du système (selon les termes proposés ci-dessus). Ceci renvoie à la notion de coût du changement (il est toujours possible de changer l'organisation et la conduite des activités mais à quel prix et sur quel pas de temps) et de réversibilité (certains changements amènent à des transformations profondes sur lesquelles il sera coûteux de revenir). Par exemple, pour un éleveur ovin de Crau qui a arrêté de faire de l'autorenouvellement, s'il décide de produire à nouveau ses agnelles, il devra attendre deux campagnes complètes (faire naître des agnelles, les élever jusqu'à 15-18 mois pour les mettre à la lutte) avant de revenir à un fonctionnement de croisière en autorenouvellement. En revanche, arrêter et reprendre le croisement sur une partie du troupeau peut se faire sans délai. Un enjeu de recherche pour les disciplines techniques est ici de chercher à évaluer deux propriétés des différentes formes d'organisation de la production. Une première propriété correspond à la capacité d'une organisation des activités à subir des modifications sans changer de cohérence stratégique ; cette capacité permettrait une plus ou moins grande résistance à des aléas. La seconde propriété correspond à la capacité d'une organisation à être transformée (avec quel coût, avec quel délai) ou à être adoptée de nouveau (le retour vers cette cohérence est-il facile, rapide, peu coûteux ?) ; cette seconde capacité est une des sources de la flexibilité stratégique des exploitations. Ceci ouvre des pistes de recherche sur l'évaluation des systèmes techniques et sur les propriétés à rechercher pour la mise au point de nouveaux systèmes.

Une deuxième explication des invariants relève d'une dimension sociologique et non plus de l'organisation interne de l'activité. Un objet ou un processus peut être qualifié d'invariant à un moment donné parce qu'il est jugé central dans les conceptions techniques d'un groupe professionnel d'éleveurs ou parce qu'il renvoie à l'identité du métier de ce groupe. Selon les rapports aux changements qu'entretiennent les éleveurs, la qualification des objets en invariant pourra ainsi être différente. La notion d'invariant se révèle donc intéressante parce qu'elle permet de construire un point de vue « socio-technique » sur les objets et les processus techniques, dans une démarche pluridisciplinaire associant sciences techniques et sciences sociales. La démarche proposée ne relève pas des méthodes sociologiques permettant, par l'analyse du discours, d'accéder aux conceptions des éleveurs dans le champ technique (Darré *et al.*, 2004). Nous faisons cependant l'hypothèse que les objets identifiés, soit comme invariants soit comme cible des changements, sont ceux en débat dans les groupes professionnels, et que l'analyse des alternatives possibles et des choix retenus au cours des transformations permet d'accéder (au moins en partie) aux valeurs attribuées par les éleveurs aux différentes variantes.

L'analyse des transformations des pratiques, sur la base d'un relevé des faits énoncés par les éleveurs et des justifications qu'ils en donnent, pourrait ainsi être une alternative intéressante à la mise en œuvre de méthodes reposant sur la retranscription intégrale d'entretiens enregistrés et sur l'analyse du discours. La mobilisation de concepts de la socio-anthropologie permet de pousser plus loin l'interprétation des données des enquêtes sur un ensemble d'exploitations, à la fois en termes de logiques technico-économiques conditionnant la gamme des réponses possibles mais également en termes de conceptions des choses et des valeurs attribuées, construites dans un réseau de relations (qui n'est pas étudié en tant que tel dans ce type d'étude). Pour cela, il est absolument indispensable de ne pas travailler à l'analyse des données d'une seule exploitation mais de bien replacer ce que fait un éleveur par rapport à ce qui se fait dans un groupe. Ceci pose deux questions de méthode. Tout d'abord, en ce qui concerne l'échantillonnage, il faut définir, à priori ou chemin faisant au cours des enquêtes, quelle est l'enveloppe pertinente du groupe à considérer. Ensuite, l'analyse des enquêtes ne doit pas se faire comme une succession d'études de cas indépendantes, mais il faut assurer un aller-retour entre analyse d'un cas d'exploitation et analyse transversale des cas.

Application opérationnelle

Les applications opérationnelles de la démarche proposée devraient permettre la construction d'outils pour accompagner les acteurs de l'élevage d'un territoire donné dans les processus de changements en cours. Deux situations d'accompagnement sont envisageables.

Dans une démarche de conseil individuel, le travail sur la chronique de l'exploitation – à replacer par rapport à l'évolution de l'environnement et à des cohérences déjà reconnues sur d'autres exploitations – permettrait de pouvoir identifier ce qui fait la cohérence actuelle et les invariants à préserver. L'éleveur et le conseiller pourraient alors discuter des changements en cours de réflexion par rapport à ces éléments : par exemple, telle technique est-elle envisageable puisqu'elle remet en cause tel invariant ? À quelles conditions le processus technique en cause peut-il ne plus être un invariant ? Cette proposition pourrait être une voie pour enrichir les dispositifs d'appui technique en élevage qui reposent peu sur les éléments de dynamique, mais plutôt sur des modèles de fonctionnement (cas-type et typologies régionales) et l'identification de marge de progrès à partir de bilans annuels et de référentiels par type. L'utilisation de ces éléments sur les dynamiques reste bien sûr à valider concrètement dans le cadre des dispositifs d'appui existants aujourd'hui sur le terrain.

Dans une procédure d'accompagnement au niveau collectif, par le biais d'institutions professionnelles ou territoriales, cette démarche peut permettre de construire des connaissances pour les différents acteurs de l'élevage local. Ces connaissances pourraient être utilisées pour aider à la négociation entre acteurs, à partir des représentations des évolutions de l'environnement des exploitations et des transformations en cours des exploitations. Elles pourraient également permettre l'évaluation de pistes d'actions pour le choix de politiques d'appui à l'élevage.

Références bibliographiques

BENOÎT M., BROSSIER J., CHIA E., MARSHALL E., ROUX M., MORLON P., TEILHARD DE CHARDIN B., 1988. Diagnostic global d'exploitation agricole : une proposition méthodologique. Inra, *Études et recherches sur les systèmes agraires et le développement,* 12 : 47 p.

BONNEMAIRE J., 1988. Diversité et fonctionnement des exploitations. *In* Jollivet M. (ed.), *Pour une agriculture diversifiée.* L'Harmattan, Paris, 92-103.

CAPILLON A., 1993. Typologie des exploitations agricoles. Contribution à l'étude régionale des problèmes techniques. Thèse de doctorat, Ina-PG, Paris, France, tomes I et II.

CAPILLON A., MANICHON H., 1978. La typologie des exploitations agricoles : un outil pour le conseil technique. *In Exigences nouvelles pour l'agriculture : les systèmes de cultures pourront-ils s'adapter ?* Boiffin J., Sébillotte M. (eds.), Ina-PG, Adeprina, Chaire d'Agronomie, Paris, p. 449-464.

DARRÉ J.-P., MATTHIEU A., LASSEUR J. (eds.), 2004. Conceptions d'agriculteurs et modèles d'agronomes. *Science Update,* Inra Éditions, Paris, 320 p.

DESRUMAUX A., 1986. Formation des structures d'entreprises : revue des travaux et quelques hypothèses. *Économie et Sociétés,* série Sciences de gestion, 20 (6) : 3-41.

FABRE P., BOUTIN J., 2002. Troupeaux transhumants et gestion de l'écosystème pâturé de la Crau. *In* Fabre P., Duclos J.C., Molénat G., (dir*.), La transhumance, relique du passé ou pratique d'avenir ?* Cheminements, Maison de la transhumance, Saint-Martin de Crau, France, 177-196.

GIRARD N., 1995. Modéliser une représentation d'experts dans le champ de la gestion de l'exploitation agricole. Stratégies d'alimentation au pâturage des troupeaux ovins allaitants en région méditerranéenne. Thèse de doctorat, Université Claude Bernard, Lyon I, France, 234 p.

LANDAIS É., 1996. Typologies d'exploitations agricoles. Nouvelles questions, nouvelles méthodes. *Économie Rurale,* 236 : 3-15.

LE MOIGNE J.-L., 1990. *La théorie du système général. Théorie de la modélisation.* PUF, Paris, 330 p. (3ᵉ édition).

MADELRIEUX S., DEDIEU B., DOBREMEZ L., 2002. Modifications de l'utilisation du territoire lorsque les éleveurs cherchent à résoudre leurs problèmes de travail. *Fourrages,* 172 : 355-368.

MARSHALL E., BONNEVIALE J.-R., FRANCFORT I., 1994. Fonctionnement et diagnostic global de l'exploitation agricole. Une méthode interdisciplinaire pour la formation et le développement. Enesad-Sed, Dijon, France, 174 p.

MOLÉNAT G., DUREAU R., FABRE P., LAMBERTIN M., 2003. Les « herbes » des troupeaux ovins transhumants de Crau. Multiples dimensions d'une gestion pastorale et fourragère. *Fourrages,* 176 : 437-461.

MOULIN C.-H., PLUVINAGE J., BOCQUIER F., 2004. Les relations entre agrandissement des troupeaux et changements de conduite : exemple des élevages ovins allaitant en Crau. *Rencontres recherche ruminants,* 11 : 145-148.

NAPOLÉONE M., BOUTONNET J.-P., 2004. AOC Pélardon : du compromis vers l'émergence d'actions collectives. Dynamiques de systèmes de production et des stratégies de commercialisation. Séminaire SFER, les systèmes de production agricoles, performances, évolutions, perspectives, Lille, France, 18-19 novembre 2004, 11 p.

OSTY P.-L., DE SAINTE-MARIE C., LARDON S., LASSEUR J., 1996. Les systèmes techniques de production : réactions et adaptations à de nouveaux contextes. *In* Allaire G., Hubert B., Langlet A., Decerle F., Msika B. (eds.), Nouvelles fonctions de l'agriculture et de l'espace rural. Enjeux et défis identifiés par la recherche, Inra Éditions, Paris, France, 187-199.

PERROT C., 1990. Typologie d'exploitations construite par agrégation autour de pôles définis à dire d'experts. Propositions méthodologique et premiers résultats obtenus en Haute-Marne. Inra *Productions animales,* 3 : 51-66.

PERROT C., PIERRET P., LANDAIS É., 1995. L'analyse des trajectoires des exploitations agricoles. *Économie Rurale,* 228 : 35-47.

PETIT M., 1981. Théorie de la décision et comportement adaptatif des agriculteurs. In Formation des agriculteurs et apprentissage de la décision. Actes de la journée du 21 janvier 1981. ENSSAA, Inra, Inrap, p. 1-36.

PETTIGREW A.M. (ed), 1987. *The management of strategic change.* Blackwell, Oxford, Grande-Bretagne, 370 p.

VANDANGEON-DERUMEZ I., 1998. La dynamique des processus de changement. Thèse de doctorat, sciences de gestion, Université Paris-Dauphine, France, 336 p + annexes.

Chapitre 12

Niveaux d'organisation et horizons temporels multiples pour lire les flexibilités et les plasticités des systèmes d'élevage : le cas du Nordeste du Brésil

Patrick Caron

À partir d'exemples concrets, l'objectif de ce chapitre est de montrer comment les éleveurs organisent les activités d'élevage pour leur conférer toute la flexibilité nécessaire aux adaptations à entreprendre, qu'elles concernent l'activité de production elle-même ou, de manière plus générale, la vie de l'exploitation et de la famille. Nous nous intéresserons en particulier à l'organisation spatiale de l'exploitation agricole, peu observée ou interprétée à ce jour selon une telle perspective, qui plus est en tenant compte des horizons temporels multiples et interdépendants qui fondent les stratégies déployées : l'année, le cycle pluriannuel rythmé par les aléas climatiques, le cycle de vie de l'exploitant. L'hypothèse envisagée ici est que la plasticité particulièrement importante des objets de l'élevage permet aux éleveurs d'en jouer pour organiser différentes formes de flexibilité (chapitre 1).

Le cas des activités d'élevage dans la région Nordeste du Brésil est retenu à titre d'illustration. L'intérêt de s'adosser aux situations des pays du Sud pour traiter le thème de la flexibilité est renforcé par l'intensité et la spécificité des incertitudes et des aléas. Dans la plupart des cas, les éleveurs ne bénéficient pas de soutien direct via les politiques agricoles. Le système d'assurance n'existe pas, celui de retraite est embryonnaire. Les réseaux de proximité et de solidarité et les processus de patrimonialisation sont fondamentaux pour éviter les catastrophes et préparer le futur. Il devient de ce fait plus facile de mettre en évidence des faits qui n'en sont pas moins importants au Nord. Ce décentrement au Sud donne du relief aux situations du Nord.

Après une description des systèmes d'élevage et de leurs relations avec l'espace, nous nous intéresserons à trois types de décision : la gestion des moyens de production dans l'exploitation agricole, la mise en marché, la gestion collective des parcours. Nous discuterons ensuite les dimensions temporelles associées aux processus d'adaptation.

L'élevage révélateur et organisateur de l'espace local au Nordeste semi-aride du Brésil

Une région marquée par les aléas

Le Nordeste est une des cinq régions administratives du Brésil. La population de la zone semi-aride (937 000 km^2, 60 % de la superficie), le Sertão, représente 38 % des 29 millions de Nordestins (IBGE, 1991). Le Nordeste a mauvaise réputation – « *Région problème... la plus pauvre du pays, la plus défavorisée...* » (Théry, 1995) – et, pour expliquer la situation, on invoque souvent la sécheresse. Mais la pauvreté du Nordeste est surtout liée au système latifundiaire d'origine, la concentration du foncier et le caractère excentré de l'économie ont rendu l'investissement rare (Tonneau *et al.*, 1997). Les activités d'élevage y sont prédominantes et grandes consommatrices d'espace, sauf exception liée au développement local de l'irrigation.

Des recherches centrées sur les systèmes d'élevage et leurs évolutions

Les travaux de recherche ont été conduits de 1987 à 1995 dans quatre petites régions du Nordeste semi-aride (Carte 1), afin d'analyser le fait technique à la lumière des spécificités locales. La localisation, les caractéristiques des ressources, l'histoire et les formes d'organisation sociale et politique sont contrastées. Les quatre études de cas présentent

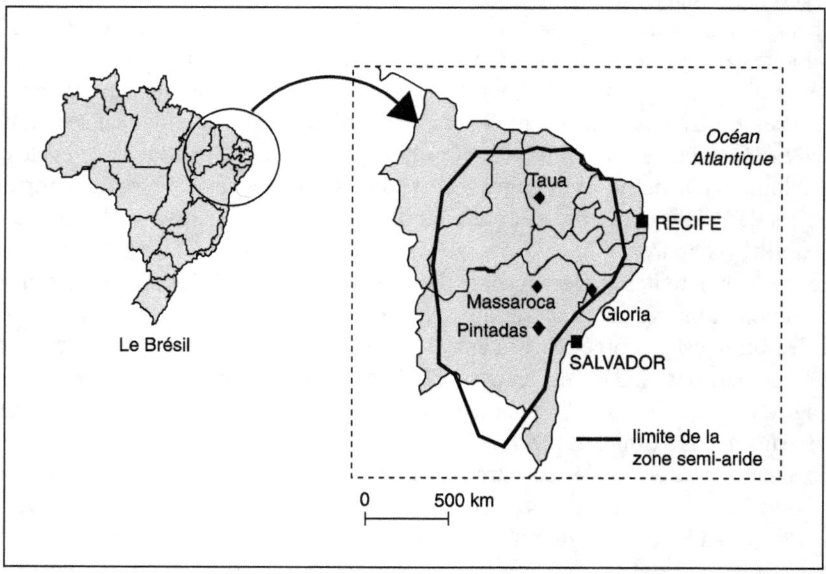

Carte 1. Les États du Nordeste au Brésil.

des situations qui recouvrent la diversité des formes d'élevage dans le Nordeste (ETENE, 1964). L'élevage ultra-extensif repose sur la valorisation de parcours ouverts à Massaroca, où l'aridité est plus marquée et les petits ruminants dominent. À Pintadas, l'élevage, essentiellement bovin, est extensif sur des surfaces clôturées, alors que l'activité agricole est très présente. L'élevage semi-intensif avec production fourragère irriguée dans les bas-fonds se développe à Tauá, mais coexiste avec les formes précédentes. À Gloria, en zone de transition climatique et à proximité de grands centres urbains, la production de lait connaît un essor considérable.

Les études de cas n'ont aucune valeur de représentativité statistique, mais une valeur de pertinence vis-à-vis des questions soumises à la recherche. Ces petites régions ont été choisies pour un ensemble de raisons qui tiennent autant à la diversité des situations qui les caractérisent qu'à l'histoire du projet de recherche et à la contingence des travaux entrepris dans ce cadre. Elles sont le lieu de dynamiques sociales ou institutionnelles fortes qui ont conduit les acteurs locaux à solliciter un appui externe (Caron, 1998).

La diversité des systèmes d'élevage

Les travaux ont permis l'élaboration d'un modèle d'évolution des systèmes d'élevage (Caron et Hubert, 2000) comprenant l'identification de 5 types caractérisés par des formes d'organisation de l'exploitation agricole, des modes de gestion et un ensemble de stratégies et de pratiques semblables (figure 1).

Le modèle caractérise les processus de transition d'un état à un autre, en particulier les seuils et les caps, à savoir d'une part les limites au-delà desquelles se mettent en place de nouvelles formes d'organisation, d'autre part les obstacles à franchir et les conditions

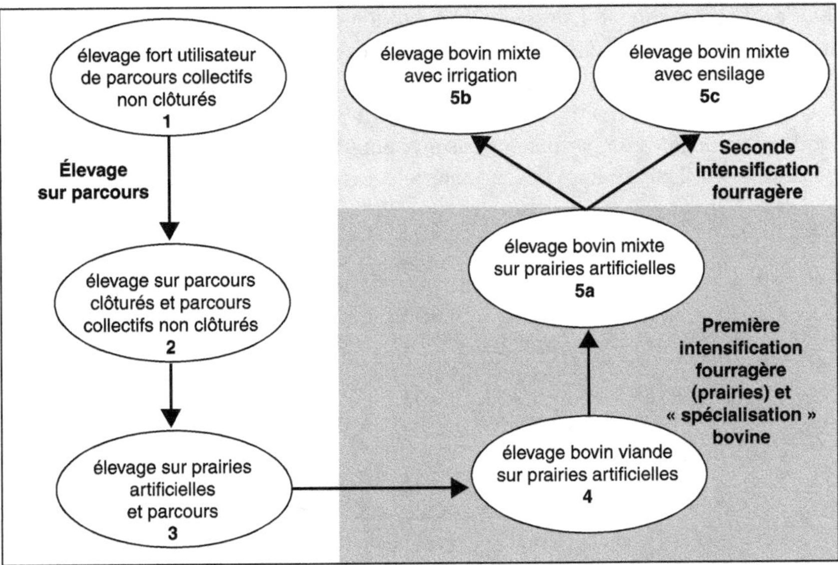

Figure 1. Types de systèmes d'élevage dans le Nordeste brésilien et transitions (Caron et Hubert, 2000).

à remplir pour passer d'un état à l'autre. La dénomination des trois premiers types fait référence aux caractéristiques et au mode d'accès à la ressource fourragère, celle des deux autres à l'espèce animale, au type de production et aux techniques de complémentation alimentaire des animaux. Ces cinq types peuvent être considérés comme autant d'étapes d'un continuum concernant l'appropriation et la mise en valeur des ressources foncières. Il ne s'agit pas d'un modèle évolutionniste. Il n'empêche que ce mouvement général permet de caractériser une situation locale – également par ses écarts au modèle – et, partant, de raisonner et d'agir localement.

Les systèmes d'élevage sont tout à la fois révélateurs et organisateurs de l'espace local (figure 2) : les activités d'élevage sont conditionnées par l'accès aux moyens de production, aux équipements et aux services, et par les possibilités d'écoulement de la production. L'organisation locale de la production, la structure foncière, l'organisation de la mise en marché et des filières sont autant de facteurs parmi d'autres qui influencent les choix techniques individuels. Les changements s'appuient sur des processus collectifs de coordination et d'apprentissage. Les activités d'élevage contribuent aussi à la production de nouveaux espaces ou à la stabilité des états qui les caractérisent. Lorsqu'elles évoluent, l'espace se transforme, il acquiert de nouvelles caractéristiques et il est le siège de nouveaux usages. Ainsi, les fonctions qui lui sont attribuées changent de nature avec les transformations qualitatives des ressources opérées pour satisfaire aux besoins de l'élevage, ce qui peut donner naissance à de nouvelles formes d'organisation locale. En s'appropriant des ressources pastorales, en changeant d'espèce animale, de race ou de production, les sociétés créent des institutions, des règles d'action. En un mot, elles transforment leur espace d'action en un territoire collectif organisé.

Pour démontrer cela, Caron et Hubert (2000) s'appuient sur un modèle d'évolution des espaces locaux élaboré grâce à l'analyse comparative de trajectoires de développement local (Caron, 1998 ; Caron *et al.,* 1998) et distinguant quatre types d'espace local : l'espace pionnier où dominent les stratégies individuelles ou collectives d'appropriation foncière ; l'espace de production diversifiée où une majorité d'exploitations conduisent des activités et élaborent des produits multiples et variés ; le bassin de production où un nombre significatif d'exploitations sont spécialisées ; l'espace marginalisé où les productions locales ne permettent pas aux populations de subvenir à leurs besoins, ni de reproduire les facteurs humains et matériels des processus productifs.

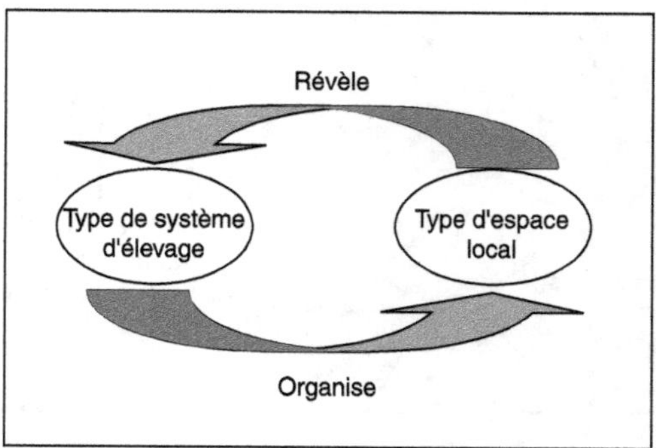

Figure 2. L'élevage, révélateur et organisateur de l'espace local.

Les changements observés sont marqués par des seuils. Trois seuils semblent d'importance majeure : le premier est lié à l'appropriation des ressources foncières et à la généralisation de la propriété individuelle ; le deuxième à l'utilisation productive des ressources hydriques et se traduit par l'apparition de poches d'intensification ; le troisième est lié à l'entrée des opérateurs de la filière laitière dans l'arène locale (collecteurs, transformateurs artisanaux ou industriels, commerçants, etc.) et à la connexion avec des acteurs faisant jouer la concurrence nationale, voire internationale.

Variants et choix des possibles concernant les activités d'élevage

Les typologies (encadré) mettent l'accent sur la diversité des situations, sous-tendue par les choix d'acteurs, assignant à l'élevage des objectifs, gérant pour cela des ressources et mettant en œuvre des pratiques à chaque fois spécifiques. Le pilotage de ces activités s'opère dans l'incertitude et à différents niveaux d'organisation : la gestion des moyens de production et des produits de l'exploitation agricole ; la mise en marché en relation avec les acteurs des filières ; l'action collective portant par exemple sur la gestion de ressources en propriété commune. Nous nous intéresserons à un exemple dans chacun de ces niveaux d'organisation, de manière à illustrer la diversité des choix à opérer en matière de conduite des activités d'élevage.

Comment organise-t-on le territoire de son exploitation agricole à Massaroca, pour alimenter son troupeau ?

Valdemar est né en 1954. Il est descendant du fondateur de la communauté de Lagoinha où il réside, à 60 km au sud de Juazeiro dans le district de Massaroca, au cœur le plus aride du Sertão (Carte 1). Marié depuis 1981, il a trois enfants en bas âge à l'époque de début de nos travaux de recherche. Il illustre une situation évolutive, caractéristique des trajectoires de jeunes exploitants en phase d'installation dans le Nordeste. À l'âge de 20 ans, il part travailler à São Paulo, dans le sud du pays, comme maçon. À son retour, il exploite un troupeau d'une quarantaine de caprins et une parcelle de 2 ha et travaille dans une mine (à environ 30 km) et comme maçon localement. En 1988, il hérite d'une centaine d'hectares de caatinga (végétation arborescente xérique et épineuse caractéristique du Nordeste). Non clôturée, cette surface est en accès libre et tous les éleveurs de la région peuvent y faire pâturer leurs animaux. À partir de ce moment, toute la stratégie de Valdémar est tournée vers la valorisation foncière et l'appropriation individuelle de ressources en usage collectif. Pour cela, la clôture est impérative. Il mobilise tous les fonds disponibles pour accroître chaque année un peu plus la surface clôturée ; vente d'animaux, revenus de maçonnerie en saison sèche, crédits obtenus auprès d'une caisse locale, tout est investi. En 1994, la surface clôturée est de 14 ha, dont la moitié est défrichée et cultivée : maïs, haricot et manioc pour la consommation familiale et la vente éventuelle d'excédents, pastèque pour la vente. Valdemar associe aux cultures du capim buffel *(Cenchrus ciliaris),* graminée fourragère pérenne résistante à la sécheresse et facile à installer en raison de son caractère invasif. Cela lui permet d'accroître le stock fourrager pour l'alimentation en saison sèche des animaux qui pâturent alors les restes

Typologie des systèmes d'élevage dans le Nordeste du Brésil
(Caron et Hubert, 2000)

Type 1. Élevage multi-spécifique (bovins, ovins, caprins) fort utilisateur de parcours collectifs non clôturés : la logique d'exploitation maximale d'une ressource végétale collective en accès libre et gratuit domine. Les animaux sont conduits extensivement, lâchés sur des parcours de *caatinga*. Les trois espèces de ruminants sont présentes. Les éleveurs valorisent la diversité et la variabilité de la *caatinga* dans le temps et dans l'espace. Sauf lors des sécheresses, la charge animale n'est pas une cause de tension. Le temps long, de l'accumulation par la croissance numérique du troupeau, domine.

Type 2. Élevage multi-spécifique sur parcours clôturés et parcours collectifs non clôturés : l'éleveur combine une logique patrimoniale et anti-aléatoire fondée sur le croît du troupeau et la valorisation d'une ressource fourragère en accès libre et une logique d'intensification reposant sur l'amélioration des performances zootechniques. Il intègre ces deux logiques par des pratiques d'allotement et de conduite alimentaire particulières (à certains stades physiologiques animaux sur des parcours collectifs, à d'autres stades sur des surfaces fourragères auparavant mises en défens). La clôture à 9 fils s'impose pour empêcher les autres troupeaux de pénétrer dans les parcelles. L'appropriation individuelle des parcours s'accompagne de conflits et d'exclusions sociales. Des formes de gestion collective des parcours reposant sur une réglementation de l'accès à la ressource se dessinent parfois.

Type 3. Élevage multi-spécifique sur prairies artificielles et parcours : tout l'espace est clôturé, la surface pastorale bornée et la taille du troupeau ne peuvent augmenter de manière inconsidérée. La notion de charge animale devient essentielle. Les bovins prennent de l'importance. Pour les contenir, 4 fils suffisent. L'éleveur maîtrise le choix des reproducteurs et le déroulement du cycle reproductif. La gestion des ressources hydriques structure l'organisation territoriale de l'exploitation.

Type 4. Élevage bovin-viande sur prairies artificielles : la *caatinga* est remplacée par des prairies de graminées, les bovins dominent et les caprins ont disparu. La gestion de la pérennité des prairies est capitale. L'état de la ressource végétale devient un critère de décision majeur pour l'organisation du calendrier et de la chaîne de pâturage. Ce système, peu exigeant en main-d'œuvre, est aisément géré par des propriétaires absentéistes. La croissance de l'exploitation s'opère par achat de terres et l'augmentation consécutive de l'effectif du troupeau.

Type 5. Élevage bovin mixte lait-viande : sans exclusive, la production laitière se développe. La gestion de l'exploitation est marquée par des itinéraires techniques exigeants en main-d'œuvre, et un investissement important (génétique et infrastructures). L'organisation territoriale de l'exploitation devient essentielle pour faciliter la mise en œuvre des pratiques d'allotement et de conduite. Pour augmenter la production laitière, garantir sa régularité au cours de l'année, diminuer les coûts de production liés à l'achat d'aliment du bétail, une seconde intensification fourragère fait suite à l'installation des prairies. Elle correspond à des situations techniques et géographiques différentes et s'appuie, soit sur la production de fourrage en irrigué, soit sur la production d'ensilage de maïs.

de culture et les graminées. Après deux ou trois années de culture, le temps qu'il faut pour défricher une autre parcelle et délocaliser les cultures vivrières et de rente, la prairie est installée.

Valdémar gère la transformation du territoire de son exploitation agricole en tenant compte d'objectifs de productions agricole et fourragère pour l'année, du risque d'occurrence de sécheresse et de la sécurité fourragère qu'il juge nécessaire pour alimenter son troupeau lors de tels épisodes, et d'objectifs d'accumulation à long terme via l'extension du patrimoine foncier. Pour cela, il bâtit sa stratégie en fonction d'une contrainte financière qui lui permet, (ou non) selon les années, d'accroître la surface clôturée et de constituer une réserve foncière prête à la culture et à l'installation de prairies, et en fonction d'une contrainte en main-d'œuvre qui lui permet (ou non) de défricher de nouvelles parcelles déjà clôturées. Ces deux processus connaissent chacun leur rythme mais ne sont pas totalement indépendants : Valdémar peut choisir de rémunérer de la main-d'œuvre extérieure à l'exploitation pour accélérer les travaux de défriche.

Ces pratiques, appelées « pratiques territoriales des systèmes d'élevage » (Caron, 1998 ; Caron et Hubert, 2000), permettent de structurer et d'organiser l'espace au sein duquel le troupeau est conduit. Elles modifient profondément les pratiques que nous qualifions d'« animalières » (agrégation, conduite, exploitation, valorisation ; Landais *et al.*, 1987). Alors que Valdémar, comme bon nombre d'éleveurs de la région, lâchait son troupeau de chèvres sans gardiennage sur les parcours de *caatinga,* il organise désormais le pâturage selon des lots différenciés : les animaux qui restent sur parcours toute la journée *(mateiras),* ceux qui reviennent le soir pour recevoir un complément *(enjeitadas),* ceux qui, en fonction de leur état physiologique ou pathologique, sont placés en enclos, une fois les récoltes terminées *(presas).* Les pratiques alimentaires peuvent ainsi être représentées, de manière schématique, sous la forme d'une chaîne de pâturage (figure 3).

Même si la structure d'ensemble reste rudimentaire au regard de la différenciation des parcelles que certains éleveurs de la région ont su et pu mettre en place (taille, faciès de végétation, point d'abreuvement, distances, etc.) et de la complexité des allotements que cela permet d'entreprendre, Valdemar dispose désormais d'une plus large gamme de choix pour s'adapter aux événements, que ceux-ci soient prévisibles ou non. Pour valoriser au mieux les ressources fourragères limitées, il procède d'ailleurs à un nombre d'allotements particulièrement élevé – les principaux sont mentionnés sur la figure 3.

Les principales décisions prises par Valdémar pour garantir l'alimentation de son troupeau concernent donc le choix du nombre d'animaux qu'il décide d'alimenter dans la parcelle cultivée en fin de saison sèche, le volume et la nature du stock de complémentation qu'il a constitué et la date à laquelle il entreprend de le distribuer en fonction « du pari qu'il fait » : sur la date d'arrivée des pluies de la saison suivante ; sur la capacité des parcours à alimenter un nombre d'animaux inconnu ; sur la capacité de survie de ses animaux. Ne pas prévoir assez de complément l'amènera à vendre des animaux pour couvrir les dépenses d'entretien du troupeau, au moment où ils se vendent le plus mal, et où il se trouve de surcroît obligé de vendre les femelles reproductrices qui seules trouvent acheteurs. En prévoir trop représente un coût qui ampute d'autant l'investissement qu'il aura (ou non) réalisé dans le foncier. Cet exemple illustre bien les trois dimensions du concept de flexibilité décrites par Chia et Marchesnay (chapitre 1) : capacité d'explorer et tirer parti du champ des possibles, capacité d'adaptation et maintien de la cohérence dans la conduite de l'entreprise.

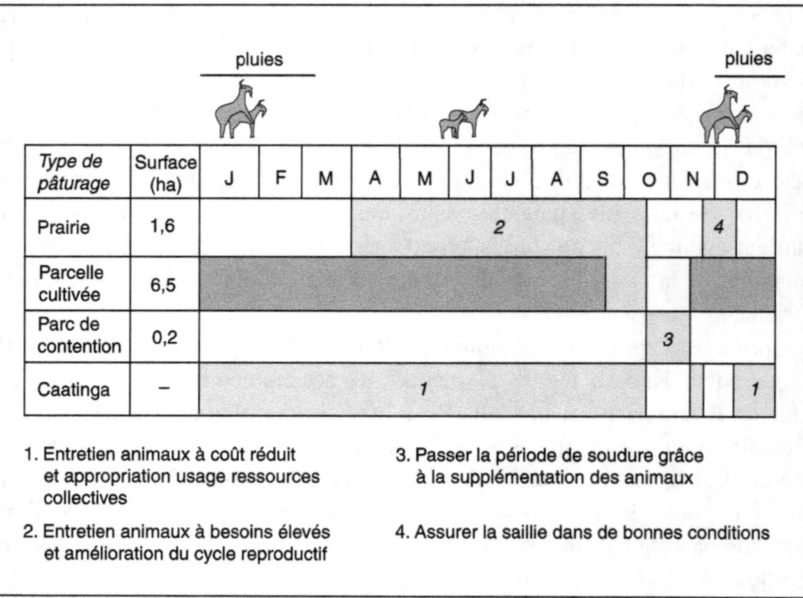

Type de pâturage	Surface (ha)	J	F	M	A	M	J	J	A	S	O	N	D
Prairie	1,6				2							4	
Parcelle cultivée	6,5												
Parc de contention	0,2										3		
Caatinga	–				1								1

1. Entretien animaux à coût réduit et appropriation usage ressources collectives

2. Entretien animaux à besoins élevés et amélioration du cycle reproductif

3. Passer la période de soudure grâce à la supplémentation des animaux

4. Assurer la saillie dans de bonnes conditions

Figure 3. Chaîne de pâturage de l'éleveur Valdemar en 1991, et objectifs liés aux mouvements des lots (pratiques d'allotement, affectation des ressources végétales aux lots d'animaux, conduite de la reproduction et fonctions auxquelles contribue chaque portion de territoire durant une période précise de l'année) (Caron et Hubert, 2000).

À qui vend-on ses produits laitiers à Gloria ?

Au cours des années 1980, la production laitière « explose » dans la région de Gloria. De grandes entreprises agro-industrielles s'implantent à la fin des années 80, Parmalat et Betânia. Pour les cadres du développement, la vocation laitière d'une région semi-aride ne va pas de soi. Que des petits producteurs puissent intensifier, améliorer le niveau génétique de leur bétail et s'intégrer au marché va à l'encontre des idées reçues.

Plusieurs facteurs contribuent à cette transformation : enclosure et disparition des petits ruminants au profit des bovins, climat à deux saisons pluvieuses, proximité des centres urbains et bitumage de la route, proximité d'autres bassins laitiers, financements octroyés dans le cadre de projets de développement. On ne pourrait de surcroît comprendre cet engouement sans analyser l'évolution des possibilités et des formes de commercialisation. Dès 1975, une unité artisanale de fabrication fromagère transforme le lait *en queijo de coalho* (fromage frais caillé, pressé et salé), produit traditionnel réservé jusqu'alors à l'autoconsommation. De nombreux producteurs commencent alors à vendre du lait. Son rachat par une industrie en 1985 et l'installation d'un poste de réfrigération renforcent l'influence du bourg. Une filière se structure. Les producteurs sont assurés de pouvoir écouler leur production. Entre 1981 et 1988, le prix de vente reste stable. Les conditions nécessaires à la reconversion sont réunies. Le volume de lait augmente.

Cette évolution conduit rapidement d'autres industries à s'installer dans la région. Certaines envoient leur production à São Paulo, à plus de 2 000 km. Pour d'autres,

Gloria est l'un des sites inclus dans une stratégie visant à occuper les circuits de grande distribution du Nordeste, avec une gamme diversifiée de produits. L'industrie s'approvisionne, selon les époques et les calendriers de production, dans différentes régions. Parallèlement, d'autres formes de commercialisation apparaissent comme une conséquence de l'implantation industrielle :
– circuits de vente directe du lait dans le bourg de Gloria. Le prix est rémunérateur, le double des autres circuits, mais les difficultés de recouvrement auprès de particuliers rendent l'activité risquée ;
– fabrication domestique de fromage par les exploitants produisant de faibles quantités et éloignés des circuits de collecte, et cherchant ainsi à stabiliser ou à conserver leur produit ;
– explosion du nombre d'unités artisanales de fabrication fromagère, les *fabriquetas.* Elles sont une vingtaine dans le *municipe* en 1994 et transforment chacune entre 300 et 3 000 litres par jour. Les industries se plaignent de la concurrence déloyale exercée par ces artisans qui ne payent aucune taxe et mettent sur le marché des produits aux caractéristiques sanitaires douteuses, échappant à tout contrôle. Les plaintes des industriels sont fondées. En effet, l'estimation des flux montre l'importance du phénomène. En octobre 1994, 67 % du lait produit et vendu dans le *municipe* transite par les *fabriquetas,* alors que l'industrie, avec 14 000 litres par jour, n'en recueille que 23 %.

On observe une diversité de produits, d'acteurs et de formes d'organisation qui permettent de satisfaire les demandes de marchés finaux segmentés. Autour du « pis de la vache », s'est constitué localement un tissu social sur lequel repose l'économie de la région : importance du revenu pour les exploitants agricoles, création d'emplois et de micro-entreprises, dynamisme du marché et des commerces, maintien et création de services publics et privés.

Pour les éleveurs, le revenu du lait est essentiel. Il couvre les besoins réguliers de trésorerie. Compte tenu de la gamme des possibles, les éleveurs n'hésitent pas à changer fréquemment d'acheteur. Le prix proposé est un facteur important. Mais il n'est pas le seul et, parfois, pas le principal. Les modalités de paiement jouent un rôle important : une fréquence mensuelle de paiement en régime hyper-inflationniste ou le paiement par chèque pour qui n'a pas de compte en banque ne sont pas appréciés. Les services offerts (possibilité de récupérer le lactosérum pour élever le cochon, transport du lait ou du lactosérum, crédit pour l'achat d'aliment du bétail ou de reproducteur, etc.) sont autant d'arguments commerciaux qui comptent. Il s'agit là de stratégies émergentes de commercialisation liées aux évolutions du contexte économique local, à la multiplication des acteurs d'intermédiation et à la diversification des produits laitiers transformés localement. Ajustements tactiques, apprentissages techniques et organisationnels pour s'adapter et recherche d'une cohérence dans la conduite de l'entreprise sont bien au centre des transformations.

Comment structure-t-on l'action collective pour gérer les parcours communs à Massaroca ?

Dans le Sertão nord de la Bahia, les logiques d'enclosure se font timides jusque dans les années 1970. Le climat y est plus sec, les *fazendeiros* moins présents, la pression sur l'espace moins forte. L'usage collectif des parcours domine. La disponibilité des parcours n'est pas un problème majeur, si ce n'est lors des périodes de sécheresse. D'après Garcez (1987), la réserve de pâturage *(fundo de pasto)* constitue une forme d'organisation sociale caractéristique des communautés familiales de cette région. Elle peut être le fruit d'une servitude accordée par un grand propriétaire, ou bien d'un accord entre propriétaires voisins, ou encore de l'exploitation collective de terres dévolues, achetées ou occupées par un éleveur dont les descendants sont les membres actuels de la communauté. Ce dernier cas est celui rencontré à Massaroca. Il s'agit d'un espace d'usage collectif des ressources, siège de prélèvements divers accessibles à l'ensemble des membres de la communauté : fourrage, mais également bois, cueillette, chasse. Plus qu'une propriété collective, la réserve de pâturage correspond à un droit d'usage généralisé aux membres d'une communauté.

À partir des années 1980, l'inflation, l'impact des projets de développement, les reports d'investissements sur l'immobilier et les premiers projets d'irrigation dans la vallée du São Francisco induisent des spéculations foncières (Caron et Sabourin, 2001). Il en résulte une dynamique d'appropriation individuelle −légale ou non − de superficies alors utilisées comme vaines pâtures. On mise sur l'extension de l'irrigation. Les conflits apparaissent. L'appropriation individuelle des ressources est à la fois conséquence et moyen de l'accumulation. Les dynamiques d'enclosure s'accélèrent et s'amplifient (Caron *et al.,* 1994).

On pourrait s'attendre à une réédition des processus historiques connus ailleurs dans le Nordeste, à savoir l'appropriation foncière privée et individuelle par la clôture. Cependant, à Massaroca, les stratégies paysannes et institutionnelles donnent lieu à des formes originales de gestion des communs. La situation se prête aux conflits et, dans le même temps, à l'émergence de formes particulières d'organisation politique et sociale visant à faciliter l'appropriation, à combattre les « envahisseurs » ou à réguler l'accès à des ressources appelées à demeurer collectives, pour un temps au moins. La dynamique associative permet la légalisation des droits de propriété. Cependant, concernant la définition des règles d'accès et d'usage, différents cas de figure existent (Sabourin *et al.,* 1997). La plupart des communautés, ou certaines familles en leur sein, optent pour le « gel » relatif des communs à des fins de réserve fourragère pour les années de sécheresse et de réserve foncière pour l'installation des jeunes. Cette stratégie d'attente prudente s'accompagne d'une absence d'investissement, y compris en matière de ressources hydriques. Non clôturés, les parcours restent accessibles à tous les troupeaux. D'autres communautés disposent, sans titre de propriété, de vastes aires de communs qui ne sont pas officiellement, ni précisément délimitées. Au nom de la solidarité paysanne, des éleveurs et des élus locaux du *municipe* voisin profitent largement de l'hospitalité des agriculteurs. Récemment, cette pratique s'est monétarisée. Les étrangers rémunèrent une famille ou un agriculteur pour avoir accès, théoriquement, à ses pâturages individuels. Les animaux envahissent les vaines pâtures de la communauté. Une communauté, enfin, plus menacée par les spéculateurs en raison de la proximité des projets d'irrigation, a opté pour une « défense active », moyennant la clôture indivise des communs. L'accès des troupeaux à la ressource est désormais contrôlé et contrôlable.

On assiste à des changements rapides et profonds des structures sociales qui s'accompagnent de mutations techniques, économiques et territoriales. Ce sont en fait les modes d'appropriation des ressources (Freire Vieira et Weber, 1997), sous l'effet de congestion et d'encombrement (Cornes et Sandler, 1986) lié à une perception de rareté de la ressource, qui sont en jeu. La privatisation n'est pas exclue. Les producteurs pratiquent intensément celle de l'usage des terres en propriété individuelle et celle des *fundos de pasto* est envisagée par certains. Mais une nouvelle forme de régulation collective de l'accès aux ressources apparaît et permet de contrôler le développement de logiques et de stratégies pionnières. Un seuil est franchi, une nouvelle forme d'organisation s'installe. La transition est irréversible. Les règles de gestion des ressources productives, collectives et individuelles, s'en trouvent modifiées. L'organisation du territoire de chaque exploitation et la manière d'y conduire le troupeau et les lots au pâturage – jusqu'à l'espèce ou aux espèces que l'on élève – s'en trouvent altérées, comme nous l'avons vu dans le cas de Valdémar.

Une fois encore, nous voyons là s'exprimer les traits caractéristiques du concept de flexibilité (chapitre 1) : exploration du champ des possibles, adaptation et cohérence, cette fois-ci du groupe social. Nous avons bien là des formes d'action collective, construites par apprentissage, au cours de processus de coordination, de négociation et de conflit, et auxquelles participent éventuellement les chercheurs (Caron, 2001). Les évolutions qui en résultent visent à anticiper ou à se prémunir de certains risques : ceux, par exemple, de l'expropriation, ou de la pénurie fourragère qu'elle soit généralisée ou liée à l'entrave à la mobilité des animaux lorsque les précipitations sont trop localisées une année. Elles génèrent également de nouveaux risques : celui de l'exclusion, pour qui ne pourrait pas clôturer. Pour cette raison, l'augmentation du nombre des « sans-terre » est bien connue ailleurs dans le Nordeste ou en Amérique latine.

Mais ce qui frappe surtout dans cet exemple est la façon dont les exploitants définissent la conduite de leur troupeau de manière spécifique et complémentaire, d'une part en agissant dans l'exploitation agricole et, d'autre part en s'engageant dans l'action collective. Ces deux formes d'action ne sont pas indépendantes, confirmant au passage les liens qui s'établissent entre les types d'élevage et d'espace local, et leur conjonction réelle et intentionnelle correspond probablement à une forme particulière d'expression de la notion de flexibilité.

La flexibilité en jouant sur la multiplicité des niveaux d'organisation et des pas de temps

Si la flexibilité est bien la capacité à exploiter un ensemble de possibles tournés vers le futur, le domaine de l'élevage s'y prête peut être plus que d'autres. Il permet de façonner une large gamme de choix, d'ouvrir ces champs en anticipant. Les exemples démontrent que la flexibilité n'est pas donnée par nature ou par essence. Elle se construit en multipliant « le nombre de configurations que [le système productif] peut prendre afin de s'adapter à des modifications d'environnement » (Fouque, 1999). L'animal, le troupeau et l'activité d'élevage constituent des supports conceptuels et matériels particulièrement plastiques, se prêtant à un renforcement de la flexibilité des comportements (Caron, 2004) et à la mise en œuvre de stratégies évolutives et complexes en univers risqué. L'élevage assure en effet différentes fonctions et ses produits se prêtent à une multiplicité de formes et de modes d'utilisation. L'éleveur peut privilégier telle ou telle fonction selon les conditions du moment et combiner de manière spécifique, à tout moment, une pluralité de fonctions assurées par le troupeau.

Comme nous l'avons montré à l'aide d'exemples, la maîtrise et l'anticipation des aléas et le contrôle des variants s'organisent autour d'apprentissages et d'actions entrepris à plusieurs niveaux d'organisation complémentaires. La multiplicité de ces niveaux peut générer contradictions et tensions. Les choix, parfois difficiles à réaliser, traduisent plus la recherche de cohérences dans la satisfaction des objectifs, eux-mêmes multiples et enchâssés, que l'optimisation de l'un d'entre eux.

La multiplicité des pas de temps joue tout autant. En situation de blocage foncier comme à Gloria, la charge pastorale résulte plus de la position de l'exploitation sur une trajectoire patrimoniale rythmée par les extensions foncières et le transfert de capital du troupeau au foncier, que d'un choix reposant sur l'optimisation de la productivité instantanée de la prairie ou du troupeau (Caron et Hubert, 2000). Ainsi, en contexte d'élevage connaissant une longue saison sèche, on peut définir trois principaux pas de temps qui marquent le comportement et les stratégies des producteurs (Caron, 1998). Le premier est celui de l'année : on cherche à garantir l'alimentation de saison sèche de manière à ce que la majorité des animaux se trouvent en état satisfaisant à l'arrivée des pluies ou même survivent. Le deuxième est celui du cycle pluriannuel : il est rythmé par les années de sécheresse, que l'on sait inéluctables mais que l'on ne peut prédire ; l'objectif est de pouvoir cette année-là assurer la survie du troupeau, voire de l'unité de production. Le troisième est celui de la vie de l'exploitant : ne pouvant compter sur la garantie d'une retraite, il poursuit, au fil d'une trajectoire d'exploitation, un processus d'accumulation patrimoniale pour assurer ses vieux jours ou garantir l'installation de ses enfants.

Références bibliographiques

CARON P., 1998. Espace, élevage et dynamique du changement. Analyse, niveaux d'organisation et action. Le cas du Nordeste semi-aride du Brésil. Thèse de doctorat, géographie, université Paris X, Nanterre, France, 396 p.

CARON P., 2001. Modélisation graphique et chorèmes : la gestion des parcours collectifs à Massaroca (Brésil du Nordeste). *Mappemonde,* 62(2) : 17-21.

CARON P., 2004. Aléas, flexibilités et plasticités des systèmes d'élevage de ruminants : le cas du Nordeste du Brésil. *In* Séminaire Transformation des pratiques techniques et flexibilité des systèmes d'élevage, Montpellier, 15-16 mars 2004, Inra, 16 pages. http://www.inra.fr/sad/actualite/trappeur/21CARONDEF.pdf.

CARON P., HUBERT B., 2000. De l'analyse des pratiques à la construction d'un modèle d'évolution des systèmes d'éle-vage : application à la région Nordeste du Brésil. *Revue d'élevage et de médecine vétérinaire des pays tropicaux,* 53(1) : 37-53.

CARON P., SABOURIN E., (eds), 2001. Paysans du Sertão : mutations des agricultures familiales dans le Nordeste du Brésil. Montpellier, France, Cirad, Coll. *Repères,* 243 p.

CARON P., PREVOST F., GUIMARAES C.F., TONNEAU J.-P., 1994. Prendre en compte les stratégies des éleveurs dans l'orientation d'un projet de développement : le cas d'une petite région du Sertão brésilien. *In* Symposium international sur les systèmes d'élevage, Institut agronomique méditerranéen, Saragosse, Espagne, sept 1992. Actes, EEAP Publication n° 63, p. 51-60.

CARON P., SABOURIN E., HUBERT B., CLOUET Y., SILVA P.C.G. da, 1998. Analyse des trajectoires de développement et modèle d'évolution des espaces locaux dans le Nordeste du Brésil. *In* 15th International Symposium of AFSRE, Rural Livelihoods, Empowerment and the Environment, 29 novembre-4 décembre 1998, Pretoria, Afrique du Sud.

CORNES R., SANDLER T., 1986. The theory of externalities, public goods and club goods. Cambridge University Press, New-York, États-Unis, 303 p.

ETENE, 1964. Recursos e necessidades do Nordeste. Um documento básico sôbre a Região Nordestina. Escritório Técnico de Estudos Econômicos do Nordeste, Banco do Nordeste do Brasil, Recife, Brésil, 666 p.

FOUQUE T., 1999. À la recherche des produits flexibles. *Revue française de gestion,* mars-avril-mai, p. 80-87.

FREIRE VIEIRA P., WEBER J., 1997 (org). Gestão de recursos naturais renováveis e desenvolvimento : novos desafios para a pesquisa ambiental Ed. Cortez Editora, Sao Paulo, Brésil, 500 p.

GARCEZ A.N., 1987. Fundo de pasto. Um projeto de vida sertanejo. INTERBA, CAR, SEPLAN. Salvador, Brésil, 107 p.

IBGE, 1991. Censo Agropecuário. Instituto Brasileiro de Geografia e Estátisticas. Instituto Brasileiro de Estatísticas e Geografia, Rio de Janeiro, Brésil, 1991.

LANDAIS E., LHOSTE P., MILLEVILLE P., 1987. Points de vue sur la zootechnie et les systèmes d'élevage tropicaux. *Cahiers de l'Orstom, série Sciences Humaines,* 23 : 421-437.

SABOURIN E., CARON P., SILVA P.C.G. da, 1997. Enjeux fonciers et gestion des communs dans le Nordeste du Brésil : le cas des vaînes pâtures dans la région de Massaroca-Bahia. *Cahiers de la recherche-développement,* 42 : 5-27.

THÉRY H., 1995. *Le Brésil.* (3e édition), Masson, Paris, France, 265 p.

TONNEAU J.-P., CLOUET Y., CARON P., 1997. L'agriculture familiale au Nordeste (Brésil). Une recherche par analyses spatiales. *Natures Sciences Sociétés,* 5(3) : 39-49.

Chapitre 13

Stratégies d'adaptation des éleveurs bovins allaitants face aux évolutions d'une filière : étude de cas à l'île de la Réunion

Jean-Philippe CHOISIS, Dominique NIOBÉ

À l'île de la Réunion, la production bovine s'est structurée à partir d'un modèle coopératif et interprofessionnel original. Celui-ci a, jusqu'à présent, montré son efficacité à garantir l'écoulement et la valorisation des produits. En amont, les choix génétiques et l'accompagnement technique se sont traduits par une sophistication et une maîtrise croissante de la conduite des élevages autour d'un modèle « bio-géographique » (Vissac, 2002) assurant le développement de l'élevage naisseur dans les Hauts et l'installation d'engraisseurs dans les Bas. Malgré ses atouts, la pérennité de la filière semble menacée par des facteurs externes sur lesquels elle a peu de prise. Face à l'augmentation des prix des intrants, accentuée par l'éloignement, et à la concurrence d'une viande moins chère à l'import, la filière considère que l'un des enjeux réside dans la réduction des coûts de production pour maintenir le revenu des producteurs dans la mesure où la rareté du foncier limite l'agrandissement des exploitations. Cependant, si les éleveurs s'inscrivent globalement dans cette démarche collective, ils adoptent aussi des comportements qui tendent à les éloigner du modèle promu dès qu'ils ont à faire face à des enjeux familiaux et d'accroissement du revenu, avec notamment l'installation des enfants. On assiste ainsi aujourd'hui à une diversification des types d'exploitations bovines avec des attentes, des atouts, des contraintes qui leurs sont propres. Notre objectif, dans ce chapitre, est d'éclairer cette diversité de fonctionnement et d'évolution de ces exploitations, placées dans le contexte singulier de l'insularité et d'un secteur en quasi-monopole.

Après avoir brièvement exposé le dispositif de recherche et l'organisation de la filière bovine, nous ferons une analyse de la diversité des exploitations et de leurs trajectoires d'évolution. Elle nous permettra d'éclairer les cohérences entre les choix stratégiques et les systèmes de pratiques mis en œuvre. Nous discuterons enfin de l'adéquation entre les comportements individuels et la stratégie collective de la filière.

Dispositif de recherche

Il s'agit de comprendre comment les éleveurs combinent des pratiques techniques et économiques et les font évoluer pour s'adapter aux changements de leur environnement ou pour les anticiper. Nous avons choisi de focaliser notre analyse sur les producteurs de viande adhérents à la coopérative (SicaRevia). Dans un premier temps, nous avons enquêté 63 exploitations (25 % des adhérents) à partir d'un échantillonnage raisonné avec la coopérative et permettant de prendre en compte la diversité des situations (taille, système de production, date d'installation, localisation…). Pour chaque exploitation, nous avons renseigné l'histoire de l'exploitation, sa structure, son fonctionnement, ses projets, les itinéraires techniques et les résultats économiques. Les enquêtes ont été complétées par l'analyse de documents disponibles sur l'exploitation (dossiers de gestion, données techniques…).

Dans un deuxième temps, nous avons mis en place un suivi sur 18 exploitations représentatives de la diversité repérée afin d'analyser de manière plus précise et dans la durée les pratiques d'élevage et financières. Ce suivi s'appuie sur des entretiens semi-directifs et sur les données fournies par les différents organismes partenaires (Centre de gestion, SicaRevia, Établissement départemental de l'élevage, Direction de l'Agriculture et de la Forêt).

Nous ne traiterons, dans cet article, que le cas des trajectoires d'élevages installés comme naisseurs, c'est-à-dire producteurs de broutards.

L'élevage bovin à la Réunion

Malgré l'étroitesse du territoire de l'île de la Réunion, l'élevage y constitue un enjeu majeur, au moins pour trois raisons : l'aménagement du territoire ; le maintien des exploitations agricoles (la population agricole a diminué de 65 % en 20 ans) et la fourniture du marché local.

Le développement récent de la production bovine a été encouragé pour contrecarrer l'exode rural issu de la crise du géranium des années 70. Il s'est donc inscrit dans une politique sociale visant à maintenir une population rurale par l'aménagement des Hauts de la Réunion. Promue par la Région, elle a bénéficié de nombreux soutiens destinés à accompagner la structuration des exploitations. Cette dynamique a été renforcée dans les années 80 et 90 par la mise en place de moyens spécifiques d'encouragement de la production agricole dans les départements d'outre-mer (Dom) à l'échelle nationale (Office de développement de l'économie agricole des Dom) et européenne (Programme d'options spécifiques à l'éloignement et à l'insularité des Dom, Poseidom).

Cette politique s'est appuyée sur le développement d'un secteur coopératif qui constitue un relais actif de mise en œuvre des mesures d'accompagnement dans les exploitations. Pour assurer la viabilité des exploitations, ces coopératives on fait le choix de développer un élevage conventionnel largement inspiré des modèles métropolitains (importation de races spécialisées et de techniques d'élevage, gestion des prairies…). Les deux coopératives bovines (laitière et allaitante) ont ainsi eu une croissance soutenue au cours des trois dernières décennies (figure 1). Elles rassemblent aujourd'hui près de 400 éleveurs pour un cheptel de 20 000 têtes.

Le modèle bio-géographique (les naisseurs dans les Hauts, les engraisseurs dans les Bas) se révèle très efficace à la fois sur le plan technique – car il permet de spécialiser les éleveurs dans une fonction et ainsi facilite leur professionnalisation et le conseil apporté – et sur le plan organisationnel. Ce découpage permet, d'une part, de réserver les ressources pâturées à la phase d'élevage afin d'accroître le cheptel de mères dans un contexte de déficit en broutards et, d'autre part, de gérer au mieux les flux d'animaux. La constitution de lots homogènes facilite la conduite de l'engraissement des animaux (nourris à l'auge pendant 10 à 12 mois) et la programmation de leur mise en marché.

Les transactions entre les différents acteurs de la filière (naisseurs, engraisseurs, abattoir, commerces en grandes et moyennes surfaces et boucheries) sont assurées par la SicaRevia à partir d'une grille de paiement spécifique. Cette grille permet, d'une part, d'orienter la production vers un alourdissement et une conformation des carcasses demandées par le marché et, d'autre part, de tenter de répartir au mieux la valeur ajoutée entre naisseurs et engraisseurs.

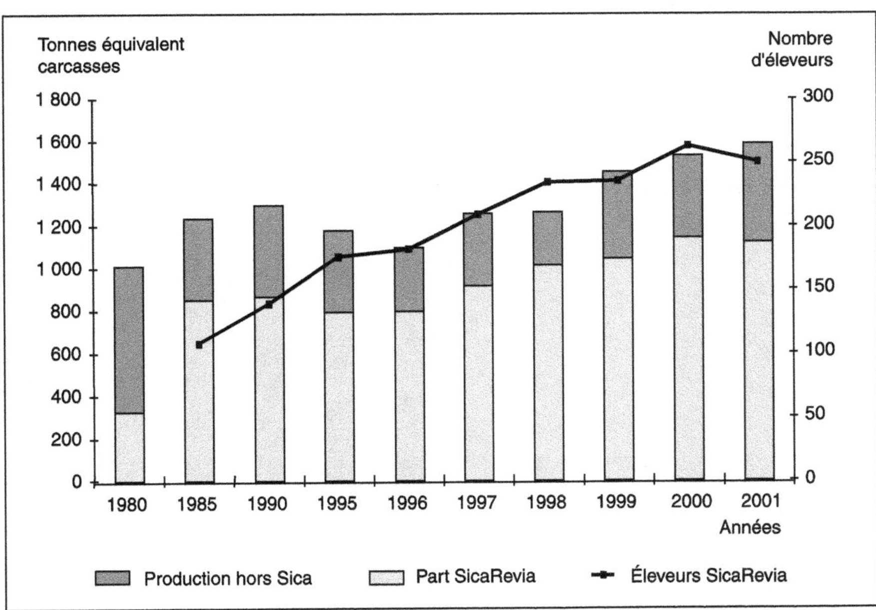

Figure 1. Évolution de la production de viande bovine à la Réunion et progression de la part de la SicaRevia dans cette production.

La production de la SicaRevia représente aujourd'hui les ¾ des abattages de gros bovins. Elle est donc dans une position favorable pour négocier les prix avec les acheteurs. Cette forme d'organisation vise donc *in fine* à réduire le risque pour l'éleveur et lui garantir un niveau de prix. Depuis sa création, elle s'est traduite par un accroissement soutenu du nombre d'éleveurs adhérents et de la production. Malgré cette évolution, la part de la production locale ne représente que 30 % de la consommation. Le marché n'est donc pas limitant.

Diversité des exploitations et trajectoires d'évolution

D'une manière générale, le développement des élevages naisseurs s'est appuyé sur une première phase de valorisation de la ressource foncière (défriche) et de constitution du cheptel qui a été accompagnée de moyens spécifiques, tels les plans de développement naisseurs qui prenaient en charge une part importante des coûts d'acquisition du cheptel de mères. L'archétype est celui des exploitations pionnières (type A1) installées à la fin des années 70 et au début des années 80 en élevage naisseur spécialisé, concomitamment à la création de la SicaRevia (figure 2). Dans une deuxième phase, ces éleveurs se sont appliqués à accroître la production fourragère et à améliorer la composition génétique du cheptel. Ils s'orientent aujourd'hui vers la production de reproducteurs qui ont une plus forte valeur ajoutée. Avec la perspective d'installation des enfants, certains d'entre eux évoluent vers un statut de naisseur-engraisseur avec l'objectif de capter l'intégralité de la valeur ajoutée du produit (type A2). Ces trajectoires pionnières semblent devoir se reproduire, à quelques variants près, pour les exploitations d'installation plus récente. Ainsi, les exploitations (type C) de la deuxième vague d'installation (fin des années 80, début des années 90) ont constitué leur cheptel et sont aujourd'hui dans la phase d'amélioration génétique. Leurs caractéristiques sont d'être spécialisées et d'être conduites par un éleveur seul. Les éleveurs qui se sont installés ultérieurement (milieu et fin des années 90) sont dans la phase de mise en valeur des terrains et de constitution du cheptel

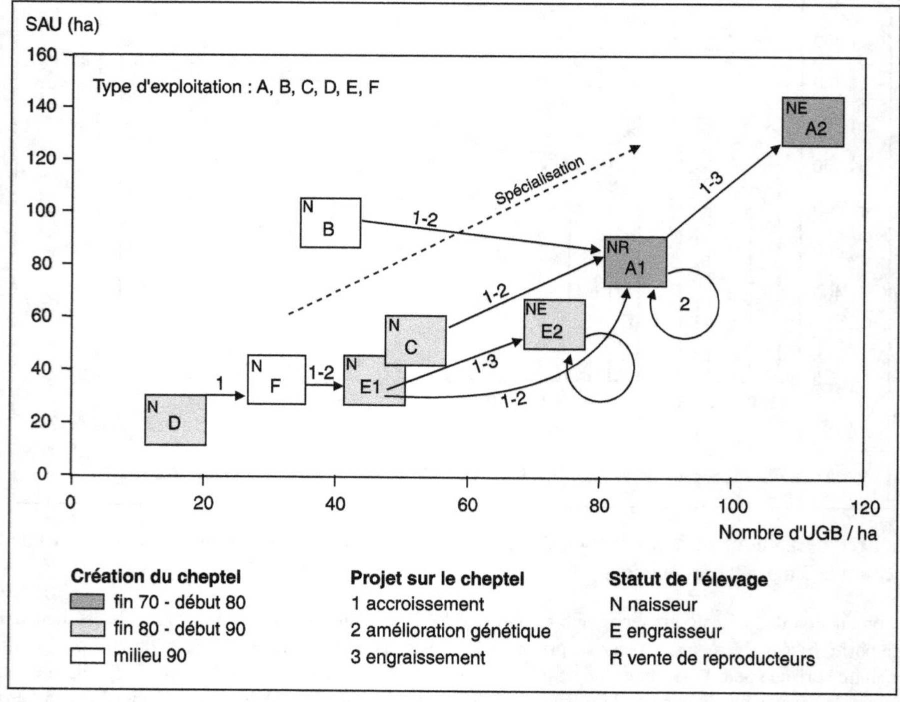

Figure 2. Types d'élevages naisseurs (A1 et F) et trajectoires d'évolution.

(types B et F). Les jeunes exploitants des Hauts de l'Ouest (type F), d'installation très récente, ont les mêmes projets pour le cheptel que les exploitants du type B, c'est-à-dire l'accroissement de l'effectif et l'amélioration génétique. D'une manière générale, l'accès au foncier est d'autant plus réduit que l'installation est récente. Hormis certains jeunes exploitants qui ont repris une exploitation (type B), la majorité des exploitations enquêtées ont le projet d'accroître leur cheptel.

Si le modèle d'exploitation promu et la tendance générale sont à la spécialisation, des exploitations restent diversifiées. Il s'agit de producteurs qui ont développé un atelier bovin pour diversifier leur activité, fondée à l'origine sur la canne à sucre ou sur une autre activité d'élevage. On les retrouve dans des petites exploitations (type D) et dans des exploitations familiales à nombre d'actifs élevé (2 à 5 UTA) (type E1). Du fait de la taille élevée du collectif familial, ces exploitants cherchent à s'agrandir ou à mettre en place un atelier d'engraissement (type E2).

On note que les systèmes de pratiques (Cristofini *et al.*, 1978) correspondent à ces différents stades de la vie de l'exploitation. Ainsi, pendant la phase d'installation, les activités sont, pour tous les types d'élevage, orientées vers la mise en valeur des ressources fourragères et la constitution du cheptel. Les éleveurs essayent de capter les soutiens financiers (dotation jeune agriculteur, plan de développement naisseur, aide à la création des prairies…) qui leur permettront d'atteindre le plus rapidement possible leur phase de croisière et ainsi s'assurer un revenu. La constitution rapide du cheptel se fait souvent au détriment de la qualité génétique des animaux. Dans cette première phase, la conduite du troupeau est simplifiée, avec un seul lot dans la configuration la plus simple. Pour compenser la saisonnalité des ressources, l'éleveur joue sur le rythme de rotation (plus rapide en saison de pluies) et la dimension des parcelles, la constitution de stocks sur pied, l'apport de paille et choux de canne à sucre en saison sèche.

Dans une deuxième phase (stabilisation après 8 à 12 ans), les éleveurs cherchent à améliorer les performances du troupeau (en termes de reproduction et de croissance pondérale). Cette amélioration passe par l'utilisation d'un taureau améliorateur (de race limousine ou blonde). Ce choix génétique s'accompagne d'un ensemble de pratiques d'alimentation et de gestion des ressources qui visent à extérioriser le potentiel génétique des animaux :
– apports raisonnés de concentrés (en particulier aux veaux et aux broutards) ;
– constitution de plusieurs lots d'animaux (vaches suitées c'est-à-dire allaitant un veau, vaches prêtes à vêler, maternité, génisses) destinée à mieux gérer l'adéquation entre besoins et ressources ;
– installation de cultures fourragères sur les parcelles les plus facilement mécanisables et mise en défens à des fins de constitution de stocks fourragers, permettant l'apport de fourrages en saison sèche.

À ce stade, les éleveurs font souvent le projet d'acquérir une chaîne d'ensilage (individuellement ou en Cuma). Il ne s'agit pas seulement d'être autonome du point de vue des équipements mais d'envisager la vente des excédents fourragers sur un marché relativement rémunérateur.

L'orientation de la production vers la vente de reproducteurs (type A1) requiert un élevage en race pure qui induit de nouvelles pratiques : importation de génisses, insémination artificielle, taux de renouvellement plus élevé, changement des critères de sélection…

On notera que cette évolution est liée à un processus de capitalisation croissante qui sous-tend des besoins en trésorerie croissants. Cette situation est particulièrement notable pour les naisseurs qui développent une activité d'engraissement (types A2 et E2) et qui doivent faire face, pendant la phase de création de l'atelier, à des investissements (bâtiments, création et immobilisation de la sole fourragère), alors même que la vente des animaux est reportée. Ces changements de pratiques s'accompagnent donc également d'une augmentation du risque.

Cette évolution des systèmes d'élevage, observée sur une génération, a une similitude avec celle observée sur les fronts pionniers. Les différents types peuvent être considérés comme autant d'étapes d'un continuum concernant l'appropriation et la mise en valeur des ressources foncières, passant par une saturation progressive de l'espace libre à l'échelle de la petite région et l'intensification (Caron et Hubert, 2000). Ces auteurs parlent de « chaînes d'évolution technique ».

Discussion et conclusion

Poser la question de la pérennité des exploitations d'élevage exige d'identifier et de comprendre les projets des agriculteurs, en relation avec l'évolution du contexte, et d'analyser les pratiques d'élevage et financières mises en œuvre pour atteindre les objectifs poursuivis.

L'analyse de ces pratiques et des trajectoires d'évolution des exploitations montrent que, dans un premier temps, les éleveurs jouent la carte de la sécurisation en mettant en place un système peu flexible sur le plan opérationnel (Tarondeau, 1999) car ils doivent fournir un produit standard unique : le broutard. Ils mettent en œuvre un système de pratiques destiné à positionner leurs produits au mieux dans la grille de paiement de la coopérative, ce faisant, ils bénéficient également des aides spécifiques accordées à la filière, dont la SicaRevia est attributaire. Les éleveurs essaient ainsi de s'assurer un revenu sur le court terme. À ce stade, une forme de flexibilité statique (chapitre 1) se manifeste à travers la capacité des exploitants à réduire leurs coûts de production (mise en œuvre de bonnes pratiques). Quelques animaux peuvent être vendus à des prix plus élevés hors coopérative, ce qui contribue à accroître la flexibilité opérationnelle. Cette pratique n'est toutefois pas admise par la coopérative qui a fixé la règle de l'apport total.

Dans un deuxième temps, certains éleveurs adoptent des comportements plus risqués au sens où ils font appel au crédit et à des durées d'immobilisation du cheptel plus longues (taurillons, taureaux et femelles reproductrices). La stratégie globale est de diversifier les produits de l'exploitation. Les éleveurs justifient ces comportements en terme d'anticipation sur des phénomènes à venir (installation d'un enfant, réduction attendue des aides) qui visent à accroître la flexibilité stratégique. Signalons que quelques éleveurs poussent actuellement la logique de gain de la valeur ajoutée en projetant d'installer un atelier de découpe pour de la vente directe. Cette logique d'écoulement du produit ne s'inscrit pas dans la stratégie actuelle de la coopérative.

L'analyse des trajectoires d'évolution montre que les exploitations tendent à évoluer d'un système naisseur standard vers une diversification des produits (broutards, jeunes bovins, reproducteurs…). On note, ainsi, que les logiques individuelles et collectives sont parfois contradictoires. En cherchant à accroître leur flexibilité stratégique, les éleveurs œuvrent contre le système qui leur a permis de développer leur activité, c'est-à-dire la séparation des fonctions productives mise en place par la coopérative (chapitre 8, p. 135). Pour contrarier ce mouvement, la marge de manœuvre de la coopérative est faible. Elle essaye de réguler le système en agissant sur la grille de paiement et la répartition des aides, tout en lui laissant de la souplesse pour gérer les situations conflictuelles avec ses adhérents.

Malgré un contexte de sécurisation du marché, les éleveurs expriment de fortes inquiétudes sur la capacité de la coopérative à maintenir cette sécurité. De plus, une incertitude plus radicale pèse sur le devenir des aides de la Politique agricole commune et du Poseidom à l'horizon 2007. Nous posons l'hypothèse que les éleveurs ayant eu un comportement plus réactif (engraisseur, sélectionneur) s'adapteront plus facilement au nouveau contexte de production. Les petites exploitations, ayant peu de marges de manœuvre, apparaissent comme les plus fragiles et risquent de se désintéresser de l'élevage. Cette évolution peut conduire à une crise sociale qui, sur le long terme, pourrait remettre en cause le modèle d'organisation en place.

La réforme de la politique agricole commune remet profondément en cause les transferts sur lesquels s'est construite la filière bovine viande à la Réunion. L'attribution des aides sera de plus en plus soumise aux respects de règles de production, en particulier d'éco-conditionnalité, qui occasionneront de nouvelles modalités d'organisation du travail et plus globalement de management de l'exploitation (Niobé *et al.*, 2004). Dans ce nouveau cadre, la création du Parc national des Hauts de la Réunion peut offrir d'autres moyens de codification des pratiques d'élevage respectueuses de l'environnement. Le modèle bio-géographique pourrait alors être préservé sur la base d'un élevage des Hauts essentiellement naisseur, avec des pratiques spécifiques contribuant à la conservation des espaces pâturés et d'un engraissement dans les Bas recourant largement aux produits associés à la canne à sucre.

D'un point de vue opérationnel, nos recherches, menées en partenariat avec la SicaRevia, visent la construction d'un système de références technico-économiques adapté au conseil et à l'accompagnement des exploitations d'élevage (Choisis *et al.*, 2003). Pour être adéquate, cette construction nécessite donc de bien prendre en compte la diversité des types d'exploitations et des trajectoires, c'est-à-dire de bien identifier les systèmes de production, les stratégies des producteurs et les logiques qui sous-tendent les pratiques mises en œuvre. Une approche pluridisciplinaire s'impose car les pratiques sont autant techniques, économiques que sociales. Ce référentiel constitue un outil de prospective en termes de politique de filière et de construction des modalités d'accompagnement des producteurs.

Références bibliographiques

CARON P., HUBERT B., 2000, De l'analyse des pratiques à la construction d'un modèle d'évolution des systèmes d'élevage : application à la région Nordeste du Brésil. *Revue d'élevage et médecine vétérinaire des pays tropicaux,* 53(1) : 37-53.

CHOISIS J.-P., LACROIX S., LATCHIMY J.-Y., LEGENDRE E., 2003. Produire des références pour connaître et pérenniser les exploitations bovines allaitantes à la Réunion. Actes du Symposium régional interdisciplinaire sur les ruminants, Élevage et valorisation, Saint-Denis-de-la-Réunion, 10-13 juin 2003, P. Grimaud (eds.). (Synthèse des résumés et CD-ROM).

CRISTOFINI B., DEFFONTAINES J.-P., RAICHON C., DE VERNEUIL B., 1978. Pratiques d'élevage en Castagniccia. Exploration d'un milieu naturel et social en Corse. *Études Rurales,* 71-72 : 51-59.

NIOBÉ D., CHOISIS J.-P., CHIA E., 2004. Les réponses des agriculteurs aux injonctions environnementales de l'Europe : l'élevage bovin allaitant dans une région ultrapériphérique, l'île de la Réunion *In* Les systèmes de production agricole : performances, évolutions, perspectives. Colloque de la SFER, Isa Lille, 18-19 nov. 2004, 8 p.

TARONDEAU J.-C., 1999. La flexibilité dans les entreprises. PUF, *Que sais-je ?* Paris, France. 126 p.

VISSAC B., 2002. Les vaches de la république. Saisons et raisons d'un chercheur citoyen. Versailles, Inra Éditions, *Espaces ruraux,* 506 p.

Chapitre 14

Comment les systèmes d'élevage caprins répondent-ils à l'évolution des besoins d'une coopérative laitière ? Étude de cas en AOC Pélardon

Martine NAPOLÉONE

La gestion de la saisonnalité de la collecte est une question délicate pour les entreprises qui collectent, transforment et commercialisent du lait de chèvre. La production caprine étant naturellement saisonnée, la collecte est en moyenne 2,5 à 5 fois plus importante au printemps qu'en automne. La consommation des ménages est, quant à elle, régulière sur toute l'année. Jusqu'à une période récente, la plupart des entreprises ajustaient la saisonnalité de leurs approvisionnements à celle de leurs ventes, par des reports congelés et en incitant les producteurs (prix, conseil) à modifier leurs pratiques pour produire du lait d'hiver.

Cependant, la plupart des cahiers des charges des appellations d'origine contrôlée (AOC) caprines interdisent désormais l'utilisation de caillé congelé, ce qui supprime l'un des principaux outils de régulation entre l'amont et l'aval. La coordination entre les éleveurs et l'entreprise devient dans ces cas, la principale voie d'action. Or, nous avons montré, que les incitations orientées vers la mise en avant d'un modèle unique ne permettent pas de réduire la saisonnalité de la collecte et décalent la période de sous-approvisionnement de novembre et décembre vers la période d'août à décembre (Napoléone, 2001). De nouveaux moyens d'action sont nécessaires pour les entreprises produisant des produits AOC.

Nous explorons dans cet article l'intérêt de rendre lisible ces transformations des systèmes de production et des façons de produire. Nous analysons ces transformations en relation avec l'évolution de la stratégie commerciale de l'entreprise, pour raisonner la contribution de chaque exploitation à la résolution du problème de saisonnalité. Nous prenons appui sur une recherche en partenariat avec une coopérative caprine située en zone AOC Pélardon (décret août 2000). Une première partie présente la démarche exploratoire mise en œuvre dans le cas du bassin de collecte. Une deuxième partie décrit les dynamiques individuelles et collectives observées. Enfin, nous discutons l'intérêt de cette démarche pour aider la coordination entre l'amont et l'aval.

Démarche mise en œuvre dans le bassin de collecte d'une coopérative caprine

La coopérative collecte le lait de 28 éleveurs, transforme 1,5 million de litres de lait (30 % du Pélardon de la zone AOC) et commercialise les produits AOC dans des réseaux longs de distribution. Son fonctionnement est lié à des processus individuels (au niveau des élevages) et collectifs (au niveau de la coopérative) qui évoluent dans un contexte de relative incertitude. Or, pour coordonner des actions individuelles et collectives, les acteurs doivent élargir les représentations qu'ils ont les uns des autres et se construire une représentation en commun de la situation (Albaladéjo et Casabianca, 1995 ; Capillon et Valceschini, 1998). Nous faisons l'hypothèse qu'en permettant aux éleveurs et à l'acteur collectif (la coopérative) d'avoir une lisibilité de la diversité de leurs façons de faire et des trajectoires d'exploitations, ils pourront en parler, prendre du recul et ainsi identifier eux-mêmes les possibilités d'articulation entre l'évolution de la production et celle de l'aval. Nous avons donc mis en place une démarche pour représenter les modes de gestion individuels, et comprendre leurs évolutions ; formaliser les processus en cours au niveau de la coopérative ; représenter les liens entre les deux. Des entretiens compréhensifs ont été conduits avec les éleveurs et avec les gestionnaires de la coopérative. Ils ont permis de formaliser des lectures de situation, mises en débat chemin faisant avec les partenaires.

Comprendre les dynamiques en cours au niveau de la coopérative sur le temps long

À partir des enregistrements disponibles à la coopérative, nous avons retracé l'évolution des volumes de lait mensuels et annuels transformés par la coopérative. Ces représentations chronologiques ont mis en évidence l'évolution des volumes annuels totaux transformés, et l'évolution de la saisonnalité de la collecte depuis 30 ans. Nous avons ensuite demandé aux personnes impliquées dans la gestion de la coopérative d'en décrire la chronique. Nous avons relevé dans ces narrations des informations relatives à l'amont (nombre de producteurs, incitations, conseil), ou à l'aval (produits fabriqués, lieux de vente), des appréciations (difficultés, souhaits, regrets, points de vue).

La chronique ainsi renseignée a été reportée sur le support graphique chronologique des volumes annuels transformés pour formaliser et mettre en débat une lecture des relations entre l'évolution de la stratégie commerciale de l'entreprise, la saisonnalité des approvisionnements et les relations aux producteurs. Elle a permis d'identifier trois périodes spécifiques.

Représenter le mode d'organisation du système de production sur une campagne

En nous inspirant de la démarche d'aide au pilotage stratégique (Hémidy *et al.*, 1993), nous avons représenté, sur une base temporelle, les pratiques de conduite, les activités de l'agriculteur et la production du troupeau. Ce support graphique a permis d'étudier avec l'éleveur les concordances temporelles entre production, pratiques et activités, et donc les modalités de combinaisons et d'enchaînements dans le temps de ces facteurs de production. Il constitue un outil d'échange pour comprendre la logique et les objectifs qui sous-tendent ces modes d'organisation (Napoléone, 2004).

Analyser la diversité des trajectoires des exploitations

Formaliser la trajectoire de chaque élevage

Nous avons demandé à chaque éleveur de décrire l'évolution de son exploitation sur le temps long. Pour ce faire celui-ci utilise la narration en faisant appel à des événements divers et variés tels que les évolutions de la famille, du contexte, de son troupeau, de ses activités, du mode de conduite (chapitre 11, p. 181). Nous avons formalisé graphiquement ces descriptions sur une base temporelle en distinguant ce qui relève des faits de gestion de l'élevage, de l'organisation du travail, de raisons invoquées par l'éleveur qui peuvent être internes ou externes à la famille et à l'exploitation, et des appréciations de l'éleveur sur ces divers événements. Ce support graphique a ensuite servi à étudier l'évolution des facteurs de production, des activités, des pratiques de conduite, et analyser les voies de passage d'un mode d'organisation à l'autre ainsi que les leviers du changement utilisés. Ce travail d'abstraction de la chronique vers une formalisation de la trajectoire de l'exploitation, a fait l'objet d'un échange itératif avec chaque éleveur.

Analyser la diversité des trajectoires des élevages concernés par une question collective

Nous avons formalisé la diversité des systèmes de production à trois époques (1980, 1990 et 2003), compte tenu des périodes repérées en analysant la chronique de la coopérative. Puis nous avons identifié les voies d'évolution d'une période à l'autre, les raisons sous-jacentes à ces évolutions, et les facteurs sur lesquels se sont appuyés les éleveurs pour réaliser ces changements relativement au contexte et aux incitations de la coopérative.

Résultats : dire et lire les transformations individuelles et collectives

Évolution de la coopérative : trois périodes

À partir du support graphique représentant la chronique, nous avons *in fine* convenu avec les partenaires de lire la trajectoire collective en repérant trois périodes (figure 1).

De 1956 à 1987, la coopérative de proximité écoule sans difficulté les fromages à une clientèle locale. Les ventes sont saisonnées, les systèmes de production aussi, la coopérative est fermée en hiver.

De 1987 à 2000, surviennent des crises de surproduction. La coopérative vend auprès des grandes et moyennes surfaces régionales, et établit une grille de prix en faveur du

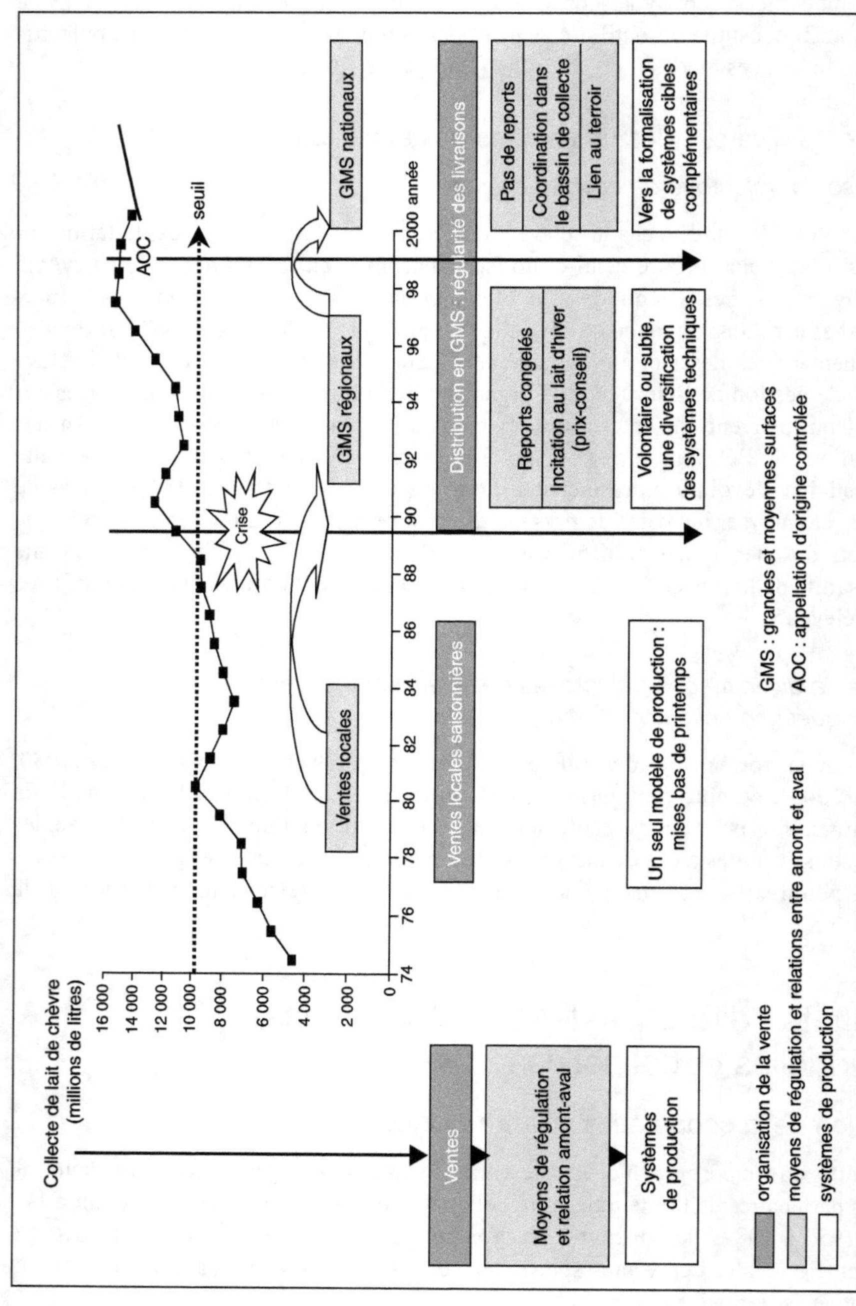

Figure 1. Trois périodes dans la trajectoire de la coopérative.

lait d'hiver. Le désaisonnement s'impose comme le moyen d'action pour augmenter la collecte en novembre et en décembre. Ce modèle définit les changements de pratiques de reproduction utiles pour le collectif, et oriente la façon de caractériser les élevages : il y a ceux qui livrent en hiver et les autres. De fait, cette perception met en opposition les systèmes entre eux.

À partir de 2000, l'AOC facilite l'accès au marché national des GMS (Ben Kalha *et al.,* 2004 ; Napoléone et Boutonnet, 2003) et interdit les reports par congélation, ce qui élargit la période critique d'août à décembre, et oblige l'entreprise à gérer l'ajustement entre l'amont et l'aval en temps réel. La coopérative doit trouver les moyens de gérer la saisonnalité des approvisionnements de la fin d'été à l'hiver, tout en conciliant l'image d'un produit de terroir. La diversité des systèmes de production au sein du bassin d'approvisionnement prend un sens nouveau.

Les systèmes de production actuels

Actuellement, trois modes de production sont distingués :
– des mises bas groupées en saison, pour 65 % des élevages. Le troupeau est conduit en une seule entité. L'éleveur limite ses charges et fait son lait à l'herbe. L'élevage produit de janvier à novembre ;
– des mises bas d'automne et de printemps, ainsi 10 % des élevages désaisonnent une partie du troupeau. L'élevage produit toute l'année avec un pic de production au printemps ;
– des mises bas groupées d'automne, et un arrêt de livraisons en fin d'été, pour 25 % des élevages. L'élevage produit d'octobre-novembre à août.

Ces trois modes de production contribuent aux approvisionnements durant la période critique : en début de période pour les systèmes saisonnés, en fin de période pour les systèmes désaisonnés (figure 2).

Transformation des systèmes techniques

L'analyse transversale des chroniques d'exploitation montre qu'il y a 20 ans, les systèmes de production relevaient tous du modèle en saison (figure 3) et, que sous l'influence de la filière, ils se sont ensuite diversifiés. L'analyse de leurs transformations permet de discuter la cohérence entre l'évolution de ces systèmes techniques et les objectifs des éleveurs. On observe plusieurs types de trajectoires (figure 4).

Rester en modèle traditionnel et faire son lait à l'herbe

Depuis leur installation, ces troupeaux ont conservé le même mode d'organisation avec des mises bas groupées en fin d'hiver et la même cohérence. Ils mettent en avant leur attachement au respect des cycles naturels et à la valorisation par le pâturage de leur territoire (1A). Certains éleveurs (1B) ont adapté leur conduite, en avançant les mises bas vers l'hiver pour profiter des prix plus élevés, sans toutefois les avancer au-delà du mois de janvier, de manière à ne pas remettre en cause les éléments structurant le fonctionnement de leur système de production (mises bas groupées, un tarissement, utilisation de l'herbe pour faire le lait et limiter les charges opérationnelles).

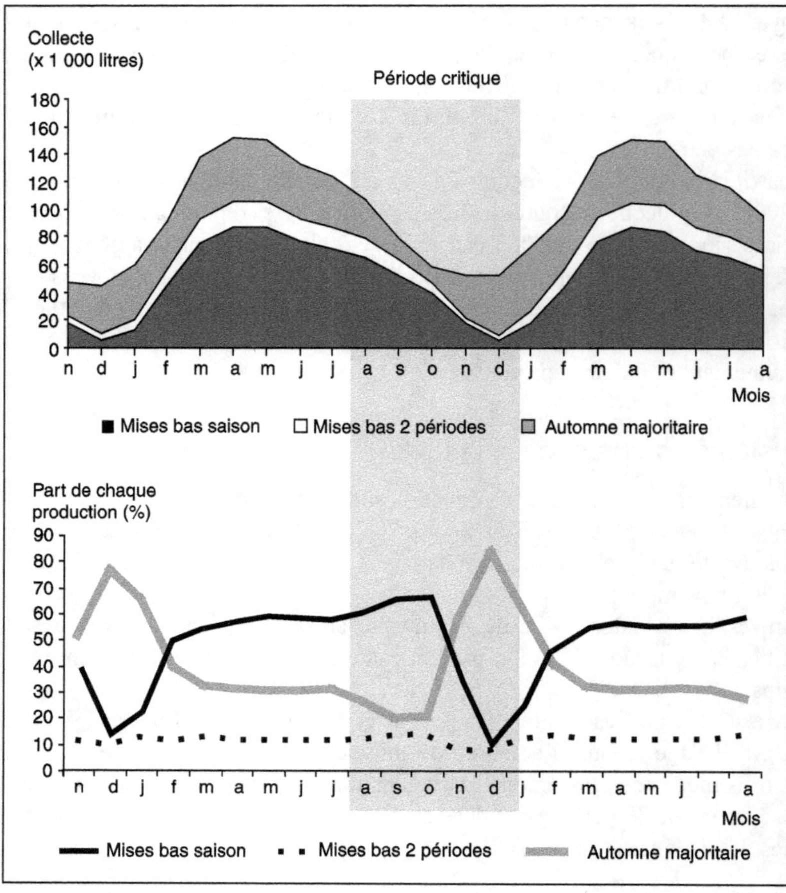

Figure 2. Contribution des trois modes de production du lait à la collecte de la coopérative.

Tenter de faire du lait aussi en automne

Pour livrer du lait en automne, ces éleveurs ont introduit vers 1990 l'innovation du traitement hormonal. Après un ou deux ans de réussite relative, les mises bas se sont réparties sur plusieurs périodes, d'où des difficultés de gestion technique et d'organisation du travail. Cet étalement des mises bas remettait en question les règles du modèle de production traditionnel, liées à la conduite d'un troupeau homogène, rythmé de façon synchrone, alternant des phases claires de reproduction, gestation, lactation, facilitant la gestion technique et l'organisation du travail. À partir de l'année 2000, seuls trois troupeaux ont gardé une reproduction en périodes (trajectoire 2). Ce sont des élevages de grands effectifs, dont l'organisation du travail est facilitée par une gestion de la reproduction en périodes.

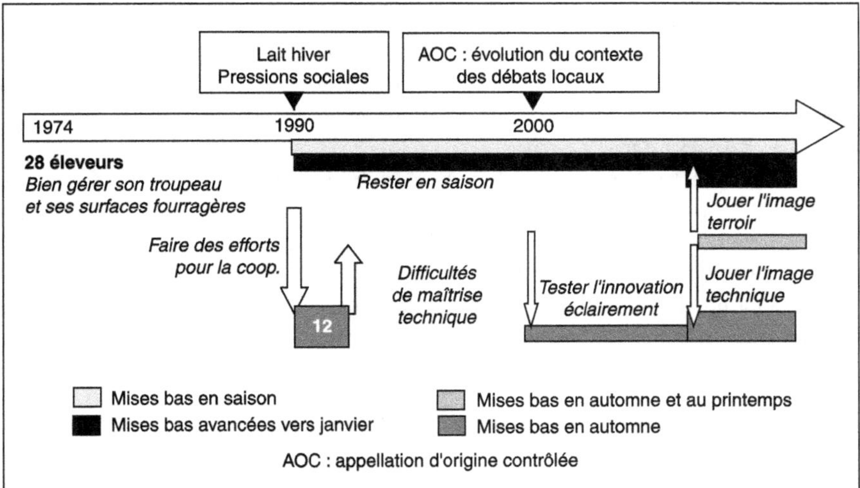

Figure 3. Évolution des systèmes techniques.

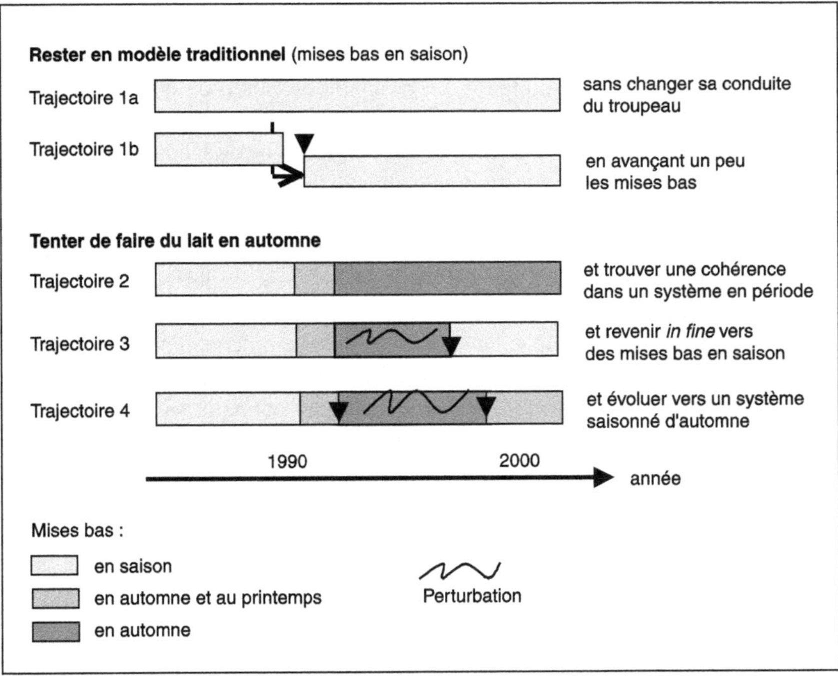

Figure 4. Les différentes trajectoires des systèmes techniques.

Pour la trajectoire 1b : il y a adaptation des pratiques (avancement des mises bas), sans changement de modèle technique (les éleveurs restent en mises bas en saison : la cartouche reste donc blanche après l'adaptation), donc trajectoire sans changement de modèle technique avec éventuellement quelques adaptations de pratiques.
Le changement de modèle technique au cours de la trajectoire d'évolution est indiqué par une modification de grisé.

Les autres éleveurs sont :

– soit revenus vers le modèle en saison, qu'ils estiment mieux maîtriser, en mettant en avant l'image du terroir véhiculée par l'AOC (trajectoire 3). Ce changement de pratique de reproduction aurait été perçu comme un retour en arrière dans les années 1990. L'AOC leur permet de le légitimer ;

– soit allés vers un modèle de reproduction à contre saison (trajectoire 4). Ces éleveurs ont suivi le modèle d'un agriculteur local, en introduisant l'innovation du traitement lumineux. Jusqu'à présent, les mises bas sont groupées en automne, ce qui leur permet de gérer à nouveau le troupeau comme une entité. Ce sont pour la plupart des éleveurs jeunes, ayant repris l'exploitation de leurs parents, et voulant marquer une certaine rupture avec les modèles traditionnels.

Discussion, conclusion

Cette lecture de situation sur le temps long montre que les systèmes de production évoluent rapidement après l'AOC. Mettant en valeur l'image du terroir, elle légitime des pratiques dont l'adoption aurait été perçue auparavant contraire aux intérêts de la coopérative. Par ailleurs, en interdisant l'utilisation de reports congelés, elle place les entreprises devant la nécessité de gérer en temps réel leurs ajustements entre l'amont et l'aval, sur une période critique qui s'étend de l'été à l'hiver. Ces évolutions, individuelles et collectives, modifient la formulation du problème à traiter, ce qui déplace les voies d'action envisageables. Il ne s'agit plus de raisonner l'adoption d'une innovation technique pour augmenter l'approvisionnement entre novembre et décembre mais d'articuler une diversité de systèmes techniques pour réguler l'approvisionnement entre fin juillet et janvier.

La méthode utilisée, qui consiste à reconstruire des chroniques puis à mettre en débat les évolutions de modes d'organisation individuels et collectifs et, en l'occurrence, leurs liens à la saisonnalité de la collecte, est facile à mettre en place. Les représentations graphiques de ces chroniques facilitent le cheminement avec les acteurs vers un processus d'abstraction allant des actes ordinaires à l'émergence d'un sens, ce qui permet aux partenaires d'évoluer pas à pas dans leurs perceptions, puis de construire en commun une représentation de la situation. Cette prise de recul nous paraît indispensable pour pouvoir penser les voies d'ajustement mettant en valeur la diversité des saisonnalités.

Références bibliographiques

ALBALADEJO C., CASABIANCA F., 1995. Une condition préalable à la participation : modifier les représentations des agriculteurs. *Cahiers de la recherche-développement*, 41 : 44-57.

BEN KALHA A., BOUTONNET J.-P., NAPOLÉONE M., 2004. Proximité et signalisation de la qualité : approche croisée pour l'étude d'une AOC. 4th Congress on Proximity Economics. Marseille, France, juin 2004.

CAPILLON A., VALCESCHINI E., 1998. La coordination entre exploitations agricoles et entreprises agro-alimentaires. Inra, *Études et recherches sur les systèmes agraires,* 31 : 259-275.

HÉMIDY L., MAXIME F., SOLER L.G., 1993. Instrumentation et pilotage stratégique dans l'exploitation agricole *Cahier d'économie et de sociologie rurale,* 28 : 91-118.

NAPOLÉONE M., 2001. De la gestion de la répartition laitière d'un troupeau à la gestion des approvisionnements d'une firme. *Options méditerranéennes Série A,* 46 : 177-181.

NAPOLÉONE M., BOUTONNET J.-P., 2003. L'AOC Pélardon fédératrice de nouvelles dynamiques individuelles et collective. *In* Benevento, Napoléone M. et Boutonnet J.-P. (eds.), *The PDO Pélardon, the federator of new individual and collective dynamics*, 6e International Livestock System Symposium, 26-29 août 2003, EAAP publication, 118 : 259-267.

NAPOLÉONE M., 2004. Négocier la formulation d'un problème pour coproduire un diagnostic technique. *In* Darré J.-P., Mathieu A., Lasseur J. (eds.), *Le sens des pratiques.* Sciences Update, Inra Éditions, p. 255-274.

Chapitre 15

L'adaptation des pratiques d'élevage aux exigences des filières de qualité en viande bovine

Stéphane INGRAND, Benoît DEDIEU, Bénédicte ROCHE,
Marie-Odile NOZIÈRES, Isabelle CARRASCO

Comme dans d'autres pays, la filière viande bovine française a subi différentes crises successives (Encéphalite spongiforme bovine ou ESB en 1996 et 2000, fièvre aphteuse en 2001). Pour y répondre, les opérateurs de la filière ont tenté de développer les signes de qualité pour démarquer une partie de la production et rassurer les consommateurs. Le challenge est de certifier à la fois le produit final (la viande), mais également les pratiques des éleveurs. Quatre signes sont qualifiés d'officiels en France (SOQ : signes officiels de qualité), dans le sens où ils sont la propriété de l'État français, avec des procédures de contrôle effectuées par des organismes agréés.

En quoi le développement des signes de qualité a-t-il des répercussions sur les pratiques techniques des éleveurs qui adhèrent aux filières concernées ? Notre hypothèse est que la question principale n'est pas tant « comment produire ? », que « produire quoi ? quelles catégories ?, quand ? combien ? ». Nous proposons d'illustrer ces questions à partir de la présentation des résultats d'une série de travaux concernant les relations entre les besoins de la filière et les pratiques actuelles des éleveurs. Ces travaux ont été menés sur trois années (2000 à 2002) dans le cadre d'un programme intitulé « Adaptation de l'élevage bovin allaitant, produire dans les filières soumises à des contraintes de qualité » (Ingrand *et al.,* 2002). Nous avons étudié deux cas distincts en termes d'enjeux de répartition des ventes sur l'année et de rapport à la filière :

– la production de viande pour les filières de qualité classiques Label Rouge et critères de qualité certifiés (CQC), les plus répandues dans les zones herbagères du centre de la France (Charolais et Limousin). La commercialisation est assurée en grande partie via des groupements de producteurs ou des marchands qui demandent non seulement des

animaux conformes aux cahiers des charges mais également une production régulière sur l'année. Chaque éleveur peut contractualiser pour plusieurs cahiers des charges ;
– la production de viande dans le cadre d'un projet d'AOC, « Fin gras du Mézenc », dans les départements de Haute-Loire et d'Ardèche. La commercialisation est réalisée directement via les bouchers qui se rendent dans les élevages pour choisir les animaux. La production est très saisonnée, sur une période limitée à cinq mois du 1er février au 1er juin.

Pratiques des éleveurs impliqués dans les filières CCP et Label Rouge

Les spécifications techniques des cahiers des charges Label Rouge

Nous avons comparé les 15 cahiers des charges français agréés en 1999 (tableau 1), avec l'hypothèse qu'ils contiennent les mesures les plus contraignantes pour les éleveurs sur les questions « produire quoi et comment ? » (Roche *et al.,* 2000). Dans un premier temps, le contenu de chaque cahier des charges a été comparé à la notice technique établie par le ministère de l'Agriculture et de la Pêche qui fait office de socle minimum pour l'obtention du label (ministère de l'Agriculture et de la Pêche, 1998). Le contenu concerne toutes les périodes de la vie de l'animal, depuis la naissance jusqu'à la commercialisation, y compris l'abattage et la maturation des carcasses. Une distinction est faite entre les recommandations implicites et explicites : les premières ont trait au respect de la législation, telles que l'interdiction des anabolisants ou des farines animales dans l'alimentation ; les secondes sont plus restrictives et relèvent de procédures obligatoires ou bien de seuils à respecter qui doivent être clairement spécifiés. Les modes de

Tableau 1. Liste des cahiers des charges Label Rouge gros bovins étudiés.

Bœuf Limousin – Label Rouge
Bœuf de race Charolaise – Charolais Label Rouge
Bœuf de race Charolaise – Label Charolais du Centre
Bœuf Charolais Terroir
Bœuf Charolais du Bourbonnais
Bœuf de race Blonde d'Aquitaine
Bœuf Terroirs du Sud-Ouest
Bœuf de Bazas
Bœuf de Chalosse
Viande Belle Bleue
Bœuf de race Normande
Bœuf Fermier du Maine
Bœuf Fermier de Vendée Val de Loire
Bœuf fermier de race Aubrac
Bœuf Gascon

reproduction et de finition doivent également être précisés. Dans tous les cas, les limites d'âge des animaux sont respectivement de 28 et 30 mois minimum pour les génisses et les bœufs et de 9 ans maximum pour les vaches. Les carcasses doivent être classées E, U ou R (soit les 3 meilleures classes de la grille Europa) et il faut choisir entre deux fourchettes d'état d'engraissement des carcasses : 2, 3, 4 ou 3, 4, 5 (selon la grille de notes de 1 à 5 allant de l'état le plus maigre au plus gras).

Les principaux éléments de différenciation des cahiers des charges concernent le choix de la race, ainsi que la zone d'élevage et de finition. Quatre types de labels peuvent être distingués :
– type 1, les labels raciaux nationaux (n = 4). Une race est précisée et l'élevage peut se faire n'importe où en France. Un de ces labels spécifie la race pour un seul des deux parents, ce qui suffit pour conférer aux animaux le phénotype culard recherché ;
– type 2, les labels raciaux précisant une zone de finition (n = 3), et une durée de quatre mois minimum. L'importance des aires géographiques est très variable (1 à 11 départements) ;
– type 3, les labels raciaux dont les animaux doivent être nés, élevés et engraissés dans une zone donnée (n = 4). L'étendue géographique est variable (1 à 13 départements). Parmi ces labels, deux se démarquent par la mise en exergue du caractère montagnard des systèmes d'élevage. Dans un autre cas, l'abattage doit être effectué dans la région de production ;
– type 4, les cahiers des charges délimitent une zone de production, mais autorisent plusieurs races (n = 4). Dans deux cas, naissance, élevage et finition doivent être réalisés dans la zone de production ; pour un cas, seuls l'élevage (après sevrage) et la finition sont localisés ; pour le dernier cas, seule la finition l'est. Tous ces labels ont délimité des aires géographiques restreintes s'étendant au maximum sur trois départements.

Concernant les éléments de conduite technique, les distinctions les plus contraignantes concernent essentiellement les caractéristiques des carcasses et l'alimentation des cheptels, notamment pendant la finition.

Caractéristiques des carcasses

Huit labels reprennent les trois classes de conformation proposées par la notice technique alors que cinq sont plus exigeants (classe R exclue dans trois cas, seulement classes S et E, les deux meilleures, dans un cas). À l'inverse, deux cahiers des charges se donnent plus de latitude en acceptant la classe O+ pour l'un et en rejetant la classe E pour l'autre. Dans sept cas, les classes d'état d'engraissement 2, 3 et 4 ont été retenues et dans quatre cas, uniquement les classes 2 ou 3. Tous les labels spécifient le poids minimum des carcasses : 350 kg pour les bœufs, 300 kg pour les génisses et 320 kg pour les vaches. Cependant, pour une même race, les poids minimum varient selon les labels (par exemple, 320 à 400 kg pour des bœufs de race Blonde d'Aquitaine), révélant des stratégies de commercialisation différentes.

Alimentation

Les modalités d'alternance entre pâture et stabulation sont précisées dans quatre cas : durée minimum de pâturage (6 mois ; 9 mois), durée maximale de stabulation (5 mois), pratique de transhumance obligatoire au minimum de 4 mois. Pour la fabrication d'aliments, des distinctions existent concernant les produits azotés. Ils sont tous autorisés dans huit cas, tous interdits dans trois autres cas, et autorisés pour partie (seule l'utilisation de l'urée est réglementée selon diverses modalités) dans trois cas. Un label interdit le maïs alors qu'un autre au contraire privilégie le maïs grain en phase de finition. Cinq labels indiquent que l'ensilage ne doit pas être l'unique fourrage distribué. Un label interdit la distribution d'ensilage pour les animaux de plus de 18 mois. Tous les labels ne décrivent pas les rations de finition et ce sont surtout les labels de type 3 qui les spécifient. Pour l'un, elle devra se faire à l'herbe entre mai et août. Pour un autre, les fourrages autorisés sont limités. Pour un autre encore, des exemples de rations sont donnés. Un label de type 1 interdit l'utilisation de l'ensilage pendant les quatre derniers mois d'élevage.

Le Label Rouge « gros bovins de boucherie » est d'abord une opération de sélection de trois catégories d'animaux engraissés, issus de troupeaux allaitants, les plus susceptibles de garantir la qualité des viandes, notamment la tendreté : génisses, bœufs et jeunes vaches. Selon la race et la zone de production, les fondements identitaires des labels sont très différents. Ils sont associés à des dynamiques tantôt locales (stratégie interne à un ou deux groupements), tantôt nationales (stratégie d'alliance entre groupements). La production sous label concerne une infime minorité d'animaux par élevage (deux ou trois par an) alors même que les cahiers des charges sont peu contraignants du point de vue technique, à l'exception de certains labels raciaux localisés.

Pratiques commerciales des éleveurs

Certains éleveurs sont perçus comme des gestionnaires par les groupements de producteurs, avec l'hypothèse qu'ils adaptent leur système pour maximiser le nombre d'animaux vendus sous signes officiels de qualité (SOQ), par opposition à d'autres perçus comme plus opportunistes. Nous avons étudié les relations entre ces deux notions et le profil de vente des élevages correspondants, les liens entre ces profils de vente et les pratiques des éleveurs. Ce travail a été réalisé dans 21 élevages charolais sélectionnés par les groupements de producteurs selon les deux catégories de perception (Ingrand *et al.*, 2001). Nous avons proposé une nouvelle catégorisation des animaux pour définir un profil de vente eu égard aux exigences des filières qualité. Cette catégorisation s'appuie sur quatre variables (figure 1) :
– le nombre d'animaux (vaches, génisses et bœufs produits) « candidats aux filières qualité » (CFQ) ;
– le nombre d'animaux « équivalents aux filières qualité » (EFQ), c'est-à-dire dont les caractéristiques finales sont « conformes aux cahiers des charges » (CCP) (i.e. le moins exigeant) parmi ces catégories ;
– le nombre total d'animaux vendus, quelle que soit la catégorie (ventes totales, VT) ;
– le nombre d'animaux effectivement « vendus dans les filières qualité » (VFQ).

Le rapport CFQ/VT est alors un indicateur de l'orientation de production vers l'engraissement. Le rapport EFQ/CFQ est un indicateur de l'aptitude de l'éleveur à produire des animaux conformes aux exigences des filières qualité et le rapport VFQ/EFQ indique la stratégie commerciale des éleveurs vis-à-vis de ces filières (proportion d'animaux effectivement vendus dans ces filières parmi ceux qui sont éligibles).

Les éleveurs gestionnaires (pour lesquels le rapport EFQ/CFQ est supérieur à 75 %) n'ont pas de pratiques très spécifiques, par exemple plus individualisées (à l'animal).

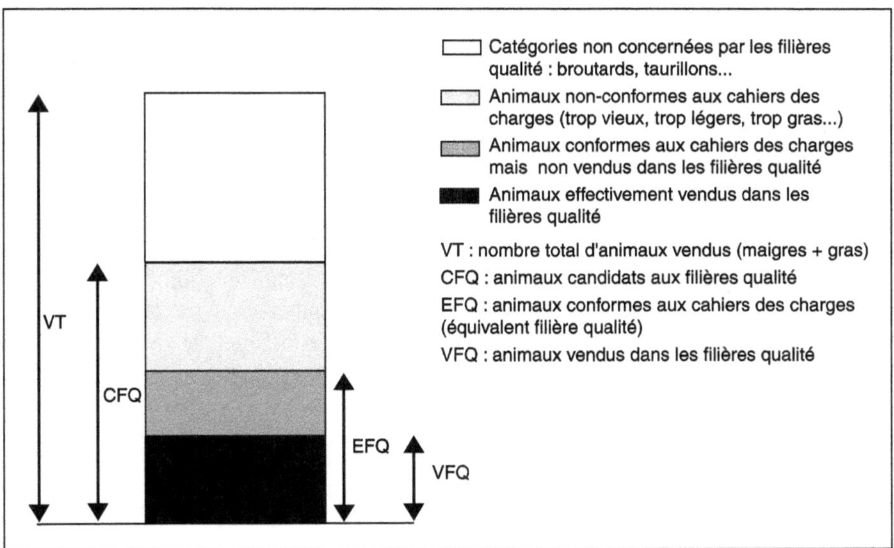

Figure 1. Proportion d'animaux correspondant aux cahiers des charges des filières CCP, selon les catégories considérées, parmi l'ensemble des animaux vendus dans un élevage.

Partout, le nombre d'animaux engraissés est déterminé avant tout par le nombre de places en bâtiments et le système est établi pour un nombre constant d'animaux engraissés chaque année. Nous n'avons pas non plus observé de différences de périodes de vente, y compris pour les plus favorables en terme de prix (printemps). Seule la proportion de vaches du troupeau ayant plus de 10 ans apparaît comme plus faible chez les éleveurs qualifiés de gestionnaires (6,5 % contre 11 % chez les opportunistes). Finalement, les deux notions (gestionnaires, opportunistes) apparaissent fortement liées à la volonté des éleveurs concernés de déléguer la fonction de commercialisation à une structure spécialisée, quitte à obtenir une moindre valorisation individuelle des animaux, à l'anticipation des livraisons d'animaux EFQ. Plus que des différences de capacité à produire des animaux conformes aux cahiers des charges, c'est le rapport aux filières qualité, ainsi que les catégories d'animaux produits qui permettent de différencier les éleveurs. Nous avons ainsi distingué cinq ensembles de politique qualité des éleveurs.

• Les 100 % filières qualité. Toute la production est orientée dans le but de vendre dans les filières sous signe officiel de qualité (SOQ), avec un engagement spécifique dans le label. L'objectif est de valoriser à la fois les vaches (éventuellement les génisses) et les bœufs, lesquels constituent une production significative de ces élevages.

• Les gestionnaires voie femelle. L'implication dans les filières sous signe officiel de qualité (SOQ) est forte, mais spécifiquement pour les femelles avec pour objectif la vente en Label Rouge ou CCP.

• Les opportunistes actifs. Seuls les animaux d'excellente conformation sont proposés à la vente sous label, en petite quantité, mais en période creuse, au moment où les cours sont les plus favorables. Ces éleveurs sont clairement motivés par la plus-value.

• Les opportunistes passifs. Éleveurs peu intéressés par les filières sous signe officiel de qualité (SOQ), qui ne perçoivent pas vraiment l'intérêt de ces démarches et connaissent peu le contenu des cahiers des charges. Leur système de production est généralement fondé sur une grande diversité des types d'animaux produits conjuguant cycles longs et courts.

• Les critiques. Éleveurs plutôt mécontents des filières qualité, principalement celles développées par la grande distribution. D'autre part, ils considèrent l'adhésion en apport total à un groupement très contraignante. Cependant, ils sont, pour la plupart, conscients des demandes du marché et produisent ainsi de nombreux animaux conformes aux cahiers des charges des filières qualité, mais très peu sont valorisés dans les circuits officiels ouverts en priorité aux adhérents des groupements.

Le degré d'engagement dans les filières sous signe officiel de qualité (SOQ) ne préjuge pas des pratiques techniques des éleveurs. Pour étudier plus en détail ces dernières, nous avons focalisé notre analyse sur la production de jeunes femelles qui forment le gros du contingent des filières sous signe officiel de qualité.

Production de jeunes femelles : les pratiques de renouvellement et de réforme

Les vaches âgées de moins de neuf ans, ayant vêlé au moins une fois, représentent la très grande majorité de la viande bovine vendue sous signe officiel de qualité (SOQ). C'est pourquoi, les structures de commercialisation incitent leurs adhérents à fournir davantage de jeunes vaches, parfois avec des aides financières. Cette demande interfère avec les déterminants usuels pour la réforme des animaux liés aux défauts d'aptitude à la production et nous avons cherché à qualifier cette interférence (Roche *et al.,* 2001). Des enquêtes ont été réalisées dans 20 élevages limousins, en collaboration avec trois groupements de producteurs ayant contribué au choix des éleveurs, avec une large palette de taux de renouvellement : 15 à 39 % (taux annuel de premiers vêlages). Ces valeurs sont supérieures à ce qui est observé en moyenne dans la zone (15 à 18 % ; Cotiniaux, 1997).

Tous les éleveurs enquêtés étaient en régime de croisière en termes d'effectifs. Les informations collectées ont porté sur la période et le nombre d'animaux concernés lors de chaque opération de tri (génisses et vaches de réforme), et sur le(s) critère(s) de tri pour les génisses et pour chaque vache de réforme : les dates de vêlage, de tarissement et de vente, la destination du veau et le critère de réforme.

Pour analyser les stratégies de réforme, trois notions ont été utilisées :
– la cause de réforme, c'est-à-dire la raison évoquée par l'éleveur (par exemple, l'âge) ;
– le type de réforme, selon trois catégories (involontaire, volontaire systématique, volontaire optionnelle). Les réformes dépendent des critères ajustés selon le contexte démographique du troupeau, le nombre de réformes obligatoires et le nombre de génisses choisies pour la reproduction (Cournut et Dedieu, 2000) ;
– le mode de réforme, associant la cause et le type pour un âge donné et représentant ainsi la classe d'âge cible pour les réformes systématiques et optionnelles.

Les vaches de réforme

Six causes de réforme ont été identifiées : âge, comportement, conformation, performances faibles (lait, croissance du veau), problèmes sanitaires, infertilité et mort du veau à la naissance ou peu après. Nous avons défini à partir de ces causes trois profils de réforme. Le premier correspond à une distribution régulière des quatre principales causes : âge, performances, comportement, veau mort. Les deuxième et troisième profils concernent respectivement les cas où les aspects sanitaires et la conformation sont les causes prépondérantes de réforme. Les critères involontaires, volontaires systématiques et optionnels représentent respectivement 9 %, 62 % et 29 % des cas de réformes recensés. La proportion de réformes optionnelles est très variable selon les élevages (7 à 53 %) et est corrélée positivement à la valeur du taux de renouvellement, révélant la plus grande liberté de choix des vaches à vendre quand le nombre de génisses retenues est important. Les valeurs moyennes des taux de réforme optionnelles sont ainsi de 11 % pour un taux de renouvellement de 15 à 18 %, de 23 % pour un taux de 19 à 22 % et 42 % pour un taux de 23 à 39 %.

Trois grands modes de réforme sont observés, correspondant à différentes combinaisons des types et des causes de réforme (figure 2).

• Mode A (6 éleveurs). Il se caractérise par des réformes quasi exclusivement systématiques. Selon la position du pic de réforme (classe d'âge cible), 3 sous-groupes (A1 à A3) peuvent être distingués.

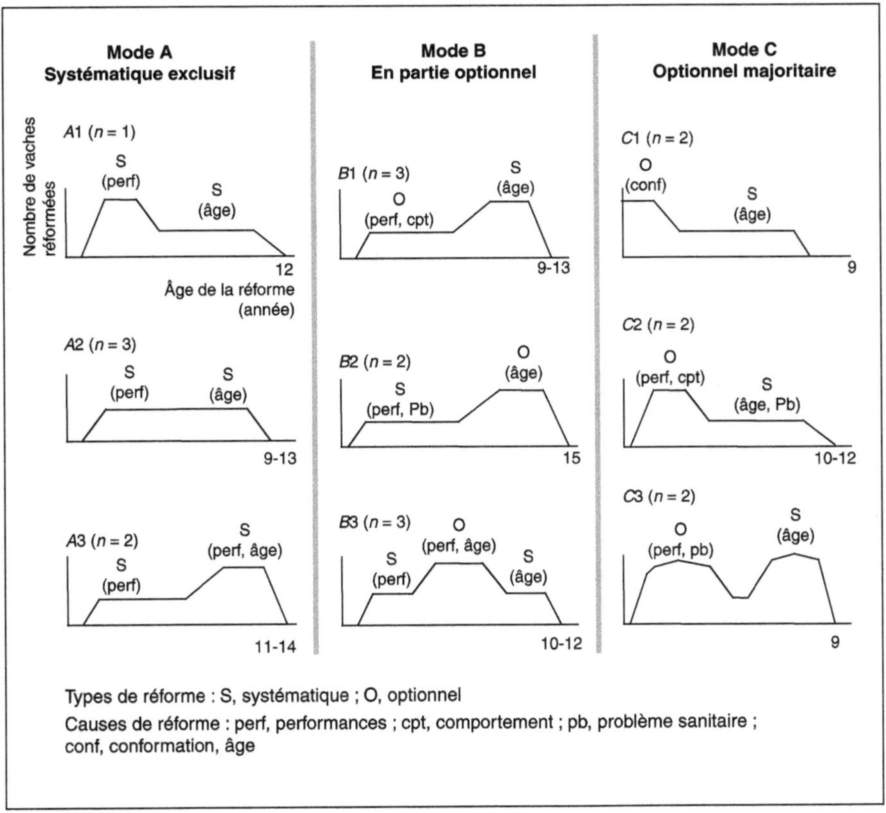

Figure 2. Principaux modes de réforme observés chez les éleveurs enquêtés.

• Mode B (8 éleveurs). Il est identifié par un recours important aux réformes optionnelles. Les sous-groupes B1 à B3 diffèrent par la forme de la courbe (nombre de pics), la classe d'âge concernée par les réformes optionnelles et les causes de réformes correspondantes.

• Mode C (6 éleveurs). Il se caractérise par un grand nombre d'animaux réformés jeunes (3 à 5 ans), en relation le plus souvent avec des réformes volontaires optionnelles, mais avec des critères variables (C1 à C3).

Les génisses recrutées

Trois périodes principales ont été identifiées pour le tri des génisses : au sevrage, entre un et deux ans d'âge et entre la mise à la reproduction et le premier vêlage. Ces périodes ne sont pas exclusives et peuvent se combiner au sein d'un même élevage. Selon le caractère définitif ou non du tri, il peut donner lieu à des lots spécifiques de génisses. Dans d'autres cas, les animaux sont repérés mais pas affectés à de nouveaux lots. Ainsi, nous avons regroupé les trajectoires des génisses triées pour le renouvellement du troupeau en trois catégories (figure 3), selon les périodes de tri.

• Trajectoire 1, pas de tri avant le premier vêlage. Toutes les génisses nées une saison donnée sont mises à la reproduction pour un premier vêlage dans l'élevage.

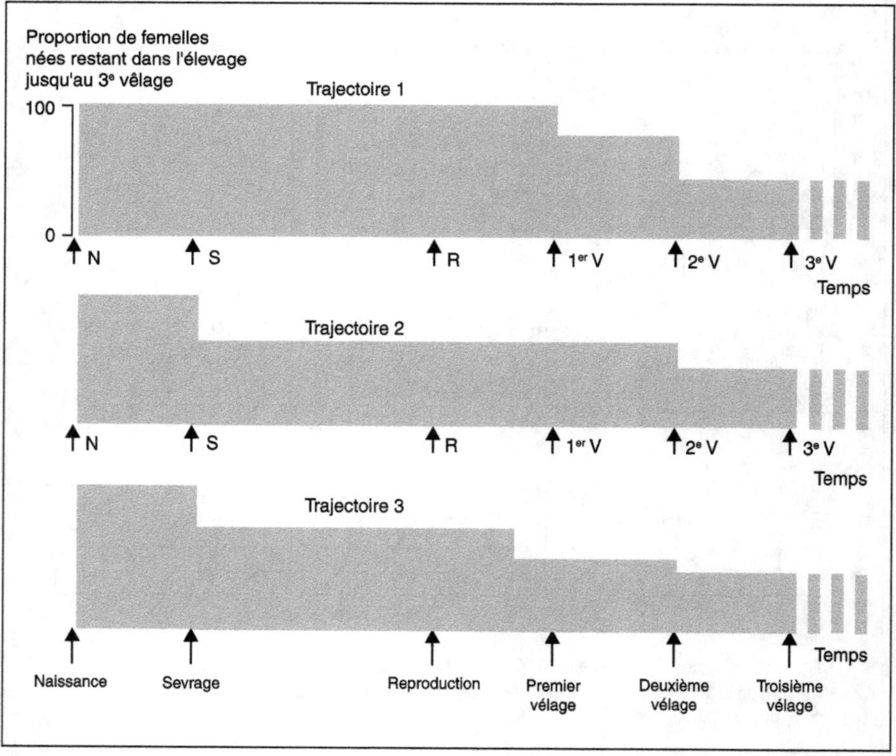

Figure 3. Différentes trajectoires observées pour les génisses recrutées pour renouveler le troupeau de femelles reproductrices.

• Trajectoire 2, première sélection au sevrage, puis la suivante uniquement après le deuxième vêlage.

• Trajectoire 3, une première sélection au sevrage, une deuxième durant la première saison de reproduction et des réformes débutant au deuxième vêlage.

Synthèse des stratégies de renouvellement et de réforme

Les trois combinaisons des pratiques de réforme des vaches et de recrutement des génisses permettent de décrire les stratégies en relation avec le taux de renouvellement global du troupeau reproducteur.

• Stratégie 1. Les pratiques de réforme intègrent un âge butoir comme critère systématique (12 ans) et des critères optionnels pour les jeunes vaches (mode C, figure 2). Soit toutes les génisses vêlent au moins une fois avant le premier tri, avec des taux de renouvellement associés très élevés (37 à 39 %), soit la moitié des génisses restent au moins jusqu'au deuxième vêlage, avec des taux de renouvellement de 20 à 30 %.

• Stratégie 2. Aucune réforme optionnelle pratiquée (mode A, figure 2 ; trajectoire 3, figure 3). Par rapport à la stratégie 1, les tris pour la réforme et le renouvellement ne concernent pas les mêmes classes d'âge, avec respectivement 5 à 14 ans et 8 à 10 mois. Les taux de renouvellement sont les plus bas de l'échantillon, avec 15 à 21 %.

• Stratégie 3. Situation intermédiaire, recouvrant différents cas. Soit le nombre de vaches réformées est déterminé en fonction du nombre de génisses recrutées, auquel cas, une certaine latitude est observée pour des réformes optionnelles parmi les vaches d'âge intermédiaire. Soit le nombre de génisses est fonction du nombre de vaches réformées et ces dernières sont alors choisies parmi les plus vieilles du troupeau (12 à 15 ans). Les taux de renouvellement vont du simple au double : 15 à 27 %.

La stratégie 1 est celle qui permet le plus grand nombre de ventes de femelles jeunes, avec des marges de manœuvre pour le choix de ces jeunes vaches qu'il convient de qualifier dès lors de femelles de boucherie et non de vaches de réforme. Elles sont le fruit de tris successifs depuis leur naissance et le choix de les vendre plutôt que de les engager dans un cycle de reproduction est le plus souvent prémédité.

Pratiques des éleveurs dans une filière AOC : le « Fin gras du Mézenc »

Le projet d'AOC Fin gras du Mézenc concerne la vente de génisses et bœufs très saisonnée (février-juin), correspondant à l'ancien bœuf de Pâques. La caractéristique majeure de la production est la finition au foin durant l'hiver. Les types raciaux sont très divers (races à viande et croisements) issus d'élevage allaitants et laitiers, avec des modalités de conduite que nous avons cherché à caractériser. Ainsi, des enquêtes ont été menées dans 32 élevages (laitiers, allaitants et mixtes) produisant des bovins vendus sous la marque Fin gras du Mézenc (169 animaux au total), soit un tiers des éleveurs adhérents à l'Association des éleveurs Fin gras du Mézenc, autour des Estables, en Haute-Loire.

Dans un premier temps, nous avons réalisé une typologie des trajectoires individuelles entre la naissance et l'abattage de ces 169 animaux (Ingrand *et al.,* 2003). Ces trajectoires, qui concernent pour l'essentiel des génisses, sont fondées sur les pratiques de conduite de l'éleveur, incluant les opérations successives de tri orientant les animaux vers différentes destinations (renouvellement, vente) et l'alimentation. Dans un second temps, ces trajectoires ont été replacées dans le cadre de stratégies plus générales des éleveurs concernant l'engraissement, reconstituées à partir de l'étude du devenir des cohortes de femelles nées sur l'exploitation.

Les 169 trajectoires individuelles ont été regroupées en cinq grands types (A à E ci-dessous). Les deux facteurs les plus discriminants sont les modalités de distribution du foin en hiver (foin issu de balles triées, distribution du cœur de la balle uniquement ou bien foin issu de balles non triées) et la date de sevrage.

• Ainsi les trajectoires de type A correspondent à 95 génisses (soit la majorité) produites dans des troupeaux allaitants spécialisés et recevant en finition du foin trié.

• Les trajectoires de type B correspondent à cinq génisses initialement prévues pour le renouvellement et réorientées vers la filière Fin gras du Mézenc après avoir été diagnostiquées vides.

• Les trajectoires de type C concernent des génisses issues d'élevages mixtes.

• Les trajectoires de type D concernent des génisses croisées issues de troupeaux laitiers recevant du foin trié en finition.

• Les trajectoires de type E proviennent indistinctement d'élevages laitiers, allaitants et mixtes, mais ne reçoivent pas de foin spécifique par rapport au reste du cheptel (même si ce foin correspond au cahier des charges puisqu'il est produit sur la zone).

Trois stratégies par rapport à l'engraissement ont été observées dans les 32 élevages.

• Stratégie 1 (11 élevages). Faible proportion d'animaux engraissés (moins de 30 % de la cohorte totale), mais tous vendus durant la période Fin gras du Mézenc sous la marque. Le solde est vendu au sevrage ou à la fin du premier hiver. Entre la naissance et la fin de la cohorte, au moins trois opérations de tri sont effectuées. Le repérage des génisses Fin gras du Mézenc est très précoce (au plus tard au sevrage). Le foin distribué est trié dans 75 % des cas mais la quantité de concentré est fixe en finition (pas d'ajustement dans le temps).

• Stratégie 2 (9 élevages). Une majorité d'animaux engraissés et vendus pendant la période Fin gras du Mézenc (plus de 50 % des génisses de la même cohorte). En revanche, aucun tri n'a lieu et toutes les génisses sont conduites de la même façon. Dans sept cas, toutes sont vendues le même jour à un boucher qui vient sur la ferme. Elles sont alors abattues progressivement dans la saison. Ce sont des élevages laitiers ou mixtes pratiquant le croisement industriel sur plus de 50 % des vaches.

• Stratégie 3 (12 élevages). Une large palette de génisses engraissées, d'âge variable et vendues à des périodes variables. En général, le foin n'est pas trié. Dans cinq éle-vages, moins de 50 % des génisses d'une cohorte sont engraissées et sont triées au moins deux fois. Peu de génisses sont orientées vers la production Fin gras du Mézenc (une à trois par an), mais celles concernées sont toutes vendues sous la marque. Dans les sept autres élevages, l'engraissement concerne le plus grand nombre possible de génisses, mais sans conduite spécifique et sans tri, avec l'idée que parmi elles, certaines correspondront au cahier des charges.

La stratégie 3 correspond à la plus grande diversité de trajectoires individuelles (figure 4). La stratégie 1 est la plus spécialisée, avec 80 % de trajectoires de type A. Les trajectoires de type D sont spécifiques des stratégies 2 et 3, incluant les systèmes laitiers. En conclusion de cette étude, il apparaît que les trajectoires individuelles combinent

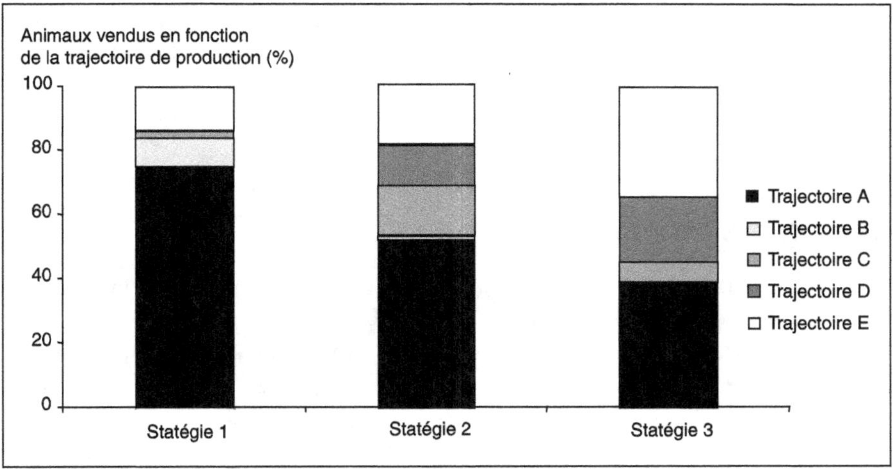

Figure 4. Proportion d'animaux vendus sous la marque Fin gras du Mézenc selon leur trajectoire de production (n = 5), pour chaque stratégie de conduite globale de l'élevage (n = 3).

des caractéristiques intrinsèques à l'animal (race, âge, conformation, poids), mais aussi externes, comme la demande et les pratiques des bouchers, les opportunités liées aux foires. Une grande variabilité des conduites individuelles a été mise en évidence. Cette variabilité exprime la capacité des éleveurs à trier, sélectionner et ajuster, à la fois pour les animaux et pour le foin.

Conclusion

Le maintien, voire le développement, de la part de viande bovine vendue sous signe de qualité pendant les périodes de crise tend à démontrer que ces démarches sont à même de rassurer les consommateurs sur la question de produire « quoi » et « comment ». Cependant, les critères mis en avant dans les cahiers des charges sont d'abord la race et les catégories animales concernées, plutôt que les pratiques locales ou le lien à une région de production. Les démarches en cours concernant les appellations d'origine contrôlée pour la viande bovine vont dans ce sens (AOC Maine Anjou, Fin gras du Mézenc, Bœuf de Charolles), mais restent numériquement très minoritaires.

Pour l'éleveur, le degré d'engagement dans ces filières dépend en premier lieu de la stratégie de l'opérateur (groupement de producteurs, marchand, boucher) qui achète ses animaux. Cette implication peut se mesurer de différentes façons : le nombre de signes potentiels (nombre de signatures), le nombre d'animaux vendus annuellement, les périodes de vente, ainsi que la nature des circuits commerciaux (supermarché, boucherie). Cela étant, les conséquences techniques en termes de conduite du troupeau n'apparaissent pas vraiment restrictives, notamment sur le plan de l'alimentation ou de la reproduction. Le challenge semble résider dans les capacités de l'éleveur à gérer la variabilité individuelle au sein du troupeau : comment repérer les quelques animaux susceptibles d'être conformes à tel ou tel cahier des charges (au-delà de l'opportunisme quand l'animal est prêt) ? Ainsi, les éléments clés de la conduite qu'il s'agit de maîtriser sont : d'une part, les critères, les modalités et les périodes de tri des animaux, que ce soit pour des individus ou des lots ; d'autre part, la politique de renouvellement du troupeau de femelles reproductrices, qui conditionne la démographie du troupeau et le champ des possibles pour la commercialisation des femelles réformées.

Références bibliographiques

COURNUT S., DEDIEU B., 2000. Comment simuler le fonctionnement d'un troupeau ovin-viande ? *Rencontres recherche ruminants,* 7 : 337-340.

COTINIAUX A., 1997. Maîtrise de la finition des vaches de réforme limousines pour l'approvisionnement d'une filière de qualité. Institut de l'élevage, Arbovi. Limoges. 21 p.

INGRAND S., AGABRIEL J., DEDIEU B., PÉROCHON L., 2002. Adaptation capacity of French beef cattle production systems to produce in quality market chains : a multi-disciplinary research project. *In* Farming and Rural Systems Research and Extension. Local Identities and Globalisation. IFSA, Florence, Italie, 8-11 avril 2002.

INGRAND S., CARRASCO I., DEVUN J., LAROCHE J.-M., DEDIEU B., 2001. L'implication des éleveurs de bovins-viande dans les filières de qualité correspond-elle à des conduites d'élevage spécifiques ? Inra *Productions Animales,* 14(2) : 105-118.

INGRAND S., DEDIEU B., NOZIÈRES M.O., 2006. Production of PDO beef : the example of « Fin Gras du Mézenc » in France. *In* Livestock Farming Systems : product quality based on local resources leading to improve sustainability. R. Rubino, L. Sepe, A. Dimitriadou, A. Gibon (eds), Wageningen Academic Publishers. EAAP publications, 118 : 193-198.

MINISTÈRE DE L'AGRICULTURE ET DE LA PÊCHE, 1998. Notice technique définissant les critères minimaux à remplir pour l'obtention d'un label gros bovins de boucherie. Révision 0, 20 mars 1998, 44 p.

ROCHE B., DEDIEU B., INGRAND S., 2000. Analyse comparative des cahiers des charges Label Rouge gros bovins de boucherie. *Rencontres recherche ruminants,* 7 : 263-266.

ROCHE B., DEDIEU B., INGRAND S., 2001. Pratiques de renouvellement de la composition des troupeaux bovins allaitants en Limousin. Inra *Productions Animales,* 14(4) : 255-263.

Chapitre 16

La sécurisation des systèmes fourragers et la réponse aux enjeux agri-environnementaux en montagne

Laurent Dobremez, Étienne Josien, Olivier Camacho, Nadine Andrieu

Dans les zones de montagne où les surfaces toujours en herbe sont dominantes, l'utilisation de l'espace par les élevages d'herbivores est un facteur déterminant de l'état de l'environnement et des paysages. Les éleveurs sont, à cet égard, de plus en plus interpellés par les attentes sociales qui se traduisent notamment par des mesures réglementaires et incitatives. En outre, les filières ont souvent cherché à se démarquer par des produits sous signes de qualité reliés à des caractéristiques territoriales et souhaitent affirmer encore davantage cet ancrage. Cette démarche des filières passe par la mise en œuvre de cahiers des charges imposant (ou interdisant) certaines pratiques qui interfèrent avec les modes d'utilisation de l'espace par les élevages. Or ces modes d'utilisation de l'espace résultent des objectifs de l'éleveur, notamment pour sécuriser son système fourrager : il effectue ainsi des choix de configuration de son parcellaire (clôtures, améliorations foncières…) et de pratiques pour chaque parcelle (récolte de stocks, pâturage par des lots d'animaux, fertilisation, gyrobroyage…). Nous entendons ici par « système fourrager » un système d'information et de décision visant à équilibrer les ressources et les besoins en fourrages pour atteindre un objectif de production dans un cadre de contraintes données (Duru *et al.*, 1988a). Le système fourrager, en raison des variations du climat et de leur caractère aléatoire, est soumis à de nombreuses perturbations auxquelles l'éleveur doit s'adapter. En montagne, les nouveaux enjeux qui portent sur l'environnement ou sur la qualité des produits modifient les modes d'utilisation de l'espace, et, en conséquence, peuvent mettre en cause la sécurisation du système fourrager.

D'une façon générale, le degré de sécurité est un critère d'évaluation du système fourrager. Il dépend des choix des modes d'utilisation de l'espace et de la souplesse du système, que l'on définit comme sa capacité à fournir des réponses nombreuses, faciles et rapides à mettre en œuvre face aux perturbations, soit pour en tirer parti, soit pour s'y adapter (Duru *et al.*, 1988b). Il peut être évalué au travers d'un découpage temporel de l'année en plusieurs périodes (comme par exemple la période de stabulation et la période de pâturage) : élever le degré de sécurité d'un système fourrager revient alors à augmenter la probabilité d'assurer, durant une période considérée, la couverture des besoins du troupeau en fourrages grossiers sans la diminuer pour les périodes suivantes.

Pour assurer la sécurité de leur système fourrager, les éleveurs disposent de plusieurs leviers, tous en lien, direct ou indirect, avec les modes d'utilisation de l'espace. Ils peuvent ainsi, simultanément ou non : réduire les besoins (vente d'animaux, mise en pension, mobilisation des réserves corporelles...) ; augmenter l'offre (augmentation de la surface, fertilisation, achat de fourrages à l'extérieur...) ; reporter des ressources d'une période à l'autre (constitution de réserves corporelles, réalisation de stocks de fourrages sur pied ou récoltés) ; adapter les modalités de gestion de la surface en cours de période pour garantir l'adéquation entre offre et besoins. La manière dont les éleveurs utilisent ces leviers a déjà fait l'objet de nombreuses analyses à l'échelle de la campagne annuelle, avec des points de vue différents : les fonctions parcellaires (Guérin et Bellon, 1990 ; Fleury *et al.*, 1995), les « saisons-pratiques » (Bellon *et al.*, 1999), les stratégies d'alimentation du troupeau (Girard, 1995 ; Girard *et al.*, 2001)...

Dans ce chapitre, nous abordons la sécurisation du système fourrager et ses liens avec les modes d'utilisation de l'espace dans des élevages de montagne où les enjeux collectifs portant sur l'état de l'environnement et les démarches de commercialisation sous signe de qualité AOC sont fortement prégnants. Il s'agit alors de comprendre les ressorts de la sécurisation et les modalités d'utilisation de l'espace à laquelle ils sont associés ; de discuter des conséquences de ces modalités d'utilisation de l'espace et de la diversité de ces modalités au sein de territoires sur les enjeux de l'environnement ou des filières. Ces deux étapes requièrent une approche pluriannuelle : d'une part, pour intégrer les adaptations à la variabilité du climat, d'autre part pour estimer les effets cumulatifs des pratiques sur la dynamique des espaces herbagers. Deux études de cas illustrent les enjeux collectifs susceptibles de remettre en cause les modes actuels d'utilisation de l'espace et d'interférer avec les modes de sécurisation des systèmes fourragers : la vallée d'Abondance (Alpes du Nord) et les montagnes d'Auvergne.

Méthodologie

Les deux études ont été menées de façon indépendante au sein d'un thème de recherche « exploitations agricoles et enjeux environnementaux » du Cemagref (Institut de recherche pour l'ingénierie de l'agriculture et de l'environnement). Nous présentons donc successivement les traits principaux des cadres d'analyse et des dispositifs mis en œuvre. Les aspects économiques liés aux coûts de la mobilisation des différents leviers de sécurisation n'ont pas été pris en compte.

Vallée d'Abondance

Dans la plupart des massifs des Alpes du Nord, les paysages ruraux montrent des signes de fermeture de l'espace agricole, ce qui peut localement devenir un enjeu important dans ces montagnes sous influence urbaine et touristique. Le canton d'Abondance en Haute-Savoie se révèle particulièrement intéressant car les ligneux y trouvent des conditions favorables à une propagation rapide (Richard et Pautou, 1982). Pour expliquer la physionomie actuelle de la vallée et la localisation des parcelles en voie d'embroussaillement, Camacho (2004) a proposé une interprétation par la compréhension des fonctionnements des exploitations agricoles et, en particulier, de leurs stratégies d'utilisation de l'espace en lien avec l'alimentation du troupeau.

Pour préciser la répartition spatiale des usages agricoles et la localisation des espaces en voie d'embroussaillement, la vallée a été découpée en zones « iso-utilisables » en adaptant la carte des pédopaysages de Legros (1986). Dans les résultats présentés, nous ne retenons que trois types de zones : les zones plates ou peu pentues comme les fonds de vallée et les bas de versants exposés au soleil ; les zones en pente des versants (pente supérieure à 31 %) et la zone des alpages au-dessus de 1 450 mètres d'altitude.

Dans les secteurs fauchés régulièrement, on peut considérer à priori que la maîtrise de l'avancée des ligneux est acquise. Nous avons donc, dans un premier temps, cherché à expliquer la localisation des prairies de fauche. Cela nécessite de comprendre comment les éleveurs assurent l'alimentation de leur troupeau en hiver. La comparaison des besoins hivernaux du troupeau avec le mode de constitution et l'origine des apports de matière sèche pour l'alimentation permet de repérer des leviers de sécurisation, d'identifier la part des stocks récoltés dans ces apports, et de comprendre ainsi quelles sont les surfaces nécessaires et quels sont les espaces utilisés pour la fauche.

Pour les pâtures, un modèle écologique proposé par plusieurs auteurs indique qu'un prélèvement de l'herbe très inférieur à la production pendant plusieurs années de suite provoque une rupture de l'équilibre dynamique de la végétation : apparition de pelouses à brachypode (Balent *et al.*, 1999) et développement d'espèces ligneuses (Duru *et al.*, 1998). Au terme d'une campagne, pour chaque parcelle, les besoins des lots d'animaux au pâturage sont comparés à la production des prairies (références issues des travaux du Groupement d'intérêt scientifique des Alpes du Nord) à partir d'estimations en quantité de matière sèche. Compte tenu des incertitudes de ces estimations et par précaution, un « excédent d'herbe » – traduisant une sous-exploitation – est pris en compte si la quantité d'herbe estimée permet de couvrir au moins le double des besoins estimés des lots d'animaux pâturant cette surface au cours de la campagne (et durant le temps où ils séjournent sur cette parcelle). Les résultats obtenus ont été recoupés, sur le terrain, avec l'état d'embroussaillement des parcs de pâturage au moyen d'un outil de diagnostic agro-écologique (Picart et Fleury, 2001), qui fournit des indications sur l'efficacité des pratiques récentes.

L'étude s'appuie sur le suivi de 27 exploitations utilisatrices d'un espace continu dans la commune d'Abondance. Cet échantillon est constitué principalement d'exploitations produisant ou transformant du lait de vache (21 sur 27), avec des tailles très variables (cheptel de 2 à 44 vaches), dans le cadre de la filière AOC (appellation d'origine contrôlée) Abondance qui interdit le recours à l'ensilage ou à l'enrubannage.

Les montagnes d'Auvergne

En Auvergne, certaines filières fromagères AOC envisagent une révision de leurs cahiers des charges, cette modification se traduirait par une transformation des pratiques d'utilisation du territoire (arrêt de l'ensilage et de l'enrubannage, limitation de l'alimentation sous forme de concentrés) susceptible de remettre en cause la sécurisation du système fourrager face aux aléas climatiques. L'analyse porte sur la relation entre les modes d'utilisation du territoire de l'exploitation et la sensibilité du système fourrager à la variabilité du climat. Dans l'étude d'Andrieu (2004), il s'agit plus particulièrement, d'approfondir la manière dont est prise en compte la diversité des aptitudes des parcelles dans le dimensionnement des ateliers et dans l'ordonnancement des successions d'utilisation des parcelles, notamment lors des ajustements.

Le concept d'atelier répond à la nécessité de décomposer le système de production en ensembles élémentaires (Girard et Hubert, 1999). Coléno (1997) définit l'atelier comme un ensemble de tâches élémentaires (interventions techniques) dont l'organisation et l'exécution nécessitent un certain nombre de savoirs spécifiques en relation avec l'objectif de production assigné à cet atelier. Le système fourrager comprend ainsi des ateliers troupeau, qui transforment des aliments en lait ou viande, et des ateliers fourragers (c'est-à-dire pâturage ou production de stocks). Le dimensionnement d'un atelier (Coléno et Duru, 1998) correspond à la quantité de ressource (surface, etc.) affectée à cet atelier, sa période calendaire et sa durée. L'ordonnancement est l'organisation de la succession des tâches au sein de l'atelier. Les coordinations permettent d'éviter des excès ou des manques de ressources ainsi que les éventuelles compétitions entre ateliers pour une même ressource.

L'existence d'une planification des activités d'élevage, justifiée par leur caractère récurrent et cyclique associé à un apprentissage (Aubry *et al.*, 1998), définit à la fois les décisions générales correspondant au déroulement souhaité des opérations et les solutions de rechange en cas de perturbation (Duru *et al.*, 1998). Lors de la planification, l'éleveur anticipe donc les effets des aléas en fonction de sa perception et définit ces solutions de rechange. Le pilotage assure la mise en œuvre effective de la planification en cours de campagne, c'est-à-dire l'application des règles générales et des solutions de rechange si nécessaire. Il donne lieu à des ajustements à des moments clés qui se situent à des périodes où peuvent être confrontés des résultats et des anticipations relatifs au fonctionnement des différents ateliers (Hémidy *et al.*, 1993).

La diversité des aptitudes des parcelles peut être décomposée en une diversité structurelle fondée sur des caractéristiques qui restent identiques d'une année sur l'autre (altitude, exposition, pente, distance au siège d'exploitation, isolement…) ; une diversité conjoncturelle liée à d'autres caractéristiques en interaction avec les facteurs du climat qui modifient les qualités de certaines parcelles relativement aux autres (par exemple, la différenciation des parcelles ayant un sol profond en période de sécheresse, ou un sol filtrant dans les périodes pluvieuses). Cette diversité conjoncturelle ouvre des marges de manœuvre pour une adaptation du système fourrager à une situation climatique particulière.

Un suivi, avec l'enregistrement des pratiques au cours de l'année 2002 et des entretiens avec l'éleveur sur les différences interannuelles, de sept exploitations spécialisées bovins lait a été réalisé en Auvergne, dans la zone AOC Saint-Nectaire concernée par la modification du cahier des charges. Ces exploitations ont été choisies dans différents contextes pédoclimatiques (plus ou moins sensibles à la sécheresse), avec trois modalités de stocks fourragers : ensilage, foin ventilé en grange, foin séché au sol.

Résultats dans la vallée d'Abondance

L'analyse porte sur deux phases essentielles du calendrier fourrager : la constitution des stocks fourragers pour la période de stabulation hivernale durant laquelle l'essentiel de la production laitière annuelle est produite (d'où l'importance des stocks, en quantité comme en qualité) et la conduite du pâturage au printemps et en été (période au cours de laquelle sont stockés également les fourrages pour l'hiver). Cette analyse est complétée par la prise en compte des pratiques de rattrapage des dérives des dynamiques des végétations.

Diversité des lieux de constitution des stocks pour l'hiver

Les modes de constitution des stocks de foin conduisent à classer les exploitations en trois catégories, révélatrices de stratégies différenciées pour alimenter le troupeau en hiver (figure 1). Dans la première catégorie (7 exploitations), les éleveurs ont recours de façon prépondérante à des ressources extérieures à la vallée – achats de foin, fauche de parcelles plates dans le Bas-Chablais, mise en pension d'une partie du troupeau (mise à l'hiverne) – qu'ils complètent en général par la récolte de foin dans des terrains plats (fond de vallée et bas de versants ensoleillés). Ces ressources extérieures, jugées moins aléatoires, constituent les leviers de sécurisation. À l'opposé, les 14 éleveurs de la catégorie 3 veulent être autonomes et n'ont pas recours à des achats de fourrages : si pour 5 éleveurs, la fauche des terrains plats suffit pratiquement à atteindre cette autonomie, la plupart doivent faucher aussi dans les secteurs en forte pente pour atteindre cet objectif. En situation intermédiaire, les 6 éleveurs de la catégorie 2 fauchent les terrains plats ainsi qu'une partie de leurs prairies en pente et ont recours à des achats de foin complémentaires pour couvrir les besoins du troupeau.

Ces logiques de constitution de stocks sont stables d'une année sur l'autre. Outre le recours à des ressources externes à l'exploitation (et à la vallée), la sécurisation de l'alimentation du troupeau en hiver provient de la constitution de stocks excédentaires par rapport aux besoins estimés : dans 9 exploitations, réparties dans les trois catégories, les calculs conduisent à une estimation des apports en matière sèche supérieure à 110 % des besoins. Ces calculs rejoignent des observations de terrain : dans certaines exploitations, la souplesse que créent ces excédents dans la gestion du système d'alimentation peut autoriser lors de bonnes années climatiques à ne pas faucher certaines parcelles, à ne pas faire de regains ou à n'en faucher que le plus « joli » selon le temps dont on dispose.

Quelles sont les conséquences sur l'utilisation de l'espace ?

La localisation des prés de fauche semble beaucoup plus liée aux caractéristiques pédoclimatiques et à la composition du parcellaire qu'à la distance des blocs. En effet, les terrains plats, en quantité insuffisante, sont presque toujours destinés à la constitution des stocks. Les éleveurs peuvent parcourir de longues distances pour faucher s'ils trouvent des terrains plats. Les redistributions des terres à faible pente lors des cessations d'activité des exploitants prennent d'autant plus d'importance que le cahier des charges de l'AOC Abondance devrait devenir plus contraignant en matière d'autonomie fourragère et qu'il existe localement une pression pour des constructions résidentielles sur les terrains plats de fond de vallée.

La conduite des prairies pâturées : stabilité des usages d'une année sur l'autre

Dans la vallée d'Abondance, les unités de gestion pâturées peuvent être dénommées « blocs », par analogie avec les blocs de culture (Aubry *et al.*, 1998). Ces blocs pâturés sont assez faciles à reconnaître sur le terrain, ce qui montre un fort degré de

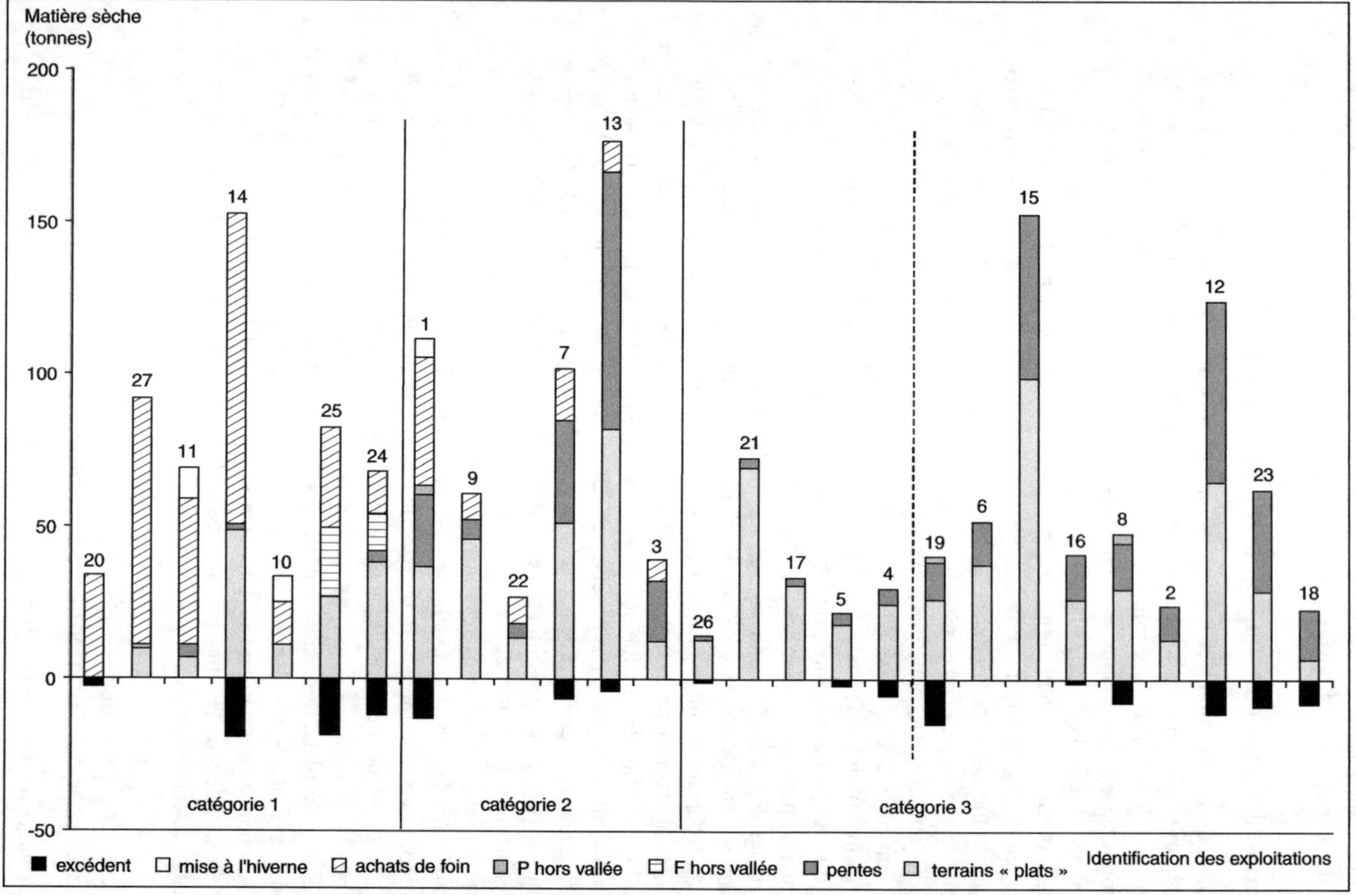

Figure 1. Modalités de constitution des apports en matière sèche pour la période hivernale (vallée d'Abondance).

Les éleveurs utilisent des prairies de la vallée classées en terrains plats (moins de 31 % de pente) ou en pentes (pente supérieure à 31 %), et parfois des terrains extérieurs à la vallée, dans le Bas-Chablais, plats et fauchés (F) ou pâturés en avril (P) (on considère une pâture en avril comme une économie de foin). Il n'y a pas de fauche en alpage. Les valeurs négatives indiquent un excédent de foin, solde entre apports et besoins du troupeau. Chaque exploitation est identifiable par son numéro au dessus de l'histogramme qui la concerne.

compartimentation des parcellaires (Girard *et al.*, 2001). Ce sont souvent des parcs clôturés avec des barbelés, ayant un point d'eau. Les alpages sont constitués en quartiers de pâturage : ils ne sont pas toujours clôturés mais leur tracé n'est jamais très fluctuant. Les éleveurs profitent d'obstacles naturels pour contenir les animaux ou utilisent des fils électriques remis chaque année sur des piquets fixes.

Les blocs de fauche et de pâture sont stables et distincts d'une année sur l'autre. Au cours d'une campagne, il est rare que les éleveurs substituent un usage à un autre, même en cas de coup dur dû au climat. Les séquences techniques associant pâture puis fauche se répètent chaque année sur des blocs eux aussi distincts des autres. À la fin de l'automne, « le troupeau repasse partout » notamment sur les prés de fauche que les éleveurs se redistribuent entre eux de façon à pouvoir créer de grands parcs ; les redécoupages opérés sont cependant stables d'année en année.

Dans les prairies pâturées et les alpages, il a été calculé que, dans près des deux tiers des surfaces, il y a un fort excédent d'herbe qui traduit une sous-exploitation. Ces excédents concernent 21 exploitations sur les 26 ayant des animaux au pâturage (une exploitation ne fait que de la vente de foin). Ils ne sont pas également répartis selon les lots d'animaux, selon les types d'espaces pâturés et selon les exploitations (figures 2a et 2b). On peut ainsi différencier trois groupes d'éleveurs : le premier groupe rassemble 9 éleveurs qui ne créent pas d'excédent (au sens où nous l'entendons) sur leurs pâtures ou qui en disposent seulement en alpage ; les 7 éleveurs du deuxième groupe n'ont pas d'excédent sur les pâtures destinées aux vaches laitières, mais en ont systématiquement sur les pâtures des lots de génisses ; quant aux 10 éleveurs du groupe 3, ils ont des excédents pour tous leurs lots d'animaux et sur la plupart des espaces utilisés. Comme le dimensionnement des blocs de fauche et de pâturage, les circuits de pâturage apparaissent relativement fixes d'une année sur l'autre. Ainsi, l'utilisation de l'espace apparaît très planifiée et très rigide.

Bien qu'il s'agisse d'un calcul qui ne reflète pas forcément la vision des éleveurs, il semble que les éleveurs créent d'abondantes ressources afin d'assurer une ingestion d'herbe suffisante pour ne pas avoir à la piloter. Le pilotage de l'ingestion avec des fils électriques amovibles pour délimiter de petits parcs destinés à composer des « repas » (Brau-Nogué, 1996) et déplacés quotidiennement est réservé à certains pâturages pour vaches laitières et à certaines périodes de l'année : dans ces situations, les calculs n'aboutissent jamais à des excédents. Mais, dans la grande majorité des cas, les animaux se déplacent librement à l'intérieur du bloc au sein duquel la production de matière sèche correspond environ au double de leurs besoins et ils constituent eux-mêmes la ration qu'ils ingèrent. Ce mode d'utilisation est qualifié de « tri » par Guérin et Bellon (1990).

Planifier des excédents, c'est aussi une façon de se prémunir contre les aléas climatiques, c'est faire en sorte que les animaux s'ajustent aux variations de la pousse de l'herbe. À l'échelle de la saison de pâturage, la constitution d'unités de pâturage surdimensionnées par rapport aux lots d'animaux (au moins pour les génisses et en alpage) apparaît donc comme une manière de concilier simplification du travail et sécurisation du pâturage. Pour sécuriser la période de pâturage, les éleveurs peuvent aussi réduire les besoins en retardant la mise à l'herbe au printemps (après le 1er mai) ou en envoyant des animaux en pension en été (7 cas de mise à l'estive) ou, plus rarement, en distribuant du foin au pâturage (2 cas).

Quelles sont les implications sur l'utilisation de l'espace ? Au regard des travaux de Girard *et al.* (2001), planifier les circuits et pratiquer le « tri », c'est un moyen de gagner du temps. Les éleveurs établissent leurs circuits de pâturage en tenant compte de

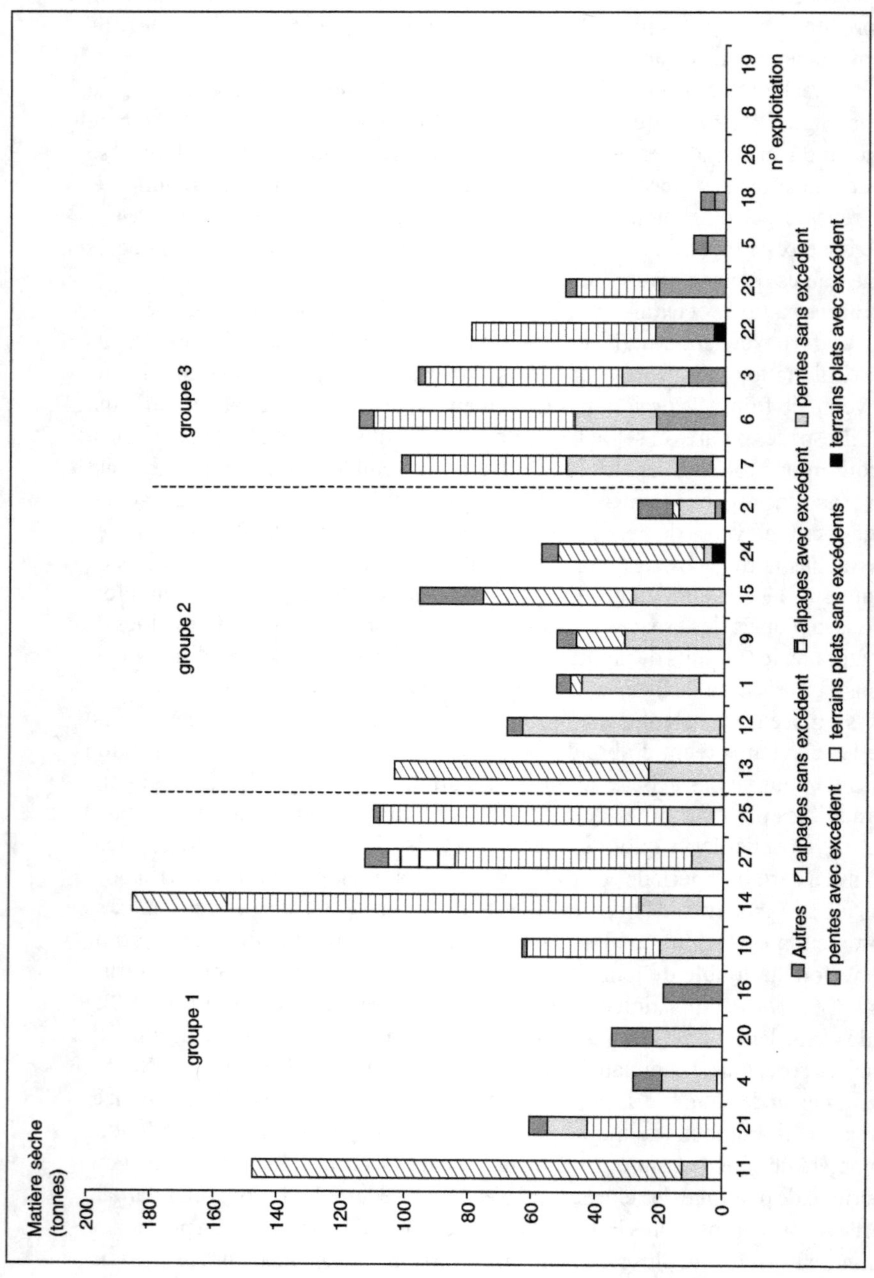

Figure 2a. Origine des apports en matière sèche pour les lots d'animaux laitiers en production, en période de pâturage (vallée d'Abondance).

Les lots avec des animaux laitiers en production (vaches, chèvres dans deux exploitations) peuvent être accompagnés d'autres animaux, notamment en alpage ; les autres lots sont constitués d'animaux en croissance (génisses) ou à l'entretien (vaches taries) et, dans un cas (n° 19), de brebis. La rubrique « Autres » regroupe les leviers suivants : mise à l'estive, pâturage hors de la vallée, distribution de foin au pâturage, mise à l'herbe retardée. Ne sont pas intégrés dans ces calculs les apports des prés de fauche pâturés en fin d'automne avant la rentrée à l'étable.

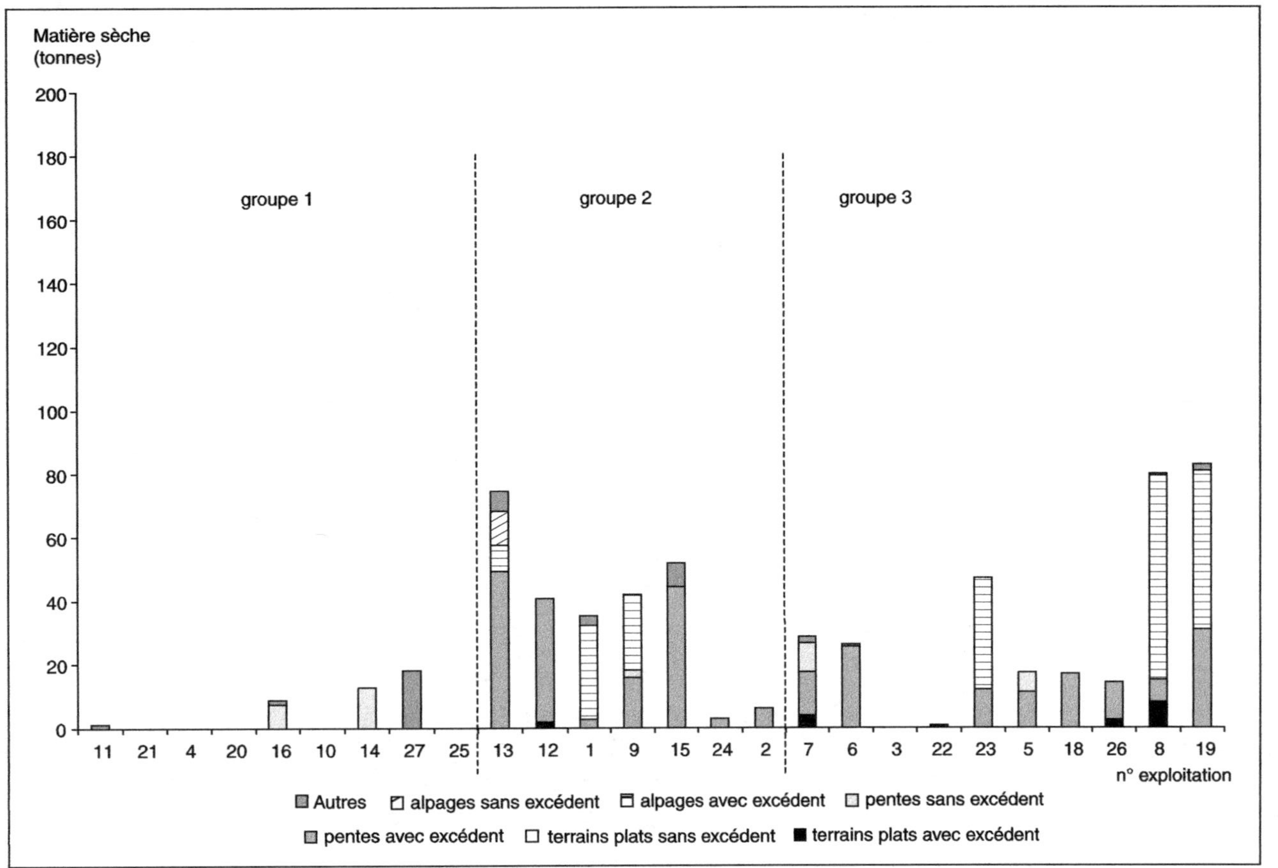

Figure 2b. Origine des apports en matière sèche pour les lots des autres animaux (génisses, vaches taries, brebis), en période de pâturage (vallée d'Abondance).

quelques facteurs : la distance aux lieux de traite (étable, chalet d'alpage) et le nombre d'îlots (au sens de Josien *et al.*, 1994) que compte le parcellaire. Les pâtures dédiées aux animaux laitiers sont rarement éloignées de plus de 500 mètres de la salle de traite (certains éleveurs devant parfois les mener sur des prés de fauche au printemps). La constitution des lots répond moins à des objectifs zootechniques qu'à une adaptation à la dissémination des parcelles dans l'espace. Puisque les circuits de pâturage sont ainsi prédéterminés, on comprend pourquoi certains éleveurs accaparés par d'autres tâches (traite, fabrication, récolte des foins...) conduisent leurs génisses, voire leurs vaches, sur des parcs et alpages sans surveiller leur ingestion.

Les pratiques de rattrapage pour enrayer l'embroussaillement

Sur une échelle pluriannuelle, la constitution d'unités de pâturage surdimensionnées chaque année apparaît cependant contradictoire avec l'objectif de sécurisation du système fourrager car elle entraîne une dégradation de la ressource en herbe en qualité et en quantité (invasion progressive du pâturage par des ligneux). Il existe cependant des pratiques de rattrapage limitant l'embroussaillement selon deux grandes modalités : la fauche ou le broyage des refus, l'herbe coupée étant ensuite brûlée sur place ; la limitation de la pousse des ligneux par l'entretien mécanique (coupe ou élagage). Ces pratiques visent à limiter la propagation des ligneux mais n'empêchent pas toujours la dégradation de la ressource en herbe (extension des pelouses à brome et à brachypode par exemple).

L'analyse des modes d'entretien des parcs de pâturage dans les versants fait apparaître des différences entre parcelles : les éleveurs choisissent de corriger l'excédent (ou ses conséquences) dans certains lieux seulement. En effet, peu d'entre eux ont fait le choix d'entretenir tous leurs parcs, et ceux qui l'ont fait utilisent généralement peu de parcs. Plusieurs logiques de partition de l'entretien au sein des exploitations ont été décelées et reliées à des déterminants en rapport avec :

– le type d'animaux qui pâturent. Les trois-quarts des prairies destinées aux animaux laitiers sont régulièrement entretenues, ou alors leur mode d'exploitation permet d'éviter qu'un excédent d'herbe ne se crée (fauche après pâture, ingestion pilotée au fil) et celles qui ne le sont pas correspondent à des situations particulières (éleveurs âgés sans successeur qui n'entretiennent plus aucun terrain, par exemple). Un peu moins de la moitié des parcs pour animaux non laitiers (génisses, brebis suitées, vaches ou chèvres taries, chevaux, etc.) est entretenue régulièrement ;

– le statut foncier du parc de pâturage. En moyenne, 56 % des parcs sont régulièrement entretenus et cette proportion atteint 71 % pour les parcs ayant un statut sécurisé (propriété ou bail écrit) ;

– l'organisation du travail. Ainsi les deux tiers des parcs de pâturage éloignés de plus de 2 kilomètres sont peu ou pas du tout entretenus.

Diversité des modalités de sécurisation des systèmes fourragers et enjeux collectifs

Le tableau 1 présente les combinaisons des classifications relatives aux modalités de constitution des stocks et à la conduite des pâtures, enrichies par des informations sur les pratiques de rattrapage pour les 27 exploitations étudiées dans la vallée d'Abondance. Chaque case de ce tableau peut être qualifiée en termes de sécurisation du système fourrager et des enjeux collectifs.

Ainsi, à titre d'exemple, deux groupes d'éleveurs ont des logiques très différentes :
– un groupe rassemble six éleveurs (exploitants n° 11, 20, 10, 14, 25, 27) qui ont sécurisé la constitution des stocks par les achats de foin (sécurisation technique, mais pas forcément économique...). Mais la conduite relativement intensive des prairies entraîne un risque d'excès de fertilisation des prairies de fond de vallée par manque de surfaces disponibles pour l'épandage des déjections animales. Le pilotage de l'ingestion et(ou) l'entretien régulier des pâtures garantissent le maintien de l'ouverture des espaces, sauf en alpage. Pour l'avenir, ces exploitations pourraient se trouver en porte-à-faux vis-à-vis des filières AOC qui envisageraient, comme le Beaufort, un rééquilibrage de la saisonnalité de la production (plus de lait d'été) et une exigence d'autonomie fourragère (ancrage du produit au territoire) ;
– les exploitants n° 6, 8, 18, 19, 23 recherchent l'autonomie fourragère en hiver même s'il faut faucher dans les pentes pour atteindre cet objectif et misent sur la constitution d'excédents pour garantir les stocks. Ils sécurisent le pâturage par la constitution d'unités surdimensionnées, mais les pratiques de rattrapage ne sont pas assurées partout (souvent liées au statut foncier), ce qui pose question à moyen terme. Le maintien de l'ouverture du paysage n'est donc que partiellement assuré dans les pentes.

Tableau 1. Pratiques fourragères des 27 exploitations étudiées dans la vallée d'Abondance.

Constitution des stocks		Conduite des pâtures		
		Pas d'excédent, ou seulement en alpage (A)	Pas d'excédent sur le lot laitier, mais excédents sur autres lots (génisses)	Des excédents pour tous les lots d'animaux
Achat de foin + fauche en terrains plats (pas dans les pentes)		11, 20 10$_A$, 14$_A$, 25$_A$, 27$_A$	24	
Fauche en terrains plats et en pente + achats de foin			1, 9 13	3, 7, 22
Autonomie fourragère	fauche en terrains « plats »	4, 21 17 (pas de pâturage)		5, 26
	fauche aussi dans les pentes	16	2, 12, 15	6, 8, 18, 19, 23

Exploitations 1, 4, 7, 9, 11, 20, 21 : pratiques de rattrapage régulières permettant de maîtriser les ligneux ou pas nécessaires car le prélèvement de l'herbe par pâturage est suffisant.
Exploitations 5 et 23 : sur toutes les pâtures, pratiques de rattrapage irrégulières (ou inexistantes) qui ne parviennent pas à empêcher la propagation des ligneux.
Sur les autres exploitations : sur certaines pâtures, pratiques de rattrapage insuffisantes pour maîtriser les ligneux.

Le tableau 1 montre également que très peu d'exploitations parviendraient à satisfaire simultanément aux exigences de filières prônant l'autonomie fourragère et à des attentes environnementales imposant un entretien régulier de tous les espaces, même en forte pente. En effet, de tels objectifs iraient à l'encontre des leviers de sécurisation constatés en Abondance et se traduiraient aussi par des exigences en travail importantes. Les quatre exploitations (n° 4, 17, 21, 16) qui paraissent remplir ces conditions ont des situations particulières : suffisamment de terrains plats pour être autonomes en foin ; (et/ ou) réduction des besoins au pâturage (système de vente de foin, affouragement en foin au printemps, mise à l'estive) ; et/ou petite exploitation avec main-d'œuvre relativement importante...

Résultats dans les montagnes d'Auvergne

Dans cette région, où la révision des cahiers des charges des AOC fromagères crée de nouvelles contraintes sur les modes de conservation des fourrages, l'utilisation de l'espace dans les systèmes laitiers étudiés apparaît fortement déterminée par la distance des parcelles au lieu de traite et par la proportion de surface fauchable dans la surface fourragère. Ainsi les parcelles les plus proches sont utilisées pour le pâturage (figure 3), sauf dans un cas (Ch) où la surface fauchable est la plus limitante (49 % de la surface fourragère) avec un parcellaire très dispersé ; cette situation est compensée par le recours à une machine à traite mobile. Ce constat est conforme à celui réalisé dans de nombreuses autres situations (Benoît, 1985 ; Camacho, 2004).

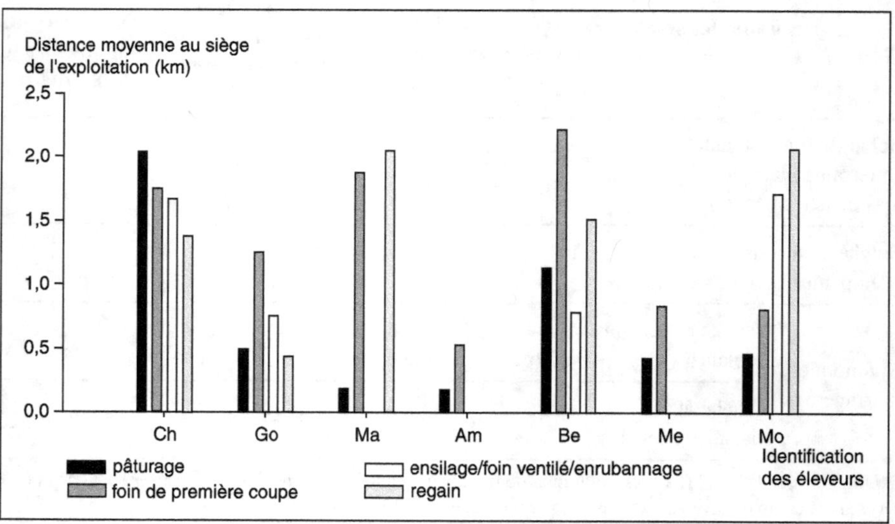

Figure 3. Distance moyenne au siège de l'exploitation des différents ateliers (Montagnes d'Auvergne).

Sécurisation par l'ajustement du dimensionnement des ateliers de fauche et de pâture et de l'ordonnancement de la succession des parcelles pâturées

La sécurisation du système fourrager est mise en œuvre dans un cadre de contraintes liées à la distance et à la fauchabilité (difficulté de fauche) des parcelles. Dans ce cadre variable selon les élevages, les éleveurs ont recours à trois grands types d'ajustements pour sécuriser leur système face aux aléas climatiques.

• Des ajustements du dimensionnement (en surface) et de l'ordonnancement (quatre éleveurs : Me, Be, Mo, Am). Ces éleveurs disposent d'une grande diversité de parcelles (tant du point de vue diversité structurelle que conjoncturelle). Concernant le dimensionnement, ils peuvent ainsi augmenter ou réduire les surfaces affectées aux ateliers fauche et pâture, les parcelles sont choisies essentiellement selon des critères de localisation et de fauchabilité. La diversité conjoncturelle est peu mobilisée. Au contraire, les ajustements de l'ordonnancement mettent en jeu des parcelles qui se distinguent par une réponse différenciée vis-à-vis du climat. Ainsi, un éleveur modifie totalement l'ordre des parcelles pour le pâturage des vaches au printemps en fonction de la pluviométrie au moment de la mise à l'herbe : une année peu humide ou sèche, le circuit de pâturage commence par les parcelles les plus proches du siège de l'exploitation ; en année humide, il débute sur des parcelles plus éloignées, avec des sols sableux qui restent portants, puis se rapproche ensuite du siège de l'exploitation quand le climat est plus favorable. Le circuit est alors inversé en fonction de la portance du sol.

• Des ajustements portant uniquement sur le dimensionnement des ateliers fauche/ pâture, l'ordonnancement de l'utilisation des parcelles restant identique quelles que soient les circonstances climatiques de l'année (deux éleveurs Go et Ma). Leurs parcellaires ont une faible diversité. Comme dans le cas précédent, les ajustements du dimensionnement portent sur des parcelles choisies en fonction de critères de localisation et de fauchabilité. Ils permettent des transferts de surfaces allouées à la pâture vers les surfaces destinées aux stocks les années productives et inversement les autres années.

• Aucun ajustement (un éleveur Ch). La planification est totalement rigide et ne prévoit aucune solution de rechange en termes d'utilisation du territoire. Cet éleveur dispose d'un parcellaire très diversifié (sur les plans structurel et conjoncturel). Les pratiques sont finement adaptées à cette diversité : l'altitude et l'exposition déterminent à la fois l'affectation des parcelles à un atelier ainsi que leur ordre d'utilisation. Le dimensionnement et l'ordonnancement sont constants d'une année à l'autre, ce qui correspond à l'application des règles de planification et à une simplification des décisions concernant l'utilisation du territoire (pas de pilotage en cours de campagne). Dans ce cas, la simple mise à profit de l'aptitude des prairies à subir des taux de prélèvements instantanés variables peut ne pas être suffisante pour permettre l'adaptation de l'offre aux besoins, d'où une possible dégradation de la ressource et un plus grand recours aux intrants (concentrés, fertilisation, achat de fourrage), que l'on rencontre effectivement chez cet éleveur.

Le type de conservation des fourrages stockés ne semble pas lié aux ajustements mobilisés ou non par les éleveurs, mais la taille réduite de l'échantillon ne permet pas de conclure.

Diversité du parcellaire et souplesse d'utilisation de l'espace

Selon la diversité du parcellaire et la souplesse mise en œuvre dans l'usage de ce parcellaire, nous pouvons distinguer quatre cas dans les situations rencontrées (tableau 2) :

– diversité parcellaire faible et souplesse d'utilisation élevée (cas 2). La planification repose d'abord sur la gestion des distances et du caractère fauchable ou non des parcelles. Des ajustements sont prévus dans le dimensionnement sur des parcelles choisies en fonction de ces mêmes critères. Ces parcelles changent d'utilisation en fonction des années. Les leviers de sécurisation sont d'abord internes au système (changement d'affectation de parcelles), ce qui n'empêche pas d'avoir recours à des leviers externes dans les situations plus extrêmes ;

– forte diversité structurelle et conjoncturelle des parcelles et souplesse d'utilisation faible (cas 3). Cette diversité est mise en valeur dans la planification, même si celle-ci est d'abord fondée sur les distances et la fauchabilité. La planification est rigide et l'utilisation du territoire reste identique d'une année à l'autre, ce qui contribue à accentuer la diversité. Hormis les reports de stocks, les leviers de sécurisation sont externes au système ;

– diversité du parcellaire et souplesse d'utilisation élevées (cas 4). Ces élevages utilisent la forte diversité structurelle et conjoncturelle dans une planification souple (au-delà de prédéterminations liées à la distance et à la fauchabilité). Elle prévoit des ajustements possibles en cours de campagne et portant à la fois sur le dimensionnement et l'ordonnancement des ateliers. Des parcelles changent d'utilisation d'une année à l'autre et changent de rang dans l'ordre d'utilisation. Les critères de diversité, notamment conjoncturelle, interviennent dans le choix de ces parcelles. Les leviers de sécurisation sont d'abord internes au système et mobilisent des règles de décisions très élaborées ;

– faible diversité du parcellaire et rigidité d'utilisation, avec des règles constantes, des pratiques identiques d'une année à l'autre (cas 1). Aucun des élevages suivis et aucun des 21 élevages enquêtés en 2001 ne présentait une telle configuration. Les leviers de sécurisation du système fourrager se trouvent alors soit dans les régulations interannuelles (report de stocks), soit à l'extérieur du système (achat ou vente de fourrages, sortie d'animaux ou prise en pension).

Tableau 2. Quatre cas de figure d'interaction entre la diversité du parcellaire et la souplesse mise en œuvre dans l'utilisation de l'espace de l'exploitation dans les Montagnes d'Auvergne.

Niveau de diversité du parcellaire	Niveau de souplesse	
	Faible	**Élevé**
Faible	Cas 1	Cas 2
Élevé	Cas 3	Cas 4

Discussion, conclusion

Dans la vallée d'Abondance, la diversité des usages dans les versants en pente et les localisations variées des prairies en voie d'embroussaillement montrent bien que les aptitudes des milieux ne peuvent pas suffire à elles seules pour comprendre la répartition spatiale des usages et des pratiques à l'échelle d'un territoire et qu'il faut rechercher des éléments d'explication dans le fonctionnement des exploitations. Les résultats indiquent que la localisation de la fauche couplée aux pratiques de rattrapage dans les pâturages est un déterminant majeur de la physionomie de l'espace agropastoral de la vallée, qui résulte de l'action non coordonnée d'éleveurs agissant selon des objectifs qui leur sont propres. Les marges de manœuvre pour constituer les stocks sont limitées et ces stocks sont essentiels pour la production laitière hivernale. Pour les éleveurs, en plus des enjeux sur les stocks se pose également la question de la sécurisation à long terme de la qualité des surfaces pâturées.

Le problème spécifique de la transformation des paysages en montagne nous a conduit à étudier trois niveaux d'organisation des pratiques : l'alimentation des troupeaux, la gestion territoriale de cette alimentation et les modes d'entretien des prairies, ainsi que le mode de coordination entre ces trois organisations. L'organisation du travail (au sens de Madelrieux, 2004) apparaît également susceptible d'avoir une influence sur les choix de sécurisation que font les éleveurs. On pourrait envisager des découpages fonctionnels du territoire intégrant des considérations relatives au travail – tâches à accomplir au cours du temps, contraintes d'utilisation (chapitre 18) – et les croiser avec les aptitudes agronomiques afin de qualifier les parcelles. La vallée d'Abondance représente une situation – sans doute pas si rare – dans laquelle les éleveurs gèrent la ressource en couplant pâturage et interventions de rattrapage dans un cadre donné d'organisation du travail avec ses contraintes (concurrence entre tâches, disponibilité, goûts et compétences des personnes du collectif de travail). Reporter à plus tard la correction des excédents (l'entretien en tant que tâche différable, interstitielle) issus d'une ingestion non pilotée (qui diminue l'astreinte quotidienne) est sans doute le moyen qu'ont trouvé ces éleveurs pour dégager certains degrés de liberté en termes de travail. C'est également une façon de gérer, à un rythme souple, les conséquences de modalités d'utilisation de l'espace particulièrement stables et surdimensionnées (pâturage) d'une année à l'autre.

Les travaux réalisés en Auvergne révèlent des stratégies différentes dans l'utilisation de la diversité du parcellaire d'exploitation, lorsqu'elle existe, comme levier de sécurisation des systèmes fourragers. L'évolution du cahier des charges des AOC fromagères auvergnates, avec l'interdiction de l'ensilage et de l'enrubannage, peut amener les éleveurs concernés (et notamment ceux qui n'évolueraient pas vers le foin ventilé en grange) à repenser la planification du système fourrager et à envisager comment valoriser la diversité de leur parcellaire dans le cadre d'ajustements mobilisés en fonction du climat de la campagne.

Les deux exemples de travaux montrent l'importance des approches pluriannuelles du système fourrager. D'une part, elles renvoient à l'analyse des capacités d'adaptation à un aléa externe (climatique, dans le cas présenté en Auvergne) qui perturbe le fonctionnement du système par rapport à ce qui était prévu en fonction des années antérieures ; d'autre part, elles sont indispensables pour traiter des phénomènes cumulatifs (embroussaillement, dans le cas présenté en Abondance). Sur ce deuxième point, les travaux montrent que dans les exploitations les parcelles peuvent être réparties grossièrement en deux catégories : celles qui font l'objet de pratiques qui se répètent de façon identique d'année en année (fauche ou pâture, niveaux de chargements instantanés, fertilisation), et celles où les pratiques sont variables d'une année à l'autre (alternance fauche et pâture par exemple). La proportion entre les deux catégories de parcelles varie selon les exploitations. Une forte proportion de la première catégorie, situation rencontrée dans la majorité des cas, renvoie à une forte différenciation des couverts prairiaux au sein de l'exploitation, avec un surdimensionnement du pâturage comme levier de sécurisation interne, et la nécessité de pratiques de rattrapage pour corriger les effets d'un sous-pâturage répété. Elle est également souvent associée à la mobilisation de leviers de sécurisation externes, dont certains peuvent entraîner des risques environnementaux (excès de fertilisation organique en cas d'achat massif de fourrages). L'analyse fine de ces phénomènes qui se déclinent à une échelle pluriannuelle exige des suivis sur le long terme des exploitations, ou la construction de modèles de simulation permettant de croiser des phénomènes biologiques (production de l'herbe, différenciation des couverts végétaux, production animale…) répondant aux conditions physiques (climat, sol) avec des corps de règles de décision.

Ces modèles de simulation, notamment en vue de concevoir de nouveaux systèmes en réponse à des incitations venant des filières ou des territoires, doivent intégrer différents paramètres :
– la diversité des entités de gestion (lots d'animaux, blocs, parcelles) ;
– la diversité des ressources en lien avec la diversité des aptitudes des milieux ;
– les pratiques de rattrapage (comme l'entretien mécanique à intégrer dans les itinéraires techniques) ;
– les considérations relatives à l'organisation du travail (où on retrouve les questions de distance et d'accessibilité, mais aussi de disponibilité des personnes selon les périodes) ;
– un pas de temps qui ne se limite pas au temps « rond » de la campagne annuelle (et de ses découpages infra) mais prend en compte une période pluriannuelle (aussi bien pour tenir compte d'objectifs de sécurisation que des transformations des paysages).

Ces travaux alimentent la réflexion sur le lien entre territoire et production et sur les enjeux de durabilité. Les attentes sur la qualité des produits et sur l'état des milieux, et les propositions de gestion qui en découlent – notamment en matière de cahier des charges de mesures contractuelles – doivent prendre en compte la nécessaire cohérence des fonctionnements des exploitations, en particulier les impératifs de sécurisation des systèmes fourragers et les contraintes d'organisation du travail (Véron et Dobremez, 2004).

L'exemple de la vallée d'Abondance montre qu'un diagnostic spatialisé reliant physionomie d'un territoire et dynamique agricole ouvre des pistes sur la façon dont un phénomène (ici, l'embroussaillement) pourrait évoluer compte tenu des logiques d'agrandissement et de recomposition des territoires des exploitations. Il apporte des éléments aux collectivités pour identifier les zones portant des enjeux – voire pour redéfinir la limite inférieure de la frontière prairie-forêt acceptable socialement sous la contrainte des coûts associés – et définir les surfaces sur lesquelles les interventions pourraient être concentrées en vue de maîtriser la dynamique des ligneux, et sur la faisabilité et la durabilité de ces interventions compte tenu de la dynamique agricole en cours.

Références bibliographiques

ANDRIEU N., 2004. Diversité du territoire de l'exploitation d'élevage et sensibilité du système fourrager aux aléas climatiques : étude empirique et modélisation. Thèse de doctorat, Agronomie, Ina-PG, Paris, France, 321 p.

AUBRY C., BIARNÈS A., MAXIME F., PAPY F., 1998. Modélisation de l'organisation technique de la production dans l'exploitation agricole : la constitution de systèmes de culture. Inra, *Études et recherches sur les systèmes agraires et le développement,* 31 : 25-43.

BALENT G., ALARD D., BLANFORT V., POUDEVIGNE I., 1999. Pratiques de gestion, biodiversité floristique et durabilité des prairies. *Fourrages,* 160 : 385-402.

BELLON S., GIRARD N., GUÉRIN G., 1999. Caractériser les saisons-pratiques pour comprendre l'organisation d'une campagne au pâturage. *Fourrages,* 158 : 115-132.

BENOÎT M., 1985. La gestion territoriale des activités agricoles. L'exploitation et le village : deux échelles d'analyse en zone d'élevage. Cas de la Lorraine (Région de Neufchâteau). Thèse de doctorat, Ina-PG, Paris, France, 150 p.

BRAU-NOGUÉ C., 1996. Dynamique des pelouses d'alpages laitiers des Alpes du Nord externes. Thèse de doctorat, Biologie, université Joseph Fourier Grenoble, France, 187 p.

CAMACHO O., 2004. L'alimentation des troupeaux peut-elle empêcher le boisement spontané des espaces ruraux dans les Alpes du Nord ? Organisation spatiale des pratiques fourragères et d'entretien mécanique des prairies permanentes dans la vallée d'Abondance (Haute-Savoie). Thèse de doctorat, Ina-PG, Paris, France, 303 p.

COLÉNO F.C., 1997. Stratégies de gestion des systèmes fourragers en élevage laitiers : Étude empirique et modélisation, Thèse de doctorat, Sciences de gestion, Ina-PG, Paris, France, 241 p.

COLÉNO F.C., DURU M., 1998. Gestion de production en systèmes d'élevage utilisateurs d'herbe : une approche par atelier. Inra, *Études et Recherches sur les systèmes agraires et le développement,* 31 : 45-61.

DURU M., BALENT G., GIBON A., MAGDA D., THEAU J.-P., CRUZ P., JOUANY C., 1998. Fonctionnement et dynamique des prairies permanentes. Exemple des Pyrénées centrales. *Fourrages,* 153 : 97-113.

DURU M., GIBON A., OSTY P.-L., 1988a. Pour une approche renouvelée de l'étude du système fourrager. *In Pour une agriculture diversifiée,* M. Jollivet (dir). L'Harmattan, Paris, France, p. 35-48.

DURU M., NOQUET J., BOURGEOIS A., 1988b. Le système fourrager, un concept opératoire ? *Fourrages,* 115 : 251-272.

FLEURY P., DUBEUF B., JEANNIN B., 1995. Un concept pour le conseil en exploitation laitière : le fonctionnement fourrager. *Fourrages,* 141, 3-18.

GIRARD N., 1995. Modéliser une représentation d'experts dans le champ de la gestion de l'exploitation agricole. Stratégies d'alimentation au pâturage des troupeaux ovins allaitants en région méditerranéenne. Thèse de doctorat, Biométrie, université Claude Bernard Lyon I, France, 234 p.

GIRARD N., BELLON S., HUBERT B., LARDON S., MOULIN C.H., OSTY P.-L., 2001. Categorising combinations of farmers' land use practices : an approach based on examples of sheep farms in the South of France. *Agronomie,* 21(5): 435-459.

GIRARD N., HUBERT B., 1999. Modelling expert knowledge with knowledge-based systems to design decision aids. The example of a Knowledge-based model on grazing management. *Agricultural Systems,* 59 : 123-144.

GUÉRIN G., BELLON S., 1990. Analyse des fonctions des surfaces pastorales dans les systèmes de pâturage méditerranéens. Inra, *Études et recherches sur les systèmes agraires et le développement,* 17 : 147-158.

HÉMIDY L., MAXIME F., SOLER L.-G., 1993. Instrumentation et pilotage stratégique dans l'entreprise agricole. *Cahiers d'économie et sociologie rurales,* 28 : 91-118.

JOSIEN E., DEDIEU B., CHASSAING C., 1994. Étude de l'utilisation du territoire en élevage herbager. L'exemple du réseau extensif bovin limousin. *Fourrages,* 138 : 115-134.

LEGROS J.-P., 1986. Cartographie des paysages pédologiques dans les Alpes humides. Exemple du Chablais. Agrométéorologie des régions de moyenne montagne, Toulouse. Éditions Inra, *Les colloques,* p. 119-127.

MADELRIEUX S., 2004. Ronde des saisons, vie des troupeaux et labeur des hommes. Modélisation de l'organisation du travail en exploitation d'élevage herbivore au cours d'une année. Thèse de doctorat, Sciences animales, Ina-PG, Paris, France, 263 p.

PICART E., FLEURY P., 2001. Conduite des pâturages extensifs et maîtrise de l'embroussaillement. Outil de diagnostic et de préconisations techniques. GIS Alpes du Nord, 32 p.

RICHARD L., PAUTOU G., 1982. Cartes de la végétation de la France au 1/200 000ᵉ. Notice détaillée de la feuille 48 (Annecy). CNRS, Paris, France.

VÉRON F., DOBREMEZ L., 2004. Impact des opérations locales agri-environnementales et de la « prime à l'herbe » sur les prairies des zones de montagne. *Fourrages,* 177 : 25-48.

Chapitre 17

Modéliser la conduite des troupeaux pour rendre compte de la diversité des modalités d'adaptation aux enjeux de qualité

Benoît DEDIEU, Sylvie COURNUT, Stéphane INGRAND

En élevage allaitant (bovin et ovin), le développement des signes officiels de qualité Label et Certificat conformité produit (CCP) requiert, pour les opérateurs d'aval, la constitution d'une offre commerciale régulière et de volume significatif, composée d'animaux répondant aux caractéristiques spécifiées dans les cahiers des charges. Les exploitations sont alors invitées, par les modulations de prix ou par le biais de contrats de production, à livrer les animaux aux périodes creuses ou à étaler leurs livraisons sur l'année (chapitre 15, p. 229). Avec l'agrandissement des exploitations et l'augmentation des cheptels d'une part et l'ajustement des conduites aux règles évolutives de la Politique agricole commune d'autre part, l'essor des signes de qualité est un puissant moteur d'interrogation pour les projets de production des éleveurs. Produire des modèles dynamiques de troupeau afin de contribuer à alimenter les réflexions des éleveurs sur des scénarios d'adaptation de la conduite de leurs troupeaux en lien avec le développement des signes de qualité est un enjeu pour le développement d'outils d'aide à la décision.

Le système d'élevage est souvent schématisé à partir du triptyque homme-troupeau-ressources (Landais, 1987 ; Gibon *et al.,* 1996). Les modèles dynamiques de troupeaux développent un point de vue particulier sur le système d'élevage, centré sur le pilotage et le renouvellement par l'éleveur de l'entité collective troupeau, celui-ci étant composé de femelles en production, de jeunes produits et d'adultes réformées. Ces modèles se distinguent de ceux qui accordent plus d'attention à la gestion des ressources fourragères et à l'élaboration de la production d'herbe (Coléno et Duru, 1998 ; Andrieu, 2004). Relativement à notre questionnement sur l'adaptation des systèmes d'élevage aux enjeux des filières de qualité, les modèles doivent :

– pouvoir intégrer l'ensemble des dimensions des projets de production (volume, types de produits, répartition des livraisons) et rendre compte de la diversité des conduites mises en œuvre (ou en question) chez les éleveurs ;

– proposer des formalisations de la gestion de la production du troupeau, c'est-à-dire des processus décisionnels en jeu pour conduire la reproduction, le renouvellement, la réforme du troupeau reproducteur, et les jeunes jusqu'à la mise en marché d'une palette donnée de produits ;
– rendre compte des propriétés régulatrices du troupeau (Santucci, 1991), c'est-à-dire des modalités d'adaptation du fonctionnement du système selon les conduites et les paramètres biologiques testés.

Nous présentons le cadre de la « gestion de la production » appliqué à la modélisation des décisions de conduite d'un troupeau d'herbivores allaitants, à partir de projets de simulation réalisés en ovin allaitant, et de simulations en cours de développement en bovin allaitant (Cournut, 2001 ; Cournut et Dedieu, 2004 ; Ingrand *et al.*, 2002 ; Dedieu *et al.*, 2006). Nous rappelons dans une première partie quelques éléments bibliographiques sur les modèles dynamiques de troupeau et notamment sur la façon dont ces modèles traitent des décisions de conduite. Nous résumons ensuite comment le cadre théorique de la gestion de production permet de représenter les processus décisionnels en jeu dans la conduite. Dans une deuxième partie, nous synthétisons les résultats d'études (enquêtes et suivis d'exploitations d'élevage) qui délimitent les contours du système à modéliser : les formalisations que nous proposons doivent pouvoir rendre compte de la diversité des adaptations des conduites constatées en lien avec les questions de filières de qualité. Puis, dans la troisième partie, nous présentons l'application des notions de la « gestion de la production du troupeau ».

Éléments bibliographiques

Les décisions de conduite dans les modèles dynamiques de troupeaux

Les modèles dynamiques de troupeaux proposent, à l'instar de ceux traitant d'autres facettes des systèmes d'élevage, des formalisations du système d'information-décision de l'éleveur et du système biotechnique (Keating et McCrown, 2002). Girard et Hubert (1999) considèrent que la plupart d'entre eux s'appuient sur une représentation assez fruste des décisions. Celles-ci sont réduites le plus souvent à un ensemble de règles cohérentes, mais sans que le processus réel de décision des éleveurs soit formalisé. La revue bibliographique de Cournut (2001) souligne que la formulation des règles laisse très peu de place aux façons de concevoir la gestion technique d'un troupeau par les éleveurs eux-mêmes, – ceux-ci étant rarement interrogés –, qu'elle rend difficilement compte des différents niveaux décisionnels en jeu dans le pilotage de la production et accorde peu de place à la formalisation des flux d'informations émanant du troupeau (effectif, état, production) lesquels constituent un volet de la dimension adaptative du processus décisionnel.

Jalving *et al.* (1993) s'interrogent sur la nature des décisions testées. Ils distinguent trois familles de décisions selon le pas de temps mis en jeu : stratégique (sur plusieurs années), tactique (au mois) et opérationnelle (à la journée). Ils considèrent que les décisions traitées dans ces modèles relèvent plutôt de l'aide à la décision tactique et opérationnelle et que les termes *strategy* ou *policy*, utilisés dans les références sont impropres. Ainsi, on ne retrouve pas dans la plupart des études le lien entre l'expression d'un projet de production par l'éleveur et une combinaison de règles, ni l'existence d'entités de gestion de la production intermédiaires entre l'animal et le troupeau tel que le lot. Les modèles markoviens d'optimisation par programmation dynamique, qui dominent dans la littérature, présentent en effet des limites pour rendre compte de processus décisionnels articulant différents niveaux et différents moments de prise de décision. Le calendrier réel de mise en œuvre de l'enchaînement des décisions est absent au profit d'une approche à pas de temps fixe et sans mémoire. Les modèles de simulation « individu centré » sont en mesure de représenter des flux d'informations de façon plus explicite, avec une plus grande variété d'objets en interaction (animaux, aliments, parcelles, climat, règles de conduite) (Romera *et al.*, 2004). Cependant, ils sont centrés sur l'animal comme entité élémentaire du troupeau, et ne rendent pas compte des flux émanant d'entités collectives comme les lots ou le troupeau tout entier.

Cadre théorique de la gestion de production appliqué aux systèmes biologiques pilotés

Nous résumons dans l'encadré quelques définitions générales.

La gestion de production : quelques définitions

La gestion de la production a pour objet la recherche d'une organisation efficace de la transformation des ressources productives en biens [alimentaires] et en services, d'après Aubry *et al.* (1998).

La stratégie est définie par Bouquin en 1986, cité par Hémidy *et al.* (1993) comme l'ensemble des décisions qui visent à déterminer : les missions, les métiers et les savoir-faire de l'entreprise ; les domaines d'activité où elle souhaite s'engager ; les conditions lui permettant dans ces domaines d'atteindre ses objectifs et de s'adapter à l'environnement. La stratégie renvoie pour l'exploitation agricole à la traduction des projets familiaux en projets de l'entreprise (Papy, 1994).

Le pilotage est la traduction d'une stratégie en termes de décisions, de sous-objectifs et d'indicateurs de suivi mobilisables dans le cadre de l'action (Lorino 1991 cité par Chatelin *et al.*, 1993). Selon Hémidy *et al.* (1993), le pilotage stratégique correspond à la gestion des interactions entre la stratégie et les opérations menées en temps réel. Il permet de mettre en cohérence et d'adapter la vision à long terme de l'exploitation et la gestion courante (appelée également programme d'actions ou pilotage opérationnel). D'après Allain (1999), à l'échelle de l'entreprise agricole, les décisions de pilotage stratégique fixent le choix précis des activités productives pour l'année (comme l'assolement dans les exploitations de grandes cultures), de la main-d'œuvre et des relations avec l'extérieur, des matériels et des équipements de la gestion financière...

Les entités de gestion de la production proviennent de la complexité du processus de pilotage stratégique d'une exploitation ou de la sole cultivée qui amène l'agriculteur à découper les problèmes, à isoler des champs de décisions quasi indépendants, et à rendre possible les liaisons entre les différents champs de décisions. Ceux ci sont qualifiés de modules par Hémidy *et al.* (1993). Aubry *et al.* (1998) décrivent le programme prévisionnel d'action en grandes cultures par des variables décisionnelles (des entités sur lesquelles portent les décisions) et des règles. La définition de ces entités se construit avec les agriculteurs ou les experts selon le niveau décisionnel envisagé (pilotage stratégique, pilotage opérationnel ou plus généralement sur la gestion de production), et n'ont de sens que vis-à-vis du processus de décision étudié.

Les recherches engagées sur l'instrumentation pour l'aide à la décision des agriculteurs ont amené un fort renouvellement des cadres théoriques de formalisation et d'analyse de leurs processus de décisions de gestion technique de la production agricole. Ces cadres traduisent des collaborations étroites entre sciences de gestion et sciences agronomiques et témoignent d'une rupture dans la façon d'aborder les systèmes de production végétale ou animale.

Les notions de projet, ou de pilotage stratégique et opérationnel permettent de rendre compte de différents niveaux décisionnels. Ils s'appliquent aux questions de gestion de l'entreprise agricole mais également à celles de la gestion de production agricole. Dans un contexte où le détail des itinéraires techniques et les modèles d'élaboration du rendement sont bien connus pour les cultures les plus courantes, la formalisation de ce que recouvre le pilotage stratégique de la production agricole est l'objet de recherches au travers d'enquêtes auprès des agriculteurs ou de discussions avec des experts techniciens (Aubry *et al.,* 1998 ; Coléno et Duru, 1998). En effet, c'est ce niveau décisionnel qui est le plus perturbé et interpellé par l'évolution des contextes interne et externe de l'agriculture.

La notion d'entité de gestion permet de rendre compte de ce que manipulent les agriculteurs pour organiser la production et ajuster leurs décisions. Par exemple, dans les exploitations d'élevage, à propos de la gestion de la production fourragère, Coléno et Duru (1998) identifient des ateliers de production de fourrages de printemps (maïs, pâturage, stocks d'herbe) : les décisions de pilotage stratégique visent à dimensionner et à coordonner ces ateliers au fur et à mesure du temps de façon à assurer l'alimentation du troupeau et la constitution des stocks en tenant compte de l'impact des aléas climatiques sur la croissance de l'herbe.

Résultats d'études sur l'adaptation des conduites aux enjeux de filières, conséquences sur l'expression du processus décisionnel

En production ovine, les organismes de producteurs engagés dans les filières de qualité visent l'étalement de la production d'agneaux. Ils encouragent :
– l'organisation de plusieurs périodes de mise bas au sein de chaque élevage, y compris dans les régions pour lesquelles la session unique d'agnelage serait largement justifiée par des questions fourragères et d'économie de charges d'alimentation ;
– l'allongement de la durée des sessions d'agnelage grâce à un fractionnement des mises à la reproduction. Par exemple, il s'agit en zone herbagère d'avancer les agnelages de printemps dès janvier à l'aide de traitements hormonaux pour les premières brebis luttées (Dedieu *et al.,* 1997) ;
– l'organisation de sessions de mise bas à des périodes inhabituelles, car difficiles du point de vue du calendrier de travail, comme en juin et juillet (contrats proposés par le groupement Copagno en Auvergne par exemple).

À chaque session de mise bas, les agneaux peuvent être vendus dans une seule ou dans plusieurs catégories commerciales selon les élevages. Dans ce dernier cas, les règles de tri et d'orientation vers l'une ou l'autre catégorie commerciale mobilisent des informations relatives au sexe et au mode de naissance (femelles et jumeaux pour le marché d'agneaux « export », mâles pour le marché de l'agneau de bergerie) et au marché : les différentiels de prix entre produits sont variables selon la saison.

La conduite des troupeaux bovins allaitant est plus uniforme en apparence : les systèmes avec une seule période de mise bas pour l'ensemble du troupeau dominent. Mais les organisations de producteurs engagées dans la commercialisation d'animaux finis encouragent fortement les vêlages d'automne et les systèmes à deux sessions de vêlage dans l'année pour les même raisons qu'en élevage ovin : étaler les livraisons d'animaux sur la campagne. L'allongement de la période de mise bas de l'hiver (janvier à avril) vers l'automne (novembre à avril) fait également partie des messages techniques transmis depuis deux décennies.

La production bovine est nettement plus sophistiquée en ce qui concerne la palette de produits commercialisables tant en animaux maigres qu'en animaux finis. Ainsi, plus de dix types commerciaux différents ont été décrits dans le Charolais. Les opérateurs des signes de qualité ont défini les caractéristiques des produits éligibles aux labels et certificats de conformité produit (CCP). Pour le label Rouge par exemple, signe qui garantit la qualité supérieure de la viande, les catégories cibles sont la jeune vache (jusqu'à huit ans d'âge) et la génisse lourde de plus de 30 mois (Roche *et al.*, 2000). Mais les spécifications techniques exigeantes quant au minimum et au maximum de poids carcasse, à l'état d'engraissement et à la conformation font que les animaux présentés sont issus d'une succession d'opérations de tri largement coordonnées avec la conduite du renouvellement et de la réforme du troupeau reproducteur. La production de bœuf âgé, – peu fréquente et qui reste marginale au sein même des exploitations qui en produisent –, est également résultante de tris successifs. Pour les signes de qualité de niche, s'appuyant sur des produits traditionnellement saisonnés, comme le Fin gras du Mézenc, les périodes de livraisons sous marque sont limitées dans le temps, et les pratiques d'élevage doivent assurer la concentration des livraisons dans la période. La conduite des jeunes et, notamment, les tris successifs assurent une sélection progressive des animaux susceptibles d'être vendus au cours de la période d'agrément. Le choix de la date de déclenchement de la période de finition renforce les moyens de planification des ventes en saison (Ingrand *et al.*, 2003).

Nos travaux dans les exploitations soulignent que la reformulation des enjeux des filières de qualité, en termes d'adaptation de la conduite des troupeaux, est largement contenue dans un ensemble d'interrogations portant :
– sur de nouvelles combinaisons des modalités comprenant la conduite de la reproduction (nombre, dates et durée des sessions de mise bas), le renouvellement et la réforme du troupeau reproducteur (production de jeunes vaches) ;
– sur l'ajustement du profil de mise en marché des produits, par le biais d'opérations de tri et de programmation de trajectoires de production vers telle ou telle catégorie commerciale et telle ou telle période de vente.

Ce résultat permet de délimiter les contours du système à modéliser et les caractéristiques du système décisionnel. Les questions mettent en exergue le niveau stratégique du pilotage, au travers des combinaisons de nombre et du moment des différentes sessions de production, ainsi que du profil de vente. Ces dernières ne peuvent pas ainsi être considérées comme fixées mais bien au cœur des formalisations à développer. Par ailleurs, la prise en compte d'opérations de tri au sein du troupeau illustre la nécessité de modéliser des flux d'informations sur lesquels elles s'appuient. Ainsi, dans la formalisation du système décisionnel, les variables biologiques doivent rendre compte de combinaisons de décisions de niveaux différents et des systèmes d'information qu'elles requièrent pour simuler l'impact de conduites sur l'élaboration de la production du troupeau.

Gestion de production d'un troupeau d'herbivores : configuration et coordination d'entités

Nous nous sommes inspirés des concepts de gestion de production végétale pour formaliser les entités et les règles de la gestion de production d'un troupeau d'herbivores, avec les notions de projet d'élevage, pilotage stratégique et opérationnel (figure 1). Nous en précisons les aspects principaux. Puis nous appliquerons ces concepts à l'organisation de la production du troupeau.

Projets, pilotage et entités de gestion de la production du troupeau

Projet d'élevage, projet de production et de composition

Le projet d'élevage est défini à partir de deux éléments :
– le projet de production qui se décompose en un projet de reproduction précisant le niveau de productivité du troupeau reproducteur et la répartition des naissances recherchés et un projet de commercialisation (ou de mise en marché) des produits. Ce dernier rend compte d'une part du profil de catégories commerciales recherché, qu'il concerne les produits du troupeau reproducteur (jeunes mâles et femelles) ou les femelles reproductrices réformées, et d'autre part des attentes en terme de répartition des ventes ;

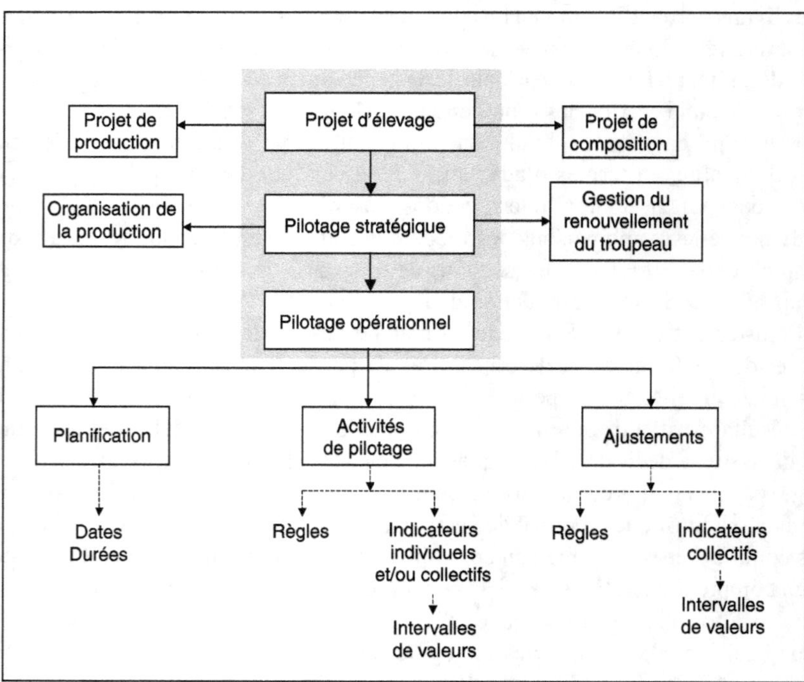

Figure 1. De la stratégie de production au pilotage opérationnel (Cournut, 2001).

– le projet de composition du troupeau reproducteur qui spécifie la politique d'effectif du troupeau (croissance, stabilité, réduction) et les évolutions attendues des aptitudes des femelles reproductrices à répondre au projet de production.

Le pilotage stratégique de la production

Pour répondre au projet d'élevage, l'éleveur met en œuvre un programme d'actions, expression du pilotage opérationnel qui définit, planifie et ajuste les interventions au quotidien. Le lien entre le projet d'élevage et le pilotage opérationnel est fait via le pilotage stratégique. Il définit les modalités d'organisation d'une part, de la production et du renouvellement de la composition du troupeau de reproductrices, d'autre part, de la palette de produits, qu'elle soit issue des jeunes ou des adultes.

Les entités de gestion de la production

Nous avons défini trois collectifs d'animaux correspondant à la production, au renouvellement et aux ventes : le troupeau de reproductrices, les cohortes de jeunes mâles et de jeunes femelles, le stock de réformes. Les caractéristiques génériques de ces trois ensembles sont présentées dans l'encadré. Ces entités sont coordonnées dans le temps : le troupeau de femelles reproductrices est renouvelé par intégration de femelles issues des cohortes de génisses ou agnelles et par application des règles de réforme et mortalité. Deux cohortes de jeunes (mâles et femelles) sont créées à chaque session de mise bas et le stock de réformes est complété à chaque application individuelle ou collective des règles de réforme.

Caractéristiques génériques des entités de production

Troupeau, cohorte et stock ont chacun leurs caractéristiques génériques, que nous proposons de définir au delà même de leur cas d'utilisation dans ce texte. Le troupeau est une entité de production renouvelée par entrée et sortie ; le stock est une entité non productive mais qui est, comme précédemment, renouvelée par entrée et sortie ; la cohorte est une unité composée d'individus ayant en commun un même événement (la session de naissance) (Vu Tien Khang, 1983). L'effectif de la cohorte diminue au fur et à mesure du temps par disparition des individus (mortalité, vente, transfert dans d'autres entités).

L'organisation de la production est formalisée en faisant intervenir d'autres entités, à savoir les cycles de production, les lots et les ateliers.

Le cycle de production de lot (CPL) constitue l'entité collective animale centrale du pilotage stratégique de la production et du renouvellement du troupeau de femelles reproductrices (figure 2). Il est défini comme l'agrégation de cycles de reproduction de femelles pour former une session de reproduction, agrégation organisée par l'éleveur à l'échelle d'un lot en vue d'obtenir une session de mise bas. Un cycle de production de lot débute avec une insémination artificielle (IA) ou l'introduction d'un reproducteur et se termine lorsque toutes les femelles sont taries.

Les lots évoqués ici sont des « lots fonctionnels » dans l'expression du pilotage de la production du troupeau de reproductrices et non pas des lots physiques tels que définis par Ingrand *et al.* (1993) sur la base de l'expression des interactions sociales. Un lot fonctionnel de production est un ensemble renouvelé de femelles reproductrices soumises à un enchaînement de sessions de mise bas (par exemple vêlages de printemps – vêlages de printemps).

L'atelier de production est l'entité collective animale qui rend compte de la composante commercialisation du projet de production. Deux types d'ateliers sont définis (figure 3) :

– l'atelier indifférencié qui agrège les animaux qui ont un devenir encore indéfini (au moins plus d'un type de futur possible) ;

– l'atelier finalisé de production, défini comme une phase orientée de la gestion d'une cohorte, débouchant sur un seul type de devenir, une catégorie commerciale donnée ou l'intégration dans le troupeau reproducteur.

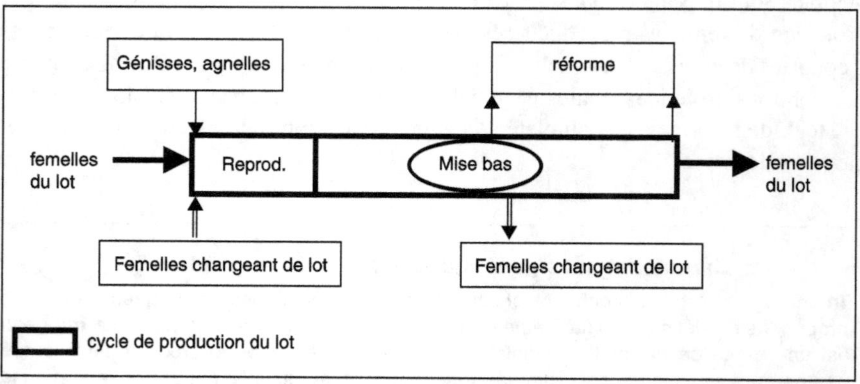

Figure 2. Le cycle de production de lot.

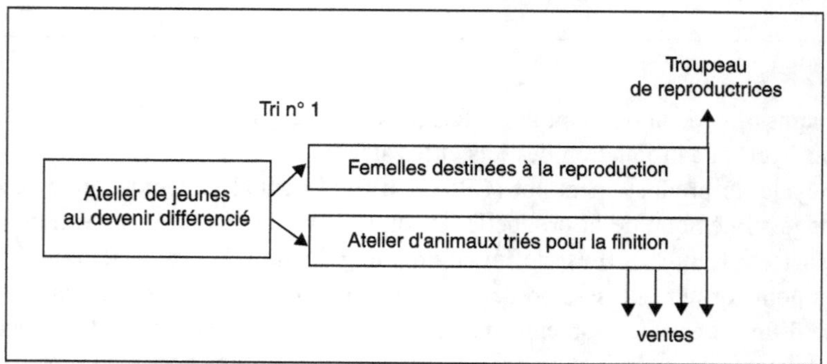

Figure 3. Les ateliers de production.

Le pilotage stratégique :
configuration et coordination des entités de gestion de la production

Le troupeau de femelles reproductrices est le support du projet de reproduction et de composition. Dans ce cadre, nous exprimons le pilotage stratégique comme la configuration et coordination de cycles de production de lot de femelles reproductrices. En configurant un cycle de production de lot, l'éleveur délimite le calendrier de production et la composition initiale du lot (figure 4).

• Le calendrier de production. L'éleveur fixe les dates et la durée d'une session de reproduction et la date des derniers tarissements des femelles en lactation. Pour chaque CPL ainsi configuré, différents itinéraires techniques (enchaînement d'opérations techniques) sont possibles. Ils gèrent le fractionnement éventuel de la reproduction (plusieurs lots de lutte sur éponges en ovin par exemple) et la combinaison des techniques (insémination artificielle, monte naturelle, monte en main), les règles de tarissement (à date fixe ou non, selon une durée de lactation fixe ou non, fractionné ou ajusté selon telle ou telle caractéristique de l'individu ou de la période de l'année).

• La composition initiale du lot de reproduction concerné : nullipares ; femelles issues du cycle de production précédent du même lot ; femelles provenant d'un autre lot.

Les coordinations entre cycles de production de lot ont deux fonctions. D'une part, il faut organiser l'enchaînement de deux cycles successifs d'un même lot : par exemple, en ovin, la date de fin de tarissement est fixée en fonction de la date de début de lutte

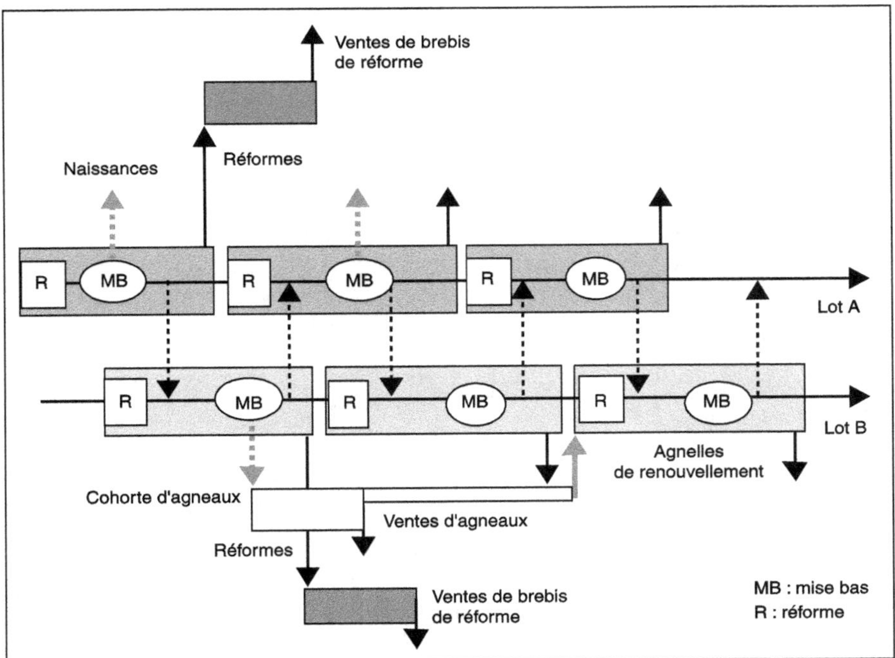

Figure 4. L'organisation de la production : configuration et coordination d'entités de gestion (exemple en production ovine, conduite 3 agnelages en 2 ans avec productions d'agneaux de bergerie).

Tableau 1. La robustesse du système « 3 agnelages en 2 ans » :
comparaison de résultats de simulation faisant varier les règles de conduite (reproduction, réforme) et la fertilité (Cournut et Dedieu, 2004).

Résultats des simulation	Règles de conduite, expérience				
	Troupeau Inra (1)	Faible fertilité (2)	Suppression de la lutte de repasse	Réforme dès le premier épisode d'infertilité	Avec échographie
	Expérience n° 1	Expérience n° 34	Expérience n° 22	Expérience n° 8	Expérience n° 21
Taux annuel de mise bas	1,32 (0,011)	1,14 (0,011)	1,25 (0,011)	1,29 (0,009)	1,35 (0,009)
Nombre d'agneaux nés vivants par brebis/an	2,16 (0,021)	1,87 (0,024)	2,03 (0,019)	2,06 (0,021)	2,21 (0,018)
Répartition des mises bas selon les saisons (%) (3)	P 39 – E 27 – A 33	P 48 – E 23 – A 29	P 40 – E 30 – A 31	P 38 – E 28 – A 35	P 38 – E 28 – A 34

Moyenne (écart type) sur 15 réplications.

(1) Simulation avec d'une part, le corps de règles de conduite de la reproduction et des réformes, d'autre part, les paramètres estimés de fertilité, de prolificité, de distribution des mise bas par quinzaine, de survie évalués à partir du fonctionnement et des résultats du troupeau Inra de Theix, au laboratoire de la production ovine de 1974 à 1981.

(2) Simulation avec des valeurs de fertilité respectivement de 60 %, 50 % et 80 % pour les luttes de janvier, de juin et d'octobre, ce qui correspond à une baisse moyenne de 17 % de ce paramètre vis-à-vis de la référence du troupeau Inra.

(3) Sessions de mises bas : P : printemps, E : été ; A : automne.

suivante, pour préserver un temps minimum de repos. D'autre part, il s'agit d'organiser le passage de femelles d'un lot à l'autre, c'est-à-dire définir la cause et la date de passage : par exemple, dans des systèmes à deux périodes de mise bas dans l'année (en bovin ou ovin), l'éleveur limite la durée de la période improductive de la femelle ayant raté une session de reproduction en l'inscrivant dans le cycle de production de lot suivant qui concerne un autre lot, la date de passage dépendant de la technique de repérage de l'infertilité (mâle de repasse ou échographie par exemple).

La coordination entre un cycle de production de lot et stock de femelles réformées se traduit par l'expression de dates et de règles de retrait des brebis ou des vaches de la reproduction : après la session de production, au vêlage, après le tarissement. De même, l'intégration de nullipares dans le troupeau, à l'occasion d'une session de reproduction est une autre forme de coordination entre troupeau de reproduction et cohorte(s) de jeunes femelles.

Les cohortes de jeunes sont le support du projet de commercialisation, qui donne lieu, de façon similaire, à une configuration d'ateliers de production et une coordination entre les ateliers. La configuration d'un atelier de production précise les dates de début et de fin de l'atelier. Notamment, la date de fin des ateliers orientés vers la vente dépend de l'expression des règles de mise en marché (date d'une foire, cible de poids et l'état d'engraissement, constitution d'un lot de vente). La coordination entre ateliers exprime les règles et dates de tri des animaux selon leur devenir. Les modalités d'enchaînement des phases d'alimentation, notamment du déclenchement de la phase de finition caractérisent les itinéraires techniques des ateliers finalisés.

Application à l'étude du fonctionnement du troupeau

En ovin, nous avons pu valider que le modèle de gestion de production proposé pouvait rendre compte des connaissances d'experts sur la variabilité des conduites de la reproduction du Nord au Sud de la France, des plus complexes aux plus simples. Il permet également d'étudier la sensibilité des performances vis-à-vis de fluctuations de différents paramètres biologiques ou de conduite (tableau 1) et d'analyser les régulations à l'œuvre lors de ces expérimentations informatiques. Ces régulations mettent en jeu des ajustements de flux d'animaux (Tichit *et al.,* 2006) : flux d'entrée et de sortie du troupeau de femelles reproductrices, flux de femelles passant d'un cycle de production de lot à un autre. Ces ajustements modifient la composition des lots de reproduction, tant en terme d'effectif que de variété dans l'histoire productive des femelles au moment de l'introduction des reproducteurs. L'ensemble détermine, avec les paramètres biologiques de reproduction et de survie, la production animale issue de chaque cycle de production de lot.

Au final, la simulation rend compte d'une production totale et de sa répartition dans le calendrier, ce sont deux paramètres de résultats dont la sensibilité à la conduite et aux facteurs biologiques (fertilité) peut être étudiée. Ainsi, du fait des régulations internes au système « troupeau conduit en 3 agnelages en 2 ans », une baisse drastique de la fertilité (expérience 34, tableau 1) entraîne une baisse modérée du nombre d'agneaux nés vivants sur l'année, mais une modification plus nette de la répartition des mises bas, avec une concentration de près de la moitié des agnelages au printemps.

En élevage bovin – travaux en cours –, l'objectif porte moins sur la conduite de la reproduction que sur l'expression des règles de gestion du projet de mise en marché, en incluant les combinaisons complexes entre organisation conjointe du renouvellement du troupeau de vaches et du produit de qualité supérieure « jeune vache de moins de huit ans ».

Conclusion

La formalisation des décisions de conduite selon le cadre de la gestion de production s'appuie sur deux ensembles de notions :
– le projet d'élevage et le pilotage stratégique et opérationnel qui permettent de formaliser les différents niveaux décisionnels en jeu ;
– les entités de gestion de la production, qui associent des collectifs animaux et des séquences calendaires dont la configuration et la coordination aboutissent à la production finale. C'est au sein de cette association (collectifs et séquences) que sont positionnés le choix de techniques de reproduction lors d'une session donnée et la définition des phases d'alimentation au sein d'un atelier.

Ces propositions n'ont de sens qu'en regard de la finalité de la modélisation : c'est-à-dire rendre compte de la diversité des conduites de troupeaux, dans les dimensions concernées par l'adaptation des systèmes d'élevage aux enjeux de qualité, étudier les propriétés de régulation de ces systèmes vis-à-vis des fluctuations des paramètres biologiques et des règles de conduite. Les formalismes proposés sont bien asservis à cette reformulation fondée sur des études conduites en situations réelles, mais permettent d'explorer des configurations extrêmes tant biologiques que décisionnelles. L'étude de la sensibilité des performances du troupeau et l'analyse du comportement du système associées à de telles configurations constituent alors les éléments d'un dialogue entre modélisateur et utilisateur, et ne prétendent nullement prédire « le résultat ».

Ce type de formalisation des décisions de conduite donne sens aux composantes stratégiques des modèles d'action des agriculteurs (Sébillotte et Soler, 1990). Il a des conséquences sur la conception et l'implémentation des simulateurs informatiques. Ceux-ci doivent ainsi rendre compte de différents niveaux d'abstraction en jeu dans le pilotage, du point de vue des décisions et des variables décisionnelles (les entités de gestion) et du point de vue des informations mobilisées. Ils doivent aussi intégrer les différentes échelles de temps en jeu dans le pilotage (temps calendaire des décisions, temps chronologique des animaux). De telles propriétés du système à modéliser ont conduit au développement de simulateurs à événements discrets fondés sur des modèles orientés objet. L'ensemble de ces décisions (les règles de configuration et de coordination des entités collectives, la mise en œuvre des itinéraires techniques associés aux cycles de production, etc.) aboutit bien à l'ordonnancement du déclenchement d'événements, datés, touchant les individus animaux, des entités collectives ou le troupeau tout entier. Ces événements décisionnels induisent des réponses biologiques, construisent des trajectoires productives individuelles (Tichit *et al.*, 2002) qui seront à leur tour source d'informations, ou déclencheurs d'événements.

En perspective, il s'agit pour nous de connecter plus étroitement ces modèles avec ceux traitant des stratégies d'alimentation (Moulin *et al.*, 2001). Il s'agit de relier cycles et ateliers de production avec les lots et les phases d'alimentation. D'une façon plus générale, la modélisation permet bien de renouveler le regard porté sur l'ensemble du système d'élevage (homme-troupeau-ressources), dans lequel interagissent les décisions stratégiques et opérationnelles et des phénomènes biologiques pour comprendre, d'une part, comment s'élaborent les performances et, d'autre part, sur quoi reposent les régulations du système et la sensibilité du niveau et de la répartition calendaire de la production.

Références bibliographiques

ALLAIN S., 1999. Approche cognitive du pilotage stratégique de l'entreprise agricole. Le cas des décisions d'équipement en grande culture. *Économie Rurale,* 250 : 21-30.

ANDRIEU N., 2004. Diversité du territoire de l'exploitation et sensibilité du système fourrager aux aléas climatiques : étude empirique et modélisation. Thèse de doctorat, Ina-PG, ED ABIES, Paris, France, 258 p.

AUBRY C., PAPY F., CAPILLON A., 1998. Modelling decision-making processes for annual crop management. *Agricultural Systems,* 56 : 45-65.

CHATELIN M.H., MOUSSET J., PAPY F., 1993. Taking account of decision making behaviour in giving advice – a real life experiment in Picardie. *In* Jacobsen B.H., Pedersen D., Christensen J., Rasmunsen S. (eds.), Farmers decision making – a descriptive approach, Proc. 38th EAAE Seminar. Institute of Agricultural Economics (DNK), p. 369-382.

COURNUT S., DEDIEU B., 2004. A discrete event simulation of flock dynamics : a management application to three lambings in two years. *Animal Research,* 53 : 383-403.

COURNUT S., 2001. Le fonctionnement des systèmes biologiques pilotés : simulation à événements discrets d'un troupeau ovin conduit en trois agnelages en deux ans. Thèse de doctorat, Université Claude Bernard-Lyon I, Enitac, Inra-sad-URH, 418 p. + annexes.

COLÉNO F.C., DURU M., 1998. Gestion de production en systèmes d'élevage utilisateurs d'herbe : une approche par atelier. Inra, *Études et recherches sur les systèmes agraires et le développement,* 31 : 45-56.

DEDIEU B., CHABOSSEAU J.-M., BENOIT M., LAIGNEL G., 1997. L'élevage ovin extensif du Montmorillonnais entre recherche d'autonomie, exigences des filières et simplicité de conduite. Inra *Productions animales,* 10(3): 207-218.

DEDIEU B., COURNUT S., INGRAND S., PEROCHON L., AGABRIEL J., 2006. The production workshop to model herd management decisions : examples in sheep and beef cattle dynamic herd models. *In* Rubino R., Sepe L., Dimitriadou A., Gibon A. (eds.), *Product quality based on local resources and its potential contribution to improved sustainability.* EAAP Publication, Benevento (Italy), 118 : 379-384.

GIBON A., RUBINO R., SIBBALD A.R., SORENSEN J.T., FLAMANT J.C., LHOSTE P., REVILLA R., 1996. A review of current approaches to livestock farming systems in Europe : towards a common understanding. *In* Dent, McGregor, Sibbald (eds.), *Livestock farming systems : research, development, socio-economics and the land manager.* EAAP 79 : 7-19.

GIRARD N., HUBERT B., 1999. Modelling expert knowledge with knowledge based systems to design decision aids. The example of a knowledge based model on grazing management. *Agricultural Systems,* 59 : 123-144.

HÉMIDY L., MAXIME F., SOLER L.G., 1993. Instrumentation et pilotage stratégique dans l'entreprise agricole. *Cahiers d'économie et de sociologie rurales,* 28 : 91-118.

INGRAND S., DEDIEU B., CHASSAING C., JOSIEN E., 1993. Étude des pratiques d'allotement dans les exploitations d'élevage. Proposition d'une méthode et illustration en élevage bovin extensif Limousin. Inra, *Études et recherches sur les systèmes agraires et le développement,* 27 : 52-72.

INGRAND S., DEDIEU B., AGABRIEL J., PÉROCHON L., 2002 Modélisation du fonctionnement d'un troupeau bovin allaitant selon la combinaison des règles de conduite. Premiers résultats de la construction du simulateur SIMBALL. *Rencontres recherche ruminants,* 9 : 61-64.

INGRAND S., DEDIEU B., NOZIÈRE M.O., 2003. Analyse des itinéraires de production des bovins produits sous l'appelation « Fin gras du Mezenc », revendiquant une appellation d'origine contrôlée. *Rencontres recherche ruminants,* 10 : 257.

JALVINGH A.W., VAN ARENDONK J.A.M., DIJKHUIZEN A.A., 1993. Dynamic probabilistic simulation of dairy herd management practices. II. Comparison of strategies in order to change a herd's calving pattern. *Livestock Production Science,* 37 : 133-152.

KEATING B.A., MC COWN R.L., 2001. Advances in farming systems analysis and intervention. *Agricultural Systems,* 70 : 555-579.

LANDAIS É., 1987. Recherches sur les systèmes d'élevage. Document de travail, Inra-Sad, Versailles, France, 70 p.

MOULIN C.-H., GIRARD N., DEDIEU B., 2001. L'apport de l'analyse fonctionnelle des systèmes d'alimentation. *Fourrages,* 167 : 337-363.

PAPY F., 1994. Le management de la production agricole. IVe Symposium Recherche système en agriculture et développement rural, Montpellier, 21-25 novembre 1994, 12 p. Cirad, Montpellier.

ROCHE B., DEDIEU B., INGRAND S., 2000. Analyse comparative des cahiers des charges Label Rouge gros bovins de boucherie. *Rencontres recherche ruminants,* 7 : 259-262.

ROMERA A.J., MORRIS S.T., HODGSON J., STIRLING W.D., WOODWARD S.J.R., 2004. A model for simulating rule- based management of cow-calf systems. *Computers and electronics in agriculture,* 42 : 67-86.

SANTUCCI P.-M., 1991. Le troupeau et ces propriétés régulatrices, bases de l'élevage caprin extensif. Thèse de doctorat, université Montpellier II, France, 85 p.

SEBILLOTE M., SOLER L.-G., 1990. Les processus de décision des agriculteurs. Acquis et questions vives. *In* Brossier J., Vissac B., Le Moigne J.J (eds.), *Modélisation systémique et systèmes agraires*. Inra-SAD, Inra Éditions, 93-118.

TICHIT M., INGRAND S., DEDIEU B., BOUCHE R., COURNUT S., LASSEUR J., MOULIN C.-H., NAPOLÉONE M., THÉNARD V., 2002. Le fonctionnement de troupeau : une interaction entre la conduite de l'éleveur et les comportements reproductifs d'animaux. *Rencontres recherche ruminants,* 9 : 103-106.

VU TIEN KHANG J., 1983. Méthodes d'analyse des données démographiques et généalogiques dans les populations d'animaux domestiques. *Génét. Sél. Évol.,* 15(2) : 263-298.

Chapitre 18

Gérer l'hétérogénéité des prairies à différentes échelles : une clé pour la conception d'un système d'élevage performant sur le plan environnemental

Muriel TICHIT, Alain HAVET, Olivier RENAULT, Thomas POTTER

Au cours des quarante dernières années, l'intensification de l'agriculture européenne a conduit à une homogénéisation des paysages agricoles dans l'espace et dans le temps. Elle est aujourd'hui considérée comme le principal moteur du déclin de la biodiversité (AEE, 1999). Par exemple, les prairies humides, habitats accueillant de nombreuses espèces, sont parmi les plus menacés à l'échelle mondiale (William, 1990). Des recherches récentes en écologie soulignent que l'hétérogénéité des habitats et le maintien de leur qualité sont des enjeux clés pour enrayer le déclin de la biodiversité (Benton *et al.,* 2003). L'hétérogénéité, définie comme la configuration spatiale d'une mosaïque d'habitats, détermine la capacité d'accueil de cette mosaïque pour plusieurs espèces exploitant des habitats différents. La qualité de l'habitat conditionne la possibilité de satisfaire pour une espèce ses besoins en termes d'abri, d'alimentation et de reproduction. Qualité et hétérogénéité sont donc des caractéristiques qu'il convient de prendre en compte dans la gestion des espaces par les activités agricoles. Ceci soulève un certain nombre de difficultés en raison des effets variés et à des niveaux différents des activités agricoles et du fait qu'il n'existe pas de relation de cause à effet entre un niveau donné et le déclin de la qualité et de la diversité des habitats (Le Cœur *et al.,* 2002).

Dans un contexte où les incitations à la protection de l'environnement sont croissantes, un des enjeux aujourd'hui est d'aider les éleveurs à concevoir de nouveaux systèmes d'élevage compatibles avec les exigences de composition et de structure de leurs prairies, du double point de vue de leur fonctionnement agronomique et de la biologie des espèces sauvages à protéger. L'objectif de ce chapitre est de quantifier le rôle du pâturage et de la fauche dans l'évolution de la qualité et de l'hétérogénéité des habitats associés aux prairies humides. Nous partons de l'hypothèse que la cohérence entre les fonctions productive et environnementale est à rechercher à plusieurs niveaux d'organisation. Notre méthode d'analyse permet, en conséquence, d'articuler à différentes échelles spatiales et temporelles l'impact des pratiques sur la qualité des milieux pâturés ou fauchés. Nous étayons notre démonstration à partir du cas des prairies de marais de la façade atlantique française. Dans le cadre des politiques agro-environnementales, celles-ci doivent aujourd'hui assurer à la fois l'alimentation des troupeaux et l'habitat des limicoles[1] (Tichit *et al.*, 2002), qui comptent parmi les groupes d'oiseaux les plus menacés en France (Rocamora et Yeatman-Berthelot, 1999). Plus de la moitié de ces espèces dépend des prairies humides pour s'alimenter, se reproduire et élever ses jeunes. Nichant à même le sol, elles sont très sensibles à la structure de la végétation, à savoir sa hauteur moyenne et son hétérogénéité. Le pâturage et la fauche, en façonnant l'état des couverts végétaux, sont donc des déterminants majeurs de la fréquentation des prairies par ces oiseaux (Milsom *et al.*, 2000).

Dans une première partie, nous nous intéressons à des travaux portant sur l'ensemble des parcelles d'un marais de 4 700 ha, qui mettent en relation la présence de cinq espèces de limicoles avec la localisation des types principaux d'usage (fauche ou pâture). À partir d'une carte de domaine potentiel identifiant les secteurs les plus favorables pour le Vanneau huppé, nous analysons les possibilités de changements à l'échelle des exploitations visant à accroître l'efficacité environnementale des systèmes d'élevage sur un petit territoire. Dans une seconde partie, à partir des résultats concernant l'impact du pâturage sur l'évolution de la structure du couvert au printemps, nous montrons que la diversité des structures créées permet de répondre aux exigences de différentes espèces limicoles et à différentes étapes de leur cycle de reproduction.

Réorganisation du système fourrager à l'échelle d'un secteur de marais

En 1994, dans le cadre des opérations locales agri-environnementales, un dispositif de protection de la diversité biologique des prairies humides a été mis en place sur le marais Ouest-du-Lay, vaste ensemble prairial du marais Poitevin. Ce dispositif visait notamment à accroître la fréquentation des parcelles par les limicoles nicheurs et migrateurs. Les mesures proposées à la contractualisation portaient sur un changement d'utilisation des prairies (passage de fauche en pâture) et sur une baisse de la fertilisation azotée. L'évaluation de ce dispositif en 1996 a conduit l'Inra (Institut national de la recherche agronomique) et la Ligue de protection des oiseaux à inventorier les pratiques agricoles et évaluer le potentiel de l'avifaune de ce marais. Les pratiques agricoles et leurs déterminants ont été caractérisés par une enquête auprès d'une centaine d'exploitations travaillant sur les deux tiers des 1 594 parcelles composant ce marais. Parallèlement, les données sur les caractéristiques physiques des parcelles et l'abondance de cinq espèces de limicoles au cours du printemps ont été collectées.

---

[1] Guilde de petits échassiers nichant et s'alimentant dans les prairies humides de marais : Vanneau huppé, Chevalier gambette, Barge à queue noire, Courlis corlieu, et Bécassine des marais.

Ces données ont permis de décrire et de modéliser la qualité de l'habitat des cinq espèces observées (Renault *et al.*, 2004). Des cartes de domaine potentiel, représentant l'aire sur laquelle la présence de chaque espèce est théoriquement possible, ont été construites. Cette analyse met en évidence des différences d'habitat entre les oiseaux migrateurs et nicheurs. La qualité de l'habitat des premiers dépend principalement de variables liées à l'humidité des parcelles et de leur environnement (distance à des mares, etc.). Pour les seconds, elle est fortement conditionnée par la présence de prairies pâturées. La carte de domaine potentiel du Vanneau huppé, de loin l'espèce la plus abondante nichant sur le site, révèle trois domaines potentiels, au nord-ouest, centre-est et nord-est du marais, correspondant chacun à un habitat inégalement favorable. Le domaine potentiel situé au nord-ouest du marais pourrait être rendu plus attractif par un changement d'usage consistant à remplacer les surfaces fauchées par des pâtures. Nous avons alors analysé la faisabilité d'un changement de ce type dans les exploitations utilisant les parcelles de ce domaine.

Évaluer les changements possibles d'affectation des parcelles en intégrant les contraintes spatiales

La méthode pour analyser les marges de manœuvre de l'agriculteur concernant la modification de la localisation de ses pratiques a été proposée par Havet *et al.* (2004). Elle intègre le fait que l'agriculteur cherche à assurer des objectifs relatifs à l'alimentation des animaux et à la gestion de l'herbe tout en tenant compte des contraintes spécifiques de son parcellaire. Elle débouche sur une typologie des critères d'affectation des parcelles intégrant leurs contraintes spatiales.

L'affectation de chaque parcelle est identifiée par enquête à partir des objectifs de l'agriculteur, en termes d'alimentation des lots d'animaux, de gestion à court et moyen terme des ressources fourragères, d'organisation du travail. Au cours de l'enquête, l'agriculteur caractérise également chaque parcelle du point de vue de ses contraintes spatiales, intrinsèques ou liées à l'ensemble du territoire de l'exploitation. Les contraintes intrinsèques portent sur des caractéristiques physiques (hydromorphie, microtopographie, portance, taille, présence de fossé abrupt, accessibilité au matériel et aux animaux) et agronomiques (précocité, groupements végétaux dominants). Les contraintes relevant de l'organisation du territoire de l'exploitation renvoient à l'isolement de la parcelle par rapport au reste du parcellaire et à la distance au siège.

La typologie (tableau 1) permet d'évaluer la prise de risque associée à un changement d'affectation d'une parcelle selon ses contraintes. Ainsi, certaines contraintes sont sans effet sur la mise en œuvre d'une nouvelle affectation alors que d'autres peuvent la rendre suboptimale, risquée ou à l'extrême impossible.

Permutation de parcelles fauchées et pâturées dans le marais

L'ensemble des parcelles du domaine potentiel est exploité par 27 agriculteurs. Il s'agit majoritairement d'exploitations de type grandes cultures et élevage d'herbivores, seules deux exploitations sont spécialisées en bovins élevage et viande. La plupart d'entre elles ont de la prairie permanente localisée ailleurs dans le marais, toutes ont une partie de leur territoire hors du marais, utilisé surtout pour les cultures de vente et les cultures

Tableau 1. Conditions de mise en œuvre d'une affectation selon les contraintes spatiales du parcellaire.

Critères d'affectation des parcelles		Contraintes intrinsèques aux parcelles ou relevant de l'organisation du territoire de l'exploitation									
		Hydro-morphie élevée	Micro-topographie importante	Fossé abrupt	Portance faible	Taille réduite	Compo. botanique[1]	Précocité faible	Isolement[2]	Accès matériel	Distance au siège
Alimentation	VA + vx < 4 mois[3]	**	#	***	/	/	**	/	#	/	***
	VA + vx > 4 mois	#	#	#	/	/	**	/	#	/	*
	VA entretien	#	#	#	/	/	#	/	#	/	#
	Génisses 2 ans	#	#	#	/	/	*	/	#	/	#
	Génisses 1 an	#	#	#	/	/	**	/	#	/	**
	VL[4]	***	*	#	/	/	***	/	***	/	***
Gestion de l'herbe et des stocks	Foin qualité	***	**	/	***	*	*	***	#	***	#
	Foin quantité	#	#	/	#	*	#	#	/	***	#
Travail de l'agriculteur	Diminution charge travail	#	**	#	#	*	#	#	*	#	**
	Surveillance[5]	#	#	***	#	#	#	#	#	#	***

1 : forte présence de carex, joncs et cypéracées ; 2 : la parcelle n'est pas dans un îlot ; 3 : vaches allaitantes + veaux ; 4 : vaches laitières ; 5 : saillies, vêlages, mise à l'herbe.
Effet de la contrainte : (#) sans effet sur l'affectation, (*) non optimale, (**) risquée, (***) impossible, (/) sans objet.

fourragères. Au sein du domaine considéré (396 ha), elles exploitent 246 ha de pâture, 14 d'entre elles fauchent sur 117 ha (figure 1).

Nous avons cherché à permuter ces parcelles fauchées avec des parcelles affectées au pâturage dans d'autres secteurs du marais. Dans l'élaboration de ces scénarios, nous avons pris en compte différents ordres de contraintes, afin d'éviter ceux présentant trop de risques pour la mise en œuvre du changement : distance au siège d'exploitation (notamment pour les lots de vaches allaitantes moins de 4 mois après le vêlage, de génisses de 1 an ou de vaches laitières) ; critères tels que l'existence de fossés abrupts ou encore la présence d'un taureau dans les parcelles adjacentes (là encore selon la composition du lot d'animaux) ; portance (parcelle exploitée en pâturage précoce). Concernant les parcelles

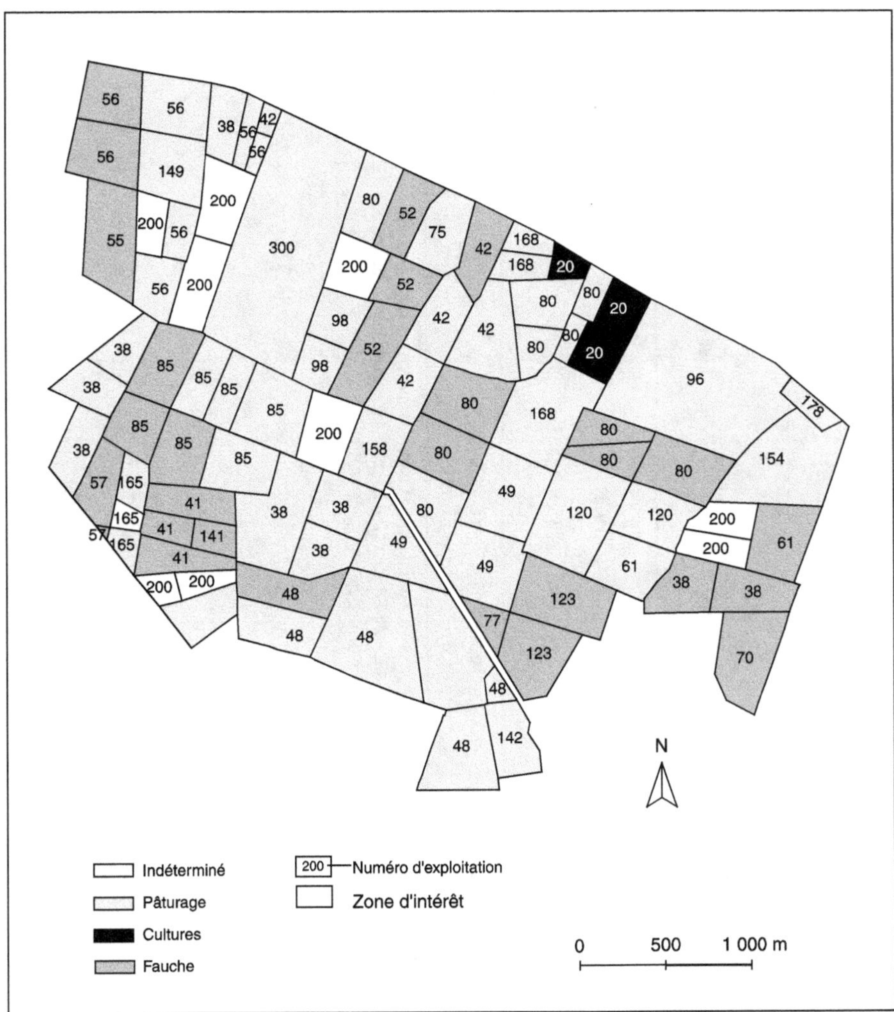

Figure 1. Localisation des usages de fauche et de pâture dans le domaine potentiel nord-ouest du marais Ouest-du-Lay.

Tableau 2. Caractéristiques des exploitations dont la surface de fauche est permutée hors marais.

Code exploitation	Surfaces (hectares)						Troupeau		Surface de fauche (hectares)	
	SAU[1]	SCOP[2]	CF[3] (dont EM[4])	PP[5] marais (dont fauche)	PP[5] hors marais	Dérobées	Nombre de mères VA[6] – VL[7] et TLL[8]	UGB/ha SFP[9]	Relocalisée hors marais	Déficit post scénario
56	166,4	56,4	14,0	59,5 (9,2)	36,5	37,5	91 VA 40 TLL	1,63	6,0	3,2
61	95,3	37,3	10,0	35,0 (5,2)	0,0	13,0	20 VA 20 VL	1,63	2,6	2,6
80 (#)	117	49,5	16,0 (8,0)	51,5 (21,0)	0,0	14,0	22 VA 29 VL	1,16	0,0	10,5#

1 : Surface agricole utile. 2 : Surface céréales et oléo-protéagineux. 3 : Cultures fourragères (prairies temporaires, artificielles, ensilage maïs). 4 : Ensilage de maïs. 5 : Prairies permanentes. 6 : Vaches allaitantes. 7 : Vaches laitières. 8 : Taurillons. 9 : Surface fourragère principale. # : L'exploitation 80 fauchant à façon 21 ha de prairie permanente, le déficit correspondant se limite à la moitié de la surface fauchée soit 10,5 ha.

fauchées de remplacement à l'extérieur du domaine potentiel, nous avons considéré qu'elles devaient être accessibles au matériel, ne pas présenter une microtopographie plus accentuée que celle de la parcelle initiale, avoir une taille minimale de 1 ha pour ne pas trop augmenter le nombre total de parcelles fauchées.

Au terme de ce premier scénario, la permutation entre fauche et pâture a permis de remplacer 63 ha de fauche par de la pâture. Pour les neuf exploitations concernées, la surface fauchée a été maintenue (± 23 ares). Dans quatre cas, la distance au siège des parcelles pâturées a augmenté (de 1 à 2 km) tout en restant acceptable compte tenu des lots d'animaux concernés (génisses de deux ans). Elle a diminué dans trois cas (de 1 à 4 km) et est restée stable dans deux cas. Dans cinq exploitations, la permutation est impossible : soit l'exploitation ne dispose pas de parcelles pâturables ailleurs dans ce marais, soit les caractéristiques de ces parcelles (taille, accessibilité) ou leur localisation ne sont pas favorables à la permutation. Au terme de ce premier scénario, il reste encore 54 ha de fauche dans ce domaine (117 ha à réaffecter). Nous avons alors étudié un second scénario dans lequel la permutation est réalisée avec les parcelles hors marais.

Permutation de parcelles fauchées et pâturées hors marais

Nous illustrons cette démarche en nous appuyant sur le cas de 3 exploitations dont les caractéristiques sont présentées au tableau 2. Les surfaces de fauche à relocaliser hors marais varient entre 5 et 10,5 ha. L'augmentation de la surface de pâturage en marais est inégalement intéressante du point de vue des élevages. Pour l'exploitation 56, elle permet de diminuer le chargement moyen de printemps des prairies permanentes pâturées hors marais, tout en pâturant celles du marais à un niveau modéré. En revanche, pour l'exploitation 61, elle conduit à un sous-chargement pouvant éventuellement pénaliser la qualité des repousses d'automne. L'exploitation 80, dont le troupeau s'était accru les années précédentes sans augmentation corrélative des surfaces de pâture, voit ainsi diminuer le chargement de printemps sur l'ensemble de ses parcelles de marais.

Au terme du scénario, qui prévoit une élimination complète de la fauche dans le secteur cible du marais, le déficit de surface de fauche varie entre 2,6 et 10,5 ha. Il ne peut être comblé soit parce que les parcelles qui pourraient être affectées à la fauche présentent des contraintes à la mise en œuvre de cet usage ou encore parce que les exploitations ne disposent pas de surfaces suffisantes affectables à la fauche hors marais. Plusieurs interrogations subsistent. D'une part pour les exploitations 56 et 61, dont le déficit de fauche est de l'ordre de 3 ha, le stock de foin pourrait être remplacé assez facilement, soit par de l'ensilage de ray-gras en dérobé, soit en accroissant les surfaces d'ensilage de maïs au détriment de la culture en maïs grain. Ces solutions ne sont pas envisageables dans le cas de l'exploitation 80, dont le déficit atteint 10,5 ha. Une autre solution consisterait à compenser financièrement cet agriculteur pour l'achat de 40 tonnes de foin.

L'intérêt de ces scénarios réside dans l'exploration du lien entre des différentes catégories d'espaces exploités. Dans des travaux antérieurs, a été avancée l'hypothèse selon laquelle la surface fourragère hors marais permettrait un usage extensif des prairies en marais (Capillon et David, 1993). Les scénarios de changement testés le confirment en montrant globalement que la délocalisation de la fauche nécessite d'intensifier la surface fourragère hors marais. Quel est l'impact environnemental d'un tel changement ? À l'échelle du marais, une mosaïque plus ou moins hétérogène résulte d'une localisation des usages, mise en œuvre sans coordination, par des agriculteurs agissant selon leurs objectifs et leurs contraintes propres. L'attractivité du marais pour une espèce de limicole donnée dépend des caractéristiques de cette mosaïque. Cependant, la répartition des usages au sein du marais n'est pas l'unique facteur influençant la qualité de l'habitat. Les caractéristiques intrinsèques des parcelles et notamment la structure du couvert végétal créent des conditions particulières qui induisent au sein d'un ensemble de prairies pâturées des différences d'attractivité des parcelles pour les oiseaux.

Gammes d'états de couvert créées par le pâturage

À l'échelle des parcelles de l'exploitation, l'agriculteur produit, par le biais du pâturage, une gamme d'états de couvert pour alimenter les différents lots d'animaux. Une caractérisation de ces états et des modes d'exploitation associés est nécessaire pour évaluer leur attractivité potentielle vis-à-vis de différentes espèces de limicoles et analyser leur compatibilité avec les fonctions attendues pour l'alimentation du troupeau.

Diversité des modes d'exploitation parcellaires et des structures de couvert

Des enquêtes auprès de six exploitations, ayant fait pâturer les animaux sur 19 parcelles au printemps 2002 et 28 en 2003, ont permis de caractériser les modes d'exploitation parcellaires. Pour chaque parcelle, nous avons identifié les enchaînements des séquences d'utilisation au cours de l'année (Guérin *et al.,* 1994) qui permettent de transformer la production fourragère en ressources effectivement utilisées (Léger *et al.,* 2000). Quatre grands modes d'exploitation se dégagent :
– le type printemps-été avec un chargement faible permet un mode de prélèvement en tri offrant aux animaux une ressource satisfaisante sur toute la période ;
– le type printemps-automne associe un mode de prélèvement en tri au printemps (mais avec un chargement plus poussé que dans le cas précédent) et un rabattement homogène de l'herbe en automne ;
– le type printemps-automne est caractérisé par un prélèvement fourrager au printemps (consommation poussée de la pousse d'herbe) suivi d'un tri sur l'été et l'automne avec un chargement très fortement réduit, aboutissant néanmoins à un rabattement homogène de l'herbe en fin d'automne ;
– le type printemps-automne, plutôt une variante du précédent, avec un prélèvement fourrager de fin de printemps.

Le suivi de l'évolution saisonnière de la hauteur du couvert prairial pour ces mêmes prairies montre que ces modes d'exploitation parcellaire induisent une diversité de structures de couvert au printemps, période où nichent les limicoles (Tichit *et al.,* 2005a). Les structures du couvert sont décrites à partir de deux critères : la hauteur moyenne de l'herbe et l'hétérogénéité des hauteurs au sein de chaque parcelle, calculée à partir d'un indice développé par Burel et Baudry (1999). Quatre types de structures sont identifiés : (1), moyenne ; (2) élevée ; (3), faible ; (4) intermédiaire (tableau 3). Au cours des deux années étudiées, le chargement d'automne est corrélé positivement à la classe basse de hauteur avant la mise à l'herbe et négativement aux touffes et à l'hétérogénéité. En 2002, le chargement au plein printemps est corrélé positivement à la classe basse et négativement aux classes hautes de la période suivante. Il n'est pas possible de mettre en relation les variables de chargement en début et fin de printemps avec une structure particulière. En 2003, le chargement en début de printemps est corrélé positivement aux classes basses et négativement aux classes hautes ainsi qu'à l'hétérogénéité des deux périodes suivantes.

L'étude des trajectoires des parcelles entre les quatre types de structures au cours du printemps révèle différents modes d'évolution du couvert.

La première trajectoire correspond à 5 parcelles dont la structure moyenne du couvert reste relativement stable au cours du printemps. Leur potentiel de croissance est modéré (indice de nutrition azotée INN = 58 % ± 10) et le chargement moyen de plein printemps est faible (0,9 UGB/ha ± 0,1). La deuxième correspond à 14 parcelles dont la structure est qualifiée de « moyenne » en début de saison puis évolue rapidement vers une structure dite « élevée ». Leur potentiel de croissance est supérieur (INN = 71 % ± 15), de même que le chargement moyen de plein printemps qui reste toutefois insuffisant pour contrôler l'état du couvert (1,4 UGB/ha ± 0,4). Le troisième type est composé de 10 parcelles dont la hauteur et l'hétérogénéité sont faibles en début de printemps : elles ont été fortement pâturées lors de l'automne précédent et peu fertilisées (INN = 63 % ± 8). Dans un premier sous-groupe, la structure se maintient rase en début de printemps puis évolue vers une structure dite « élevée ». Dans un autre sous-groupe, la structure du couvert voit sa qualité augmenter en début de printemps puis revient vers une structure de type faible soit au plein printemps soit en fin de printemps. Ces parcelles sont pâturées sur un seul cycle au cours du printemps, avec un fort chargement (de 2,4 à 5,7 UGB/ha entre le début et la fin de printemps).

Attractivité potentielle des structures de couvert

Le faible nombre de parcelles étudiées n'a pas permis de conduire en parallèle une étude sur leur fréquentation par les oiseaux. Pour lier l'état des couverts à l'attractivité pour les limicoles, nous nous sommes appuyés sur une synthèse de travaux en biologie de la conservation (Durant, 2004). Celle-ci indique que les espèces ont des sensibilités diverses à la hauteur et à l'hétérogénéité du couvert. Elle montre d'autre part que, pour une même espèce, les besoins peuvent être différents selon l'étape du cycle de reproduction, les phénologies des différentes espèces étant par ailleurs décalées dans le temps. Pour le Vanneau, la structure « hauteur et hétérogénéité faible » est favorable à l'installation du nid (en mars et en avril) et à la phase d'élevage des jeunes (mai). L'herbe rase lui assure une bonne visibilité vis-à-vis des prédateurs, lui permet de localiser les proies à vue et facilite les déplacements des oisillons vers les sites d'alimentation. À la même période, la structure « hauteur et hétérogénéité élevée » peut convenir à la Barge à queue noire pour la phase d'incubation alors que la structure « hauteur et hétérogénéité moyenne » sera préférée pour la phase d'élevage des jeunes. Le Chevalier gambette niche plus tardivement (en avril-mai), préférentiellement dans des couverts correspondant à la structure « hauteur et hétérogénéité moyenne ». Les préférences d'habitats de ces trois espèces mettent en évidence l'importance du temps pour analyser la contribution du pâturage à la gestion d'habitats. Un calendrier précis doit alors être raisonné. La structure favorable aux oiseaux est-elle également favorable à certains lots d'animaux ? Les agriculteurs ont-ils la possibilité de la créer au moment où elle est utile pour l'oiseau ?

Tableau 3. Caractéristiques des types de couvert identifiés par ACP et CAH.

Type de structure de couvert	Année	Hétérogénéité[1-2]	Proportion des classes de hauteur[1] (cm) en % points totaux			Pourcentage sol nu[1]	Pourcentage touffes[1]
			]0 – 10[	[10 – 24[	> = 24		
1 – Hauteur et hétérogénéité moyenne	2002 N = 44	0,6 (17)	22,0 (28)	62,4 (20)	14,4 (32)	1,2 (149)	3,5 (84)
	2003 N = 37	0,6 (13)	40 (13)	54,4 (14)	5,6 (37)	1,8 (148)	0,7 (123)
2 – Hauteur et hétérogénéité élevée	2002 N = 57	0,8 (11)	7,2 (32)	35,4 (23)	57,3 (25)	1,0 (124)	2,9 (91)
	2003 N = 70	0,8 (8)	15,5 (29)	37,2 (19)	47,3 (24)	1,4 (108)	2,0 (109)
3 – Hauteur et hétérogénéité faible	2002 N = 13	0,3 (36)	83,9 (16)	15,5 (31)	0,6 (50)	3,0 (84)	0,8 (91)
	2003 N = 21	0,4 (18)	71,8 (8)	26,7 (15)	1,5 (53)	2,9 (79)	0,7 (164)
4 – Intermédiaire entre 1 & 2	2003 N = 42	0,6 (20)	13,5 (20)	70,1 (12)	16,4 (30)	1,2 (126)	1,2 (135)

1 : moyenne (coefficient de variation %). 2 : Indice proposé par Burel et Baudry (1999) : l'hétérogénéité dépend du nombre de classes de hauteur et de leur organisation spatiale. Pour un nombre donné de classes, plus leur organisation spatiale est fragmentée plus l'hétérogénéité est élevée.

Concilier alimentation des troupeaux et création d'habitat à oiseaux : souplesses et compromis nécessaires

Les agriculteurs gèrent les prairies pour alimenter leurs troupeaux à différentes saisons. Ils doivent pour cela produire une gamme d'états de couverts végétaux, tout en s'assurant que l'impact du pâturage sur ces couverts leur permettra de garantir la pérennité de leurs ressources fourragères année après année. Les gestionnaires d'espaces naturels, pour leur part, ont comme objectif d'offrir aux oiseaux les conditions d'habitat qui leurs sont favorables. À l'échelle du domaine exploité par les espèces ciblées, il est alors nécessaire de « fabriquer » ou de préserver, une gamme d'états de couverts végétaux permettant de les accueillir. Pour atteindre en même temps une gamme d'états susceptible d'alimenter des bovins et d'accueillir des oiseaux, il convient d'identifier parmi les états de couverts reconnus par les éleveurs et les gestionnaires ceux qui peuvent avoir un rôle commun de ressources à la fois pour l'alimentation de leur troupeau et pour les oiseaux. Les frontières de cette gamme, définies par les usages qui aboutissent à l'exclusion durable de l'un ou l'autre de ces objectifs, définissent les seuils d'irréversibilité du système constitué par l'élevage et la nature (Tichit et Léger, 2003). La difficulté est alors de mettre en cohérence des séquences de pâturage et des étapes clés de la reproduction des oiseaux (installation, nidification, élevage des jeunes).

Du point de vue de l'alimentation des troupeaux, les seuils à ne pas franchir correspondent aux états qui compromettent le renouvellement de la ressource au cours de la campagne et entre campagnes. Ces états sont conditionnés par l'enchaînement des séquences d'utilisation. Ainsi, une sous-utilisation de l'herbe au printemps (mode de prélèvement en tri) insérée dans deux modes d'exploitation différents produit des états de couvert différents lors du printemps suivant. Ce mode de prélèvement aboutissant à une évolution vers des structures hautes peut être régulé soit par un prélèvement complet en automne (Bellon *et al.,* 1999), soit par une fauche des refus. Le choix entre ces deux modes d'exploitation dépend de la stratégie d'alimentation du troupeau. Ainsi, dans les exploitations ayant des troupeaux en vêlage de fin d'été, et un parcellaire très éclaté et éloigné du siège, les prairies de marais ne sont plus pâturées dès la fin août. Pour garantir lors du printemps suivant des états de couvert favorables pour l'installation des oiseaux, un broyage des refus à l'automne sur l'ensemble des prairies serait nécessaire chaque année. Toutefois, les contraintes d'organisation du travail peuvent conduire l'agriculteur à ne faucher chaque parcelle que tous les deux ou trois ans, ce qui n'est pas contradictoire avec des modes d'exploitation fondés sur un tri limité au printemps et en été. En revanche, dans les exploitations en vêlage de fin d'hiver, ou dans celles dont le système d'alimentation est fortement dépendant des prairies de marais, le pâturage des prairies en automne permet de consommer les reports sur pied et de préparer des états de couvert favorables pour le printemps suivant. Dans les conditions spécifiques de la région où l'arrêt de croissance du couvert est total en été et la repousse d'automne incertaine, ce mode d'exploitation est ainsi la façon la plus efficace d'assurer l'alimentation du troupeau tout au long de l'année à partir des prairies de marais (Havet et Lafon, 1995).

Du point de vue de l'accueil des oiseaux, les seuils à ne pas franchir portent sur les états susceptibles de réduire le succès reproducteur à un niveau n'assurant plus la croissance ni le maintien des populations. Ainsi, les modes d'exploitation printemps-automne, produisant les états de couverts favorables à l'installation des espèces les plus précoces (par exemple le Vanneau), reposent au printemps sur un mode de prélèvement fourrager qui soulève des interrogations vis-à-vis de la phase d'incubation. En effet en appliquant le modèle de Green (1986) qui fournit une estimation du pourcentage de nids piétinés en fonction de la surface de la parcelle et du nombre d'animaux, on peut avancer que les proportions de destruction seraient de : 60 % des nids de Vanneaux, 75 % des nids de Chevaliers gambette et 85 % des nids de Barges à queue noire. La mise en cohérence des séquences d'utilisation au printemps avec les moments clés de la reproduction des espèces se traduit par la recherche d'un double compromis (Tichit *et al.*, 2005b). Celui-ci combine deux critères, date et seuil de chargement, autorisant un mode de prélèvement fourrager qui occasionnerait peu de destruction de nids. Cependant, force est de constater que ces seuils ne sauraient être envisagés indépendamment des objectifs de gestion de l'herbe et d'alimentation des troupeaux. Retarder les dates de mise à l'herbe ou encore réduire le niveau d'utilisation d'une prairie à un moment clé tel que le printemps suppose avoir accès à d'autres ressources et de ne pas viser l'efficience du pâturage.

Conclusion

De nombreux travaux ont montré que le pâturage peut permettre de moduler la structure du couvert pour répondre aux enjeux d'alimentation des troupeaux (Duru *et al.*, 2002). Parallèlement, d'autres indiquent que la structure du couvert est un facteur important pour les oiseaux. Gérer la structure du couvert végétal pour l'élevage aussi bien que pour les oiseaux exige des souplesses et des compromis. À l'échelle d'un petit territoire de marais, nous avons montré que la modification de la localisation des modes d'exploitation en fauche ou en pâture au sein des exploitations implique d'utiliser une première source de flexibilité qu'offre la complémentarité des différentes catégories d'espaces exploités, dans et hors marais, pour sécuriser l'ensemble du système d'alimentation. Toutefois, l'efficacité de ces changements doit être évaluée en intégrant l'impact environnemental découlant de l'intensification de la surface fourragère hors marais. Un autre scénario envisageable consisterait à explorer la possibilité d'échange de parcelles entre agriculteurs à l'intérieur du marais. Une coordination entre exploitations permettrait en effet à chacune de maintenir ses surfaces en fauche et en pâture sans introduire de modification quant à la gestion de la surface fourragère hors marais. Il serait, dans ce cas, nécessaire d'évaluer à l'échelle du marais l'impact de la relocalisation de la fauche, et de sa concentration dans certains secteurs sur l'hétérogénéité de la mosaïque d'habitats.

Les relations entre chaque espèce et son habitat s'opèrent également à l'échelle des parcelles. Cette échelle met en évidence l'importance des caractéristiques du couvert végétal en termes de hauteur et d'hétérogénéité. Dans des prairies où le calendrier de pâturage et la diversité de la phénologie des espèces végétales créent de fortes contraintes, les combinaisons de modes d'exploitation permettent aux éleveurs de produire différents types de ressources en vue de sécuriser l'alimentation de leur troupeau. Ces combinaisons sont source de flexibilité puisqu'à un moment donné un agriculteur peut disposer sur certaines parcelles d'une végétation dans un état de pleine croissance et sur d'autres d'une végétation déjà en cours de dégradation mais sur laquelle les animaux ne sélectionnent que la fraction encore appétente et de bonne qualité. Mais pour chaque mode d'exploitation, il existe des seuils à ne pas franchir afin de ne pas pénaliser l'objectif d'alimentation ou celui de conservation. Ces seuils doivent être évalués au regard des interdépendances entre périodes d'utilisation, (précédentes et ultérieures), aussi bien du point de vue des ressources alimentaires que des ressources d'habitat ; ils restent souvent difficiles à identifier avec certitude. L'enjeu de la négociation agro-environnementale porte plus sur l'identification de seuils acceptables au-delà desquels l'un ou l'autre des partenaires considère que le risque est trop important au regard de son propre projet.

Références bibliographiques

AEE, 1999. L'environnement dans l'Union européenne à l'aube du XXIᵉ siècle. Copenhague, Danemark, Agence européenne pour l'environnement, 651 p.

BELLON S., GIRARD N., GUÉRIN G., 1999. Caractériser les saisons pratiques pour comprendre l'organisation d'une campagne de pâturage. *Fourrages,* 158 : 115-132.

BENTON T.G., VICKERY J.A., WILSON J.D., 2003. Farmland biodiversity : is habitat heterogeneity the key ? *Trends Ecol. Evol.,* 18 : 182-188.

BUREL F., BAUDRY J., 1999. *Écologie du paysage. Concepts, méthodes et applications.* Éditions Lavoisier Tec & Doc, Paris, 352 p.

CAPILLON A., DAVID G., 1993. Gestion agricole de l'espace et environnement : OGAF-Environnement et types d'exploitations en marais Poitevin des deux Sèvres. *Cahiers Agricultures,* 2 : 116-130.

DURANT D., 2004. Les facteurs environnementaux influençant le choix des sites de nidification chez les limicoles nicheurs et le succès reproducteur. Les pratiques de pâturage ont-elles un rôle à jouer ? Rapport bibliographique, Saint Laurent de la Prée, Inra-sad, 68 p.

DURU M., FIORELLI J.L., PEYRE D., ROGER P., THEAU J.-P., 2002. La hauteur d'herbe au pâturage : une mesure simple pour faciliter sa conduite, un indicateur pour caractériser des stratégies. *Fourrages,* 170 : 189-201.

GREEN R.E., 1986. The management of lowland wet grassland for breeding waders. Peterborough, RSPB report & CSD report 626, NCC, 62 p.

GUÉRIN G., PFLIMLIN A., LÉGER F., (eds.), 1994. Stratégie d'alimentation. Méthodologie d'analyse et de diagnostic de l'utilisation et de la gestion des surfaces fourragères et pastorales. *Collection Lignes,* Institut de l'élevage, Paris.

HAVET A., LAFON E., 1995. Résultats techniques et économiques en production de viande bovine dans les marais rochefortais. Bilan de 5 années d'expérimentation. *Rencontres recherche ruminants,* 2 : 132.

HAVET A., PONS Y., KERNÉÏS E., 2004. Évaluer les contraintes spatiales à l'utilisation des prairies et les marges de manoeuvre des exploitations face à des demandes environnementales. Un exemple d'OLAE en Vendée. *Cahiers de la multifonctionnalité,* 5 : 43-55.

LE CŒUR D., BAUDRY J., BUREL F., THENAIL C., 2002. Why and how should we study field boundaries biodiversity in agrarian landscape context ? *Agric. Ecosyst. Environ,* 89 : 23-40.

LÉGER F., BELLON S., GUÉRIN G., 2000. Outils et méthodes pour analyser les ressources au pâturage. *In* Bourbouze, A., Qarro, M. (eds.), Ruptures, nouveaux enjeux, nouvelles fonctions, nouvelle image de l'élevage sur parcours. CIHEAM-IAMM, Montpellier, p. 205-215.

MILSOM T.P., LANGTON S.D., PARKIN W.K., HART J.D., MOORES N.P., 2000. Habitats models for bird species' distribution : an aid to the management of coastal grazing marsh. *J. Appl. Ecol.*, 37 : 706-727.

RENAULT O., POTTER T., TICHIT M., 2004. Variability of suitable habitats for waders : does grazing managment help ? *In* van der Hoening Y., (ed.), Proceedings of 55th Annual Meeting of the European association for Animal Production, Bled, Slovenia. Wageningen Academic Publishers, p. 355.

ROCAMORA G., YEATMAN-BERTHELOT D., 1999. Oiseaux menacés et à surveiller en France. Société d'études ornithologiques de France et Ligue pour la protection des oiseaux, 598 p.

TICHIT M., MEURET M., AGREIL C., BELLON S., HAZARD L., KERNÉÏS E., LÉGER F., MAGDA D., OSTY P.-L., STEYAERT P., 2002. Sharing resources between waders and cattle in a marshland environment : a habitat conservation perspective. *In* Durand J.-L., Émile J.-C., Huyghe C., G. Lemaire (eds.), Proceedings of European Grassland Congress, La Rochelle, France. Grassland Science in Europe, 7 : 950-951.

TICHIT M., LÉGER F., 2003. Gestion de la biodiversité des prairies pâturées : des incertitudes redevables de la théorie de la viabilité ? Rencontres Ina-PG.
http://www.inapg.inra.fr/rencontre/pdf/R-Tichit.pdf.

TICHIT M., DURANT D., KERNÉÏS E., 2005a. The role of grazing in creating suitable sward structures for breeding waders in agricultural landscapes. *Livestock Production Science,* 96 : 119-128.

TICHIT M., RENAULT O., POTTER T., 2005b. Grazing regime as a tool to assess positive side effects of livestock farming systems on wading birds. *Livestock Production Science,* 96 : 109-117.

WILLIAMS M., 1990. *Wetlands : a Threatened Landscape.* Blackwell, Oxford.

Conclusion

B. Dedieu, E. Chia, B. Leclerc, C.-H. Moulin, M. Tichit

À un moment où la durabilité des systèmes agricoles se décline autour des trois piliers sociaux, économiques et écologiques, il n'est pas inutile de s'interroger sur un quatrième, transversal et souvent implicite, celui des conditions pour durer ! Pour les systèmes d'élevage d'herbivores qui nous préoccupent dans cet ouvrage, l'enjeu est de savoir comment maintenir et renouveler ses capacités d'adaptation. Le premier état des recherches analysant cette capacité d'adaptation montre que cette question exige de revoir nos points de vue et nos méthodes d'analyse du fonctionnement des systèmes.

Mais avant de détailler ces acquis et envisager les perspectives qu'ils ouvrent, revenons sur le concept de flexibilité. Il joue un rôle essentiel dans l'ouvrage, celui d'un catalyseur permettant de relier et d'apprécier les indicateurs d'évaluation des systèmes d'élevage et les démarches d'analyse de leur fonctionnement. Le concept de flexibilité tient ce rôle pour deux raisons. La première est que la flexibilité est une propriété fondamentale du système au regard de ces « conditions pour durer », qui ne saurait alors se limiter à des critères d'efficacité dont les valeurs seraient établies dans des conditions figées ; la seconde est que cette propriété se décompose en différents termes (résistance aux aléas, aptitude à se transformer, capacité d'apprentissage…) qui sont autant de fils d'une grille d'analyse renouvelée du fonctionnement des systèmes.

Le changement des pratiques au péril des marges de manœuvre des systèmes

Les illustrations de terrain proposées dans la troisième partie de l'ouvrage (chapitres 12, 13, 14, 15, 16, 18) soulignent bien que la réponse apportée par les éleveurs à des incitations aux changements des pratiques (signes de qualité, mesures agri-environnementales) ne consiste pas à la simple intégration – adaptation ou rejet – de façons de faire dites innovantes. Les clés de la compréhension des transformations de l'élevage qui accompagnent ces actions collectives sont également ailleurs, dans la préservation de marges de manœuvre, dans la mise en œuvre de trajectoires qui, aux yeux des éleveurs, assurent l'avenir. En ce sens, les études des dynamiques de l'élevage rassemblées dans l'ouvrage pointent les enjeux d'une compréhension des systèmes qui intègrent explicitement les enjeux, pour les éleveurs eux-mêmes, de préservation de la flexibilité.

La diversité en réponse aux aléas climatiques

Plusieurs chapitres de la deuxième partie approfondissent les ressorts de la résistance des systèmes aux aléas (chapitres 3, 4, 5, 7). Compte tenu de l'ancrage disciplinaire de la plupart des auteurs, l'accent est bien sûr mis sur la contribution des composantes biologiques (animale et végétale) et décisionnelles des processus de production. S'en dégage un point original : la gestion par l'éleveur de la diversité des parcelles d'une sole fourragère et des trajectoires productives animales est bien un déterminant essentiel de la résistance aux aléas climatiques. N'y a-t-il pas là matière à de nouveaux regards sur les pratiques productives, souvent résumées sous forme d'informations instantanées ou de résultats rapportés à l'animal moyen ou à l'hectare ? Les processus de production ne sont cependant pas les seuls supports de la résistance aux aléas, d'autres ressorts doivent être considérés : le système d'information, les conditions de la mise en marché (palette de produits, types d'acheteurs et relations avec ces acheteurs). Les deux brefs chapitres (6, 8) qui les évoquent ne sauraient couvrir un domaine jusqu'alors peu étudié dans le monde de l'élevage – celui-ci méritera à l'avenir plus d'attention.

Des grilles de lecture mieux adaptées

Tout cela met en cause le regard que nous portons sur les exploitations en termes de recueil d'information, de grille de lecture pour qualifier les ressorts de la flexibilité. Ainsi l'ouvrage ouvre-t-il sur des propositions méthodologiques ayant pour objectif de :
– rendre compte des changements d'organisation sur le moyen et long terme (chapitre 11), dans le prolongement des approches de trajectoires d'exploitations (Capillon, 1993) ;
– de qualifier la flexibilité des systèmes d'élevage dans le cadre de recueil de données à l'exploitation (chapitre 9). La méthode est fondée sur la combinaison de deux éclairages, l'un zootechnique, sur les leviers permettant d'ajuster la production aux fluctuations du climat, et l'autre en sciences sociales (économie, sociologie) soulignant l'importance de critères tels que la sensibilité des marges brutes, les modalités de l'endettement ou encore les rapports des éleveurs avec la nécessité du changement.

À terme, il s'agit sans doute de modifier profondément notre manière de rendre compte du comportement des agriculteurs. En les considérant comme des « gestionnaires adaptatifs » (Darnhofer, 2006)[1] et non plus comme des optimisateurs, nous ouvrons alors

---

[1] Darnhofer (2006) propose de considérer l'agriculteur comme ayant pour objectif de préserver l'adaptabilité de sa ferme sur le moyen et long terme, notamment en jouant sur différents registres de diversité (d'activités économiques, de fonctions de l'activité agricole…).

les registres de qualification des systèmes, à l'instar de l'étude menée en Bourgogne (chapitre 10).

Vers des systèmes innovants durables

Cette absolue nécessité de flexibilité interroge la façon dont sont imaginés, conçus et évalués les systèmes dits « innovants », c'est-à-dire répondant aux nouveaux cahiers des charges d'une agriculture durable, mais dont le pouvoir tampon et le devenir dans un environnement incertain doivent aussi être pris en compte. Le développement de la modélisation des systèmes d'une part, et les expérimentations sur des systèmes de longue durée, d'autre part, sont des voies prometteuses pour rendre compte de la complexité des interactions entre décisions humaines et comportements biologiques des animaux et des végétaux et explorer des situations rarement observables en conditions réelles. Deux chapitres (5 et 17) illustrent les approches de modélisation de systèmes d'élevage explorant des adaptations stratégiques des systèmes à des enjeux de l'environnement ou d'une filière, mais également les régulations à l'œuvre en cas d'aléas. Ces régulations, pour être étudiées, nécessitent de formaliser la mémoire des décisions et des informations au cœur des apprentissages. Elles impliquent également de comprendre comment se construisent les trajectoires productives animales et les dynamiques de végétation qui expriment les interactions sur le long terme entre décisions humaines et phénomènes biologiques. Le chapitre 10 montre tout l'intérêt des expérimentations de longue durée pour la conception et l'évaluation de systèmes innovants. Il souligne l'importance de la phase de prototypage d'un système (Verheijken, 1997) pour identifier les aléas et de la mise en place des procédures de gestion adaptative ainsi que des leviers d'adaptation correspondants (dont l'efficacité sera testée au cours de l'expérimentation).

Quelques pistes pour demain

Au terme de cet ouvrage et au-delà des pistes identifiées, il nous semble utile de souligner quelques perspectives pour mieux prendre en compte les capacités d'adaptation dans l'analyse, l'évaluation ou l'innovation de systèmes d'élevage. Nous en évoquerons deux qui nous semblent primordiales : l'approfondissement du dialogue avec les sciences sociales et la prise en compte des mutations du travail des éleveurs.

Les approches détaillées dans l'ouvrage ne font qu'effleurer les composantes sociales et économiques de la flexibilité, même si nous évoquons la diversité des rapports qu'ont les éleveurs à la nécessité de changer (chapitre 9), ainsi que les sources de flexibilité provenant de leurs réseaux de relations (entre pairs et avec leurs partenaires de l'amont et de l'aval) (chapitre 8). Le débat, tel qu'il est posé notamment par E. Chia et M. Marchenay dans le premier chapitre, demeure bien ouvert et doit être poursuivi : il est souhaitable d'explorer les composantes organisationnelles externes de la flexibilité des systèmes d'élevage, et de les relier aux composantes relatives au processus de production animale plus spécifiquement exposées dans cet ouvrage. Cela nous amène à envisager une deuxième phase dans le dialogue entre zootechnie et sciences sociales. Cette étape fondée sur une pluridisciplinarité élargirait le débat à des objets différents de ceux qui caractérisent les processus de production de troupeau : les conceptions de ce que signifie durer, les réseaux de dialogue, les capacités d'apprentissage, les compétences, les systèmes d'information internes et externes.

Les transformations de l'élevage sont tout autant celles du contexte général du secteur (filière, relation entre agriculture et société) que celui de la démographie agricole, de la composition des collectifs de travail et des combinaisons d'activités, ceci dans un contexte d'agrandissement des structures. Ce sont bien ces mouvements de changements technique, structurel et social qui sollicitent ensemble les capacités d'adaptation des systèmes. Un nombre croissant de travaux montre que les tensions portant sur l'organisation et la durée du travail peuvent être des freins à la réactivité des éleveurs ou, pour le moins, des filtres majeurs à l'adoption d'innovations. Pour analyser globalement la flexibilité des systèmes, il devient ainsi incontournable d'intégrer les informations sur les marges de manœuvre des exploitants en terme de temps disponible, et les régulations possibles de l'organisation du travail (Dedieu *et al.,* 2006).

Un souhait

Au-delà d'une injonction à la flexibilité ou à la résilience des systèmes, nous souhaitons que cet ouvrage contribue à organiser un mouvement, cette fois celui de la communauté de la recherche, de la formation et du développement sur les « systèmes ». Une communauté qui s'interrogerait sur les points de vue des éleveurs sur les conditions pour durer, sur les critères d'évaluation des propriétés de flexibilité des systèmes. Une communauté qui remettrait en cause la place respective de l'optimum et de l'adaptatif dans la définition de ses méthodes de travail, dans les connaissances à produire, les modèles et les outils à développer.

Références bibliographiques

CAPILLON A., 1993. Typologies des exploitations agricoles. Contributions à l'étude régionale des problèmes techniques. Thèse de doctorat, Ina-PG, Paris, France, tome I et II.

DARNHOFER I., 2006. Can family farmers be understood as adaptative managers ? *In* Langeveld H., Rolling N. (eds) ; *Changing European farming Systems for a better future. New visions for rural areas.* Wageningen Acad. Press, p. 232-236.

DEDIEU B., SERVIÈRE G., MADELRIEUX S., DOBREMEZ L., COURNUT S., 2006. Comment appréhender conjointement les changements techniques et les changements du travail en élevage ? *Cahiers Agricultures,* 15(6) : 506-513.

VEREIJKEN P., 1997. A methodical way of prototyping integrated and arable farming systems (I/EAFS) in interaction with pilot farms. *European Journal of Agronomy,* 7(1/3) : 235-250.

Liste des auteurs

Agabriel Jacques, Inra, UR 1213, Unité de Recherches sur les Herbivores
F-63122 Saint-Genès-Champanelle
Jacques.Agabriel@clermont.inra.fr

Andrieu Nadine, Cirad, UPR Innovations et dynamiques des exploitations agricoles
Petrolina, Brésil
nadine.andrieu@cirad.fr

Benoit Marc, Inra, UR 506, Laboratoire d'Économie de l'Élevage
F-63122 Saint-Genès-Champanelle
marc.benoit@clermont.inra.fr

Blanc Fabienne, SupAgro-M, UMR 868, Élevage des Ruminants en Régions Chaudes
F-34060 Montpellier Cedex 1
blanc@enitac.fr

Bocquier François, SupAgro-M, UMR 868, Élevage des Ruminants en Régions Chaudes
F-34060 Montpellier Cedex 1
bocquier@supagro.inra.fr

Camacho Olivier, Chambre d'agriculture du Calvados
F-14100 Lisieux
o.camacho@calvados.chambagri.fr

Caron Patrick, Cirad, Département Environnements et Sociétés
F-34398 Montpellier Cedex 5
patrick.caron@cirad.fr

Carrasco Isabelle, CIALYN
F-89400 Migennes
ica.cialyn@ucacig.f

Chia Éduardo, Inra, UMR 951, Innovation et développement dans l'agriculture
et l'agro-alimentaire, F-34398 Montpellier Cedex 5
chia@supagro.inra.fr

Chilliard Yves, Inra, UR 1213, Unité de Recherches sur les Herbivores
F-63122 Saint-Genès-Champanelle
Yves.Chilliard@clermont.inra.fr

Choisis Jean-Philippe, Inra SAD, Cirad Pôle Élevage
97410 Saint-Pierre, la Réunion
Jean-Philippe.Choisis@toulouse.inra.fr

Coleno François, Inra, UMR 1048 Sadapt
F-78850 Thiverval-Grignon
coleno@grignon.inra.fr

Cournut Sylvie, ENITAC, UMR 1273 Metafort
F-63370 Lempdes
cournut@enitac.fr

Cruz Pablo, Inra, UMR 1248 Agir
F-31326 Castanet-Tolosan Cedex
Pablo.Cruz@toulouse.inra.fr

D'Hour Pascal, Inra, UE 1153, Unité expérimentale des Monts Dore
F-63210 Orcival
pascal.dhour@clermont.inra.fr

Dedieu Benoît, Inra, UMR 1273 Metafort
F-63122 Saint-Genès-Champanelle
benoit.dedieu@clermont.inra.fr

Degrange Béatrice, ENESAD
F-21079 Dijon Cedex
b.degrange@enesad.fr

Dobremez Laurent, Cemagref, UR Développement des territoires montagnards
F-38402 Saint-Martin d'Hères Cedex
laurent.dobremez@grenoble.cemagref.fr

Duru Michel, Inra, UMR 1248 Agir
F-31326 Castanet-Tolosan Cedex
mduru@toulouse.inra.fr

Fauvergue Xavier, Inra-Université Nice Sophia Antipolis,
UMR 1112 Réponse des organismes aux stress environnementaux
F-06903 Sophia Antipolis Cedex
fauverg@antibes.inra.fr

Havet Alain, Inra, UMR 1048 SADAPT
F-78850 Thiverval-Grignon
alain.havet@grignon.inra.fr

Ingrand Stéphane, Inra, UMR 1273 Metafort
F-63122 Saint-Genès-Champanelle
stephane.ingrand@clermont.inra.fr

Josien Étienne, Cemagref, UMR 1273 Metafort
F-63172 Aubière Cedex 1, France
etienne.josien@clermont.cemagref.fr

Lasseur Jacques, Inra, UR 767 Écodéveloppement
F-84914 Avignon Cedex 9
jacques.lasseur@avignon.inra.fr

Leclerc Bernadette, Inra, US 1085 UPIC
F-35042 Rennes Cedex
bernadette.leclerc@rennes.inra.fr

Lemery Bruno, Enesad Inra, UR 718 LISTO-D
F-21079 Dijon Cedex
lemery@enesad.inra.fr

Louault Frédérique, Inra, UR874 Agronomie
F-63100 Clermont-Ferrand
Frederique.Louault@clermont.inra.fr

Madelrieux Sophie, Cemagref, UR Agricultures et Milieux Montagnards
F-38402 Saint-Martin-d'Hères
sophie.madelrieux@grenoble.cemagref.fr

Magda Danièle, Inra, UMR 1248 Agir
F-31326 Castanet-Tolosan Cedex
magda@toulouse.inra.fr

Marchesnay Michel, Université de Montpellier 1, Équipe de recherche ERFI
F-34000 Montpellier
michel.marchesnay@univ-montp1.fr

Moulin Charles-Henri, SupAgro-M, UMR 868, Élevage des Ruminants en Régions Chaudes
F-34060 Montpellier Cedex 1
moulinch@supagro.inra.fr

Napoléone Martine, Inra, UR 767 Écodéveloppement
F-84914 Avignon Cedex 9
napoleone@avignon.inra.fr

Niobé Dominique, Cirad Pôle Élevage
97410 Saint-Pierre, la Réunion
Dominique.niobe@cirad.fr

Nozières Marie-Odile, Inra, UE 57
Domaine expérimental de Saint-Laurent-de-la-prée,
F-17450 Fouras
Marie-odile.Nozieres@stlaurent.lusignan.inra.fr

Perez Raul, INTA CERBAS, EAA Balcarce, Prov. Buenos Aires Sur, Argentina
raulperez@speedy.com.ar

Pluvinage Jean, Inra, UMR 951 Innovation et développement dans l'agriculture
et l'agro-alimentaire
F-34060 Montpellier Cedex 1
pluvinage@supragro.inra.fr

Potter Thierry, INA-PG, Chaire d'Écologie des Populations et Communautés
F-75231 Paris, France

Renault Olivier, INA-PG, Chaire d'Écologie des Populations et Communautés
F-75231 Paris
olivier.renault@cg77.fr

Roche Bénédicte, Inra, UE 57
Domaine expérimental de Saint-Laurent-de-la-prée,
F-17450 Fouras
Benedicte.Roche@stlaurent.lusignan.inra.fr

Tentelier Cédric, Inra-Université Nice Sophia Antipolis,
UMR 1112 Réponse des organismes aux stress environnementaux
F-06903 Sophia Antipolis Cedex
tentelie@antibes.inra.fr

Thénard Vincent, Inra, UMR 1248 Agir
F-31326 Castanet-Tolosan Cedex
Vincent.Thenard@toulouse.inra.fr

Tichit Muriel, Inra, UMR 1048 SADAPT
F-75005 16 rue C. Bernard, Paris
tichit@agroparistech.fr

Tournadre Hervé, Inra, Unité de Recherches sur les Herbivores
Theix, 63122 Saint-Genès-Champanelle, France
Herve.Tournadre@clermont.inra.fr

Fichier préparé par Nicolas Perrier, société 4P
Imprimé pour vous par Libri Plureos GmbH (Allemagne)